지반사고 조사론

KB077935

A STORY OF GEOTECHNICAL
FORENSIC ENGINEERING

지반사고 조사론

조성하

씨
아이
알

머리말

성경에서 인공 구조물이 붕괴된 첫 번째 사례는 바벨탑이다. 어쩌면 인류사에서 처음으로 발생한 대규모 붕괴 사고인지도 모르겠다. 이야기는 대략 다음과 같이 전해진다.

"노아의 아들 셈과 함과 야벳의 족보는 이러하니라. 함의 아들은 구스와 미스라임과 붓과 가나안이요. 그의 나라는 시날 땅의 바벨과 에렉과 악갓과 갈레에서 시작되었으며, 온 땅의 언어가 하나요 말이 하나였더라. 이에 그들이 동방으로 옮기다가 시날 평지를 만나 거기 거류하며 서로 말하되, 자 벽돌을 만들어 견고히 굽자 하고 이에 벽돌로 돌을 대신하며 역청으로 진흙을 대신하고 또 말하되, 자 성읍과 탑을 건설하여 그 탑 꼭대기를 하늘에 닿게 하여 우리 이름을 내고 온 지면에 흩어짐을 면하자 하였더니 여호와께서 사람들이 건설하는 그 성읍과 탑을 보려고 내려오셨더라. 여호와께서 이르시되 이 무리가 한 족속이요 언어도 하나이므로 이같이 시작하였으니 이후로는 그 하고자 하는 일을 막을 수 없으리로다. 자, 우리가 내려가서 거기서 그들의 언어를 혼잡하게 하여 그들이 서로 알아듣지 못하게 하자 하시고 여호와께서 거기서 그들을 온 지면에 흩으셨으므로 그들이 그 도시를 건설하기를 그쳤더라. 그러므로 그 이름을 바벨이라 하니 이는 여호와께서 거기서 온 땅의 언어를 혼잡하게 하셨음이니라. 여호와께서 거기서 그들을 온 지면에 흩으셨더라." (창세기 10, 11장)

사고가 발생한 지점은 시날 땅, 지금의 메소포타미아 지역이다. 바벨탑이 위치했던 지점이 현재 어디인지는 정확히 알지 못한다. 대체로 메소포타미아평원의 어느 곳으로 추정된다. 노아의 둘째 아들인 함의 자손이 살고 있는 지역은 당시 고도의 문명을 자랑했던 곳이다. 터키 아나톨리아에서 발원한 유프라테스와 티그리스강 사이에 퇴적된 비옥한 지역으로 밀농사가 성행했다.[*] 관개농업을 통해 파종한 씨의 76배까지 수확함으로써 잉여 농산물이 생산되었고 이를 기록하기 위해 설형문자가 발명되었다. 강 유역을 중심으로 도시가 형성되었고, 중심에는 신전으로 사용한 지구라트Ziggurat가 세워졌다. 메소포타미아의 도시국가들은 신을 모시는 수백

---

[*] NHK 다큐멘터리, 〈세계 4대문명 메소포타미아〉.

개의 지구라트를 만들었고 지금도 지구라트가 30곳 이상 현존하고 있어서 당시 문명 수준을 짐작할 수 있다. 가장 오래된 것은 기원전 1200년경에 건설된 우르의 지구라트로서 높이 50m, 바닥은 62.5x43m 정도다.

지반공학 측면에서 바벨탑 붕괴사고를 구성하면 이럴 것이다. 먼저 바벨탑의 재료인 벽돌 문제다. 도시가 만들어진 곳은 평지라서 바위를 구하기가 어렵고 수십 미터를 쌓기 쉽도록 돌보다 가벼운 벽돌을 사용했다. 이러면서 운반도 쉬워지고 탑의 무게도 줄였을 것이다. 햇볕에서 말리는 벽돌은 갈라지기도 하고 강도가 크지 않아서 내부 충전용으로 썼을 것이며, 외벽은 점토를 직육면체로 성형한 뒤 불로 구웠다고 전해진다. 벽돌 재료인 점토는 퇴적지반에서 손쉽게 구할 수 있었다. 메소포타미아 지역의 점토는 공학적으로 빈 점토lean clay로 분류된다.[*] 점토 입자 비율에 비해 가는 모래나 실트 성분이 많이 함유되어 소성이 작다. 입도 분포가 비교적 균등하고 소성도plasticity도 낮다. 액성한계의 평균값은 44%이고, 액성지수는 0.5~0.94를 나타내므로 이를 일축압축강도로 환산하면 30~100kPa 정도에 해당한다. 벽돌과 관련된 추론 사항은 돌보다는 가볍지만 빈 점토로 성형된 재료 특성상 불로 구웠다 하더라도 부스러지기 쉬울 것이다.

다음은 벽돌을 쌓은 방법이다. 성경에는 진흙mortar을 대신하여 역청tar을 썼다고 했다. 벽돌 사이에 진흙을 이겨 겹쳐 쌓음으로써 결합력을 확보하는 방법 대신에 자연 아스팔트인 역청을 사용하여 더욱 강한 결합이 되도록 하였다. 우르에서 서쪽으로 600km를 가면 히트Heet라는 도시가 있는데, 여기서 역청을 가져다가 견고하게 탑을 쌓은 것이다. 현존하는 지구라트를 살펴보면 하단부를 역청으로 바른 흔적이 있다. 이는 역청을 방수재료로 사용한 것으로 추정되는 증거이며, 지구라트가 단순한 성전이 아니라 강이 범람할 때 대피소로도 활용된 것으로 보인다. 구워서 강해진 벽돌을 역청으로 연결하여 결합력도 높이고 틈새로 물이 새는 것도 방지할 수 있는 당시의 신기술이 적용되었으며, 지구라트가 있는 곳의 경제 규모도 짐작할 수 있게 한다.

기초지반을 살펴보자. 메소포타미아평원은 강 주변을 제외하고는 대체로 건조지대다. 메소포타미아 평원을 영토로 하는 이라크의 20~30%가 석고질 토양gypseous soil이다.[**] 주로 두 강 사이의 지역에서 분포하므로 바벨탑이 놓인 곳의 기초지반도 석고질 토양으로 볼 수 있다. 건조 상태에서는 지지력을 크게 발휘하지만 물과 접촉하면 급격히 강도가 저하되는 붕괴성collapsible

[*]   Abbas YJ, Al-Taie(2015), "Profiles and Geotechnical Properties for some Basra Soil", 『Al-Khwarizmi Engineering Journal』, Vol. 11, No. 2, pp. 74-85.

[**] Al-Saoudl N. K. S. et al. (2013), "Challenging Problems of Gypseous Soils in Iraq", proceed of 18th Int'l conf. on Soil Mechanics and Geotechnical Engineering, Paris.

토질이다. 실내실험 결과에 따르면 물에 담근 후 변형계수는 2~5배 정도 감소되는 것으로 나타난다. 티그리스강과 유프라테스강은 주기적으로 범람하였으므로 기초지반에 물이 침투되어 강도를 잃게 되었을 가능성도 있다. 석고질 토질에 대한 대책공법으로 현재에는 시멘트나 석회를 섞거나 동다짐, 말뚝기초 등의 방법을 사용하는데, 당시는 이런 공법이 소개되기 전이었다.

몇 개의 사고현장을 조사하면서 붕괴 시점의 동영상으로 원인을 추정한 바 있다. 어디서부터 시작되었는지, 얼마 만에 붕괴에 이르렀는지, 영향 범위는 어디까지였는지 등을 생생하게 보면서 양상을 파악할 수 있었다. 바벨탑의 붕괴 상황을 정확히 추정하기는 어렵다. 다만 건설 재료와 기초지반의 상태를 배경으로 짐작하자면 이렇지 않을까. 붕괴성 지반 위에 바벨탑이 건설되고 있었다. 강이 범람하면서 물이 탑 주변으로 유입되어 기초지반이 지지력을 잃었다. 역청으로 강하게 결합된 탑이 어느 정도 버텨주다가 한계를 넘으면서 결함부위가 생겼다. 빈 점토로 구운 벽돌이 취성 파괴되면서 탑이 일시에 무너졌을 것이라고 상상해본다.

여기에 신이 개입하여 언어를 섞어버려 의사소통을 어렵게 하였다. 갑자기 말이 안 통하게 하는 것이 가능할까 하는 의구심도 든다. 풍요해진 삶을 구가하면서 저세상은 없고 지금의 행복만을 바랐던 당시 사람들의 현세관을 비판하는 시각으로 볼 수 있다. 상상하건대 이해관계가 대립되면서 발주자와 시공자 간의 의도가 제대로 전달되지 못했고, 서둘러 준공해보려는 정치적인 논리가 개입하여 품질관리에 문제가 생기게 된 것을 '언어가 혼잡해진confound their languages' 것이라고 풀이해도 좋을 듯하다.

미국 듀크대학교 토목공학과와 역사학과 교수를 겸임한 헨리 페트로스키는 그의 책 『연필』[*]의 서문에서 "모든 인공 구조물은 이미 그 존재 자체만으로 공학의 덕을 보고 있으므로 공학은 인류문명에 필수적인 것이다"라고 했다. 바벨탑 시절에 공학은 없었다. 다만 숙련된 장인이 경험에 입각한 기술로 구조물을 축조했으나 수학 또는 물리적 근거는 제공되지 않았다. 기술이 공학engineering의 반열에 오른 것은 18세기에 이르러서다. 같은 책에서 재인용하면, 1771년에 스코틀랜드학술원이 편찬한 『브리태니커 백과사전』에서 기술art과 과학science의 차이를 다음과 같이 설명하였다.

• 기술: 특정한 행위나 작업을 수행하기 편하게 해주는 일종의 규칙적인 체계

---

[*]   Henry Pertrosky, 『연필(The Pencil)』, 홍성림 옮김, 서해문집, 2020.

• 과학: 철학의 한 분야. 자명하고 명백한 원리로부터 정형화된 논증을 통해 연역된 이론을
　　　나타내는 학문

　당시의 백과사전에서는 아직 공학 또는 공학자engineer라는 단어를 독립된 항목으로 정의하고 있지 않다. 그러나 기술적인 동시에 과학적인 일을 수행하는 집단이 있음을 주목하고 이러한 부류의 사람을 공학자로 부르게 되었다. 즉, 현존 기술을 과학적인 사고에 의해 세련시킴으로써 실현 가능한 체계를 제공하는 것이 공학이며, **문제해결** 중심의 행위다. 지반사고를 조사하는 것도 공학의 한 부분이고 배경과 메커니즘을 연역적인 방법으로 원인을 찾고, 나아가 극복 방안과 재발 방지 대책을 세우는 일이다.

　사고를 조사할 때 정확한 발생 시간을 아는 것이 중요하다. 이 시점을 기준으로 삼아 전후 상황을 늘어놓고 현상과 배경을 연결해가면 원인을 찾기 쉽다. 수 시간 전부터 수년 전의 상황도 참조가 된다. 사고는 갑자기 일어나는 것이 아니라 배경이 있으며 징후를 보인다. 자연이든 인공 구조물이든 불평형 조건이 발생하면 평형을 찾기 위한 움직임을 보이기 때문이다. 대형 사건이 발생하기 전에 소형 사건이 29번 발생하고, 소형 사건 전에는 비슷한 원인에서 비롯된 사소한 증상들이 300번 발생한다는 1:29:300 법칙 또는 하인리히 법칙이 있다.[*]

　허버트 하인리히Herbert Heinrich(1886~1962)는 보험회사 관리감독관으로 일하면서 사고를 분석한 결과를 통해 사소한 조짐과 중대한 징후를 거쳐 사고가 발생한다고 간파하고 이를 법칙으로 제시하였다. 산업재해 예방의 중요한 이론이며, 지반사고에서도 같은 수치는 아니더라도 조짐과 징후를 분석하면 사고 원인을 파악할 수 있을 뿐만 아니라 사고 발생 전의 상황을 관찰하면 연계된 사고도 방지할 수 있다는 뜻이다.

　2014년부터 싱크홀이라는 용어로 지반함몰 현상이 일반화되었다. 일반화란 당사자가 아닌 일반인이 소식을 접할 때 어떤 현상인 줄 알고 원인을 이해할 수 있으며 누구의 책임인지를 짐작할 수 있다는 뜻이다. 2018년에는 서울 가산동과 상도동에서 흙막이 구조물이 무너지면서 주민들이 불안해하였다. 비가 오면 오래된 석축이 붕괴되어 위아래 거주민이 피해를 입었다. 사고가 발생한 지역뿐만 아니라 유사한 지역 주민들은 같은 사고가 일어나지 않을까 걱정하였다. 막연한 두려움은 해결책을 찾기 어렵게 만든다. 이 외에도 언론에 알려지지 않은 사고들을 접하면서 지반공학 분야에 몸담고 있는 기술자로서 뭔가를 해야 할 의무를 느꼈다. 경험은

---

[*]　김민주, 『하인리히 법칙』, 토네이도미이어그룹(주), 2008.

나누어야 가치가 있는 법이다. 지반사고를 조사할 때 일반 시민, 건축과 지질 전문가, 행정가 등 다양한 분야의 분들과 의견을 주고받는다. 지반공학 분야에서 일상적인 용어가 다른 분야 사람들에게는 생소하여 동일한 의미로 받아들이기 어려울 때가 있다. 바벨탑 사고에서 서로 알아듣지 못하는 경우와 같다. 말이 통해야 원인이 명료해지고 대응도 신속하게 이루어진다.

이 책을 쓰면서 독자층이 다양할 수 있다는 생각과 기대를 했다. 그렇다면 글도 평이해야 하고 지반사고 조사에 사용되는 공학지식을 정리하여 원활한 의견소통이 되도록 의도했다. 책의 제목을 『지반사고 조사론』으로 정하면서 세 편으로 순서대로 나누어 집필하였다. 먼저 '제I편 지반'에서는 삶의 터전이 되는 땅의 모습과 공학적인 접근법에 대해서 설명하였다. 여기에는 지반공학, 지질학, 지형학, 지리학, 지명학의 내용을 다룬다. 지반공학 부분은 사고 조사와 관련되는 사항 위주로 기술하였기에 구체적인 이론 설명은 전문서적을 참고하는 것이 좋겠다. 두 번째 '제II편 사고 조사'에서는 지반공학적으로 발생하는 불평형이 어떻게 해소되고, 사고 과정 속에서 어떤 현상을 드러내는지에 초점을 맞추었다. 기초, 사면, 연약지반, 터널, 지하굴착 부분의 사고 사례를 통해 조사 방법, 원인 분석 과정을 이야기하였다. 마지막으로 '제III편 론'에서는 공학자는 말이 아닌 글로 조사 내용을 설명하고 원인을 밝혀야 하기 때문에 글쓰기 분야를 다루고자 한다. 기술과 과학을 아우르는 공학에서 문장 수준과 더불어 논리력이 뒷받침되어야 설득력이 나오는 것이어서 문제해결을 위한 논리 부분도 다루었다.

以文會友. 이 책에서 다루는 분야는 지반공학 범주를 넘어서고 있다. 글쓴이가 직접 경험한 것은 많지 않다. 당연히 여러 사람의 힘을 빌렸다. 각주로 출처를 밝히고는 있지만 상당수는 한 번도 뵌 적이 없는 연구자와 기술자의 노고를 대가없이 책에 포함시켰다. 혹시 전달 과정에서 오류가 있다면 그분들 탓이 아니다. 이웃 분야의 지식이 부족함에도 책을 쓰게 된 이유는 지반사고 조사를 통해 얻은 경험과 지식이 열린 안전사회를 희망하는 다른 분들에게 보탬이 될 것을 기대해서다. 글쓴이는 그렇게 빚을 갚는다.

또 감사해야 할 분들이 있다. 거친 상태의 초고를 꼼꼼하게 읽어준 안재홍, 이철주, 김황, 양상일 님, 글이 책이 되는 과정에서 애써주신 씨아이알 김성배 대표님과 박영지 편집장님이 그분들이다. 그리고 가족은 글쓴이가 사는 이유다.

2022년 7월

조성하

목 차

제II편 사고 조사

제III편 론

제1편

지반

제1장
우리가 사는 땅

제**1**장

우리가 사는 땅

1.1 한반도 지형

　장구한 시간의 산물인 지형은 지표면의 기하학적인 형태를 말한다. 지표 형태, 구성 물질, 지형 형성 작용은 지형을 결정짓는 가장 중요한 세 가지 요소다.[1] 지각운동과 화산활동과 같은 지구 내부 작용과 풍화, 퇴적, 침식과 같은 외부 작용에 의해 지표면의 모습이 달라진다. 지괴가 이동하는 지각운동은 맨틀이 대류운동하면서 지각판이 움직인다는 판구조론에 근거하여 설명한다. 한반도는 동쪽으로 융기되어 동쪽 사면은 급하고 서쪽 사면은 완만하게 이루어졌다. 지금의 한반도 모습은 중생대인 약 1억 8,000만 년 전에 형성되었다.[2] 중생대 이전에 서로 떨어져 있던 지괴 2~3개가 이동하여 충돌하면서 현재의 형태를 갖추었다. 낭림육괴, 경기육괴, 영남육괴 사이의 경계에서 평남분지, 임진강대, 옥천대, 태백산분지가 형성되었다. 그림 1.1은 세 개의 지괴로 구성된 한반도의 모습을 보여준다. 두 개로 지괴가 충돌되었다는 이론은 임진강대를 중심으로 남쪽과 북쪽지괴를 나눈다.

　약 2억 5,000만 년 전부터 시작된 중생대에는 3회에 거친 지각운동이 발생하여 한반도의 지형이 크게 변했다. 트라이아스기의 송림변동[3]은 주로 한반도의 북부지방의 지형을 변화시

1　김종욱 외, 『한국의 자연지리』, 서울대학교 출판부, 2008.
2　권동희, 『한국의 지형』, 도서출판 한울, 2012.
3　학자들의 연구 결과에 따르면, 조산운동의 결과로 습곡 등의 증거가 생기는데, 송림변동이나 불국사변동의 경우에는 화강암이 관입된 증거는 있으나 이에 수반되는 구체적인 증거가 없기 때문에 변동이라고 구분하기도 한다.

제1장 우리가 사는 땅　5

컸고, 쥐라기의 대보조산운동은 중남부 지방, 백악기의 불국사변동은 영남지방 지형의 변화에 영향을 미쳤다. 지각운동으로 마그마가 관입되기 때문에 당시에 해당하는 화강암이 지표면에 분포하게 되었다. 대보조산운동과 불국사변동이 일어난 사이에 퇴적암반으로 구성되는 경상누층군이 형성되었다. 이와 비슷한 시기에 서해안 부안을 중심으로 격포리층이 만들어졌다.

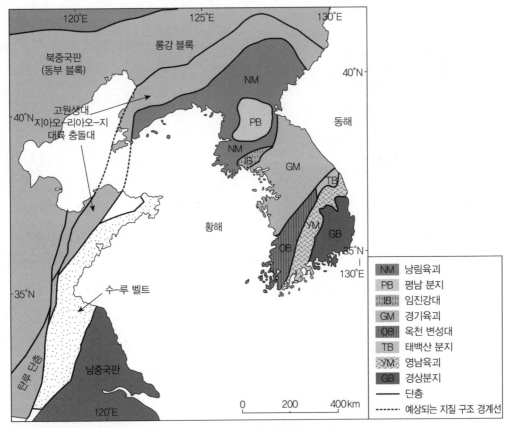

그림 1.1 한반도와 그 주변에 분포하는 선캄브리아기 육괴들과 대륙 충돌대(출처: 대한민국 국가지도집)

신생대 제3기 초에 남부지방에서 화산활동이 격렬하게 있었다. 또한 2,500만 년 전인 제3기 중엽에 경동성 요곡운동에 의해 현재의 태백산맥을 중심축으로 땅이 비대칭적으로 융기되어 강원도 쪽은 높은 산지가 형성되었고 서해안 쪽으로 오면서 낮아졌다. 이때 일본 열도가 한반도에 분리되고 이 공간에 바닷물이 채워지면서 동해가 만들어졌다. 신생대 제3기 말부터 다시 화산활동이 시작되어 약 20만 년 전까지 용암이 분출되어 화산지형을 형성하였다. 460

만 년 전 수중화산이 해수면 위로 올라와 만들어진 독도, 180만 년 전부터 80여 회 분화를 통해 생긴 제주도, 140만 년 전부터 1만 년 전까지 5회에 걸쳐 탄생한 울릉도, 27만 년 전에 용암이 분출되어 만들어진 한탄강 현무암 지대 등은 이 시기에 속하는 젊은 지형이다.

용암분출로 한반도 지표면의 모습이 현재와 비슷해진 다음에 약 250만 년 전에 시작된 신생대 제4기 이래로 노출된 지형에서 침식과 변형이 지속되었다. 홍적세pleistocene에는 전 지구적으로 빙하기를 맞으면서 지형이 크게 변화했다. 지표면에서 기계적 풍화작용과 동결과 융해가 반복되어 애추talus, 암괴류, 토르 등의 지형이 생겼다. 교대로 반복되는 빙기와 간빙기로 인해 해수면이 승강되어 하안단구, 해안단구 등이 형성되었다. 약 1만 년 전 충적세 holocene부터는 기후가 온난해지면서 해수면이 상승하여 퇴적작용이 지속되고 있다.

1.2 한반도 지질

지형이 겉모습이라면 지질은 속 모습이다. 땅속의 변형이 지표면의 변화를 야기하는데, 지형학적 변화는 지질학적 성인에 의해 지배되므로 이 둘을 분리하기 어렵다. 지구가 형성된 45억 년 전부터 현재까지의 시간을 지질연대라는 용어로 시대를 구분한다. 역사학자가 기록 유무에 따라 선사 시대와 역사 시대로 구분하듯이 지구의 연대는 화석으로 구분한다.[4] 화석을 분석해보면 약 5억 5,000만 년 전인 고생대 캄브리아기부터 지구상에 생물들이 급속하게 번성한 것을 알 수 있다. 화석을 통해 지질연대를 나누는 관점에서 캄브리아기가 기준이 되어 선캄브리아기pre-cambrian라는 용어가 흔히 쓰인다. 이후 지질 시대는 중생대가 약 2억 5,000만 년 전, 신생대가 약 6,600만 년 전부터 시작하는 것으로 정했다. 선캄브리아기 이전부터 현재까지 지각운동, 화산분출, 풍화와 퇴적에 의해 지층을 형성하여 현재의 한반도 지질에 이르고 있다. 지층에 대한 분류를 층서분류라고 하는데, 지질학자의 약속에 의해 암석을 기준한 단위층서는 층군group, 층formation이고, 연대를 기준으로 통series, 계system가 된다.

우리나라에서 가장 오래된 암석은 어디에 있을까? 충남 서천 일대의 화강편마암은 약 31억 년 전으로 분석된다.[5] 강원도 화천 지역에서 높은 열과 압력을 받아 만들어진 백립암이라는 변성암은 29억 년 전에 만들어졌다고 한다.[6] 옹진 대이작도의 암석은 생긴 지 25억 년이

---

4 이병주·선우춘, 『토목기술자를 위한 한국의 암석과 지질구조』, 도서출판 씨아이알, 2010.
5 원종관 외, 『지질학 용어의 뿌리』, 시그마프레스, 2011.

된 혼성암migmatite으로서 화성암과 변성암이 섞인 특성을 보인다.[7] 그렇다면 가장 젊은 암석은 무엇일까? 약 5,000년 전에 바다에서 분출하여 만들어진 제주도 성산일출봉의 돌일 것이다. 이와 같이 한반도의 지질은 31억 년부터 1만 년 전까지 오랜 기간을 통해 형성되었고 화성암, 퇴적암, 변성암이 각각 3분의 1씩 차지하며 골고루 분포한다.[8]

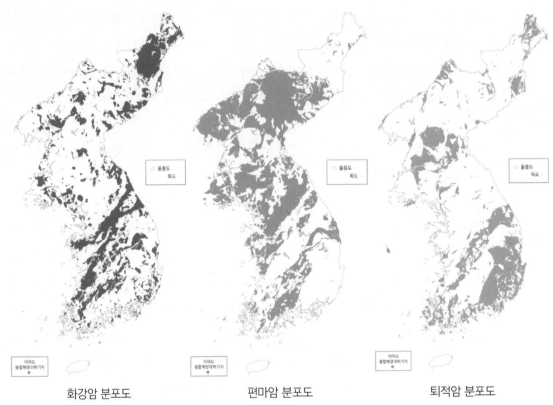

화강암 분포도   편마암 분포도   퇴적암 분포도

그림 1.2 한반도 주요 암석 분포(출처: 대한민국 국가지도집)(컬러 520쪽 참조)

---

6   박맹언, 『박맹언 교수의 돌 이야기』, 산지니, 2008, p. 155.
7   조홍섭, 『한반도 자연사 기행』, 한겨레출판, 2011, pp. 31-32.
8   최덕근, 『10억 년 전으로의 시간 여행』, 휴머니스트출판그룹, 2016, pp. 160-174.

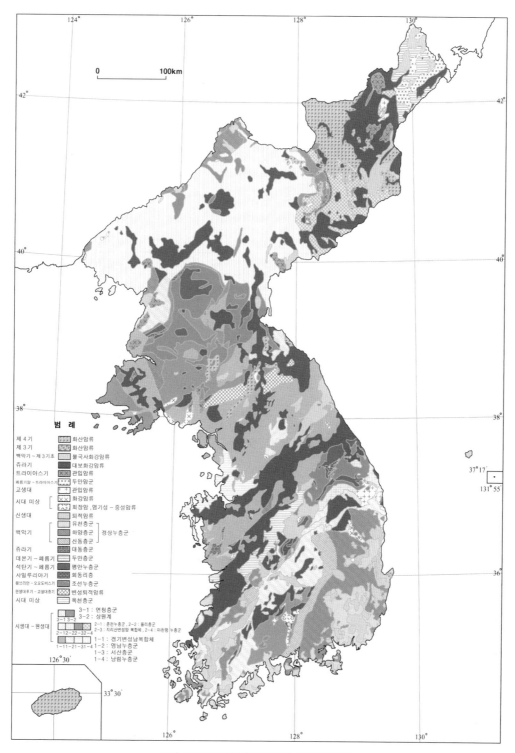

그림 1.3 한반도 지질도(컬러 521쪽 참조)

지형적으로나 구조적으로 특정한 방향성을 보여주지 않는 오래된 암석이 분포하는 지역을 육괴massif라고 부르는데, 우리나라에는 북에서부터 관모육괴, 낭림육괴, 경기육괴, 영남육괴가 있다. 육괴 사이에는 시대별로 퇴적되거나 분출한 퇴적암과 화산암이 분포한다. 대 또는 습곡대는 암석이 습곡이나 단층으로 복잡하게 변형된 지역으로서 지괴 사이의 지질학적으로 갈등이 있었던 곳이다. 임진강대와 옥천 변성대가 여기에 해당한다. 분지는 특성한 시기의 퇴적층들이 두껍게 쌓여 있는 곳으로서 대한민국의 4분의 1을 차지하는 영남 지역의 경상분지와 북한의 평남분지가 대표적이다.

표 1.1 지질 시대와 한반도 지형 발달

지질 시대			시작연대(Ma)[9]	주요 층서와 암석	주요 지형과 변동
신생대	제4기	Holocene 현세, 인류세, 충적세	0.01	충적층, 제주도 신양리층	해수면 상승
		Pleistocene, 홍적세	2.58		빙하기로 해수면 저하, 울릉도, 제주도 형성
	제3기		66.0	서귀포층, 연일층군, 장기층군, 양북층군	경동성 요곡운동, 동해 형성, 동해안 퇴적분지, 독도 형성
중생대	백악기		145	경상누층군(유천층군, 하양층군, 신동층군)	불국사화강암 관입
	쥐라기		201	대동층군(남포층군, 반송층군)	대보화강암 관입
	트라이아스기		252		낭림, 경기, 영남 지괴 충돌과 현재 한반도 형성, 송림화강암 관입
고생대	페름기		298	평안누층군	
	석탄기		358		
	데본기		419		
	실루아기		443		
	오도비스기		485	조선누층군	
	캄브리아기		541		
선캄브리아기			4600	상원계, 연천계, 서산층군, 경기편마암 복합체, 지리산편마암 복합체, 소백산편마암 복합체, 마천령편마암 복합체, 낭림육괴, 관모육괴	화강암 관입

9 International Chronostratigraphic Chart(2012), Ma = 100만 년.

한반도 내 화강암은 주로 쥐라기와 백악기 화강암인 대보 화강암과 불국사 화강암으로 구성된다. 쥐라기 화강암은 백악기 화강암보다 상대적으로 깊은 곳에서 마그마가 굳어 형성되었기 때문에 일반적으로 백악기 화강암에 비해 더 조립질이다. 화강암은 대부분 유백색이지만 홍색을 띠는 알칼리 화강암도 있다. 편마암은 퇴적 기원의 편마암과 화성 기원의 편마암으로 구분한다. 퇴적 기원의 변성암은 호상 편마암으로 주로 나타나며, 화성 기원의 변성암은 주로 반정질 편마암으로 나타난다. 편마암이 강하게 변성작용을 받으면 암석의 일부분이 녹아 혼성질 편마암으로 변한다. 일부 반정질 혹은 호상 편마암은 심부에서 구조 운동을 받아 안구상 편마암으로 변화한다. 퇴적암은 셰일, 사암, 역암, 석회암이며, 평남 분지, 태백산 분지와 경상 분지에 주로 분포한다. 경상 분지를 포함한 백악기 분지들에서는 퇴적암과 함께, 용암이 굳어서 만들어진 화산암, 화산 폭발 쇄설물이 쌓여서 만들어진 화산쇄설암인 응회암이 분포한다.

가. 선캄브리아기 시대의 암석

5억 4,000만 년 이전 시대의 주요 암석은 편마[10]암류와 편암류로서 관모육괴, 낭림육괴, 마천령편마암복합체, 연천군층, 경기편마암복합체, 서산층군, 지리산편마암복합체, 소백산편마암복합체 등의 이름으로 분포한다. 경기편마암복합체는 경기육괴의 최하부 기반암으로서 흑운모 호상 편마암이 가장 넓게 분포한다. 석영과 장석으로 구성된 우백질대優白質, leucocratic[11]와 흑운모로 구성된 우흑질대가 띠 모양이 교대로 나타나는 특징을 보인다.

서산층군은 경기육괴의 서부에 분포하는 규암과 편암류를 말한다. 당진을 중심으로 분포하는 호상편마암은 편암류의 아래에 위치한다. 춘천누층군은 춘천과 양평 지역에 분포하는 편마암류, 청평과 가평 지역, 남양과 안양지역에 분포하는 편암류, 남양만과 충주 일대에 분포하는 화강[12]편마암류로 파악된다. 이 외에도 연천층군과 태백산편마암복합체가 분포한다. 영남육괴를 구성하는 최하부 기반암을 소백산편마암복합체와 지리산편마암복합체로 정의한다.

---

10 片麻의 어원은 중국에서 글자 모양을 보이는 암석을 麻石이라고 했고, 片理(foliation)가 있기 때문에 만들어진 조어다. gneiss는 독일 암석명으로서 불꽃의 뜻을 가지고 있어서 부싯돌로 사용한 것에서 유래하였다.

11 leukos = 白, cratos = 성질의 어원을 갖는 조어로서 암석에서 유색광물의 양이 적어서 흰색을 나타낼 때 사용한다. 예) 우백질 편마암(leucocratic gneiss)

12 花岡은 꽃무늬가 있는 단단한 암석을 지칭하는데, granite는 라틴어의 grano(알갱이, 粒狀)에서 유래하였다.

나. 고생대의 암석

고생대 초기의 조선누층군[13]과 말기의 평안누층군이 5억 4,000만 년 전부터 2억 5,000만 년 전까지의 대표적인 고생대 지층이다. 조선누층군은 주로 강원도에 분포하며 캄브리아기부터 오르도비스기 동안 해성환경에서 퇴적된 지층을 통칭한다. 석회암을 근간으로 하며 지역적 특징에 따라 두위봉형, 정선형, 평창형, 영월형으로 구분한다.

평안누층군은 고생대 석탄기에서 중생대 초의 트라이아스기에 걸쳐서 육성퇴적된 지층으로서 강원도 태백, 장성, 영월, 충청도 단양 지역까지 분포한다. 만항층은 조선누층군의 석회암층을 부정합[14]으로 덮고 있는 조선층군의 최하층이며 역암, 사암, 셰일로 구성된다. 장성층은 사암과 셰일 사이에 석탄층을 포함하고 있다. 이 외에도 금천층, 함백산층, 도사곡층, 고한층, 동고층, 통리층, 적각리층, 홍천층이 포함된다.

다. 중생대의 암석

우리나라에 분포하는 대표적인 중생대 지층은 경상분지에 분포하는 경상누층군, 충청남도 남서부에 위치하는 남포층군, 영월에서 단양을 거쳐 문경까지 이르는 반송층군이다. 중생대 초기에는 화산활동이 활발하였고 한반도 북부 지역을 중심으로 송림화강암이 관입하였다. 중기에는 대보화강암, 후기에는 불국사화강암의 관입이 이어졌다.

경상분지에서 백악기에 퇴적된 지층이 경상누층군이다. 북으로부터 화산암과 응회암의 유천층군, 사암, 셰일, 역암층이 주를 이루는 하양층군, 화산쇄설물이 거의 없이 쇄설성 퇴적암인 신동층군이 분포한다. 수도권과 충청 일대의 대보화강암은 지역별로 관입 형태, 광물함유 정도에 따라 약간의 차이를 보이며 서울, 관악산, 수원, 남양, 안성, 이천, 인천, 김포, 강화도 화강암으로 불린다. 백악기 말에서 신생대 제3기 초에 관입된 불국사화강암은 경상누층군의 유천층군 화산활동 이후에 관입되었다.

라. 신생대의 암석

신생대는 약 6,600만 년 전부터 시작한 제3기와 약 250만 년 전의 제4기로 구분한다. 한반도

---

13 층군은 2개 이상의 층을 묶은 것을 말하며 누층군(supergroup)은 2개 이상의 층군을 포함한 층서 단위다.

14 不整合(unconformity)은 퇴적이 중단되거나 먼저 퇴적된 층의 일부를 잃어버린 상태에서 다시 퇴적이 되어 시간적인 공백이 있는 지층을 말한다.

남쪽의 신생대 제3기의 퇴적분지는 북평, 영해, 포항, 장기, 울산 등 동해안을 따라 소규모로 분포하며 제4기는 화산활동으로 형성된 백두산, 제주도, 울릉도, 독도가 포함된다.

마. 지역별 지질 개황

수도권은 한반도의 지체구조상 선캄브리아기의 변성암류로 이루어진 경기육괴에 해당하는 지역으로 이를 관입한 중생대 화강암이 널리 분포한다. 화강암대는 김화, 포천, 북한산에 이르는 것과 속초, 원주, 여주, 이천, 안성에 이르는 두 가지로 구분된다. 북한산과 같이 노두 형태로 남은 것도 있는 반면 침식을 받아 여주와 이천지방처럼 구릉지대를 형성하기도 한다. 또한 경기 북부의 한탄강을 따라 김화, 철원에서 흘러온 현무암이 분포한다.

험산준령을 자랑하는 강원도의 중북부 지방은 경기변성암복합체의 암석과 화강암으로 이루어졌다. 화강암 분포 지역도 주문진에서 원주까지는 대보화강암, 속초에서 홍천까지 이어지는 불국사화강암이 나뉘어져 분포한다. 태백산 지역에는 해성 퇴적 기원의 고생대 초 조선누층군과 고생대 말 평안누층군 지층이 분포한다. 조선누층군은 석회암으로 구성되고 평안누층군에는 무연탄이 매장되어 있다.

충청 지역의 암석은 충주 부근에서 남서 방향으로 옥천 부근까지 캄브리아기-오르도비스기에 형성된 것으로 알려져 있는 옥천누층군의 암석이 분포하는데, 주로 변성도가 낮은 천매암 등의 변성퇴적암류로 구성되어 있다. 또한 보령 대천지방을 중심으로 함탄층이 포함된 중생대 쥐라기의 퇴적층인 대동층군의 암석이 분포하며, 대동층군 내에는 석탄층이 협재되어 있다.

전라 지역은 다양한 종류의 암석이 분포하는데, 청주, 익산, 김제를 연결하는 지역에는 쥐라기의 대보화강암이 분포하며, 광주, 목포와 해안 지역에는 백악기 화산암이 광범위하게 분포한다. 지리산을 중심으로 하는 지역은 국내에서 제일 오래된 선캄브리아기의 암석인 편마암류의 변성암이 분포한다.

경상 지역은 백악기의 퇴적암과 화산암이 광범위하게 분포하며, 중생대 말부터 제3기 초까지 관입된 화강암이 나타난다. 퇴적암은 층리가 잘 발달하는 적색 셰일, 사암, 역암 등으로 구성되며, 경상 북부 지역은 화산암인 안산암질암과 유문암질암이 분포한다. 경상 지역에는 양산단층대에 속하는 대규모 단층군이 발달하고 있다.

제주도는 제4기에 현무암이 반복적으로 분출된 순상 화산섬으로서 약 180만 년 전부터

2만 5,000년 사이에 형성되었다. 한라산은 조면암이 관입된 형태이며 전역에 약 360여 개의 분석구가 분포한다.

바. 지반공학적 유의 지형

한반도는 20억 년 이상 동안 지괴가 이동하면서 서로 부딪치고 땅이 솟거나 기울어졌다. 화산이 분화하였고 움푹한 곳에 흙이 쌓여 돌이 되었다. 주변 바다의 수위도 오르락내리락 하였다. 서울대학교 지질학과 최덕근 명예교수는 우리나라의 지도를 보며 아름답다고 생각 했다. 이는 시대에 따라 변화가 많았기 때문에 한반도 내에 다양한 암석이 존재하는 것으로 이해한다. 공학적 의미에서 보면 변화는 새로운 평형을 요구한다. 이를 해소하지 못하면 불평 형 요소에 의해 불안정성이 초래된다. 지질학적 변동에 의해 생긴 현상들이 예기치 않은 사고의 원인이 되기도 한다. 주변에서 관찰되는 주요한 유의 지형 또는 지질 조건을 이해한다 면 사고 조사의 단초로 활용될 수 있다.

(1) 석회암과 싱크홀

어떤 바위는 빗물이 닿으면 녹게 된다. 이를 용해성 암반이라고 한다. 소금이 굳어진 암염, 황산칼슘이 주성분인 석고, 탄산칼슘으로 구성된 석회암이 여기에 해당한다. 우리나라는 석 고와 암염이 분포하고 있지 않으므로 석회암이 용해될 때 발생하는 문제점을 살펴보도록 하자.

석회암이 녹아 형성되는 지형을 카르스트라고 한다. 우리나라의 석회암은 한반도 전체 면적의 약 7% 정도며 대한민국의 5% 면적에서 분포한다. 강원도의 영월·평창·삼척, 충북의 제천·단양 그리고 평남과 황해도 일대에 주로 분포한다. 또한 전남의 무안·화순·장성 지역 에서도 관찰된다. 석회암은 고생대 이전의 지층에서만 존재하며 2억 5,000만 년 이후인 중생 대 시기에는 나타나지 않는다. 석회암에서 탄산칼슘($CaCO_3$)이 60% 이상 분포하는 조건에서 빗물이 암반으로 들어가 석회암을 녹이는 작용溶蝕에 의해 석회동굴이 만들어진다.

석회암이 분포하는 지역에서는 석회동굴, 싱크홀, 와지窪地와 같은 카르스트 지형이 관찰된 다. 와지에 흙이 퇴적되어 형성된 밭을 지전, 움밭이라고 한다. 규모에 따라 돌리네doline, 우발라uvala, 폴리에polje로 구분한다. 돌리네는 러시아어로 계곡을 뜻하는 'dolina'에서 유래되 었으며 깔때기 모양으로 움푹 파인 지형을 뜻한다. 우발라는 크로아티아, 보스니아 지방에서 사용한 용어로서 돌리네가 모여 만들어진 큰 지반함몰 현상을 지칭한다. 돌리네가 수십 미터 정도의 규모라면 우발라는 수백 미터 정도의 규모를 의미한다. 이보다 더 큰 수 킬로미터인 정도인 것은 폴리에로 구분한다. 단지 규모의 차이일 뿐 생성되는 메커니즘은 비슷하다.

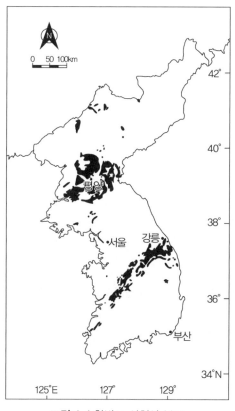

그림 1.4 한반도 석회암 분포

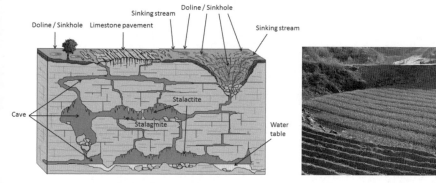

그림 1.5 카르스트 지형

그림 1.6 단양 지역 움밭

석회암 지대에서 지반이 함몰되어 지표면까지 노출되는 지형을 중국에서는 천갱天坑, tiankeng이라고 부른다. 큰 구멍을 뜻하는 갱은 흙 '토土'와 큰 공간을 의미하는 '항冘'이 합쳐져서 만들어진 한자다. 여기에 하늘 '천'을 붙여 엄청난 규모의 지반함몰 지형을 천갱이라고 이름을 붙였다. 중국의 카르스트 지형을 대표하는 고유명사로 사용되다가 2001년에는 직경과 깊이가 100m가 넘는 돌리네를 학술적 용어로 천갱이라고 정의하였다. 중국 펑제현에 있는 소채천갱Xiaozhai Tiankeng은 세계에서 가장 큰 규모로서 약 2억 년 전인 중생대 트라이아스기와 쥐라기에 형성된 석회암이 서서히 녹아 직경이 최대 662m, 깊이가 656m 정도다.

(a) 소채천갱

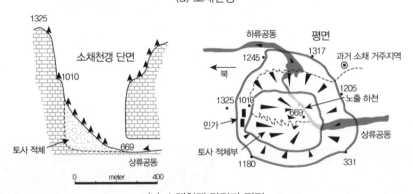

(b) 소채천갱 단면과 평면

그림 1.7 소채천갱

석회암 내부에 있는 절리면을 따라 지하수가 침투하면 용해작용으로 유로가 형성되고 불규칙하게 공간이 확대된다. 일반적으로 석회암은 5~42mm/1,000년의 속도로 용해되는 것으로 알려져 있다. 석회암 지역의 흙은 붉은색이다. 석회암의 주성분인 탄산칼슘이 제거되면 철과 알루미늄 산화물이 남게 되어 붉은색을 띠게 되며 이를 테라로사Terra Rosa라고 부른다. 석회암 지대는 풍화대가 없이 토사층 아래에 바로 석회암층이 나타난다. 이를 피복 카르스트라고 한다. 변성암이나 화성암은 암반 내의 절리면을 따라 풍화가 진행되어 암반 상부에 사질토와 점성토가 혼재하는 연속적인 풍화대가 존재한다. 반면에 석회암의 경우에는 모암이 물에 용해되기 때문에 중간 사질토 계열의 흙은 적고 바로 암반에서 점토로 변한다. 이와 같은 용해성 석회암반 지역에서는 강도와 투수성의 이방성이 문제가 될 수 있고, 지하수와 세립분을 포함한 내부 절리면을 굴착하면 일시에 지하수와 함께 토사가 유출되어 지표면까지 함몰된다.

기초공사나 터널공사를 할 때 불규칙한 암반선으로 인해 조사 시에 파악한 바와 다른 지층선이 나타나므로 국부적인 불안정성이 초래된다. 또한 침투된 지하수가 축적되면 해당 지역 암반의 지하수면이 상승되면서 사면이 불안정해지는 요인이 된다. 강원 남부의 영월, 평창, 정선, 삼척과 충북 북동부의 단양, 제천, 경북 북부의 문경 등에 분포하는 석회암층에서는 도로와 철도를 건설하면서 내재된 공동cavity으로 인해 문제점이 발생하였다. 수직 시추 조사 외에도 GPRGround Penetration Radar, 선진수평시추, TSPTunnel Seismic Profiling 탐사, 감지공 등의 조사 방법을 적용하여 문제를 사전에 파악하고 발견된 공동은 내부를 채우거나 보강하여 문제점을 극복하기도 한다.

표 1.2 국내 석회암 공동 구간 시공사례

공사명	석회암 공동 현황과 보강 대책
태백선 제천~쌍용 복선전철 두학터널	폭 2.0~2.5m, 높이 5~6m 공동, 직경 50cm 소규모 공동 산재 그라우팅 충전, 록볼트·강관다단 그라우팅 보강, TSP 탐사
영동선(동백산~도계 간) 철도이설공사 솔안터널	상부 지표면에 직경 1.5m, 깊이 5.0m 지표함몰 발생 갱내 차수 그라우팅, 침하부 채움, 프리 그라우팅 시행
동해고속도로 동해1터널	길이 15m, 폭 3~10m, 높이 5~19m 규모의 대규모 공동 경량기초 몰탈, 시멘트몰탈 충전, 록볼트 추가 시공
삼척~동해 고속도로 맹방터널	터널하부에 길이 24m, 폭 4m, 높이 6m 규모의 대규모 공동 콘크리트 타설, GPR 탐사
중앙고속도로 제천터널	석회암 공동구간 터널 붕락 지상에서 모래충전, 시멘트 밀크 그라우팅, 강관다단그라우팅
화전리 초막터널	철도노부 하부 석탄 채굴적, 석회암 공동 위치 시멘트 몰탈 충전

주: 김기림 외, '석회암 공동에 근접한 철도터널 설계사례연구', 유신기술회보, 제24호, 2017.

무안 지역의 석회암은 함평군 엄다면에서 무안군 복길리에 이르는 18km 정도 구간에 걸쳐서 800~1,500m의 폭으로 발달되어 있다. 무안 석회암층은 고생대 지층으로서 호남전단대라는 대규모 단층과 파쇄대가 인접하고 있어서 단층이나 파쇄면을 따라 지하수가 흘러 석회암이 침식될 수 있는 지질 구조적 특징을 보인다. 무안 지역은 대체로 평야지대이나 갈수기와 호우기를 거치면서 지하수면이 변동하여 침식과 함몰이 발생할 수 있는 조건이다.

무안읍을 중심으로 성남리와 교촌리에서 지반이 함몰되었는데, 1993년 성남리에서 처음으로 관찰되었다. 처음에는 2m 정도 가라앉았으나 2년 후 7m 정도 내려앉았다. 2000년에는 건물이 놓인 부분 62m² 중 35m² 정도가 지하 19m 깊이로 붕괴됐다. 같은 해 용월리의 논이 3m 아래로 꺼졌다. 2005년 6월 교촌리에서 주택 뒤쪽이 가라앉아 조사해보니 지하 7m와 10m 깊이에서 공동이 2개 발견되었다. 2014년에는 청계농공단지 부근에서 지반침하 문제가 계속 발생했다. 무안군에 따르면 지난 1992년부터 2014년까지 싱크홀이 25차례 발생한 것으로 알려졌다. 지하수를 농업용수로 활용하면서 석회암 내의 공동을 채우고 있던 지하수 공간이 비게 되어 상부 지반이 무게를 이기지 못하여 지반이 침하되고 건물이 균열되는 것으로 파악되었다.

(a) 2000년 1월 무안읍   (b) 2005년 6월 교촌리   (c) 2014년 4월 청계농공단지

그림 1.8 무안 지역 지반침하와 함몰

(2) 화강암과 마사토

유홍준 교수는 『나의 문화 유산 답사기 3』에서 서산 마애삼존불상을 백제인의 미소라고 말했다. 우리나라의 대부분 석조물은 화강암으로 만들어졌다. 화강암은 단일 암석으로는 가장 넓은 면적에 분포하고 단단하여 석조 재료로 활용되었다. 봉우리가 높은 북한산, 관악산, 도봉산, 수락산, 불암산, 설악산, 월악산, 속리산, 월출산은 모두 화강암 산이다. 땅속 깊은 심도에서 마그마가 굳어져서 지표면에 노출된 화강암은 석영, 운모, 장석과 같이 밝은색을

띠는 광물로 구성된다. 매우 천천히 식었기 때문에 결정질 암석이다. 암석이 풍화되어 원래의 위치에 남기도 하고, 멀리 이동하기도 한다. 서울 모래내는 북한산 화강암이 풍화된 후 석영질 모래가 이동하여 퇴적된 하천이다.

화강암이 풍화되어 흙이 되면 흔히 마사토라고 부른다. 이웃 나라에서 만든 자연과학 용어를 그대로 쓰는 경우가 많은데 마사토는 일본어의 真砂土^{まさつち}를 우리말로 옮긴 것이다. 백마사와 질마사로 구분하는데,[15] 백마사는 점토나 황토 성분이 배제되어 돌가루와 비슷한 흙으로 배수성을 높이는 목적으로 사용한다. 질마사는 점토나 황토가 섞여 있는 흙으로서 작물 농사나 테니스장 바닥재료로 활용된다. 화강암질 풍화잔류토는 석영, 장석, 운모 등의 유색광물을 포함하며 모래부터 점토까지 다양한 토립자로 구성된다. 지표면 부근에서 풍화된 마사토는 비교적 단단한 석영 성분이 이동될 가능성이 커서 점성이 비교적 높고 투수성이 적다. 반면에 깊은 심도에서 풍화되어 잔류된 흙은 석영이 세립화되어 소성이 적고 투수성이 큰 특징을 보인다. 은평구 박석고개는 지표 부근이 풍화되어 석영질 모래가 이탈됨으로써 점성은 높고 투수성이 낮은 장석 성분이 우세한 지역이다. 비가 오면 질퍽거리기 때문에 얇은 돌을 깔아 주행성을 좋게 한 것에서 유래한 지명이다. 충주시 수안보면, 충남 홍동면, 강원도 우천면, 이천시 부발읍, 마장면과 장록동, 양주시 남면, 여주시 금사면 이포리, 연천군 청산면의 박석고개 등 전국에 같은 이름의 고개가 많다.

---

15 서울특별시 교육청, 『학교 운동장 설계기침 및 시설 기준』, 2015.

중생대에 관입한 화강암은 신생대 제3기와 제4기의 간빙기에 심층풍화를 겪은 것으로 알려졌다. 깊게 풍화된 화강암이 지표면에 노출되면서 생기는 지형이 토르tor다. 설악산 흔들바위와 영랑호 리조트 내의 범바위가 유명하다. 토르가 노출되기 전에 흙 속에 있는 상태가 핵석core stone이다. 이는 풍화가 쉽게 일어나는 장석과 풍화에 강한 석영이 차별 풍화된 결과로 생긴다. 일반적으로 화강암이 풍화작용을 받으면 먼저 장석이 풍화되고 석영 입자가 잔류하는 형태를 보인다. 이때 암반에 내재된 절리면을 따라 풍화작용이 진행되는데, 절리면 간격이 좁은 부분은 양파껍질처럼 보인다.

마그마가 굳는 과정이나 지표면에 노출되는 과정에서 절리면은 불규칙한 양상을 보인다. 이에 따라 풍화면이 지점마다 크게 달라 암선을 결정하는 데 어려움이 있다. 구조물의 기초가 풍화대에 놓이는 경우에는 지점 간 지지력이 달라서 부등침하가 생길 수 있다. 사면의 경우에는 풍화토와 암반과의 경계면을 따라 강도와 침투특성이 크게 달라지므로 비가 오면 이 면을 따라 비탈면 붕괴가 발생하기도 한다. 판상절리 및 수직절리가 우세한 경우에는 절리면을 따라 평면파괴, 수직절리에 의한 전도파괴가 발생할 가능성이 크다. 풍화된 상부 토층의 경우에는 석영질이 우세한 지층이 많으므로 빗물에 의해 유실되어 침식과 세굴이 발생하는 경우가 많다.

(a) 설악산 흔들바위   (b) 영랑호 범바위   (c) 차별풍화와 핵석
그림 1.9 화강암의 풍화지형

(3) 퇴적암과 채석강

암석은 윤회한다. 그러나 태초의 지구는 화성암과 운석의 집합체였을 것이다. 풍화와 침식이 진행되면 암석은 자갈, 모래, 점토와 같은 흙으로 분해된 후 다시 굳어서 퇴적암이 되고 열과 압력을 받아 변성암이 되는 과정을 겪는다. 퇴적암은 재료에 따라 자갈, 모래, 실트, 점토에 의해 만들어지는 쇄설성clastic 퇴적암, 물에 녹는 흙 성분이 다시 굳어지는 화학적

퇴적암, 생물의 유해가 쌓여 만들어지는 유기적 퇴적암으로 구분한다. 고체 입자로 퇴적되는 쇄설성 퇴적암은 입자 크기에 따라 생성 위치가 결정된다. 입자가 크고 원형에 가까운 것은 바로 낙하하여 퇴적되므로 얕은 심도에서 만들어진다. 직경이 작고 납작한 입자는 침하 속도가 늦으므로 먼 곳까지 운반되어 깊은 곳에 퇴적된다.

퇴적암이 형성되는 모습을 잘 보여주는 자연 교과서가 변산반도의 채석강과 적벽강이다. 채석강이라는 이름은 중국 당나라 때의 시인 이태백이 배를 타고 술을 마시면서 강물에 뜬 달그림자를 잡으려다 빠져 죽었다는 중국 고사의 채석강과 그 생김새가 흡사하다고 하여 붙여졌다고 한다. 여기서 강江이라고 한 것은 어원적으로 볼 때 큰 하천의 하류를 뜻한다. 채석강이 있는 곳은 과거 격포분지의 끝자락이다.

채석강의 낙조 사진이 근사하다. 여기에는 세 가지 지질 작용이 있다. 먼저는 중생대 말 격포분지에 퇴적된 쇄설성 퇴적암과 그 위를 덮은 화산암이다. 두 번째는 융기된 후 파도에

그림 1.10 채석강의 낙조(출처: 전라북도 지질공원)

씻겨서 절벽과 동굴을 이룬 파식애와 파식동굴이다. 사람들이 서있는 곳은 절벽과 동굴이 무너져서 만들어진 파식대지다. 켜켜이 쌓은 퇴적암이 조륙운동에 의해 지상으로 드러나고 자연의 힘에 의해 깎여서 현재의 지형이 만들어졌다. 자세히 살펴보면 한 덩어리가 아니고 층을 이루고 있다. 대부분 수평이지만 간혹 구부러진 층도 보인다. 다른 종류의 흙이 퇴적된 경계를 층리bedding라고 한다. 이질층의 경계이므로 물이 흐를 수 있는 통로가 되며 이 층을 따라 풍화가 진행되기 쉽다. 채석강이나 적벽강은 층리면이 수평이라서 절벽을 유지하고 있는데, 만약에 층리가 경사져 있다면 미끄러질 수 있는 가능성이 있다.

한반도의 동쪽이 높고 서쪽이 완만해지는 지형 변화는 2,300만 년 전인 신생대 제3기 후기의 지반 융기에 의한 것으로 설명된다. 경동성 요곡융기傾動性 撓曲隆起, tilted upwarping는 기울어져서 지각이 휘어지는 현상을 설명하는 용어다. 동해안을 중심축으로 주변으로 가면서 융기율이 작아져 지각이 휘어져 올라오는 지각운동으로서 경상분지가 영향을 받았다. 경상분지에 퇴적된 중생대 지층을 경상누층군이라고 한다. 지역에 따라 하부의 신동층군, 중부 하양층군, 상부 유천층군으로 세분한다. 유천층군은 화산퇴적층이고 신동층군과 하양층군은 육성퇴적

층으로서 셰일과 사암, 역암이 주된 암종이다. 층리로 대표되는 지질구조는 지역에 따라 다르지만 경사각은 10~25°를 보인다.

중생대에 퇴적된 셰일은 호층을 이루는 사암에 비해 풍화에 취약하다. 셰일이 풍화되어 층리면에 잔류하는 점토는 암반의 공학적 성질을 크게 좌우한다. 사면을 형성하기 위해 절취할 때 층리면을 따라 활동이 발생하기 쉽다. 경상분지 퇴적암 지역을 통과하는 고속도로 노선은 경부, 대구-마산, 중앙, 남해, 대구-포항, 대전-통영 간이며, 2000년 말 절취사면은 총 3,000여 개인데, 56개소에서 붕괴가 발생하였다.[16] 주된 붕괴 형태는 절리면을 따라 발생하는 평면파괴와 차별풍화에 의한 낙석이다.

셰일과 사암이 교대로 나타나는 하양층군 칠곡층에서 시공된 280m의 도로사면 중 40m가 붕괴되었다. 설계에는 1:0.5로 계획하였으나 20°로 형성된 층리면을 따라 평면파괴가 발생하였다.[17] 최상단에서 수평 방향으로 2m 정도 활동한 사면과 원지반 사이에 폭 4m, 깊이 15m 정도의 균열부가 생겼다. 사면은 풍화가 심하고 사면 내에 관입된 암맥의 경계면에서 지하수가 흐른 흔적과 2~10cm 정도의 두께로 점토가 충전되어 있는 것이 관찰되었다. 암반의 강도를 나타내는 방법으로 내부마찰각과 점착력이 사용된다. 사고 현장의 암반 층리면에 대해 점토가 없는 부분과 충전된 부분에 대한 절리면 전단강도 시험 결과는 큰 차이를 보였다. 지하수에 의한 수압과 절리면 내에 충전된 점토가 사면 활동을 야기한 것으로 판단하였다. 이로 인해 사면을 경사를 1:1로 완화하여 재시공하였다.

표 1.3 붕괴 사면의 전단강도

zone	일축압축강도 (kg/cm^2)	삼축압축시험		절리면 전단시험			
		점착력, c (kg/cm^2)	내부마찰각, ϕ (°)	미충전 절리면		충전 절리면	
				c	ϕ	c	ϕ
파괴사면	972.3	150	40.3	0.69	36.1	0.13	22.2

---

16 유병옥 외, '경상분지 셰일 지역에서의 절토사면 파괴 특성', 이암·셰일 지역 현장 세미나, 2002.

17 김용준 외, '퇴적암의 층리면을 따라 형성된 충전물에 의한 암반사면 붕괴사례', 한국지반공학회 가을학술발표회, 2006.

| (a) 파괴사면 수평이동 | (b) 상부 인장균열 |

(c) 붕괴 형태

그림 1.11 붕괴사면 현황

(4) 화산암과 송이층

제주도는 화산섬이다. 육지와는 다른 특이한 지형을 보인다. 지표면 부근의 용암 안에서 가스가 빠져나가면서 구멍이 생긴 검은 바위로 만든 돌하루방은 현무암질 기념품이다. 신혼 여행에서 반드시 가봐야 할 곳으로 추천받은 산굼부리는 전문적인 지식 없이 접했던 독특한 제주도 지형이다. 시추 조사 심도 아래에 분포한 송이층이 원인이 되어 공사 중에 라멘교가 기울어진 경험을 통해 공학적인 목적으로 화산지형을 살펴보는 계기가 되었다.

제주도는 북위 32°21'인 백록담을 가르는 위도에 반시계 방향으로 약간 기운 타원형의 평면에 현무암질 용암류가 반복하여 분출한 방패모양^{楯狀} 화산체다. 또한 여러 개의 소규모 분출에 의해 형성된 약 360여 개의 분석구와 해안에서 수성화산활동이 있었던 것으로 조사되었다. 현무암의 암석 절대연령 측정값이 120만 년에서 2만 5,000년 범위이니 무척 젊은 섬이다.

화성암의 분출암인 용암은 크게 두 가지로 분류한다. 하와이 원주민 말로 아아용암은 유리질이 적어 점성이 높고 휘발성분이 많아 기공이 크며 빠르게 분출하는 특성을 보인다. 점성이 높기 때문에 이미 굳은 용암이 새로 흐르는 용암으로 인해 떨어져 나와 쌓이는 클링커층을 형성한다. 폭발성이 큰 경우 가스와 함께 지표로 분출되는 입자가 쌓이는 것이 스코리아며, 퇴적 범위는 압력에 따라 분화구에서 수 킬로미터까지 이르게 되며 두께도 지점마다 다르다. 제주도 말로 스코리아를 송이층이라고 한다. 퇴적된 이후 운반될 틈이 없었기 때문에 마모되지 않아 각진 자갈 형태를 이룬다. 또한 고결될 시간적 여유가 없었기에 입자 간 맞물림 상태의 미고결층으로 분포한다. 이로 인해 지지력이 낮고 지점마다 차이를 보이며 투수성이 큰 특성을 갖는다. 여러 번 분출이 있었기 때문에 현무암과 송이층이 번갈아 나타나는 경우도 있어서 기초 지지력을 결정하거나 굴착 안정성을 평가할 때 주의가 필요하다. 클링커층도 교호하는 특성을 보이는데, 송이층과는 달리 용암이 흘렀던 궤적을 따라 종 방향으로 분포하는 것이 일반적이다.

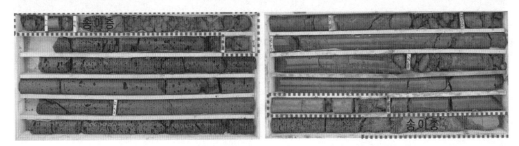

그림 1.12 제주시 하귀동(바굼지 오름과 1km 이격) 시추코아

이와 반대 성질을 갖는 파호이호이용암은 점성이 낮아 천천히 흐른다. 용두암처럼 날카로운 표면을 보이는 아아용암질 현무암과는 달리 매끄럽고 새끼줄 구조를 보인다. 해안과 인접한 평탄지형을 빌레라고 하며, 용암동굴을 형성할 수 있는 용암류다. 제주도의 용암동굴은 80개 이상 분포하며 만장굴과 협재굴은 길이로 볼 때 세계적인 지질명소다. 만장굴과 가까운 거리에 있는 김녕굴은 원래 만장굴과 연결되었지만 동굴이 함몰되면서 분리된 형태인 것으로 파악되었다. 용암동굴은 지표면과 가까운 곳에 있기 때문에 천장이 붕괴되면서 지표면이 함몰되는 사고도 발생한다.

| (a) 제주도 송이층 | (b) 제주도 빌레 | (c) 제주도 서귀포 지반함몰 |

그림 1.13 제주시 특이 지형과 지반사고

(5) 화강암 분지

배추나 무청을 말린 것은 몸에 좋다는 시래기다. 배추는 호랭성 식물인데, 토심이 깊고 배수력과 보수력이 좋은 사질 양토에서 잘 자란다. 펀치볼 시래기가 유명하다. 강원도 양구군 해안면, 일명 펀치볼은 평균 해발 1,000여 미터인 고지대이며, 화강암이 침식되어 만들어진 분지로서 화강암질 풍화잔류토가 20~45m 깊이로 분포한다. 남북 7.5km, 동서 5.5km 타원형 분지를 400여 미터 표고차를 두고 가칠봉, 대우산, 도솔산, 대암산이 둘러싼다. 배추가 잘 자라는 지형이다.

운석이 충돌한 분지라는 주장도 있는데, 지질학 관점에서 보면 선캄브리아기 변성암을 쥐라기에 관입된 화강암이 침식되어 현재의 지형이 된 것으로 보는 견해가 지배적이다. 화강 암이 지표면에 노출되면서 응력 해방으로 인해 인장 절리면이 만들어지고 화학적 풍화가 오랫동안 진행되면서 분지가 형성되었다. 변성암과 화강암의 경계면에서 침식에 강한 변성 암이 그대로 남아 급경사 사면이 형성된다. 1990년에는 여기에서 제4호 땅굴이 발견되었는 데, 1989년에 북에서 남쪽으로 하향 굴착한 터널을 시추 조사를 통해 확인하였다. 직경 3m인 터널굴착장비TBM를 사용하여 330m를 뚫어 관통함으로써 접근할 수 있었다. 두 터널 지반은 모두 매우 견고한 화강암이었다.

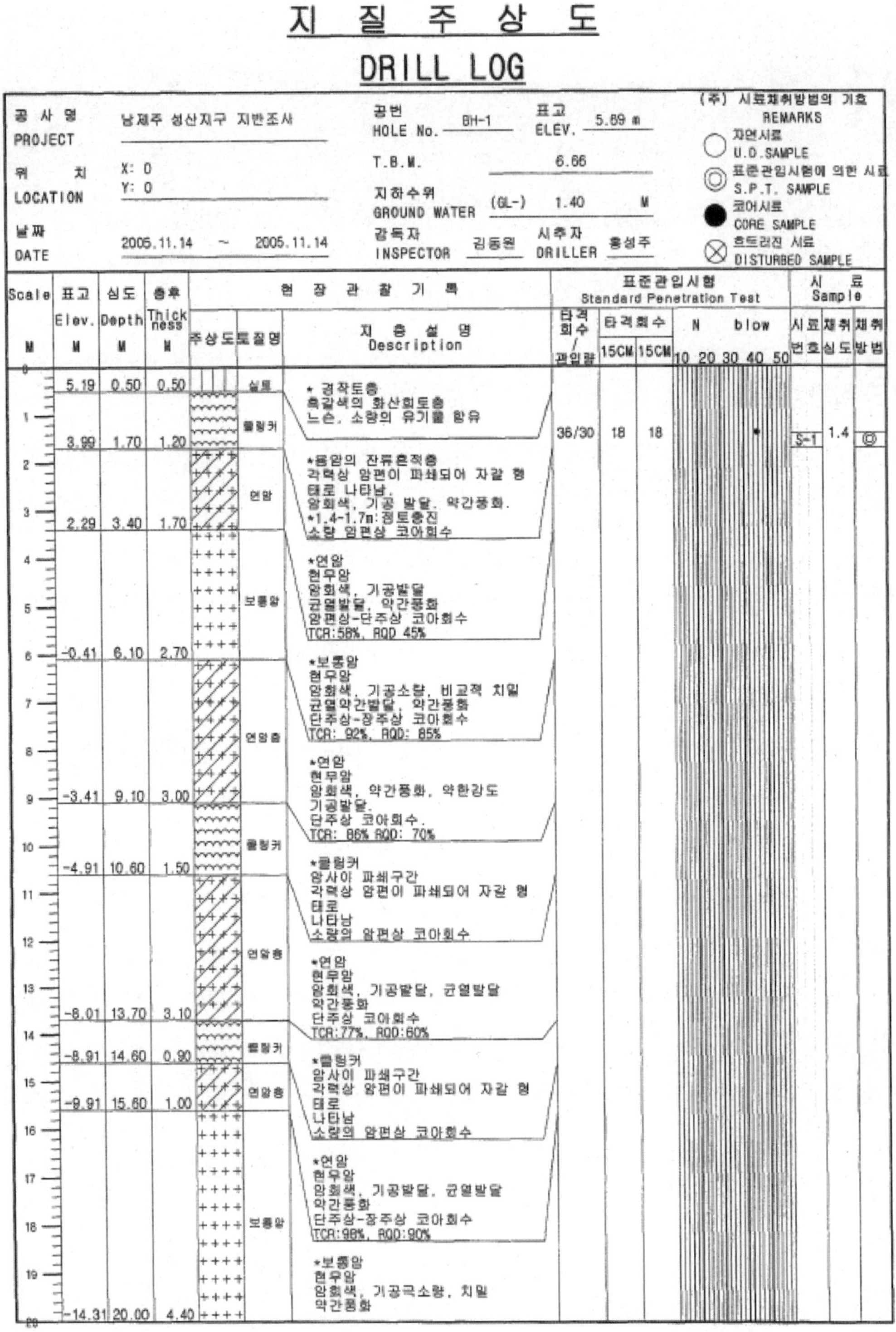

지 질 주 상 도
DRILL LOG

공 사 명 PROJECT	남제주 성산지구 지반조사	공번 HOLE No.	BH-1	표고 ELEV.	5.89 m
위 치 LOCATION	X: 0 Y: 0	T.B.M.		6.66	
날짜 DATE	2005.11.14 ~ 2005.11.14	지하수위 GROUND WATER (GL-)	1.40	M	
		감독자 INSPECTOR	김동원	시추자 DRILLER	홍성주

Scale M	표고 Elev. M	심도 Depth M	층후 Thickness M	주상도	토질명	지층설명 Description	타격회수 관입량	타격회수 15CM	타격회수 15CM	N blow 10 20 30 40 50	시료 번호	채취 심도	채취 방법
	5.19	0.50	0.50		실트	* 경작토층							
	3.99	1.70	1.20		쿨링커	흑갈색의 화산회토층 / 느슨. 소량의 유기물 함유	36/30	18	18		S-1	1.4	◎
	2.29	3.40	1.70		연암	*용암의 잔류흔적층 / 각력상 암편이 파쇄되어 자갈 형태로 나타남. / 암회색, 기공발달. 약간풍화. / *1.4-1.7m:점토충진 / 소량 암편상 코아회수							
	-0.41	6.10	2.70		보통암	*연암 / 현무암 / 암회색, 기공발달 / 균열발달, 약간풍화 / 암편상-단주상 코아회수 / TCR:58%, RQD 45%							
	-3.41	9.10	3.00		연암층	*보통암 / 현무암 / 암회색, 기공소량, 비교적 치밀 / 균열약간발달, 약간풍화 / 단주상-장주상 코아회수 / TCR: 92%, RQD: 85% *연암 / 현무암 / 암회색, 약간풍화, 약한강도 / 기공발달. / 단주상 코아회수. / TCR: 86% RQD: 70%							
	-4.91	10.60	1.50		쿨링커	*쿨링커 / 암사이 파쇄구간 / 각력상 암편이 파쇄되어 자갈 형태로 / 나타남 / 소량의 암편상 코아회수							
	-6.01	13.70	3.10		연암층	*연암 / 현무암 / 암회색, 기공발달, 균열발달 / 약간풍화 / 단주상 코아회수 / TCR:77%, RQD:60%							
	-8.91	14.60	0.90		쿨링커	*쿨링커 / 암사이 파쇄구간 / 각력상 암편이 파쇄되어 자갈 형태로 / 나타남 / 소량의 암편상 코아회수							
	-9.91	15.60	1.00		연암층	*연암 / 현무암 / 암회색, 기공발달, 균열발달 / 약간풍화 / 단주상-장주상 코아회수 / TCR:98%, RQD:90%							
	-14.31	20.00	4.40		보통암	*보통암 / 현무암 / 암회색, 기공극소량, 치밀 / 약간풍화							

그림 1.14 남제주군 성산 시추주상도(출처: 건설정보 시스템, 대한주택공사, 2005)

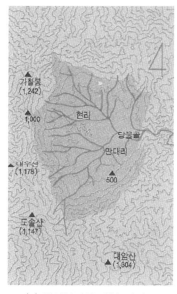

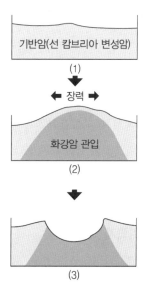

(a) 해안분지의 지형, 지질도   (b) 분지 형성 모델

그림 1.15 해안분지 형성(출처: 자연사기행, 최영선, 한겨레신문사, 1995)

그림 1.16 양구군 해안면

 화강암을 기반암으로 하는 지역에는 대체로 지명에 주州가 붙는다. 뒤에는 높은 산이 있고 앞에는 물이 흐르는 지역이라 주거요건이 좋아서 촌락이 형성되고 행정적으로 주요한 역할을 했기 때문에 붙여진 것인지도 모르겠다. 침식 분지는 외곽은 산지로 둘러싸이고, 중앙부는 낮은 평야로 이루어진 그릇 모양으로 발달하는 지형이다. 우리나라의 구릉성 분지는 주로

내륙에 분포하는 화강암 지역을 중심으로 형성되어 있다. 경기도의 여주-이천, 충청북도의 옥천, 진천 지역, 충주와 제천 지역, 충청남도의 천안, 전라북도의 익산과 김제 지역, 경상북도의 예천과 안동, 영주 지역 등에 분포한다. 구릉성분지는 삼면이 산지로 둘러싸여 있는 반면, 한쪽 면은 평야지대로 열려 있는 U자형의 분지지형이 특징이다. 서울 북한산과 같이 괴상 massive으로 존재하는 화강암체는 풍화작용에 대한 저항력이 매우 커서 돔Dome 형태로 남는다. 한국의 침식분지 대부분은 풍화에 강한 편마암류로 둘러싸여 있는 화강암상에서 차별풍화에 의해 발달하는 침식분지들이다.

(6) 중력 퇴적지형 애추

한 여름에도 서늘해서 얼음을 볼 수 있는 밀양 얼음골은 천연기념물 224호다. 해발 600m에 위치하며 폭 30m, 길이 70m 정도인 돌밭이다. 지형과 지질 조건에 따라 암반에서 떨어진 암석이 아래로 떨어져서 쌓인 지형이다. 여기 말고도 우리나라에는 얼음골, 빙계, 한골, 풍혈 등의 이름으로 붙여진 곳이 여럿 있다. 암석의 맞물림으로 인해 공간이 불규칙하게 생기고 위에서 불어 들어온 바람이 돌밭의 단열냉각으로 차게 된 공기가 아래로 빠져나가기 때문에 생기는 현상이다. 돌밭을 다른 말로 애추, 너덜겅, 테일러스Talus라고 하며 암석은 중력에 의해 떨어진 곳에 쌓인 것이므로 돌이 모나고 식물이 자라지 않는다. 일반적으로 폭이 좁고 아래로 퍼지는 형태를 보이는 테일러스는 암설岩屑 사면이라고 하는데, 원추상, 대상, 합류상을 보이기도 한다.

테일러스의 경사각은 중력에 대한 안정을 갖는 범위 내에서 결정되는데, 위는 급하고 아래로 갈수록 완만해진다. 대체로 26~35°의 경사가 많고 암석의 크기는 200mm 이하의 것이 대부분이나 500mm 이상도 포함된다.[18] 테일러스는 이미 안식각을 형성하여 대규모 붕괴가 발생할 가능성이 낮은 것으로 인식되고 있으나, 지진이 발생하거나 사면 하부 절취 또는 테일러스 하부 제거 등에 의해 힘의 평형 상태가 깨질 경우 대형 붕괴가 발생할 우려가 높은 곳이다. 일반적으로 테일러스 지형의 안정성을 평가할 때는 암석의 상대적 분포나 방향을 고려하여 안정성 여부를 진단한다.[19]

돌이 길이 방향으로 쌓인 형태는 유사하지만 발생 원인, 암석 크기, 암석 형태 등이 차이가

---

18 전영권, '태백산맥 남부 산지의 암설사면지형', 지리학, 제28권, 제2호, 1993.
19 이정엽 외, '테일러스와 탄질 셰일에 의한 암반사면 붕괴 사례 연구', 한국지반공학회 봄학술발표회, 2009.

나는 지형으로 암괴류block stream(돌강, 바위강)가 있다. 대구 비슬산 대견사 터 아래 해발 1,000m 지점에서 시작하여 700m 지점에서 맞은편 산에서 온 다른 돌강과 합류하여 해발 450m까지 2km 정도 이어지는 돌강(천연기념물 제435호)은 세계적으로 가장 긴 암괴류다. 직경 10m를 넘는 덩어리를 포함해서 모서리가 둥글둥글하다.[20] 8만 년에서 1만 년 전 마지막 빙하기에 풍화되어 흙과 암석이 혼재하다가 빙하기가 끝나면서 비에 의해 흙이 쓸려져 나가면서 암석만 남게 된 경우다. 원위치에 잔류하면서 큰 덩어리가 남고 풍화 영향으로 모서리가 마모된 것이다.[21]

그림 1.17 정선군 테일러스 사면   **그림 1.18** 비슬산 돌강

1.3 땅과 땅 이름

옛 이름치고 무심한 건 없다. 땅 이름에는 사람살이가 녹아 있다. 그 지역만의 문화, 인문, 지리, 사회, 자연을 드러낸다. 나의 외갓집은 즘말이다. 행정명으로는 청원군 미원면 금관리다. 즘말의 의미가 늘 궁금했다. '말'이야 마을일터인데, '즘'은 무엇일까. 즘골 또는 점말, 즘말은 옹기를 굽던 마을 또는 옹기점이 있는 마을이나 골짜기란 의미로 풀이한다.[22] 옹기를 구웠다면 근처에 재료인 점토가 있을 것이고 땔감용 참나무를 구하기 쉬웠을 것이다. 참나무는 소나무와 함께 우리나라 산에서 흔히 볼 수 있는 나무로, 토심이 깊지 않아도 잘 자란다. 즘말에서 유추할 수 있는 지반공학적 단서는 점토가 퇴적된 지형과 토심이 얕은 사면이 분포

20 조홍섭, 『한반도 자연사 기행』, 한겨레출판, 2011.

21 전영권 외, '대구 비슬산지 내 지형자원의 활용방안에 관한 연구', 한국지역지리학회지, 제10권, 제1호, 2004.

22 춘천시, 『국가기본도 표기 지명 정비사업 학술연구보고서』, 2020.

한다는 것이다. 어릴 적 외갓집 풍경이 그랬다.

지명을 발생사적으로 고찰하면 반드시 고유명사로 시작되지는 않았다. 모래가 많은 내라서 모래내고 비가 올 때만 물이 흘러 마른내(건천)이며, 큰 고개 밑이라 한티(대치)라고 했을 것이다. 마을이 생겨서 이름을 부르게 되었고 행정·군사 측면에서 통일된 지명을 가지게 되었다. 지명학toponymy 측면에서 우리 지명의 변천을 4기로 구분한다.[23] 신라 경덕왕 757년 군현제를 개편하면서 이미 있었던 이름을 한자화 또는 한역화한 지명 개정을 전후로 1, 2기로 나누고, 고려 태조의 개정을 3기, 조선 세종대의 개정을 4기로 말한다. 이후 1914년 조선총독부의 행정개편에 따른 개정이 있었고, 2007년부터 시행된 「도로명 주소 등 표기에 관한 법률」에 따른 도로명 주소가 시행되었다.

땅 이름을 지을 때 가장 쉬운 방법이 자연 형태를 따라 붙이는 자연지명이다.[24] 우리 산은 봉우리만 홀로 있지 않고 줄기를 따라 굴곡된 지형을 가지고 있어서 고개와 골짜기, 하천이 있는 것이 보통이다. 유난히 질은 흙이 많은 고개가 진고개이며 칡넝쿨이 많은 고개는 칡고개葛峴다. 행정소재지, 군대 주둔지, 역체, 주요 건물을 따라 붙여진 법제지명으로는 성북동, 사간동, 이태원, 정동 등을 들 수 있다. 경제와 관련된 지명으로는 잠실, 창동, 마포 등이고 종교·문화 등에 관련된 지명으로 원효로, 쌍문동 등이 있다. 한자를 사용하게 되면서 원래 뜻에서 벗어나는 지명도 있다. 갯벌이 있었던 곳의 지명이 개포동, 되너미고개가 돈암동이 되었다. 중구 필동은 원래 붓골, 즉 한성부 남부사무소가 있는 곳인데, 한역화되는 과정에서 필동이 되었다. 가까운 두 지역을 묶으면서 원래의 뜻을 잃게 된 합성지명도 많다. 잠실리와 신원리가 합쳐져서 잠원동, 분당은 1914년 일제의 행정구역 통폐합 때 분점리盆店里(동이정)와 당우동唐隅洞(당모루) 등의 마을을 합치고, 두 마을의 머리글자를 따서 만든 지명이다.

지도와 문헌상에 나타난 지명을 재해 유형별로 분석하여 방재대책을 수립하는 연구가 있었다.[25] 자연을 대기권, 수권, 암석권, 생물권으로 구분하여 이에 해당하는 키워드를 중심으로 지명을 분류했다. 침수지형인 곳은 범汎, 탄灘, 여울, 버덩, 두둘, 구덩 등이고 이를 막기 위한 시설이 있는 곳은 제堤, 방防, 보洑, 축築, 방죽, 뚝, 둑 등의 단어가 들어갔다. 강릉 입암동에 주택단지가 시공될 때 땅 이름에서 지반공학적 의미를 엿보았다. 지금은 아파트 단지로 인해 주변 풍광을 살펴보기 어렵지만 건설 당시에는 평지에 불쑥 솟은 봉우리를 쉽게 볼 수 있었

23 천소영, 『한국 지명어 연구』, 이화문화사, 2003.

24 서울특별시시사편찬위원회, 『서울지명사전』, 2009.

25 국립방재교육연구원 방재연구소, '온고지신형 방재대책 수립 방안 연구', 2009.

다. 지반조사 결과에서 사질토가 깊게 분포할 뿐만 아니라 기반암의 심도가 가까운 거리에서 10m 이상 차이가 났다. 아파트 기초공사를 위해 말뚝이 설치될 때 길이가 지점마다 다르고 견고한 지반에 도달했을 때 경사지게 설치되는 문제점이 있었다. 입암^{立岩}은 솟은 바위를 말하고 지표면 아래의 퇴적층 심도가 크게 차이나며 사질토 위주로 급하게 쌓였던 것으로 파악했다.

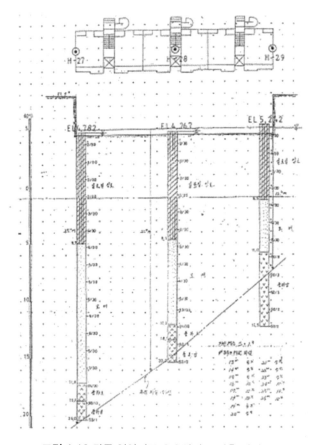

그림 1.19 강릉 입암지구 ○○아파트 지층 단면도

옛 이름에는 자연요소가 포함된 것이 많다. '개'는 하천이 땅 쪽으로 휘어들어가 잔잔한 물가를 칭하는 말이고, '꾸지, 꼬지, 구지, 곶'은 들·바다·하천으로 뛰어나간 산줄기를 의미하며 한자로는 '串'로 쓴다. '뫼, 미'는 산을 가리키며 문경새재나 새내에서의 '새'는 새롭다는 뜻보다는 사이라는 의미다. 울음소리가 난다는 해협의 이름이 울돌목이다. 노량, 양산의 '梁'의 우리말이 '돌'에 해당하는데, 지형이 계곡을 이루고 있어서 물결이 빠르거나 급격한 경사

퇴적지형으로 짐작할 수 있다. 두뭇개와 두물머리는 두 개의 하천이 합쳐진다는 의미다. 사람이 모여 사는 '洞'은 물이 있어야 한다는 뜻이고 무주구천동과 같이 물 맑고 경치 좋은 골짜기도 의미한다. 선돌·입석·입암 등은 산이 솟아 있는 지형이나 고인돌이 있는 곳이다. 땅 이름, 특히 과거로부터 불렸던 이름은 지반공학적인 특성을 파악하는 단서가 될 수 있다.

표 1.4 땅 이름과 지반공학적 특성

지역	지명	지반공학적 특성
서울	모래내, 모랫말, 미나리꽝(근동, 수근동), 건천동, 물치, 수색동, 가락동, 두물개	하천 퇴적 지형
	진고개, 박석고개	세립 풍화토 잔류 지형
	애오개, 한티, 대치동	구릉 지역
	빨래골, 두텁바위(후암동), 마당바위(장암)	화강암 지역
부산	부산, 가모령, 가마재, 가마뫼, 증산, 남천, 구덕, 거칠산(황령산)	경사 지형
	신평동, 부평동, 사상, 사하, 연지동, 덕천동, 부곡동, 연제동, 거제동, 연산동, 삼락	하천 지형
대구	각산동, 입석동, 건들바위, 갓바위, 문암산, 와룡산, 용암산, 용지봉, 담티고개, 칠성바위	산악 지형(화강암, 변성퇴적암)
	신천동, 평리, 이천동, 동천동	하천 지형
광주	학동, 풍암동, 송암동, 두암동, 삼각동, 석곡동, 까마귀재(오치동), 망산, 무등산(무돌산), 석문, 까치고개, 노인고개, 서석	산지 지형
	지원동, 광천동, 치평동, 비아동, 증심사천	하천 지형
대전	산내동, 내동, 판암동, 덕암동, 석봉동	산지 지형
	부사동, 유천동, 태평동, 삼천동	하천 지형

출처: 국토해양부 국토지리정보원, 『한국지명유래집』, 2010.

1.4 땅과 지도

지도는 땅의 정보를 그림으로 나타낸 것이다. 사전적 의미로는 지구 표면의 상태를 일정한 비율로 줄이고 약속된 기호로 평면에 나타낸 그림이다. 지질도는 땅속의 정보를 위주로 하고, 해도나 항공도는 바다 속, 하늘 길을 표시한다. 일기도는 일정한 지역이나 그 주변의 날씨 상태를 한눈에 알 수 있도록 만든 것이고, 지적도는 토지가 있는 곳이나 지번, 지목, 경계 따위를 밝히기 위해서 국가가 만든다. 특정 목적에 따라 일정한 규칙에 의해 정보를 생산하는 그림이 지도다. 지반사고 조사에서도 지도는 유용하다. 지질도와 지형도는 땅의 속과 겉의 모습을 보여준다.

　지도는 기술발전에 따라 진보했다. 혼일강리역대국도지도混一疆理歷代國都地圖는 태종 2년, 1402년에 대사성 권근 등이 만든 세계지도로서 중화권 세계관에 근간을 두면서도 미지의 세계에 대한 관심을 가지고 있던 당시 개방적인 대외인식을 엿볼 수 있다.[26] 아프리카 지역까지 포함한 지도의 반을 중국에 할애했고 상대적으로 조선도 못지않게 그렸다. 일본은 한반도 남쪽에 위치하는 것으로 나타냈다. 철종 12년(1861)에 제작된 대동여지도는 남북 22층 동서 2~8면으로 구획한 전근대 한국 지도제작술의 정수라고 할 수 있다. 대한전도(1893)와 같이 근대적 측량 기술이 사용되지 않았으나 그 세밀함이 근대 지도에 필적한다. 고지도는 역사기록이자 하나의 예술작품이다. 그 시대의 신념과 가치체계가 담겨진 그래픽 언어다.

(a) 일본 류코쿠대학 소장본

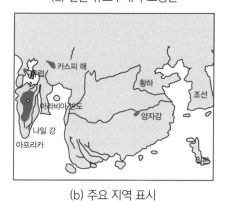

(b) 주요 지역 표시

그림 1.20 혼일강리역대국도지도

그림 1.21 대동여지도

26　오상학, '고지도', 국립중앙박물관, 2005.

대동여지도에는 해설편인 지도유설地圖類說과 도성도, 경조오부도가 포함되었다. 경조오부도는 도읍지인 한양의 중심부와 성 밖 10리까지 한성부 전체를 보여준다. 위치 관계가 실제 거리와 차이가 있지만 중요 시설물과 고개, 산, 계곡, 하천, 다리 등 지형적인 요소가 표기되었고, 지명의 변천도 살펴볼 수 있다. 북한산의 원래 명칭은 삼각산이었으며, 일제강점기에 일본인이 많이 살았던 원효로 부근의 욱천旭川, あさひかわ의 원래 이름은 만초천이었음을 알 수 있다.

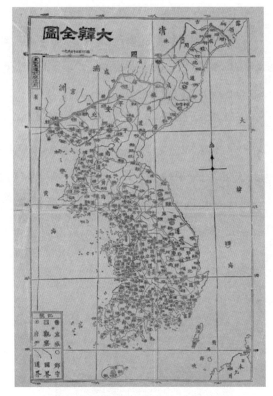

그림 1.22 대한전도(출처: 서울역사박물관)

표 1.5 경조오부도의 지형 관련 땅 이름

구분	땅 이름
고개(峴, 峙)	적유현(되너미), 수유현(무너미), 차현, 우장현, 안락현, 만리현, 아현, 와굴현, 당현, 박석현, 향현, 녹번현, 제기현, 부어지
산(山, 岳, 峯)	삼각산, 백악, 낙타산, 목멱산, 인왕산, 천장산, 무악, 둔지산, 와우산, 용산, 선유산, 보현봉, 비봉, 이경봉, 배봉
하천(溪, 川, 江, 島)	속계, 석관천, 교곡, 만초천, 사천, 안암천, 창천, 서강, 저자도, 기도, 율도, 여의도, 무도
고을(洞, 里)	청수동, 안암동, 성북동, 삼천사동, 옹암동, 안양동, 가좌동, 답동, 벌리, 사하리, 전농리, 왕심리, 답십리, 주성리, 수철리, 보강리, 사평리, 공덕리, 흑석리, 노고리, 세교리, 성산리, 수생리, 증산리
다리(橋)	석교, 제반교, 주교, 영도교

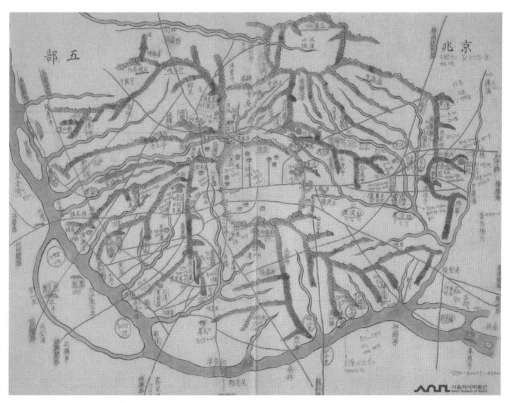

그림 1.23 경조오부도(출처: 서울역사박물관)(컬러 522쪽 참조)

고을에서 도시로 변천하는 과정 중에 지표면에는 변화가 생긴다. 택지를 만들기 위해 산이 깎이거나 낮은 지대가 메워졌다. 곡선이던 하천이 직선화되고 다리가 생긴다. 1960년대까지 한강수계는 자연곡류 현상으로 곡류 하천과 하중도의 섬이 분포하고 퇴적층이 발달된 상태였다. 한강 본류는 잠실 북쪽을 흐르는 현재의 물길이 아니라 지금은 매립되어 사라진 잠실동과 삼전동 사이의 물길이었다. 탄천은 북쪽으로 흘러서 한강과 만난다. 탄천의 하류 일대는 과거 본류였고 지금보다는 더 남쪽에서 한강에 접어들었는데, 그곳은 현재의 양재천과 탄천이 만나는 지점이었다. 남쪽 물길(송파강)과 북쪽 물길(신천강)을 이루는 샛강이 흘렀다. 1971년 4월 부리도의 북쪽 물길을 넓히고, 남쪽 물길을 폐쇄함으로써 섬을 육지화하는 한강 공유수면 매립사업이 시작되었고, 그때 폐쇄한 남쪽 물길이 바로 현재의 석촌호수로 남게 되었다. 지금의 도심지가 불과 50여 년 전만 해도 한강의 본류였다. 더 이상 땅위에 물길은 없지만 지표면 아래 지하수는 과거의 물길을 따라 흐른다.

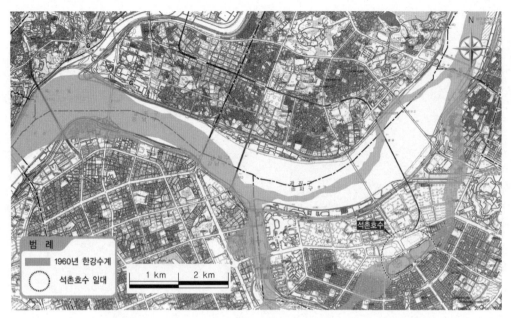

그림 1.24 한강수계의 변화(출처: 국립지리원, 2006; 축척 1:50,000)

지질도는 어떤 지역의 표면에 드러난 암석의 분포나 지질의 구조를 색채·모양·기호 등으로 나타낸 지도다. 지질도는 평면적인 지질 상황을 기록하고 있으나 암석 분포, 단층·습곡·부정합·절리·선구조 등과 같은 지질구조, 암석 간의 시간적인 선후관계를 기록하여 공간 개념의 성질을 갖는다.[27] 1886년에 독일의 고체Gottsche, C. 교수가 개략적으로 작성하여 오류가 많은 1:4,000,000 축척의 전국 지질도가 있었다. 일제강점기에 1:50,000 축척의 탄전 지질도를 만들었고 조선총독부 지질조사소에서는 61매로 된 1:50,000 축척의 지질도와 설명서를 발간하였다. 1945년 광복 후에는 한국의 지질조사소에서 1:50,000 축척의 지질도가 지속적으로 제작되었고 1:1,000,000 축척의 대한지질도가 발간되기에 이르렀다. 1973년에는 전국에 걸친 1:250,000 축척의 지질도가 발간되었고, 1981년에는 1945년 이후에 조사된 1:50,000 축척의 지질도를 참고로 하여 1:1,000,000 축척의 대한지질도가 발간되었다. 지질도를 제작·발간하는 한국지질자원연구원 지질연구센터의 자료에 따르면 2020년 현재까지 국가 기본 지질도인 1:50,000 축척의 지질도가 우리나라 359매 가운데 314매가 발간되어 87.5%에 대한 지질도가 완성되었다. 2025년까지 완성될 예정이다.

화성암, 변성암, 퇴적암으로 구분되는 암석은 저마다 공학적 성질이 다르다. 지반사고가

---

27 『한국민족문화대백과사전』, http://encykorea.aks.ac.kr/

발생한 지점의 기반암을 지질도를 통해 파악하고 지반사고의 배경을 접근해나가는 것이 효율적이다. 과거 기록을 볼 때 산사태가 빈번한 지역의 기반암은 편마암이다. 2011년 7월 서울에서 하루에 300mm 정도의 집중호우가 내려 산사태가 발생한 우면산의 기반암도 편마암이다. 풍화 특성상 토심이 낮고 작은 계곡이 발달하여 호우에 의해 토석류가 발생할 가능성이 크다. 2020년 8월 24일 전라북도 장수군은 특별재난지역으로 선포되었다. 집중호우로 100여 개소 이상 지역에서 산사태가 발생하였다. 천천면 월곡리에서 발생한 산사태는 상부에 조성한 태양광 단지에서 시작되어 지표수가 소계곡으로 유입되는 과정에서 표토가 유실되면서 토석류가 발생한 경우다. 이 지역 지질도에서 보면 선캄브리아기 편마암이 기반암이며 배후에는 추정단층이 위치한다. 서쪽의 화강편마암과의 경계는 신생대 제4기 충적층이다. 산사태 지역은 34° 이상의 급경사 사면으로 보인다. 보도사진을 보면, 우측 단지의 지표수가 좌측 단지의 둔덕과 충돌하면서 경사지 아래로 집중 유출되어 발생한 것으로 추정된다.

(a) 월곡리 산사태 발생   (b) 월곡리 지질도(출처: 지질정보서비스 시스템)

그림 1.25 산사태 현황과 지질도

1.5 풍화와 흙의 생성

지각을 구성하는 암석이 물, 햇빛, 공기, 생물 등의 작용으로 점차로 분해되거나 파괴되는 것이 풍화weathering다. 풍화라는 개념이 문헌으로 처음 나타나는 것은 1757년 Henkel에 의해서며, 일본의 지질학자 후지富士가 1883년에 weathering을 풍화風化로 번역해서 사용했다. 중국 고전에 나오는 풍화는 '사람을 가르쳐 지도'한다는 의미로 사용되기도 했다. 풍화작용은 암석이 흙으로 변화하는 과정인데, 암석의 종류와 주어진 환경에 따라 과정이 달라진다. 풍화에 의해 암석은 성질이 변하고, 암반에서 떨어져 나온 물질이 흙의 원재료가 된다. 물, 바람, 빙하, 파랑 등에 의해 이동되어 퇴적됨으로써 지형이 변한다.

지구 암석의 95%는 Na, K, Mg, Ca, Si. Fe, Al, O의 8원소로 구성되는데, 풍화되는 과정에서 물과 반응이 잘 되는 Na, K, Ca, Mg이 제거되고 Si, Fe, Al이 상대적으로 증가한다. 풍화작용은 물리적 풍화 또는 기계적 풍화와 화학적 풍화로 구분한다. 물리적 풍화가 암석을 분리한다면 화학적 풍화는 분해한다. 분리 요인이 내부의 분해에 의한 것일 수 있고, 분해를 촉진하는 것은 암석이 분리되어 틈이 생겼기 때문이다. 수개월에서 수만 년 이상에 걸쳐서 풍화작용이 일어나므로 물리적 풍화와 화학적 풍화의 선후관계를 명확하게 규정하는 것은 어렵다. 생물학적 풍화작용은 식물의 뿌리에 의해 틈이 벌어지거나 돌이 떨어져 나가는 물리적 작용을 일으키고 암반 내부에서 뿌리가 분비하는 화학물질과 암석이 반응하여 진행된다. 염류 풍화작용은 암반 내의 염류가 녹아 배출되어 표면에 결정을 이루면서 풍화가 진행되는 현상이다. 화산지대에서는 온천수에 의해 암석의 성질이 변하는 열수풍화작용도 발생하는데, 넓게 본다면 생물학적 풍화나 염류풍화, 열수풍화작용은 화학적 풍화의 일종으로 볼 수 있다.[28]

가. 화학적 풍화작용

주로 습윤기후에서 활발하게 진행되는 화학적 풍화작용은 암석이 지표면의 물, 온도, 압력과 평형을 이루지 못하기 때문에 일어난다. 화학적 풍화는 광물이 공기와 물과 작용하는 화학반응의 결과로 나타난다. 암석에 작용하는 화학반응으로는 가수분해, 이온교환, 탄소화합, 수화, 킬레이트화chelation, 산화, 환원, 용해가 있는데, 대부분 용해solution에 의해 풍화가 진행된다. 물이 광물과 접촉하는 곳에서는 산화작용, 혐기적 환경에서는 환원작용이 일반적

---

28 高谷 精一(たかや せいじ), 〈地すべり山くずれの実際〉鹿島出版会, 2017.

이고, 가수분해를 통해 규산염 광물이 분해된다.[29]

암석의 대부분은 규산염으로 구성되고 물이 H$^+$와 OH$^-$로 해리되면서 규산염을 분해하게 된다. 정장석은 가수분해hydrolysis에 의해 점토광물인 카올리나이트를 생성한다. 습윤기후에 서 비가 내리면 가용성 물질이 이동하고 용해도가 낮은 물질은 잔류한다. 대기 중에는 0.03% 정도의 CO$_2$가 있고 토양 내의 공기에는 0.3~3% 정도가 분포한다. 이로 인해 토양 중의 침투수는 약산성이 되어 풍화를 촉진시킨다. 또한 미생물, 식물이 분해되는 과정에서 생기는 유기산도 암석의 화학적 풍화를 야기한다.

산소가 많이 공급되는 환경에서는 산화oxidation에 의해 철, 망간 아산화물과 유화물이 영향을 받게 되는데, 약산성 물이 암석을 풍화시킨다. 철 이온이 산화되면 운모의 결정구조가 바뀐다. 산화에 의해 체적이 증가함으로써 물리적 분해도 유발된다. 유산화물이 산화되면 용적이 증가함과 동시에 아유산, 유산 등의 강산성 물질을 생성하여 암석이 더욱 빠르게 분해된다. 철이 산화되는 과정을 다음 화학식으로 표현한다.

아산화철　　　 : $FeO + O_2 \rightarrow 2FeO_3$(적철광)

　　　　　　　 : $FeO + H_2CO_3 \rightarrow Fe(OH) + CO_2$

수산화제일철 : $2Fe(OH)_2 + H_2O + O^- \rightarrow 2Fe(OH)_3$

수산화제이철 : $Fe(OH)_3 + {}_nH_2O^- \rightarrow Fe_2O_3 \cdot {}_nH_2O$

자철광　　　　 : $2Fe_2O_3 \cdot FeO + 9H_2O + O^- \rightarrow 6Fe(OH)_3$

풍화된 흙은 환경에 따라 고유의 색을 가지게 된다. 암석의 색은 조암광물에 의해 결정된다. 석영과 장석은 흰색, 회백색을 띠고, 휘석·운모·각섬석은 흑색계열이 된다. 화강암과 같은 산성암은 밝은색 토양이 되고, 염기성암인 현무암은 흑색의 토양을 만든다. 화학적 풍화에 의해 성분이 달라지면서 산화철 함유량에 따라 황색부터 적색으로 변한다. 풍화속도가 매우 빠른 이암의 경우에는 원래 검은색에서 회백색이지만, 자연 상태에서 건습이 반복되면 자갈로 분리되고 점토로 변하는 과정에서 연한 자색으로 바뀐다. 1년 이상 경과되면 황색으로 변하기도 한다. 유기물질이 많이 함유된 흙은 흑갈색에서 흑색을 띤다.

---

29 권동희 외, 『토양지리학』, 한울아카데미, 2007.

나. 물리적 풍화작용

기계적 풍화라고도 하는 물리적 풍화작용은 역학적으로 암석이 분리되어 이동하는 현상이다. 암석 상부의 하중이 제거되어 응력이 해방되거나 암석과 불연속면 내 물질이 팽창과 수축되는 과정에서 발생한다. 내재된 물이 얼거나 녹으면서 체적이 변화하고 분리될 수 있는 힘이 작용한다. 양구군 해안분지가 상부 하중이 제거되면서 깊은 심도까지 화강암이 풍화된 사례다. 전국 산지에서 흔히 볼 수 있는 애추talus는 물리적으로 풍화되어 분리된 암석이 중력에 의해 아래로 떨어져서 쌓인 기계적 풍화의 결과다.

불연속면에 나무가 자라서 뿌리가 미는 힘으로 풍화가 진행된다. 절리면에 착생한 소나무는 내부에 흙이 있기 때문인데, 이는 화학적 풍화가 어느 정도 진행되었음을 지시한다. 우리나라 산에서 흔히 볼 수 있는 아까시나무는 19세기 말 일본 사람이 중국 북경에서 묘목을 가져와 인천에 심은 것이 처음이라고 한다. 해방 이후 황폐한 산에 사방용 지피식물로 적합하여 전국적으로 많이 심

그림 1.26 화강암반 절리면에 착생한 소나무

었다. 뿌리에서 자양분을 얻는데, 넓고 길게 뻗쳐 나가 척박한 땅에도 잘 자라며 경사지에서도 번식력이 좋다. 생장 정도에 따라 풍화에 의해 토심이 형성되어 있음을 짐작할 수 있는 수종이다.

나무뿌리는 땅속으로 뻗어나가는 진입 정도에 따라 심근성深根性과 천근성淺根性으로 나눈다. 일반적으로 심근성 나무는 직근이 발달하고 천근성은 지표 가까이서 넓게 확산한다. 심근성 수종은 지하수위가 지표에 가까운 지반이나 암반층에서는 주근 발달이 저지된다. 지표면 흙의 두께, 입도 분포, 토양 결합도에 따라 뿌리 발달 유형이 달라진다. 토심이 깊으면 수종고유의 뿌리 형태를 나타낸다. 나무뿌리가 암석을 분리시키는 힘이 되는 식물 세포압이 10기압에 달할 수 있는데, 생장력은 $1cm^2$에 $4.5 \sim 15.5kg$ 정도의 힘이 가하는 셈이다. 이를 직경 10cm, 길이 1m 정도의 뿌리라고 한다면 약 6톤 정도의 압력을 가하는 것이 될 수 있다. 암반불연속면 발달 상황에 따라 틈으로 생장한 뿌리에 의해 사면이 전도되거나 낙석이 발생하는 원인이 된다.

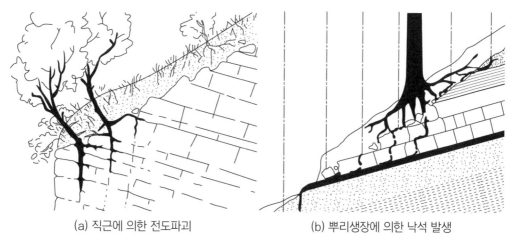

(a) 직근에 의한 전도파괴   (b) 뿌리생장에 의한 낙석 발생

그림 1.27 나무뿌리와 사면 불안정

다. 생물학적 풍화작용

비가 내리면 공기에 있는 탄산가스가 녹아 빗물은 pH5.6 정도의 약산성을 띠게 된다. 토양 중에는 미생물이 호흡하면서 생기는 탄산가스가 침투수에 용해되어 탄산이 되고 가용성 중 탄산염을 생성한다. 암석이 탄산수와 접촉하면 암석을 구성하는 칼슘, 마그네슘, 칼륨, 나트륨의 염기가 물속의 수소이온과 교환되어 식물의 양분이 된다. 식물 뿌리는 지속적으로 수소이온을 공급하여 약산성 환경이 유지된다. 뿌리와 주변 점토가 이온 반응을 통해 염기 물질을 양분으로 확보하여 비평형을 유지하며 점토에서 염기가 계속 용출됨으로써 풍화가 계속된다. 뿌리가 자라면서 체적이 증가하여 물과 공기가 쉽게 유입될 수 있게 한다.

식물뿐만 아니라 지렁이와 같은 환형동물과 흙을 파서 생존하는 설치류와 같은 동물도 생물학적 풍화작용을 일으킨다. 지렁이는 지표에서 1.5m까지 굴을 파고 사는데, 배설물을 통해 토양표면에 치환성 염기물질을 제공한다. 동물이 굴을 파는 과정 중에 토양구조가 바뀌고 다시 혼합됨으로써 토양 내 용탈을 촉진한다. 석회가 풍부한 지역에 서식하는 달팽이는 석회암을 뚫는 경우도 있으며 조류 배설물은 탄산과 반응하여 풍화를 촉진한다. 생물학적 풍화는 화학적·물리적 풍화와 연계하여 토양과 암석의 풍화를 일으킨다.

라. 암반 불연속면과 풍화

암석 성질이 변화하는 조건으로 온도와 압력에 의해 발생하는 풍화, 변성, 화성 작용으로 나눌 수 있다. 풍화는 일상의 기온과 기압 아래에서 발생하고, 변성작용은 암석이 용해되지 않는 900℃ 이하에서 발생하며, 화성작용은 1,000℃ 이상에서 일어나는 변질이다. 암반은 다양한 불연속면을 가지고 있고, 풍화는 이러한 구조를 통해 진행된다.

불연속면은 태생적으로 생성된 분리면이나 암반이 상대적으로 움직여서 분리된 부분을 말한다. 상대적 거동이 발생한 불연속면을 마찰저항으로 인해 주변 암석에서 띠 모양의 파쇄대가 형성된다. 암반 강도가 저하된 상태이므로 물의 통로가 되며 암반 풍화가 촉진되는 공간이다. 풍화된 점토가 잔류하면 물을 차단하는 역할을 하여 주변에 대수층이 형성된다. 단층이나 파쇄대를 통과하는 물은 점토와 접촉하여 원소를 용출시키는데, 철분의 경우 환원상태에서는 회색을 띠지만 지표면 부근에서 산화환경이 되면 적갈색으로 변한다. 단층이나 파쇄대 주변에는 적갈색의 산화철 흔적이 보인다.

퇴적암의 불연속면인 층리는 퇴적물의 입자 크기, 조성, 배열 상태에 따라 직선상으로 생기는 불연속면이다. 층리는 밀착되어 있지만 압력에 의해 물리적으로 고착된 부분이다. 지하수가 흐를 수 있는 통로가 되어 화학적 풍화가 진행됨으로써 점토물질이 협재되는 경우가 많다. 균열은 암석이 외력을 받아 형성된다. 암석의 성질과 받았던 힘의 크기와 방향에 따라 형상이 결정된다. 균열이 집중된 부분은 지하수 통로가 되어 풍화가 촉진된다. 암석이 단층운동으로 광택이 있는 마찰면을 연경면slickenside이라고 한다. 조흔 또는 조선이라고도 부르는데, 단층의 방향성을 지시한다. 연경면이 분포하는 암석은 강도가 비교적 강하고 주로 변성암에서 관찰된다.

대기 중에 노출된 암석은 암종, 불연속면 구조와 대기 환경에 따라 풍화속도가 다르다. 751년에 세워진 것으로 추정되는 다보탑은 2009년에 보수하였다. 일반적으로 화강암은 100년에 1mm 정도 풍화가 진행되는데, 보수 전 상태를 보면 대석이 쪼개지고 내부 균열이 있어서 일부는 새것으로 교체하였다. 캄보디아 앙코르와트 석조물은 사암을 사용한 것으로서 미생물에 의한 풍화가 진행되어 검은 색으로 변색되고 균열이 관찰되었다. 풍화에 강해 100년에 0.1~0.6mm 정도의 풍화속도를 보이는 대리암으로 만들어진 아테네 파르테논 신전도 이끼가 파고들어 벌집형 풍화가 생겼다. 신생대에 퇴적된 이암은 풍화속도가 매우 빠르다. 100년에 수 미터에 이를 정도다. 건습 조건이 반복되면서 입자가 분리되고 강도를 잃게 되는데, 이를 슬레이킹Slaking 현상이라고 한다.

(a) 다보탑의 풍화　　　　　　(b) 앙코르와트 유적 풍화　　　　(c) 파르테논 신전 풍화

그림 1.28 대기 중 암석의 풍화

마. 흙의 생성

　암석이 풍화되어 분리되면서 서로 고착되지 않는 독립적인 입자가 된 것이 흙이다. 풍화된 후 제자리에 남아 있거나 이동되어 땅을 형성한다. 흙을 운반하는 주요 수단은 물이며 이를 충적퇴적토alluvium라고 한다. 담수에 의해 운반된 것은 하성충적, 바닷물에 의해 이동한 것은 해성충적, 빙하작용으로 운반퇴적된 것은 빙퇴석moraine, glacial deposit이다. 잔잔한 호수에 퇴적된 것은 호상퇴적이고, 하천이 범람하여 퇴적된 지형을 범람원flood plain이라고 부른다. 바다로 유입된 토사가 파도에 의해 해안으로 다시 퇴적되어 사주, 석호를 형성한다. 산지 풍화물이 중력에 의해 아래에 쌓인 퇴적 형태가 붕적colluvium이며, 바람에 의해 이동하여 쌓은 지층은 풍적토다. 제주도 송이층과 같이 화산성 분출물tephra이 쌓여 땅을 형성하기도 한다. 해안지역에서는 산호나 조개가 결합되어 강도는 매우 크나 투수성도 큰 지층이 있다. 아라비아만 부근에는 염분을 다량 함유한 흙이 지표면에 노출되어 물과 접촉할 때 강도를 급격하게 잃는 사브카sabkha라는 흙도 있다. 메소포타미아 지역은 석고가 섞여서 사브카와 유사한 공학적 특성을 갖는다. 2014년 아프가니스탄에서 발생한 산사태로 수백 명이 사망한 지역은 신생대 제4기 홍적세에 퇴적된 풍적토loess로서 간극이 매우 커서 포화되면 쉽게 붕괴되는 지형이다.

　퇴적은 한 번에 또는 한 번만 진행되는 것이 아니기 때문에 당시 환경에 따라 땅의 공학적 성질이 달라진다. 화산 분출이 반복되면서 화산성 쇄설물이 층을 달리하여 퇴적되기도 하고, 지각 변동이나 기후환경에 따라 퇴적된 지층에 변화가 발생하는 경우도 있다. 해수면이 상승되기 전에 퇴적된 지층 상부에 해수에 의해 퇴적된 지층이 함께 형성되기도 한다.

그림 1.29 아프가니스탄 바다크샨 산사태

낙동강 범람 지역의 삼각주는 퇴적층 깊이가 90m에 달한다. 이 지역의 지질구조 역사를 살펴보면, 백악기 후기 화산활동에 의해 안산암 복합체가 형성되었고, 화성활동에 의해 화강섬록암과 흑운모 화강암이 관입되었다. 삼각주의 퇴적단위를 크게 4개로 구분하는데, 퇴적단위 IV는 자갈을 포함하는 사질퇴적물로 구성되며 마지막 빙하기 동안 하성환경에서 퇴적된 저해수면 퇴적계열에 해당된다. 퇴적단위 III은 사질점토 혹은 점토질 사질토 퇴적상의 특징을 보여주며 홀로세 해침 후기 하구환경하에서 퇴적된 해침퇴적 계열에 속한다. 퇴적단위 II는 분급이 양호한 사질퇴적물이 얇게 분포하며 홀로세 해침 동안 연안환경에서 퇴적된 해침 퇴적 계열에 속한다. 층서적으로 최상부에 속하는 퇴적단위 I은 홀로세 해침이 완료된 이후에 형성된 삼각주 퇴적층으로 고해수면 퇴적 계열에 해당된다.[30] 기반암 바로 위의 모래질 자갈층은 불규칙한 깊이를 보이는 반면 점토층은 비교적 일정한 퇴적깊이를 보인다. 이는 과거 빙하기 계곡지형을 반영한 것이라고 볼 수 있다. 이와 같이 지반공학적 성질을 달리하는 지층 구조에 따른 변화가 지구환경과 매우 밀접한 관계에 있기 때문에 지질학적인 배경을 살펴보는 것이 중요하다.

---

30 유동근 외, '낙동강 삼각주의 층서 및 퇴적역사', 지질학회지, 제53권, 제6호, 2017.

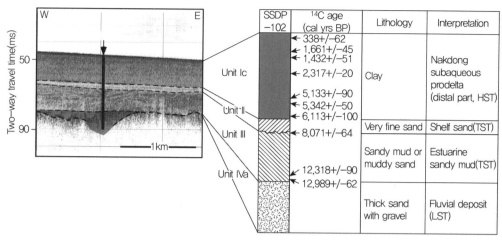

그림 1.30 낙동강 하구 퇴적 형태

1.6 땅속의 물

물은 순환한다. 비가 온 다음 증발, 차단, 증산, 침투, 침윤, 저류, 유출의 단계를 거친다. 땅과 관련된 단계는 침투와 침윤이다. 비가 지표면에 도달하면 흙 속으로 스며들어 지표면을 포화시키고, 중력 방향으로 이동하여 지하수대까지 도달한다. 수문학적으로 전자를 침투 infiltration, 후자를 침루percolation라고 하지만 지반공학적으로는 둘을 분리하지 않고 침투seepage 로 본다. 주어진 조건에서 땅으로 물이 침투할 수 있는 최대율을 침투능이라고 하며 속도의 단위를 쓴다. 침투현상은 지표면 유입, 지층으로 이동, 땅속 저류의 과정으로 진행된다. 이때 흙의 종류, 토심 두께, 흙의 함유 수분과 다짐 정도, 식생피복 상태에 따라 침투 특성이 달라진 다. 땅속에 물을 함유할 수 있는 능력은 보수력, pF로 표현하는데, 건조 상태일수록 pF는 크다. 지층 조건에 따라 보수력은 달라지는데, 보통 흙은 강우량으로 환산하였을 때 200~ 300mm 정도이며 이 값보다 많게 비가 내리면 지표면을 따라 유출된다.

표면류는 지표를 침식하면서 유하하는 데 유속이 클수록 침식 정도가 커진다. 침식되는 흙의 물리적 특성과 지형 조건에 따라 침식, 퇴적, 운반작용이 일어난다. 땅속에 침투한 물은 지표면 부근의 토양수, 중간수, 모관수대를 거쳐 포화대의 지하수대를 형성한다. 수자원으로 이용할 수 있는 지하수는 지하수위면 아래의 포화대에 함유된 물이다. 수두차가 있는 지하수 는 흐르게 되는데, 이때 Darcy 법칙(1856)이 적용된다.

표 1.6 pF와 간극 관계

구분	pF	간극 크기(mm)	물의 상태
거대간극	0 >	3 <	중력수
대간극	0~0.6	0.6~3	중력수
중간극	0.6~1.7	0.06~0.6	중력수>모관수
소간극	1.7~2.7	0.006~0.06	모관수>중력수
미세간극	2.7 <	0.006 >	모관수

물이 흐를 수 있는 다공질 매질에서 d_s만큼 떨어진 어느 두 지점 간 Δh만큼의 수두차가 있을 때 동수경사hydraulic gradient(i)는 $\Delta h/d_s$로 나타내고 흐르는 유량을 다음 식으로 표현하였다.

$$Q = kiA \qquad (1.1)$$

여기서 k는 투수계수, A는 단면적이다. 이때 다공질 매질은 균질하고 동질하며 대수층에는 모관수대가 없고 정상류 흐름으로 전제한다.

지하수의 적절한 개발·이용과 효율적인 보전·관리에 관한 사항을 정함으로써 적정한 지하수 개발·이용을 도모하고 지하수오염을 예방하여 공공의 복리증진과 국민경제의 발전에 이바지함을 목적하는 「지하수법」에 따르면 지하수란 지하의 지층(충적대수층)이나 암석(암반대수층) 사이의 빈틈을 채우고 있거나 흐르는 물을 말한다. 우리나라 수자원 이용량은 연간 372억m³이고 지하수는 41억m³가 사용된다. 빗물이 땅속으로 침투하는 것을 지하수 함양recharge이라고 하는데, 전체 강수량의 14% 정도인 182억m³이다. 수문지질단위는 수리지질 특성에 따라 분류된 지질단위를 말하는데, 지질 시대, 암석 종류 등에 따라 변성암, 탄산염암(석회암), 쇄설성 퇴적암, 관입화성암, 비다공질 화산암, 반고결쇄설성 퇴적암, 다공질 화산암, 미고결 쇄설성 퇴적층의 8개로 분류한다. 관입화성암인 화강암의 하부풍화대에서 지하수 산출이 풍부하고 다공질 현무암이 분포하는 제주도는 수원의 100%가 지하수다.

2014년에 잠실 일대에서 도로가 함몰되고 석촌지하차도 밑을 통과하는 터널 공사 중에 지하공동이 있는 것이 발견되었다. 2015년에는 용산역 앞 보도가 함몰되면서 행인이 빠지는 사고가 있었고, 비슷한 함몰 현상이 거듭되었다. 국민이 불안감을 느끼게 되자 2016년에 「지하안전관리에 관한 특별법」을 제정하기에 이르렀다. 이 법은 지하를 안전하게 개발하고 이용하기 위한 안전관리체계를 확립함으로써 지반침하로 인한 위해를 방지하고 공공의 안전을

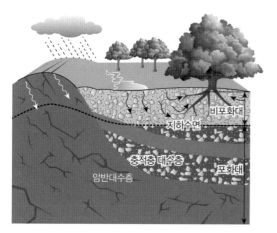

그림 1.31 지하수(출처: 국가지하수정보센터)

확보함을 목적으로 한다. 법에 따라 국가는 지하안전관리 기본계획을 수립하고, 지하개발사업자는 지하안전평가를 통해 공사 전에 계획의 안전성을 확인하여야 한다. 또한 공사가 마무리된 후에 영향 정도를 정량화하여 최종 확인하는 착공 후 지하안전조사를 수행하여야 한다. 상수도, 하수도, 전력시설물, 전기통신설비, 가스공급시설, 공동구, 지하차도, 지하철과 같은 지하시설물을 관리하는 기관은 정기적으로 시설물의 안전을 확인하도록 규정하고 있다.

지하안전평가가 다루는 항목으로는 대상 지역의 지반 및 지질 현황을 파악하고, 공사에 의해 지하수 흐름이 변화함으로써 발생하는 영향을 분석한다. 또한 지하수 외에도 굴착공사로 인해 주변 지반과 시설물이 안정을 유지하는지 확인하여야 한다. 지하시설물관리자는 긴급복구공사를 완료한 경우, 안전점검을 실시한 결과 지반침하의 우려가 있다고 인정되는 경우, 지반침하위험도평가의 실시명령을 받은 경우에는 지반침하위험도를 평가하여야 한다. 이때 먼저 지반 및 지질 현황을 파악하고, 지층의 빈공간인 공동에 대해 지하물리탐사와 내시경 카메라를 통해 현황과 위험 정도를 조사하여야 한다. 아울러 공동으로 인한 지반안정성을 분석하여야 한다. 지하수법이 개발과 이용, 보전·관리에 초점을 맞추었다면 「지하안전관리에 관한 특별법」은 지하수 흐름변동요인에 의해 발생하는 부작용을 최소화하는 데 방점을 둔 법이다.

건물이 밀집되고 도로가 포장된 도심지는 비가 내려도 땅속으로 침투될 가능성이 낮다. 서울은 비가 침투되지 못하는 불투수 면적이 1962년에는 7.8%이었는데, 2010년에는 47.7%로 증가하였다. 이로 인해 지하침투량은 23.0% 감소하고, 지표면유출량은 41.3% 증가하였다.[31] 도시형 홍수가 빈발하며 열섬현상이 심화되는 부작용이 발생하고 있다. 지하수 관측정을 통해 확인한 지하수위면도 내려가는데, 지하수를 배수시키는 지하철역사 부근에서 저하 정도가 커졌다. 지하수대에서 공급은 적어지고 유출은 지속되므로 지반침하를 유발할 수 있는 물순환의 평형이 훼손될 가능성이 있다. 지반침하는 상하수도, 가스, 전기 등 주요 매설관로의 손상까지도 야기할 수 있으므로 건강한 물순환을 유도하는 정책이 지속되는 것이 바람직하다.

---

31 서울특별시 물관리정책과, '건강한 물순환 도시 조성 종합계획', 서울특별시, 2013.

제2장
지반공학

지반공학

2.1 지반공학의 역사

흙과 돌은 중요한 건설재료다. 피라미드, 지구라트 등 고대 건축물과 황하, 나일강에 세워진 제방은 모두 지반구조물이다. 톨스토이는 지혜를 얻는 방법으로 명상, 모방, 경험을 들었다. 고대 기술자는 모방과 경험을 토대로 구조물을 세웠을 것이다. 고대 구조물의 유적을 살펴보면 지진과 지반침하에 의해 파괴된 흔적이 관찰된다. 당연히 이에 대한 대책도 논의하고 적용하였을 것이다. 나일강 충적층 땅 위에 기원전 6세기에 세워진 신전의 기초는 점토벽돌로 상자를 만들고 내부는 모래를 2.3m 두께로 채웠다. 기반암까지 도달할 수 없으므로 뜬기초 형태로 하중을 분산시키고, 배수가 잘 되는 모래를 내부에 둠으로써 강이 범람할 때 수압이 작용하지 않도록 하였다. 지금의 터키지방에서 건설된 베이세술탄Beycesultan 궁전의 기초지반을 보면 석회암의 벽기초 중간에 통나무를 배치하였다. 이는 지진에 의해 구조물이 파괴되지 않도록 내진장치를 둔 것으로 보인다.[1]

유발 하라리Yuval Noah Harari는 『사피엔스』에서 7만 년 전 인지혁명, 1만 2,000년 전 농업혁명, 500년 전 과학혁명으로 나누어 인류문화사를 조망했다. 르네상스 시대가 인간 본성을 중시했고, 자연현상을 중세신학이 아닌 과학적 관점에서 설명함으로써 객관성을 가지게 되

---

[1] B. Carpani, 'A survey of ancient geotechnical engineering techniques in subfoundation preparation' SAHC2015, Mexico, 2014.

그림 2.1 베이세술탄 궁전: 통나무를 사용한 벽기초 내진 장치

었다. 장인의 손에서 경험에 의존하여 제작되던 물건이 수학적으로 설명되는 과학적 근거를 가지게 됨으로써 개선과 진보의 틀을 갖추었다. 17세기 유럽에서 자연과학의 지식과 연계된 기술art이 공학engineering이라는 형태로 진화했다. 성곽, 요새, 전차 등의 군사기술 분야에 공학자가 활약했는데, 평상시에는 민간 분야civil engineering의 일도 수행했다.

토질역학soil mechanics은 흙의 물리적 특성과 역학관계를 다루는 과학 분야다. 토질공학soil engineering은 토질역학을 토대로 한 응용 학문이다. 지각은 흙과 돌로 이루어져 있으므로 암반까지 포함한 역학과 응용을 다루는 것이 지반공학geotechnical engineering이다. 18세기에 들어 토목 분야에서도 철, 콘크리트 등의 새로운 재료를 사용하게 되었다. 구조물 규모가 커짐에 따라 기초지반 지지력과 침하, 토압, 지하수 흐름 등의 분야에서 보다 안전하고 세련된 접근 방법이 필요했다. 방법론을 알고 있는knowing how 토목 기술자의 경험과 현상을 설명할 수 있는knowing what 과학자의 인식 틀이 융합될 이유가 생겼다. 기술과 과학이 접목되어 지반공학의 틀을 갖추는 역사적 과정을 스켐턴Skempton(1985)이 정리하였다.[2]

가. 고전 이전기 토질역학(Preclassical period, 1700~1776)

이 시기에 주로 연구된 것은 자연사면의 안정성과 흙의 단위 중량, 반경험적인 토압이론이다. 주로 성을 쌓았던 기존 기술에 대해 역학적인 개념의 과학적인 연구가 수행된 것이다. 1717년 프랑스의 왕립 기술자 헨리 고티에Henry Gautier(1660~1737)는 옹벽 설계를 위해 흙을

---

2 B. M. Das, "Principles of Geotechnical Engineering", BROOKS/COLE, 2002.

쌓을 때 자연사면의 거동을 살펴 안식각이라는 개념을 소개하였다. 일반적인 흙의 안식각은 31~45°임을 밝혔고 깨끗한 건조모래의 단위중량은 18.1kN/m³으로 제안하였으나 점토에 대해서는 아직 연구되지 않았다. 1729년 베르나르 포레스트 드 벨리도르Bernard Forest de Belidor (1671~1761)는 앞선 고티에Gautier의 연구 결과를 토대로 군사공학과 민간공학civil engineering 분야에서 활용되는 토압론을 집필하였다. 1746년에 프란수아 가드로이Francois Gadroy(1705~ 1759)는 모래로 뒤채움되는 높이 3m 옹벽을 대상으로 실물시험을 수행하여 활동면의 존재를 파악하였다.

나. 고전 1기 토질역학(Classical period, 1776~1856)

앞선 시기에 이어 프랑스 기술자 겸 과학자의 활약이 컸다. 옹벽에 작용하는 토압이론을 실무적으로 연구한 찰스 어거스틴 쿨롱Charles Augustin Coulomb(1736~1806)은 활동면의 위치를 결정하는 원리를 정리하였다. 활동하는 강체의 마찰과 점착력에 관련한 원리를 사용하였는데, 경사진 뒤채움과 상재하중이 작용하는 경우로 확장하는 데까지 이르렀다. 1840년에 공병 장교이자 역학을 가르치는 교수였던 장 빅터 폰슬레Jean Victor Poncelet(1788~1867)는 쿨롱 Coulomb의 이론을 토대로 임의의 지표면에 옹벽이 받는 토압을 도해법으로 구할 수 있는 방법을 제시하였다. 이때 처음으로 흙의 내부마찰각을 ϕ로 정의하였고, 그의 이론을 얕은기초의 극한지지력을 산정할 수 있도록 개선하였다. 알렉상드르 콜린Alexandre Collin(1808~1890) 은 점토사면의 깊은 파괴에 대한 연구를 통해 점착력 변화에 따른 파괴 양상을 이론화하였다. 이 시기의 끝 무렵에 글래스고Glasgow대학의 교수였던 윌리엄 맥쿼른 랭킨William Macquorn Rankine(1820~1872)은 토압과 토체 평형에 관한 이론을 정리하였다. 랭킨Rankine은 쿨롱Coulomb 토압이론을 간략화하여 실무적인 활용도를 높였다.

다. 고전 2기 토질역학(Classical period, 1856~1910)

경험적으로 습득되었던 지식이 실험에 의해 실증되고 과학적으로 공식화되기 시작하였다. 고전 2기를 시작하는 이 시기에 문헌상 확인할 수 있는 가장 중요한 것은 프랑스 기술자인 앙리 필리베르트 다르시Henri Philibert Darcy(1803~1859)가 1856년에 발표한 모래 필터층의 투수성에 대한 연구다. 현재도 사용하는 흙의 투수계수가 처음으로 정의되었다. 1885년에는 조셉 발렌틴 부시네스르Joseph Valentin Boussinesq(1842~1929)가 균질등방 반무한 탄성체에서 발생하는 응력이론을 발표하였고, 1887년에는 오스본 레이놀즈Osborne Reynolds(1842~1912)가 모래의 다일러턴시 현상을 설명하였다.

라. 현대 토질역학(Modern period, 1910~1927)

이 시기에는 모래에 관한 연구에 이어 점토의 성질을 규명하는 연구가 주목된다. 스웨덴의 알버트 M. 애터버그Alebert M. Atterberg(1846~1916)가 1911년에 흙의 성질을 액성, 소성, 수축한계로 나누어 컨시스턴시라는 용어로 설명하였다. 영국의 아서 벨Arthur Bell(1874~1956)은 점토지반의 토압과 지지력에 관련된 이론을 발표하였다. 1918년에는 스웨덴의 월마르 펠레니우스Wolmar Fellenius(1876~1957)가 포화된 점토 사면의 안정성을 해석하는 기법을 제시하였다. 1925년에는 현대 토질역학의 선구자인 오스트리아의 칼 테르자기Karl Terzaghi(1883~1963)가 압밀이론을 발표하였다.

마. 1927년 이후 지반공학

테르자기Terzaghi가 1925년에 'Erdbaumechanik auf Bodenphysikalisher Grundlage(The Mechanics of Earth Construction Based on Soil Physics)'를 발간하면서 토질역학은 전기를 맞이했다. 그는 오스트리아의 Technische Hochshule(기술대학)에서 기계공학을 전공한 후 지질학을 공부하였다. 1939년부터 하버드대학에서 교편을 잡았고 1936년에는 국제토질기초공학회를 조직하였다. 흙의 전단강도, 유효응력, 현장실험, 압밀침하, 동상현상, 팽창성 점토, 토압의 아칭현상 등 토질역학의 현상을 연구하였다. 제자이며 동료인 랄프 펙Ralph Peck(1912~2008)은 테르자기를 토질역학의 정보처리기관clearing house으로 칭하면서 존경을 표했다. 호주와 남극 대륙을 제외한 전 세계에서 수행한 현장 경험을 토대로 문제해결 중심의 기술자와 현상을 과학적으로 입증하는 공학자의 자세를 견지하였다. 1997년부터는 토질기초라는 용어를 대신하여 기존 국제공학회 명칭을 국제지반공학회로 명칭을 변경함으로써 암반, 해양, 문화재 보존 등 광범위한 수행 범위를 반영할 수 있도록 하였다.

2.2 흙의 기본 성질

열 길 물속은 알아도 한 길 땅속은 모른다. 파봐야 안다. 지반특성은 실내와 현장에서 수행되는 실험을 통해 파악된다. 현장에서 채취된 시료는 교란을 피할 수 없으므로 원위치시험이 바람직하다. 대상 지반을 가급적 촘촘한 간격으로 시추 조사를 하여야 정확한 정보를 얻을 수 있다. 그러나 경제성을 감안하여 어느 정도 거리를 두고 조사를 수행한다. 지하굴착의 경우에는 한 측선이 30~50m 정도로 간격을 두고 시추 조사를 하는데, 그 사이의 지층 정보는 추정이 불가피하다. 지반정수도 그렇다. 제한된 조사 정보를 통해 전체를 조망할 수 있어야 하고, 먼저 토질역학의 기본 원리를 이해하는 것이 필수다. 또한 땅의 퇴적환경이나 암반 거동을 파악하려면 긴 시간을 두고 일어난 지질학적 거동을 이해하여야 한다. 지반사고 조사를 위해서는 지반공학과 토목지질학을 융합한 경험에 입각한 판단능력이 필요하다.

가. 흙의 분류와 입도 분포

한 줌의 흙을 손에 들고 살펴보면 입자 크기가 다르다. 손으로 입자 하나를 골라낼 수 있는 크기의 흙이 있지만 입바람에 날리는 것도 있다. 토양학에서 말하는 기본 토층이란 유기물의 포함 정도, 용탈 정도 등에 따라 O층·A층·E층·B층·C층으로 흙을 구분한다.[3] O, A, E, B층을 진토층solum이라 하고, A층·E층·B층·C층을 합하여 전토층regolith이라고 한다. 지반공학적으로는 입경에 따라 자갈부터 점토까지 이름을 붙이고 분포 상황을 파악한다.

모래와 자갈을 조립토coarse-grained라고 하고, 실트와 점토를 세립토fine-grained라고 부른다. 여러 종류의 흙이 섞인 지반특성은 입도 분포에 따라 공학적 성질이 달라진다. 각 입경별로 어느 정도로 차지하고 있는지를 분석하기 위해 조립토는 체분석, 세립토는 하이드로미터 hydrometer 분석으로 입경을 정하고 두 실험 결과를 합쳐서 가로축에 입경, 세로축은 통과중량 백분율을 표시하여 입도 분포 곡선을 작성한다. 주요 체sieve의 통과입경은 No.4는 4.75mm, No.10은 2.00mm, No.40은 0.425mm, No.200은 0.075mm이다. 여기서 체 번호는 1인치를 나눈 횟수를 의미하는데, 망 재료의 굵기가 있기 때문에 통과할 수 있는 입자 크기는 약간 작아진다. 다양한 입경으로 구성된 시료는 양well 입도, 어느 한 부분의 입자가 몰려 있는 경우는 빈poor 입도, 특정 입경의 흙이 없어서 곡선이 계단식으로 나오는 분포 상태는 결손gap 입도라고 한다. 통과중량 백분율의 10%에 해당하는 입경(D_{10})을 유효입경이라고 하는데, 시료의 균등계수(C_u)는 60%에 해당하는 입경을 유효입경으로 나눈 값으로 정의한다. 또한 곡률계수(C_c 또는 C_g)는 다음과 같이 정의하고, 통일분류법에서 유용하게 사용된다.

---

3   김계훈 외, 『토양학』, 경문사, 2006.

$$C_g = \frac{D_{30}^2}{D_{10} \times D_{60}}$$
(2.1)

표 2.1 흙에 대한 육안 판별(NAVFAC, 1982)[4]

구분	표시	판별 기준
입자 크기	호박돌(boulder)	직경 300mm 이상
	조약돌(cobble)	직경 75~300mm 이상
	자갈(gravel)	조립 20~75mm
		세립 No.4~20mm
	모래(sand)	조립 No.10~No.4
		중립 No.40~No.10
		세립 No.200~No.40
	세립토(실트, 점토)	No.200 통과입자
조립토, 세립토의 혼성비율 접두어	조금(trace)	1~10%
	약간(little)	10~20%
	~ 섞인(some)	20~35%
	~과(and)	35~50%
세립토 층상 구조 표기 방법	호상의(alternating)	
	두꺼운(thick)	
	얇은(thin)	
	분리(parting)	0~0.16mm 두께
	씸(seam)	1.5~13mm 두께
	층(layer)	13~300mm 두께
	지층(또는 토층, stratum)	300mm 이상 두께
	호상점토(varved clay)	씸(seam), 지층이 반복 출현
	포켓상(pocket)	300mm 이하의 표류퇴적 형상
	렌즈상(lense)	렌즈모양 퇴적
	가끔(occasional)	300mm 내 1회 이하 출현
	빈번함(frequent)	300mm 내 2회 이상 출현

 유효경은 흙의 입도 중에서 가는 입자에 속하는데, 배수성을 지배하는 입경으로서 간접적으로 투수계수를 구할 수 있다. 균등계수가 크면 입도 분포 곡선이 완만하다는 뜻이므로 양 입도로 간주하며, 곡률계수는 결손 분포 판정 기준이 된다. 빈 입도의 균등계수(C_u)는 5 이하고, 양 입도의 C_u는 5보다 크며, 곡률계수(C_g)는 1~3의 범위를 갖는다.

---

4 한국지반공학회,『구조물기초설계기준 해설』, 2018.

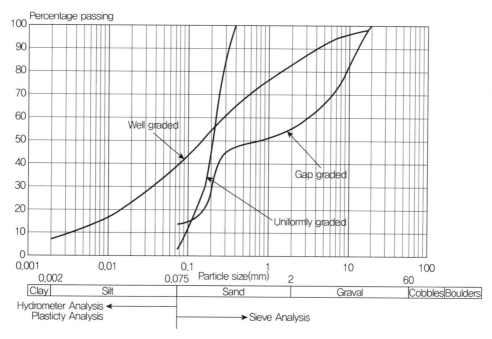

그림 2.2 입도 분포 곡선[5]

고체 상태인 흙에 물을 부으면 점차 소성 상태에서 액성 상태로 변한다. 1911년에 제안된 애터버그 한계는 물을 머금은 흙시료의 상태를 실험적으로 규정하고, 각 상태의 함수비로 결정한다. 고체 상태와 반고체 상태의 경계 함수비는 수축한계(SL), 반고체와 소성 상태의 경계는 소성한계(PL), 소성과 액성의 경계는 액성한계(LL)로 정의한다. 소성지수(IP)는 LL에서 PL을 뺀 값으로서 흙이 소성 상태에 있게 되는 함수비 범위다. IP가 클수록 건조 시 강도는 크나 습윤 상태에서는 압축성이 크다. 과압밀된 점토는 입자 간격이 정규압밀점토에 비해 작기 때문에 물을 함유할 수 있는 공간이 작다. 따라서 자연함수비가 액성한계에 가까우면 정규압밀점토일 가능성이 크고 소성한계에 근접하면 과압밀된 것으로 볼 수 있다. 애터버그 시험은 교란 시료를 대상으로 수행되므로 점토구조와 결합조직이 원위치와 다르다.

점토광물은 입경이 작을수록 단위중량당 표면적이 증가하기 때문에 흡착된 수분은 점토입자의 크기와 관련이 크다. 이는 점토의 소성이 발휘되는 정도를 지시하며 Skempton은 활성도 activity로 정의하였다. 활성도가 크면 팽창 잠재력이 커서 불안정할 가능성이 있다고 보는데, 점토광물에 따라 활성도가 차이가 크므로 광물 종류를 판별할 때도 활용할 수 있다.

---

5 Burt Look, 『Handbook of Geotechnical Investigation and Design Tables』, Taylor & Francis Group, 2007.

$$A_c = \frac{\text{소성지수}}{\text{점토함유율}(< 2\mu)} \tag{2.2}$$

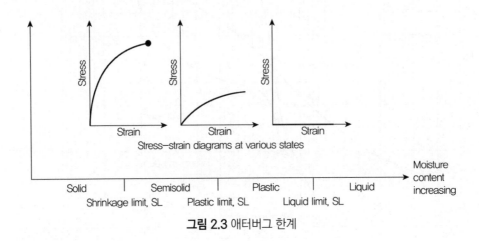

그림 2.3 애터버그 한계

 가장 일반적으로 사용하는 통일분류법Unified soil classification system은 1942년에 카사그란데 Casagrande가 제안한 것이다. 조립토의 입도 분포와 세립토의 애터버그 한계를 사용하여 흙의 공학적 성질을 정의하는 약속이다. 통일분류법을 사용할 때 먼저 No.200체의 통과량 50%를 기준으로 조립토와 세립토로 구분하며, No.4체 통과량이 50%를 기준으로 이하면 자갈질 흙(G), 이상이면 모래질 흙(S)으로 구분한다. 입도 분포와 세립토 함유율에 따라 W(양 입도), P(빈 입도), M(실트질), C(점토질)와 같은 기호를 붙여서 분류한다. 또한 소성도에서 액성한계 와 소성지수를 사용하여 HHigh, LLow, OOrganic를 구분한다.

 AASHTO 분류법은 미국 공로국에서 1929년에 발표한 것으로서 여러 차례 수정을 거쳐 오늘에 이르렀다. 입도분석, 애터버그 한계와 군지수를 사용하는데, 군지수는 통과중량 백분 율과 액성한계, 소성한계를 사용한다. 먼저 시료의 No.200체 통과율을 구하고 35%보다 작으 면 입상토, 많으면 실트–점토로 구분한다. 군지수를 계산한 후 A-1에서 A-7까지 범위에 해당 하는지 판단한다.

$$GI = 0.2a + 0.005ac + 0.01bd \tag{2.3}$$

 여기서, a: No.200체 통과중량 백분율에서 35%를 뺀 값(0~40의 정수를 취함)
  b: No.200체 통과중량 백분율에서 15%를 뺀 값(0~40의 정수를 취함)

c: 액성한계에서 40%를 뺀 값(0~20의 정수를 취함)

d: 소정지수에서 10%를 뺀 값(0~20의 정수를 취함)

주로 쓰이는 통일분류법과 AASHTO 분류법에서 차이점은 No.200체 통과율인데, 흙은 세립분이 거동을 지배하므로 35%로 기준하는 AASHTO 분류법이 효과적이다. 자갈의 경우 토양학에서는 2mm를 기준으로 하는 경우가 많고, 굵은 모래와 자갈의 공학적 특성 차이가 없으므로 AASHTO 분류법이 타당하나, 도로공학 외의 지반공학 분야에서는 일반적으로 통일분류법이 널리 쓰인다.

표 2.2 주요 점토광물의 특성

점토광물	활성도	액성한계	소성한계	소성지수
카올리나이트	0.3~0.5	35~100	25~35	15~20
일라이트	0.5~1.3	50~100	30~60	30~50
몬모릴로나이트	1.5~7.0	100~800	50~100	150<

표 2.3 통일분류법(ASTM D-2487)

구분			분류 방법		분류 기호
조립토 $F<50\%$	자갈질 흙 $F_1 < \dfrac{100-F}{2}$		• No.200체 통과량<5%	• $C_u \geq 4$이고 $1<C_g<3$	GW
			• No.200체 통과량<5%	• GW 조건을 만족 못 함	GP
			• No.200체 통과량>12%	• PI<4 또는 소성도의 A-선 아래	GM
			• No.200체 통과량>12%	• PI>7이고 소성도의 A-선 위	GC
			• No.200체 통과량>12%	• 소성도의 'CL-ML' 부분	GC-GM
			• 5≤No.200체 통과량≤12%	• GW와 GM 조건을 만족함	GW-GM
			• 5≤No.200체 통과량≤12%	• GW와 GC 조건을 만족함	GW-GC
			• 5≤No.200체 통과량≤12%	• GP와 GM 조건을 만족함	GP-GM
			• 5≤No.200체 통과량≤12%	• GP와 GC 조건을 만족함	GP-GC
	모래질 흙 $F_1 \geq \dfrac{100-F}{2}$		• No.200체 통과량<5%	• $Cu \geq 6$이고 $1 < Cg < 3$	SW
			• No.200체 통과량<5%	• SW 조건 만족 못 함	SP
			• No.200체 통과량>12%	• PI < 4 또는 소성도의 A-선 아래	SM
			• No.200체 통과량>12%	• PI > 7이고 소성도의 A-선 위	SC
			• No.200체 통과량>12%	• 소성도의 'CL-ML' 부분	SC-SM
			• 5≤No.200체 통과량≤12% 소성도의 A-선 아래	• SW와 SM 조건을 만족함	SW-SM
			• 5≤No.200체 통과량≤12% 소성도의 A-선 아래	• SW와 SC 조건을 만족함	SW-SC
			• 5≤No.200체 통과량≤12% 소성도의 A-선 아래	• SP와 SM 조건을 만족함	SP-SM
			• 5≤No.200체 통과량≤12% 소성도의 A-선상 또는 위	• SP와 SC 조건을 만족함	SP-SC

표 2.3 통일분류법(ASTM D-2487)(계속)

구분		분류 방법	분류 기호
무기질 세립토 $F \geq 50\%$	LL<50%	• PI<4 또는 소성도의 A-선 아래 • PI>7이고 소성도의 A-선 위 • 4≤PI≤ 7, 소성도의 'CL-ML' 부분	ML CL CL-ML
	LL≥50%	• 소성도의 A-선 아래 • 소성도의 A-선 위	MH CH
유기질 세립토 $F \geq 50\%$	LL<50%		OL
	LL≥50%		OH
소성도표		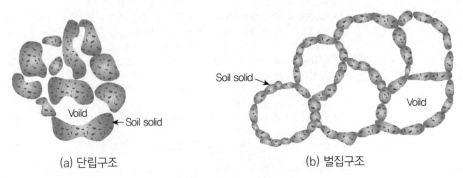	

나. 흙의 구조

봄 땅은 푹신푹신하다. 여러 크기의 입자와 유기물질이 섞인 흙이 겨우내 얼었다가 녹으면서 압축성이 좋아진 것이다. 흙의 입도 분포와 기하학적인 정렬 형태에 따라 달라진다. 입자 간 점착력을 보이지 않는 사질토는 개별 입자 간 접촉만 있는 단립구조와 가는 모래나 실트에 의해 아치가 형성되는 벌집구조(봉소구조honeycombed)로 설명된다. 사질토 구조는 외력에 의해 언제든지 입자 간 거리가 가까워질 수 있어서 간극이 크다. 벌집구조는 단립구조에 비해

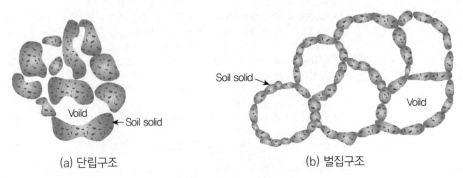

(a) 단립구조　　　　　　　　　　(b) 벌집구조

그림 2.4 사질토 구조

간극이 더 커서 침하가 크게 발생할 가능성이 있다.

점성토의 기본구조를 이해하기 위해서는 입자 간 작용하는 힘의 형태를 알 필요가 있다. 비표면적이 매우 큰 점토입자가 힘을 받아 서로 가까워진다면 양이온으로 평형을 이루고 있는 입자는 서로 반발한다. 반면에 반 데리 발스van der Waals 힘에 의한 인력도 존재하기 때문에 두 힘의 비중에 따라 입자는 멀어지거나 가까워진다. 인력이 우세하다면 입자를 근접시켜서 면모구조를 형성시킬 것이며, 반발력이 세다면 이산구조를 만들게 된다. 바다나 호수에서 최초로 점토입자가 퇴적되면 면모구조를 가진다. 바닷물에서는 3.5% 정도의 염도로 인해 입자 사이의 반발력을 감소시켜 더욱 면모화되는 경향을 보인다. 교란되어 채취된 점토 시료는 이산구조로 변하여 전단강도가 크게 감소한다. 시간이 지나면 다시 강도가 서서히 회복되는 틱소트로피thixotropy 현상을 보이는데, 이는 이산구조에서 면모구조로 변화하는 것으로 설명한다. 점토는 층상구조를 보이는데, 카올리나이트는 층간격이 7.2Å으로 제일 근접하나 일라이트는 10Å으로 떨어져 있어서 틱소트로피 효과가 크다.

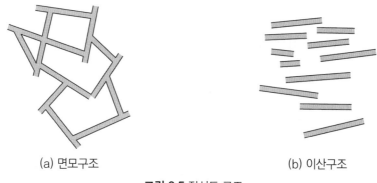

(a) 면모구조   (b) 이산구조

그림 2.5 점성토 구조

다. 흙의 상태정수

자연 상태의 흙은 흙 입자, 물, 공기로 구성된다. 흙의 공학적 특성을 규정하는 것이 상태정수다. 여기에서는 중량·체적관계, 단위중량·간극비·함수비·포화도 관계를 설명한다. 전체 중량이 W, 체적이 V인 흙 요소를 생각해보자. 먼저 체적관계에서 전체 체적에서 공기가 차지하는 부분은 간극률, n이다. 간극비, e는 흙 입자의 체적과 간극체적의 비다. 이때 다음의 관계가 성립한다.

$$n = \frac{V_v}{V}, \quad e = \frac{V_v}{V_s} = \frac{V_v}{V - V_v} = \frac{n}{1 - n} \tag{2.4}$$

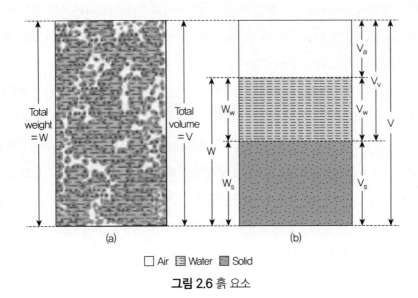

그림 2.6 흙 요소

간극의 체적이 물이 채워진 정도를 나타내는 것은 포화도다.

$$S = \frac{V_w}{V_v} \times 100 \, (\%) \tag{2.5}$$

함수비, w는 물의 중량과 흙의 중량비고, 단위중량은 전체 중량과 체적에 대한 비다. 건조 단위중량, γ_d는 흙만의 중량을 전체 체적으로 나눈 것인데, 다음과 같은 관계가 성립한다.

$$w = \frac{W_w}{W_s}, \quad \gamma = \frac{W}{V}, \quad \gamma_d = \frac{W_s}{V}, \quad \gamma_d = \frac{\gamma}{1 + w} \tag{2.6}$$

또한 단위중량과 간극비, 함수비 사이에는 다음과 같은 관계식이 성립하는데, 체적과 중량을 연계하여 물리적 성질을 파악하는 데 유용한 식이다. 여기서 Gs는 흙 입자의 비중이다.

$$Se = wGs \tag{2.7}$$

흙 요소의 종류와 다짐 정도에 따라 흙은 일정한 물리적 성질을 보인다. 대푯값은 일반적인 경향을 나타낸 것이고, 주어진 조건에 따라 변화한다. 그러나 실험 결과를 보고 대략적인 범위를 이해하는 것은 흙의 특성을 파악하는 데 큰 도움이 된다.

표 2.4 흙 종류별 대표적인 상태정수

흙의 종류	간극비, e	자연함수비 w(%)	건조단위중량(kN/m³)
느슨한 균질 모래	0.8	30	14.5
조밀한 균질 모래	0.45	16	18
느슨한 각진 실트질 모래	0.65	25	16
조밀한 각진 실트질 모래	0.4	15	19
견고한 점토	0.6	21	17
연약한 점토	0.9~1.4	30~50	11.5~14.5
풍적토	0.9	25	13.5
연약한 유기질 점토	2.5~3.2	90~120	6~8
빙하퇴적토	0.3	10	21

상대밀도relative density는 사질토의 조밀하거나 느슨한 정도를 나타내는 지표다. 간극비는 흙 요소의 사이의 공간을 지시하는 상태정수인데, 이를 활용하여 판별할 수 있다. 가장 조밀할 때의 간극비, e_{min}과 가장 느슨할 때의 간극비, e_{max}를 현재의 간극비와 비교함으로써 상대밀도를 정한다.

$$Dr = \frac{e_{max} - e}{e - e_{min}} \times 100 (\%) \tag{2.8}$$

2.3 지반 내의 응력

스트레스를 받으면 긴장strain한다. 마냥 부정적인 것은 아니다. 극복할 때 강해진다. 근육도 스트레스의 결과다. 외부로부터 힘을 받아 변형을 일으킨 물체의 내부에 발생하는 단위면적당 힘을 응력stress이라고 한다. 스트레스가 지나치면 피로가 되고 결국에는 무너진다. 지반도 마찬가지다. 지반 내에서 작용하는 응력은 두 가지다. 자신의 무게에 의해 발생하는 응력과 지반에 작용하는 하중에 의해 생기는 응력이다. 응력은 탄성론에 근거하여 구한다. 흙은 토립자, 공기, 물의 삼상으로 구성된다. 지반공학적으로 중요한 개념 중의 하나는 유효응력의 원리다. Terzaghi(1925, 1936)가 제안하고 Skempton(1960)이 확장한 개념으로서 한 지점의 전응력(σ)은 토립자가 받는 유효응력(σ')과 간극수압(u)의 합으로 표시된다.

$$\sigma = \sigma' + u \tag{2.9}$$

전응력을 나누어 표시하는 것은 유효응력만이 흙 요소의 압축성과 전단에 관계되기 때문이다. 유효응력 원리는 흙막이 구조물에 작용하는 토압, 기초 지지력, 사면 안정 등 대부분의 지반공학적 문제를 푸는 데 기본 개념이다.

가. 흙 자중에 의한 응력

땅속에 있는 어느 흙 요소가 받는 응력은 연직과 수평 방향으로 구분한다. 지표면이 수평이고 흙의 성질이 수평 방향으로 크게 변화하지 않는다면 전단은 발생하지 않는다. 만약 흙의 단위중량(γ)이 전깊이(z)에서 일정하면 연직응력(σ_v)은 다음과 같다.

$$\sigma_v = \gamma z \tag{2.10}$$

단위중량이 깊이에 따라 변한다면 각 토층을 나누어 연직응력을 구한다. 강이나 바다와 같이 땅 위에 물이 있는 경우에는 수압을 고려하여 연직응력을 구하는데, 이때 흙은 포화되어 있으므로 포화단위중량(γ_{sat})을 사용한다.

$$\sigma_v = \gamma_{sat} z + \gamma_w h_w \tag{2.11}$$

흙 요소에 작용하는 수평 방향 응력을 구할 때는 토압계수, K가 사용되는데, 연직응력과 수평응력의 비로서 내부마찰각을 사용하여 정한다.

$$\sigma_h = K\sigma_v \tag{2.12}$$

나. 외부하중에 의한 응력

땅 위에 다리나 건물이 생기거나 흙을 돋운다면 그 아래에 있는 지반에서 응력이 유발된다. 탄성론을 사용하여 응력 증가량을 결정하여 침하와 안정성을 평가한다. 이때 지반은 균질·등방한 탄성체로 가정한다. 실제 지반은 가정한 것과는 많이 다르다. 그러나 탄성론으로 구한 응력은 실제와 크게 차이나지 않는 것으로 알려져 있다. 작용하중을 단순화시키면 한 점에 집중되는 하중, 일정 면적에 작용하는 하중, 제방이나 도로 성토와 같이 길이 방향으로 길게 작용하는 하중으로 나눌 수 있다. 집중하중, 원형 단면 하중, 사각형 단면하중의 경우에는 Boussinesq 유도식, 제방하중은 Osterberg 제안 방법으로 해를 구한다. 연직응력 증가분은 하중에 의해 지반 내에서 생기는 것만 구하는 방식이므로 전체 연직응력은 흙 자중에 의한 압력을 더해서 산정해야 한다.

(1) 집중하중에 의한 응력 증가

Boussinesq(1883)는 균질 등방한 반무한 탄성지반에서 집중하중이 가해질 때 x, y, z 방향에서 발생하는 응력 증가분을 유도하였다. 집중하중과 깊이만을 남기고 나머지는 영향계수, I_1로 정리하여 쉽게 이용할 수 있도록 하였다. 연직집중하중뿐만 아니라 수평과 경사 방향으로 작용하는 집중하중에 대해서도 연직응력 증가분을 구할 수 있다.

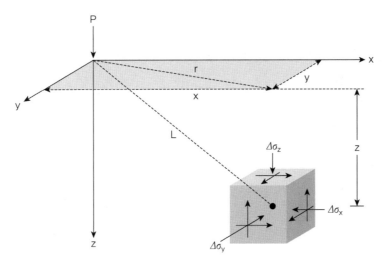

그림 2.7 집중하중에 의한 탄성지반응력

$$\Delta \sigma_z = \frac{3P}{2\pi} \frac{z^3}{L^5} = \frac{3P}{2\pi} \frac{z^3}{(r^2 + z^2)^{5/2}} = \frac{P}{z^2} I_1 \tag{2.13}$$

표 2.5 r/z에 따른 영향계수, I_1

r/z	I_1	r/z	I_1
0.0	0.4775	2.0	0.0085
0.2	0.4329	2.5	0.0034
0.4	0.3294	3.0	0.0015
0.6	0.2214	3.5	0.00067
0.8	0.1386	4.0	0.00040
1.0	0.0844	4.5	0.00024
1.5	0.0251	5.0	0.00014

(2) 원형 단면 하중에 의한 응력 증가

반경이 R인 원형 단면에 등분포하중, q가 작용할 때 반무한 탄성체에서 생기는 연직응력 증가분을 탄성론에 의해 구한다. 대칭으로 발생하는 응력 증가분을 z/R별로 응력증가율을 나타낸 것이 압력구근pressure bulb이다. 심도가 깊어짐에 따라 급격히 감소하여 $z/R=5$ 이하에 서는 약 6%로 일정함을 볼 수 있는데, 이 깊이 이하에서는 연직응력 증가분을 무시할 수 있다.

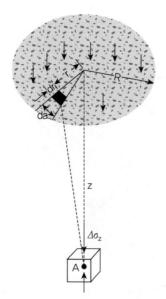

그림 2.8 원형 하중에 의한 연직 응력 증가분

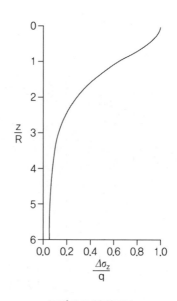

그림 2.9 압력구근

$$\Delta\sigma_z = q\left\{1 - \frac{1}{[(R/z)^2 + 1]^{3/2}}\right\} \tag{2.14}$$

표 2.6 z/R별 $\Delta\sigma_z/q$

z/R	$\Delta\sigma_z/q$	z/R	$\Delta\sigma_z/q$
0.00	1.0000	0.50	0.9106
0.02	0.9999	0.80	0.7562
0.05	0.9998	1.00	0.6465
0.10	0.9990	1.50	0.4240
0.20	0.9925	2.00	0.2845
0.40	0.9488	3.00	0.1436

(3) 사각형 단면 하중에 의한 응력 증가

폭 B, 길이 L인 사각형 단면에 등분포하중 q가 작용할 때 한 모서리 아래의 연직 방향 응력 증가분을 구할 때는 재하면적의 폭과 길이를 심도로 나눈 값을 $m = B/z$, $n = L/z$로 계산하고 계산도표로 영향계수를 구한다.

사각형 아래 모서리점이 아니라 임의의 위치에 대한 응력 증가분을 구하고자 할 때는 그 점이 사각형 단면의 한 모서리가 되도록 나누어서 각 사각형에 대한 응력증가분을 구한 후 더하거나 빼주는 방식으로 산정한다. 즉, 그림에서 A′점에 대한 응력 증가분은 사각형 1~4에 대한 응력증가분을 각각 구한 후 더해주는 방식이다.

실무적으로 간단히 연직응력 증가분을 계산하는 방식으로 2:1법이 있다. 사각형 하중에 의해 연직응력은 대략 연직 2, 수평 1의 비율로 단순화시킨 것이다. 즉, $B \times L$인 면적에 하중, Q가 작용할 때 임의의 깊이, z에서 발생하는 연직응력 증가분은 다음 식과 같다. 직선적인 응력 변화를 보이고 상당한 깊이까지 영향이 나타나므로 예비설계나 간편 검토에서 사용하는 것이 바람직하다.

$$\Delta\sigma_z = \frac{Q}{(B+z)(L+z)} \tag{2.15}$$

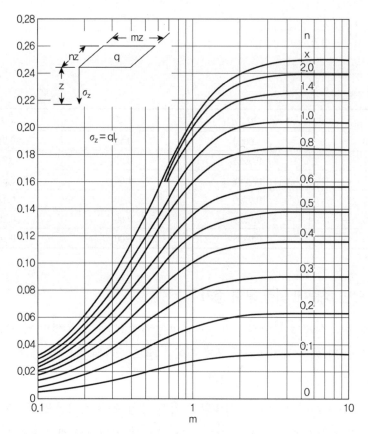

그림 2.10 사각형 단면으로 등분포하중이 작용될 때 연직응력 증가분 계산 도표[6]

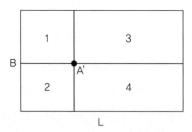

그림 2.11 사각형 단면 아래 점에 대한 응력증가분 산정

(4) 제방 하중에 의한 응력 증가

도로나 철도와 같이 길이 방향으로 길게 성토할 때 사다리꼴 형태의 제방하중이 작용한다. Osterberg(1957)는 실용적으로 사용할 수 있는 도표를 제시하였다. 제방을 형성하는 사다리꼴

---

6   R.F. Craig, 『Soil Mechanics』, E&FN SPON, 1997.

치수, B_1, B_2를 알고자 하는 깊이, z로 나누어 계수를 구한 다음 도표에서 영향계수, I_2를 산정한다. 여기에 성토하중을 곱하면 연직응력 증가분을 구할 수 있다.

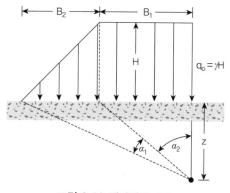

그림 2.12 제방하중 작용

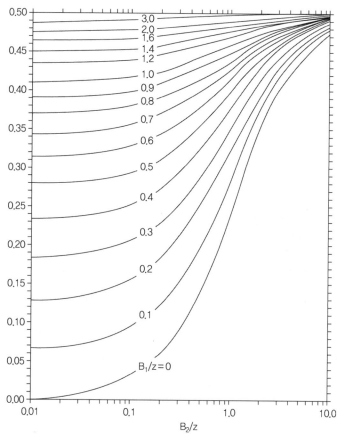

그림 2.13 제방하중 작용에 따른 연직응력 증가분 영향계수

2.4 지반의 투수성

가. Darcy의 법칙

물은 높은 곳에서 낮은 곳으로 흐른다. 자연법칙이다. 물이 원인이 되어 지반사고가 자주 발생한다. 토목공사는 물과의 싸움이라고 해도 지나치지 않는다. 흙 속의 물은 에너지가 큰 곳에서 작은 곳으로 입자 사이를 흐른다. 이를 침투seepage라고 한다. 물과 접하는 사력댐, 터널, 흙막이 구조물에서 침투현상이 발생한다.

유체역학에서 물이 흐를 수 있는 에너지 차이, 즉 전수두는 압력수두, 속도수두, 위치수두로 구분하며 이를 Bernoulli 방정식으로 나타낸다. 여기서 Z는 두 지점 간의 연직거리다. 흙 속에서 물은 매우 느린 속도로 움직이기 때문에 속도수두는 무시한다. 수평으로 떨어진 두 지점 사이의 동수경사hydraulic gradient는 두 지점 간 수두차를 수평거리로 나눈 값으로 무차원량이다.

$$h = \frac{u}{\gamma_w} + \frac{v^2}{2g} + Z \tag{2.16}$$

$$i = \frac{\Delta h}{L} \tag{2.17}$$

흙의 투수성에 따라 침투영역을 층류구역laminar zone, 전이구역transition zone, 난류구역turbulent zone으로 구분한다. 정체된 지하수 조건에서 동수경사가 생기면 처음에는 유속이 일정한 층류를 보이다가 동수경사가 매우 커지면 난류로 바뀌게 된다. 일반적인 지하수 흐름은 층류영역을 보이므로 유속과 동수경사는 비례관계($v \propto i$)에 있으나, 인위적인 공간형성, 투수성이 매우 큰 자갈층, 균열이 심한 암반 등에서는 경우에 따라 난류가 생길 수 있다.

Darcy(1856)는 포화된 흙에서 물이 속도와 동수경사에 비례하여 흐르는 것을 투수계수 또는 수리전도도hydraulic conductivity, k로 정의하고 속도는 $v = ki$로 제시하였다. 흙 속의 물은 간극을 통해서만 흐를 수 있으므로 v는 간극률, n로 보정하여 $v_s = v/n$로 사용한다. v는 유체의 유속이므로 이를 접근속도 또는 유출속도라고 한다.

나. 투수계수

흙 속에서 물이 흐르는 정도를 나타내는 투수계수는 속도 차원(cm/sec)의 물리량이다. 유체의 점성, 흙의 간극 분포, 입도 분포, 간극비, 입자의 거친 정도, 점성토의 압밀도에 따라 달라진다. 암반에서는 불연속면의 폭과 협재 물질, 세립 암석의 간극 크기에 따라 투수성이 변화한다. 수리전도도라는 용어를 사용하기도 하는데, 1968년 미국 지질조사소USGS에서 투수계수coefficient of permeability라는 용어 대신에 사용할 것을 제안하여 두 용어가 혼용되고 있다.[7] 침투가 발생하는 땅이 토질이냐 암반이냐에 따라 달리 사용하지만 투수계수로 통일하여 사용하여도 큰 지장이 없다. $k < 10^{-7}$cm/sec이며 불투성이고, $k \geq 10^{-4}$cm/sec이면 자유배수 상태라고 볼 수 있다.[8]

표 2.7 지반별 대표적 투수계수

지반 종류	투수계수(m/day)	투수계수(cm/sec)
자갈	100~1,000	0.1~1
조립 모래	20~100	10^{-2}~10^{-1}
자갈섞인 모래	5~100	10^{-3}~10^{-1}
세립 모래	1~5	10^{-3}~10^{-2}
점토	0.001~0.01	10^{-6}~10^{-5}
균열 또는 풍화암반	0~300	0~10^{-1}
사암	0.001~1	10^{-6}~10^{-3}
세일	무시	-
석회암	무시	-

투수계수는 실내실험, 현장시험과 경험식을 통해 구한다. 경험공식에 의한 것은 1930년에 Hazen이 균질한 모래지반에 대한 실험 결과를 토대로 제안한 유효입경(mm)에 1.0~1.5 범위 내에서 값을 취해 곱함으로써 투수계수(cm/sec)를 구한다. 점토 지반에 세립분이 섞여 있는 경우에는 과다하게 산정될 수 있다. Kozeny-Carman은 투수계수가 간극비와 비례한다고 보고 관계식을 제안하였고, Tavenas(1983)는 점토에 대해서는 소성지수와 점토 함유율을 조합하여 투수계수를 구하는 도표를 제시한 바 있다.

실험적으로는 투수성이 큰 사질토에 대해서는 일정한 수위를 유지하는 정수두 투수시험을

---

7   김영기, 『수리지질학사전』, 도서출판 엔지니어즈, 1995.

8   백영식, 『토질역학』, 구미서관, 2007.

하고, 투수성이 낮은 세립토는 유출량이 작으므로 변수두 시험법을 적용한다. 현장에서 직접 투수계수를 구할 때는 시험정과 관측정을 투수층까지 파서 우물 속의 수위가 일정할 때 천천히 퍼올린다. 관측정에서 변화하는 수위를 기록하면 유량과 투수계수를 구할 수 있다.

다. 흙 속에서의 물의 흐름

해수면보다 낮아 둑을 쌓아 국토를 보전하는 나라가 있다. 네덜란드를 배경으로 전해오는 소년 이야기는 사실 여부를 떠나 시사하는 바가 있다. 파이핑 현상을 이른 시간에 손가락으로 막아 제방을 구했다는 것이다. 침투압이 낮을 때는 쉽게 막을 수 있지만 커지면 걷잡을 수 없기 때문에 초기 대응이 중요하다는 이야기다. 수두차가 생기면 물이 흐른다. 이때 얼마의 물이 흐를 것인지, 구조물에 어떤 영향을 미칠 것인지를 파악하기 위해 흐름을 모사하여 침투수량, 간극수압, 동수경사, 침투수력을 결정한다.

2차원 흐름에 대한 도해법인 유선망flow net은 물이 흐르는 유선flow line과 이에 직교하는 등수두선equal potential line으로 구성된다. 이때 인접한 두 유선 사이를 흐르는 침투수량은 동일하고 등수두선 사이의 수두손실도 동일하다. 유선망을 작도한 후에 유선 수(n_f)와 등수두선 수(n_d)를 구하고 주어진 지반의 투수계수(k)에 대해 침투유량은 다음 식으로 구한다.

$$Q = k\Delta H \frac{n_f}{n_d} \tag{2.18}$$

만약 그림에서 수두차(ΔH)가 20m, 투수계수가 3×10^{-2}cm/sec라고 할 때, n_f는 8.3, n_d는 4이므로 단위미터당 유출량은 $Q = 3 \times 10^{-4} \times 20 \times (4/8.3) = 0.0029$m³/sec/m로 계산된다.

투수계수가 다른 여러 개의 지층을 통과하는 침투의 경우에는 연직과 수평에 대한 등가 투수계수를 구한다. 이때 토층에 직각 방향으로 물이 흐를 때 각층을 통해 흐른 침투수량은 동일하나 동수경사는 각 층마다 다르다. 연직과 수평 방향의 투수계수는 퇴적 또는 풍화 정도에 따라 다를 수 있다. 일반적으로 수평 방향의 투수계수가 연직 방향보다 크며, 10배 차이가 나는 경우도 있다. 비등방성 흐름에서는 투수계수비를 축척으로 사용하여 변형된 유선망을 그려서 흐름을 분석한다.

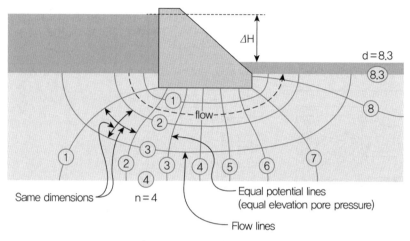

그림 2.14 유선망과 침수수량 결정

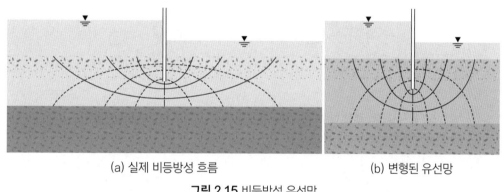

(a) 실제 비등방성 흐름   (b) 변형된 유선망

그림 2.15 비등방성 유선망

지하수위가 있는 지반을 굴착할 때 흙막이 벽체의 차수능력과 지층 조건, 투수계수에 따라 다양한 흐름이 발생한다. 차수성이 보장된 벽체를 사용한 경우에는 벽체 끝부분을 통과하는 유선이 형성되고flow beneath wall 흙 입자가 유출되지 않을 것이다. 만약 벽체면을 따라 지하수가 흘러나오고flow through wall 수두차가 커서 흙이 함께 배출되면 상부지반에서 침하도 발생할 수 있는 조건이 된다.

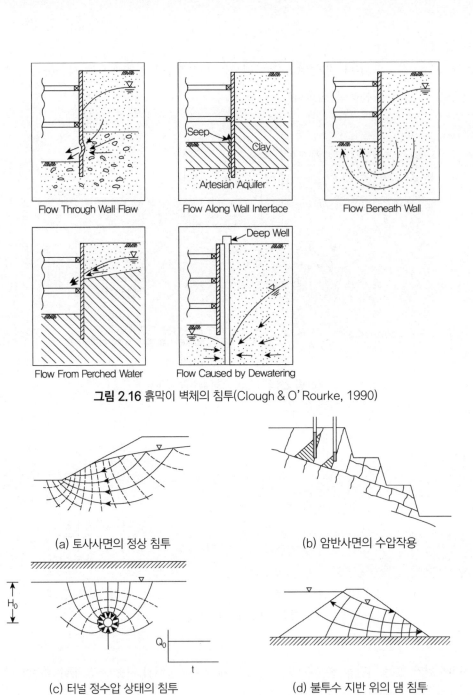

그림 2.16 흙막이 벽체의 침투(Clough & O'Rourke, 1990)

(a) 토사사면의 정상 침투

(b) 암반사면의 수압작용

(c) 터널 정수압 상태의 침투

(d) 불투수 지반 위의 댐 침투

(e) 투수성 지반 위의 댐 침투

(f) 수평배수공 적용 시 침투

그림 2.17 다양한 침투 현상

평형을 유지하던 지하수가 터널과 같이 물이 흘러나갈 수 있는 공간이 형성되거나 비가 오면 지표면에서 침투가 발생할 수 있다. 비교적 균질한 토사인 경우에는 일반적인 침투이론이 성립하지만 암반의 경우에는 불연속면 상태가 흐름을 지배한다.

라. 파이핑 현상

비를 맞은 언덕은 미끄럽다. 지표유출과 침투가 발생한 결과다. 어느 한 점에서 구멍이 만들어져 지하수가 유독 많이 나오는 경우가 있다. 더 이상 빠져나올 물이 없으면 그 상태에서 빈 구멍이 생긴다. 그러나 수량이 많아서 수압이 세거나 주변이 흙이 모래라면 구멍은 점점 커지게 되어 어느 순간 걷잡을 수 없는 지경에 이르게 되어 언덕 일부가 무너진다. 이를 지반공학적으로는 파이핑piping 현상이라고 하며 터널침식tunnel erosion, 후진침식backwards erosion 등의 이름으로 불린다.

처음 파이핑이 생길 때 유로의 직경은 수 밀리미터 정도이지만 수 미터 이상으로 커진다. 지하수 흐름 조건에 따라 발생 위치가 달라진다. 또한 댐이나 제방, 터널, 흙막이 구조물에서 지반투수특성과 구조물의 위치에 따라 유선이 집중될 수 있는 곳에서 파이핑 현상이 발생할 가능성이 크다. 토사 제방 후면에 물이 침투되어 흐름이 발생할 때 노출면의 동수경사가 어느 한계를 넘으면 보일링 현상과 함께 표면 흙이 침식되고 유로가 점점 커져서 파이프처럼 공동이 생긴다. 방치할 경우 제방 전체로 침식이 확대되어 붕괴에 이르기까지 한다. 지하공간의 경우에도 정수압 상태에서 굴착이 진행되면 수압은 평형을 찾기 위해 공간이 열린 쪽으로 흐름이 발생한다.

댐의 파이핑 현상은 댐 구조물과 지반의 경계에서 침식이 발생할 가능성이 크다. 유선망에서 보면 유선이 집중되는 지점으로 판단할 수 있으며, 이를 방지하기 위해 필터를 설치하거나 차수벽을 두어 유선을 우회시키는 방법을 쓴다. 물의 흐름 외에 흙 속을 파고 생활을 영위하는 설치류나 수목의 뿌리 사이에 흐름이 발생하여 파이핑이 초래되는 경우도 있다.

2.5 흙의 전단강도

가. Mohr-Coulomb 파괴기준

봄의 땅과 겨울의 땅은 밟는 느낌이 다르다. 마른 모래 위에서는 뛰기 어렵지만 젖어 있는

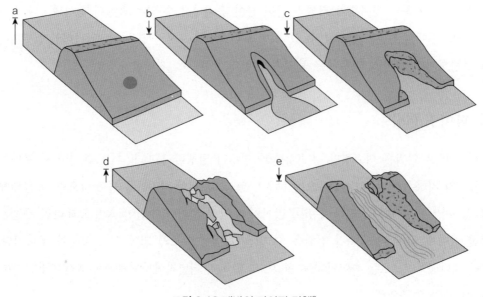

그림 2.18 제방의 파이핑 진행[9]

모래 위로 자동차도 다닐 수 있다. 모든 흙은 힘을 받으면 변형한다. 내부에서는 외부에서 가해지는 힘에 의해 응력이 생긴다. 물에 젖은 땅을 밟으면 발자국이 남는다. 같은 점토라도 굳은 것은 흔적이 없지만 물 먹은 진흙 위로는 다닐 수 없다. 흙은 탄성거동을 보이지 않는다. 시간에 따라 응력과 변형 거동이 다르다. 흙이 변형되면서 파괴에 이르는 것은 덩어리로 움직이거나 활동면 부근의 흙이 파괴 상태에 있기 때문이다. 흙에 작용하는 활동면에서 저항하는 정도를 흙의 전단강도라고 한다. 활동면에 직교하는 응력을 연직응력이라고 하고 활동면을 따라 생기는 것을 전단응력이라고 한다.

　Mohr(1900)는 재료가 파괴되는 것은 수직응력이나 전단응력 중에서 어느 하나에 의해 발생하는 것이 아니라 두 응력의 조합, $\tau_f = F^N(\sigma)$으로 보았다. 이 관계는 시간이나 변형률 정도에 따라 곡선 거동을 나타낸다. Coulomb(1776)은 대부분의 흙은 활동면에서 전단응력은 수직응력과 직선관계로 봐도 무방할 것으로 생각했다. 흙 입자의 마찰을 설명하는 내부마찰각(ϕ)과 결합 정도를 지시하는 점착력(c)을 사용하여 전단응력과 수직응력의 관계를 다음과 같이 정립하였다. 이것을 Mohr-Coulomb 파괴기준failure criterion이라고 하고, c와 ϕ를 강도정수라고 부른다. 강도정수는 같은 흙이라도 응력 수준, 배수 조건에 따라 다르다.

9　Austin Chukwueloka-Udechukwu Okeke et al., 'Hydromechanical constraints on piping failure of landslide dams: an experimental investigation', Geoenvironmental Disaster, Springer, 2016.

$$\tau = c + \sigma_n \tan\phi \qquad\qquad (2.19)$$

힘을 받을 때 흙의 종류와 상태에 따라 움직임은 크게 차이가 난다. 조밀한 모래는 느슨한 모래에 비해 동일한 전단변위에서 전단응력이 크다. 변위가 커지면 결국에는 같은 응력 상태를 보인다.

나. 전단강도 결정

흙이 변형에 저항할 수 있는 정도는 시료를 사용하여 실험실에서 측정하거나 현장에서 장비를 사용하여 결정한다. 실내시험장치를 사용하여 채취된 시료에 하중을 가해 파괴가 일어날 때의 응력 상태를 나타내는 Mohr원을 그려 강도정수를 구한다. 원위치에서 이동된 시료는 어느 정도 흐트러지고 실험장비는 현장 조건을 완벽하게 재현할 수 없는 한계가 있다.

(1) 직접전단시험

건조한 모래를 대상으로 수행하는 시험으로서 전단박스에 모래를 넣고 상하부를 반대 방향으로 밀어서 저항 정도를 측정한다. 수직력을 달리하여 파괴될 때의 전단응력을 측정하여 수직응력과 전단응력 관계를 표시하고 기울기를 마찰각으로 결정한다. 건조한 모래인 경우이므로 이때 추정되는 내부마찰각은 유효응력 개념으로 이해하여야 한다. 배수 조건을 조절할 수 없어서 점성토에 대한 실험으로 부적절하고 전단이 정해진 면에서만 발생하며

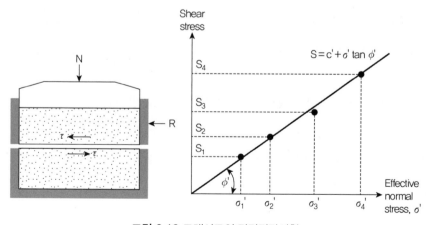

그림 2.19 모래시료의 직접전단시험

교란된 모래시료를 사용하므로 실제와의 차이에 대한 설명이 필요하다.

(2) 삼축압축시험

모래와 점토시료를 압력실에 놓고 세 방향으로 하중을 가해 변형 상태를 파악할 수 있는 시험이다. 먼저 구속압력(σ_3)을 가한 후 축 방향으로 하중(σ_1)을 가해 시료가 파괴될 때 체적 변화와 간극수압을 측정한다. 구속압력을 단계적으로 변화시켜 각 단계의 수직응력과 전단 응력을 표시하면 파괴포락선을 그릴 수 있다. 삼축압축시험은 배수 조건에 따라 비압밀-비 배수, 압밀-비배수, 압밀-배수시험으로 분류한다.

비압밀-비배수(UU Unconsolidated-Undrained)시험은 구속압력을 가한 상태에서 배수를 허용하지 않고 축차응력($\Delta\sigma = \sigma_1 - \sigma_3$)을 가한다. 시료가 파괴될 때 $\Delta\sigma = \Delta\sigma_f$가 되며 간극수압은 증가한다. UU 상태이므로 포화점토에서는 $\sigma_1 - \sigma_3 = \Delta\sigma_f$은 구속압력과 관계없이 일정하여 파괴포락선은 수평선이 되고, 세로축과 만나는 절편은 점착력 또는 비배수전단강도라고 한다. 압밀-비배수(CU)시험은 배수를 허용한 상태로 구속압력을 가하여 간극수압을 소산시킨다. 비배수 상태에서 축차응력을 가해 파괴시키면 전응력 상태의 파괴포락선을 구하게 된다. 이때 간극수압 변화를 알 수 있으므로 유효응력으로 강도정수를 구하면 $\overline{CU}$ 시험이 된다. 압밀-배수(CD)시험은 배수를 허용하면서 구속압력과 축차응력을 가하는 시험으로서 유효응력 개념의 강도정수를 구한다.

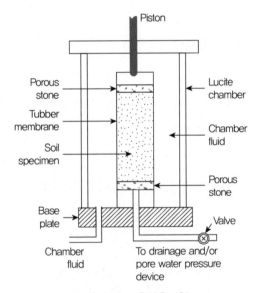

그림 2.20 삼축압축시험

삼축압축시험은 압밀과 배수 상태를 조절하여 현장 조건을 재현할 수 있다. UU 시험은 구조물의 시공 속도가 과잉간극수압이 소산되는 속도보다 빠른 시공 직후의 안정해석에 사용되는 강도정수를 구할 때 적합하다. CU 시험은 장기간 하중을 받아 압밀되어 있다가 새로운 하중이 재하될 때 적합하고, CD 시험은 수일에서 수 주 간 진행되므로 $\overline{CU}$ 시험의 결과로 대체한다.

(3) 일축압축시험

점성토 시료를 채취하여 구속압력 없이 압축을 가해 강도를 얻을 수 있는 시험으로서 파괴가 일어날 때의 축응력이 파괴응력이 된다. 포화된 점토의 파괴응력은 비배수 압축강도(q_u)라고 하며 이 값의 1/2이 비배수 강도(점착력)가 된다.

(4) 현장전단시험

원위치에서 타입, 관입, 회전, 팽창 등의 방법으로 강도를 측정할 수 있는데, 대표적으로 표준관입시험, 콘 관입시험, 공내전단시험, 베인시험 등이 있다. 표준관입시험은 64kg의 해머를 76cm 높이에서 낙하시킬 때 30cm 관입에 필요한 타격횟수를 구하여 상대밀도, 내부마찰각, 비배수강도를 결정한다. 순간적인 타격에 의해 추정되는 N값은 비배수 상태의 실험값으로서 간극수압의 영향을 받는 점성토의 강도를 추정하는 데는 한계가 있다.

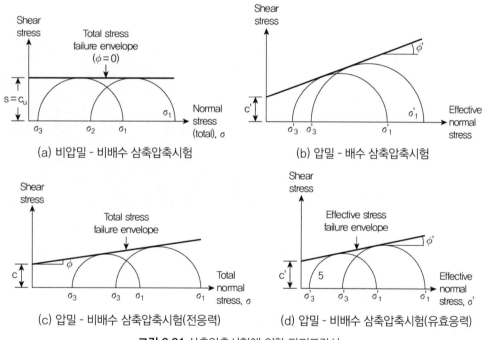

(a) 비압밀 - 비배수 삼축압축시험

(b) 압밀 - 배수 삼축압축시험

(c) 압밀 - 비배수 삼축압축시험(전응력)

(d) 압밀 - 비배수 삼축압축시험(유효응력)

그림 2.21 삼축압축시험에 의한 파괴포락선

콘 관입시험은 땅속에 콘을 관입시킬 때 저항을 측정하여 지반의 강도를 추정하는 방법으로서 간극수압도 측정할 수 있으므로 유효응력 개념의 강도정수도 파악할 수 있다. 베인시험은 네 개의 날을 시추공 내부에 넣고 이를 회전시킬 때 저항하는 정도를 측정한다. 회전에 필요한 힘을 측정하여 점토의 비배수 점착력을 구한다. 공내 전단시험은 시추공 내부에 전단기를 넣어 공벽에 부착시킨 후 수평압력을 가한다. 로드를 유압잭으로 끌어당겨 수직력을 가해 공벽을 파괴시킬 때 전단력을 산정하여 강도정수를 구한다.

표 2.8 모래의 상대밀도와 내부마찰각

조밀 상태	N값	상대밀도	내부마찰각(°)	
			Peck	Meyerhof
매우 느슨	0~4	0.0~0.2	28.5 이하	30.0 이하
느슨	4~10	0.2~0.4	28.5~30.0	30.0~35.0
보통 조밀	10~30	0.4~0.6	30.0~36.0	35.0~40.0
조밀	30~50	0.6~0.8	36.0~41.0	40.0~45.0
매우 조밀	50 이상	0.8~1.0	41.0 이상	45.0 이상

주: 강도정수와 N값은 현장 조건에 따라 달라질 수 있으므로 보정이 필요하다.

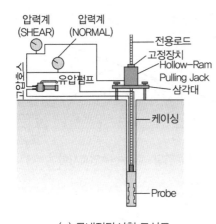

(a) 공내전단시험 모식도

(b) 공내전단시험 수행

그림 2.22 공내전단시험

다. 사질토의 전단강도

사질토의 강도는 흙 입자 간의 회전rolling, 활동sliding, 분쇄crushing가 조합되어 변형에 저항하는 정도다. 사질토의 강도정수인 내부마찰각은 흙의 상대밀도와 구속압력에 의해 크게 영향을 받는다. 동일한 모래시료에 대해 상대밀도를 달리하여 직접전단시험한 결과에서 보면 느슨한 모래의 경우 전단변위가 증가하는 동안 일정하게 전단응력이 증가한다. 반면에 조밀한 모래는 전단응력이 빠르게 증가하여 최댓값을 보인 다음 감소하여 최종적으로 느슨한 모래의 전단응력과 일정한 값이 된다. 사질토의 맞물림 정도에 따라 초기에는 전단응력의 차이가 크나 변형률이 커지게 되면 상대밀도와 관계없이 일정하게 됨을 볼 수 있다. 직접전단 시험을 통해 상대밀도 차이에 따른 내부마찰각은 약 50% 정도까지 증가할 수 있다.

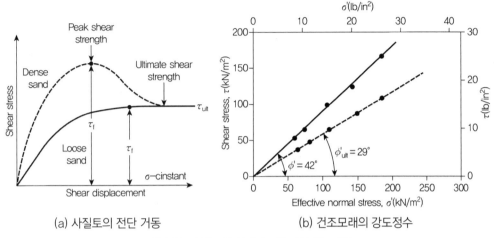

(a) 사질토의 전단 거동 (b) 건조모래의 강도정수

그림 2.23 사질토의 상대밀도에 따른 강도 특성

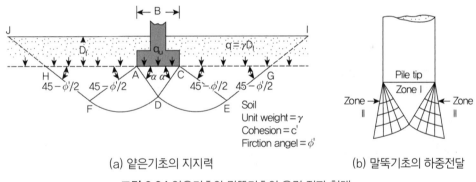

(a) 얕은기초의 지지력 (b) 말뚝기초의 하중전달

그림 2.24 얕은기초와 말뚝기초의 응력 전파 형태

직접전단시험에서 수직응력이 커지면 전단응력이 커진다. 기초 지지력은 놓인 위치와 주변 지반의 강성에 크게 좌우된다. 지표면에 놓인 얕은기초나 느슨한 지반에 설치된 말뚝기초는 근입 깊이가 있고 조밀한 지반에서 구속압력을 받는 말뚝기초보다 지지력이 작다. 기초 바로 아래는 삼각형 형태의 쐐기가 형성되고 좌우로 응력이 전파된다. 기초저면 위의 상재하중은 응력전파를 억제하는 역할을 하게 되므로 지지력 차이가 발생하는데, 주변 지반의 상대밀도에 따라 구속압력이 달라지고 하중 전달 형태로 변화한다.

라. 점성토의 전단강도

투수계수가 작은 점성토는 하중이 작용될 때 흙 내부의 수압이 증가하여 강도에 영향을 미친다. 과잉 간극수압은 시간이 지나면서 소멸되지만 그 전에 하중이 가해지거나 전단변형을 일으킬 수 있는 굴착, 성토 등이 시행되면 각 단계마다 적용하는 강도정수가 달라진다. 안정해석에서 사용하는 전단강도는 지반이 파괴될 때의 배수 조건을 반영하여 결정하여야 한다. 정규압밀점토 지반 위에 성토하는 경우에 시공 중에는 압밀에 의해 강도 증가가 발생하기 어렵기 때문에 UU 시험에 의해 얻은 강도정수를 사용하는 것이 맞다. 이를 단기안정문제라고 한다. 과압밀점토 지반을 굴착할 때는 하중이 감소하여 천천히 팽창하게 된다. 이때는 CD 조건에서 실험된 결과를 사용하고, 장기안정문제로 취급한다. 점성토를 대상으로 배수조건을 달리하여 실험한 파괴포락선을 동시에 나타내어 비교하였다. 선행압밀압력(p_c)과 압밀항복응력(σ_{nd}), 즉 한계압력을 경계로 현재의 응력 상태(σ)와 관계에서 어떤 실험 결과를 취하여야 할지를 다음과 같이 판단한다.

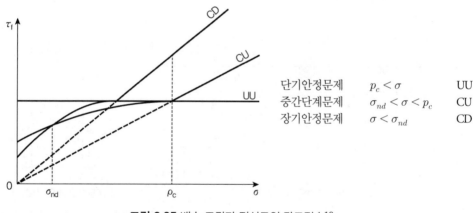

단기안정문제	$p_c < \sigma$	UU
중간단계문제	$\sigma_{nd} < \sigma < p_c$	CU
장기안정문제	$\sigma < \sigma_{nd}$	CD

그림 2.25 배수 조건과 점성토의 강도정수[10]

연경도consistency는 물체의 딱딱하거나 부드러운 정도를 의미하는 용어다. 점성토는 물을 함유하고 있는 정도에 따라 변형에 대한 저항 정도가 달라지는데, 사질토의 상대밀도의 개념처럼 점성토의 상태를 구분하는 데 사용한다. Terzaghi와 Peck은 표준관입저항, N치와 일축압축강도의 관계를 제시한 바 있다.

---

10 日本土質工學会,『土質工學用語辞典』, 1985.

표 2.9 점성토의 연경도와 *N*값, 일축압축강도

연경도	*N*값(회/cm)	일축압축강도 q_u (kgf/cm^2)	현장 관찰(Peck Hansen)
매우 연약	<2	<0.25	주먹이 쉽게 10cm 들어감
연약	2~4	0.25~0.5	엄지손가락이 쉽게 들어감
보통 견고	4~8	0.5~1.0	엄지손가락이 들어감
견고	8~15	1.0~2.0	흙을 움푹 들어가게 할 수 있지만 흙 속에 엄지손가락을 넣기는 힘듦
매우 견고	15~30	2.0~4.0	흙에 자국을 낼 수 있음
고결	>30	>4.0	손톱으로 자국을 내기 어려움

2.6 흙의 압축성

정도의 차이는 있지만 흙은 힘을 받으면 압축된다. 토립자가 깨지지 않는다면 압축되는 것은 간극 부피가 줄기 때문인데, 물은 비압축성이므로 배수되어야 흙이 압축된다. 모래는 쉽게 물이 빠지지만 점토는 투수성이 낮아 매우 느리게 배수된다. 사질토 지반은 하중이 가해지는 기간 내에 침하가 모두 발생한다. 점토는 간극비가 크고 투수계수가 낮아 수개월에서 수년에 걸쳐 침하가 발생한다. 점토지반이 힘을 받을 때 간극수가 배출되면서 침하되는 현상을 압밀consolidation이라고 한다.

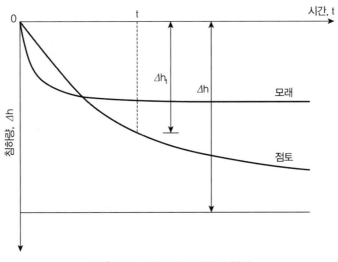

그림 2.26 모래와 점토지반의 침하

침하문제는 얼마만큼 발생하느냐와 언제까지 이어지는가의 문제로 귀결된다. 압밀시험을 통해 점토의 압축문제를 설명하기 위해 필요한 특성값을 얻는다. 점토시료에 하중을 가해 간극비의 변화를 측정하여 이를 반대수semi log 용지에 그린다. 일반적으로 점토의 시간 의존성 침하 상태는 1단계로 곡선 형태를 보이다가 1차 압밀이 일어나는 직선부로 바뀐 후 2차 압밀이 시작되면 변곡점을 지나 기울기가 완만한 직선으로 바뀐다. 압밀시험에서도 이와 유사한 형태의 $e - \log\sigma$ 곡선을 얻는다. 시료의 침하량을 결정하기 위해서 직선부의 기울기인 압축지수, C_c를 사용한다. 압밀시험은 시간이 수일 이상 필요하므로 개략적인 검토에서는 Skempton이 제안한 다음 식을 사용한다. 여기서 LL은 %로 나타내는 액성한계인데, 제안식은 교란되지 않는 점토에서 사용한다.

$$C_c = 0.009(LL - 10) \tag{2.20}$$

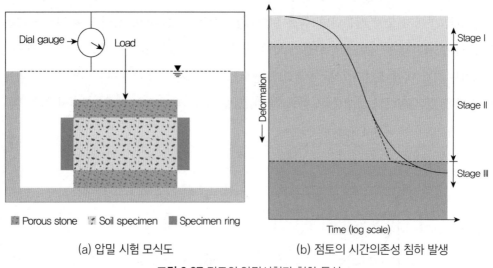

(a) 압밀 시험 모식도	(b) 점토의 시간의존성 침하 발생

그림 2.27 점토의 압밀시험과 침하 특성

침하 발생 시간 또는 침하속도를 결정할 때는 압밀계수, c_v를 구해야 한다. 압밀계수는 압축량을 세로축에 표시하고 가로축을 $\sqrt{t}$ 또는 $\log t$로 표시하여 제안된 방법으로 구한다. 두 가지 방법으로 구한 압밀계수는 동일하지 않은데, 일반적으로 $\log t$법으로 구한 압밀계수를 사용하여 압밀속도를 구하는 것이 실제와 더 부합한다고 알려져 있다.[11]

---

11 김상규, 『토질역학』, 청문각, 1991.

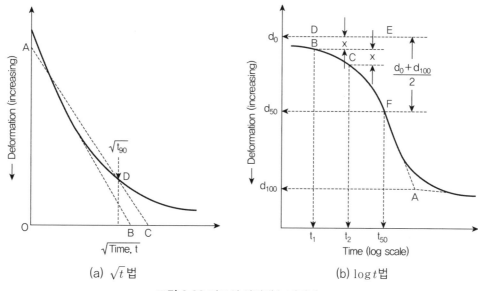

(a) $\sqrt{t}$ 법   (b) $\log t$ 법

그림 2.28 점토의 압밀계수 결정법

2.7 횡 방향 토압

넓은 범위의 토압이란 지중이나 옹벽, 흙막이 구조물에 작용하는 수평 및 연직압력을 지칭한다. 토압을 산정할 때 토압의 크기와 분포 상태를 고려하여야 하는데, 토압의 크기와 분포는 배면지반의 공학적 성질과 토압이 작용하는 구조물과의 상호작용interaction 또는 변위 상태에 따라 크게 변화하게 된다. 따라서 상당히 다양한 구성요소가 내포되어 있기 때문에 이를 종합하여 공학적인 판단engineering judgement을 내려야 할 경우가 많다.

가. 옹벽에 작용하는 토압

흙이 움직이지 않는 지하층 외벽에 작용하는 힘은 정지토압이다. 지하층을 만들기 위해 땅을 파면 흙이 움직이면서 주동토압Active earth pressure 상태가 된다. 기초가 힘을 받아 전단변형을 일으킬 때 기초지반은 주동 상태이지만 외력이 기초를 움직이려고 할 때는 주변은 수동passive 상태가 된다. 토압 크기는 전단 강도정수의 함수로 표시되지만 같은 구조물이라 할지라도 변형에 따라 토압 크기와 분포가 달라진다. 또한 흙을 막는 구조물의 강성, 구속 조건, 상재하중에 따라 합력의 위치도 변화한다. 높이가 H인 흙막이가 주동과 수동 상태에 이르는 수평변위를 보면 모래의 경우는 10 이상, 점토의 경우에는 2배 정도 차이가 난다. 이 값을 초과하면 구조물은 원위치에서 회전하거나 수평이동할 수 있다.

표 2.10 주동 또는 수동에 이르는 수평변위

흙의 종류	$\Delta L_a / H$	$\Delta L_p / H$
느슨한 모래	0.001~0.002	0.001
조밀한 모래	0.0005~0.001	0.005
연약한 점토	0.02	0.04
견고한 점토	0.01	0.02

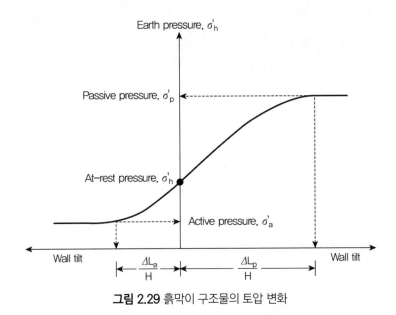

그림 2.29 흙막이 구조물의 토압 변화

수평응력과 연직응력의 비는 토압계수로 표시된다. 토압의 크기는 전단 강도정수의 함수다. 느슨한 상태에 놓인 조립토의 정지 상태 토압계수(K_o)는 Jaky(1944)가 내부마찰각을 사용하여 다음과 같이 제안하였다. 그러나 조밀하게 다져진 모래의 경우에는 과소평가함을 밝히고 수정 제안된 바 있다. 또한 세립 모래와 정규 압밀점토에 대한 정지토압계수와 과압밀된 점토의 정지토압계수는 과압밀비로 보정하여 사용한다.

표 2.11 지반 상태에 따른 정지토압계수 제안식

적용 지반	경험식	비고
느슨한 조립 사질토	$K_o = 1 - \sin\phi'$	$\sin\phi'$는 배수마찰각
조밀한 조립 사질토	$K_o = (1 - \sin\phi) + \left[\dfrac{\gamma_d}{\gamma_{d(min)}} - 1\right]5.5$	$\gamma_{d(min)}$은 가장 느슨한 상태의 건조단위중량
세립 사질토, 정규압밀점토	$K_o = 0.44 + 0.42\left[\dfrac{PI(\%)}{100}\right]$	PI(%)는 소성지수
과압밀점토	$K_o = K_{o(NC)}\sqrt{OCR}$	OCR은 과압밀비

Rankine(1857)은 Coulomb(1773)이 제안한 토압이론을 단순화하였다. 흙이 파괴가 발생하기 직전의 소성평형 상태에 있을 때 움직이려는 흙쐐기에 대한 주동과 수동토압계수를 제시하였다. 또한 배면의 지표면에 하중이 가해지는 경우나 경사진 지표면에 대한 토압계수도 함께 제안하였다. 이때 흙을 지지하는 벽체와 흙쐐기 사이의 마찰은 무시하였는데, 실제는 마찰저항이 있으므로 Rankine 토압은 주동토압이 크게 산정되어 안전 측이라고 볼 수 있다. 흙막이 구조물이 토압을 받을 때 활동면은 직선이 아니다. 대수곡선과 직선이 조합된 면으로 활동이 발생하는 것이 실제와 가장 근사한데 Cauquot와 Kérisel(1948)은 벽면마찰과 배면경사를 고려하여 토압계수를 구하는 도표를 제시하였다.

$$\text{Rankine 토압계수: } K_A = \frac{1 - \sin\phi}{1 + \sin\phi} = \frac{1}{K_P} \tag{2.21}$$

나. 흙막이 구조물에 작용하는 토압

기초나 지하층을 만들기 위해 땅을 굴착할 때 가시설 흙막이 구조물이 설치된다. 강성이 크고 변위를 엄격하게 제어하는 옹벽구조물과는 다르게 흙막이 구조물은 옹벽에 비해 유연한 구조물이고 굴착단계에 따라 변형 조건이 달라진다. 굴착 초기에는 지반과 벽체의 강성만으로 토압을 지지하는 단계로서 삼각형 토압이 작용된다. 지지구조물이 설치되고 하부로 굴착이 진행되면 강성이 큰 지지구조물로 토압이 집중되는 아칭현상에 의해 응력이 재분배되는 과정을 겪는다. 옹벽에 작용하는 토압 형태가 아닌 사각형 또는 사다리꼴 형태의 토압이 작용된다. 경험적 토압에는 Terzaghi-Peck 토압, Peck의 수정토압, Tschebotarioff 토압, NAVFAC DM 토압 등 여러 학자와 기관에서 제안하는 토압이 있다.

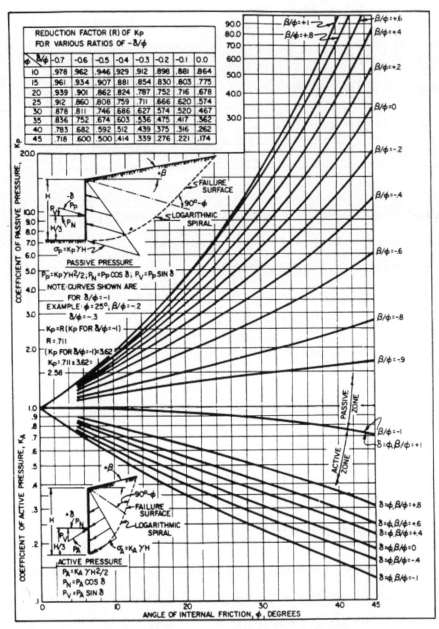

그림 2.30 대수나선과 직선이 조합된 활동면에 대한 토압계수

Peck의 수정토압은 흙막이 구조물의 배면 지반이 사질토, 연약~중간 점성토지반, 견고한 점성지반인 경우로 가정하고 있으며, 토압 산정식에서 γ는 흙의 단위중량, H는 굴착깊이, K_a는 Rankine의 주동토압계수, c는 비배수 점착력($\phi=0$)을 나타낸다. Peck의 수정토압을 적용하는 데는 다음과 같은 제한사항이 있으므로 이를 유념하여 설계에 적용하여야 한다.

① 제안된 토압 분포는 겉보기 상한값이라고 한다. 그러나 실제 토압 분포는 시공 과정과 흙막이 구조물의 유연성에 따라 변화한다.

② 제안된 토압 분포도는 굴착심도가 6m 이상일 때 적용된다.

③ 지하수위는 굴착단면 하부에 있다고 가정한다.

④ 사질토 지반은 간극수압이 0인 배수 상태로 가정한다.

⑤ 점성토지반은 비배수 상태로서 간극수압은 고려하지 않는다.

⑥ 지표면에 등분포 상재하중, q가 있는 경우에는 그로 인한 토압증가는 직사각형 분포로 고려한다.

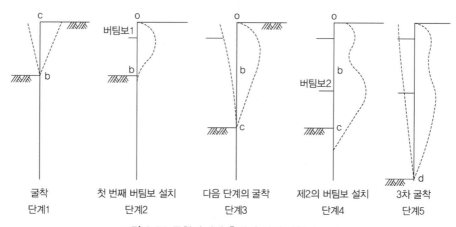

그림 2.31 굴착단계별 흙막이 벽체 변형과 토압

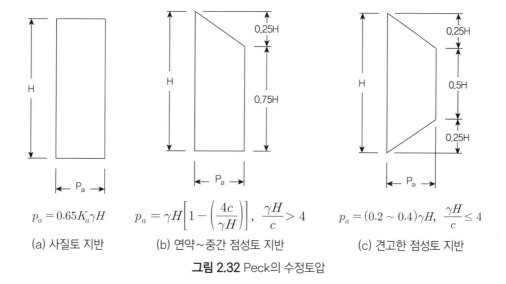

$$p_a = 0.65 K_a \gamma H$$

(a) 사질토 지반

$$p_a = \gamma H \left[1 - \left(\frac{4c}{\gamma H} \right) \right], \quad \frac{\gamma H}{c} > 4$$

(b) 연약~중간 점성토 지반

$$p_a = (0.2 \sim 0.4)\gamma H, \quad \frac{\gamma H}{c} \leq 4$$

(c) 견고한 점성토 지반

그림 2.32 Peck의 수정토압

2.8 사면 안정

지표가 기울어져 있는 상태는 긴 세월 동안 평형을 유지한 결과다. 단단한 암반은 경사가 급해도 스스로 서 있을 수 있고, 흙은 더 이상 무너지지 않을 때까지 낮아진다. 인위적으로 깎거나 쌓을 때 또는 비나 지진에 의해 평형이 깨지면 다시 안정을 찾을 때까지 움직이는 것이 자연 원리다. 토사 사면은 수개월~수년 사이에 매우 천천히 활동하는 건조한 사면의 크립creep, 수 시간 만에 움직이는 슬럼프slump, 수 분~수 초 만에 물과 함께 이동하는 토석류 debris flow로 구분한다. 암반이 원래 위치에서 이탈하여 아래로 떨어지는 것은 낙석이라고 한다. 암반사면은 불연속면 발달 상황이 파괴 형태를 결정하는데, 평면, 쐐기, 원호, 전도파괴 로 구분한다. 불연속면 사이의 강도나 끼어 있는 물질도 안정성에 크게 영향을 미친다. 암반 사면 내에 분포하는 불연속면의 방향을 조사하여 평사투영법으로 안정성을 분석한다.

표 2.12 깎기 비탈면 설계 기준(건설공사 비탈면 설계기준, 2016)

구분	최소안전율	내용
건기	$F_s > 1.5$	• 지하수위 없는 것으로 해석
우기	$F_s > 1.2$ 또는 1.3	• 연암 및 경암 등으로 구성된 암반비탈면의 경우, 인장균열 내 지하수 포화 높이나 활동면을 따라 지하수로 포화된 비탈면 높이의 1/2 심도까지 지하수를 위치시키고 해석을 수행하며 이 경우 $F_s = 1.2$ 적용 • 토층 및 풍화암으로 구성된 비탈면의 안정해석은 지하수위를 결정하여 해석 하는 방법 또는 강우의 침투를 고려한 방법 사용 가능 • 지하수위를 결정하여 해석하는 경우에는 현장 지반조사 결과, 지형 조건 및 배수 조건 등을 종합적으로 고려하여 지하수위를 결정하고 안정해석을 수행 하며, 지하수위를 결정한 근거를 명확히 기술($F_s = 1.2$ 적용) • 강우의 침투를 고려한 안정해석을 실시하는 경우에는 현장지반조사 결과, 지 형 조건, 배수 조건과 설계계획빈도에 따른 해당 지역의 강우강도, 강우 지속 시간 등을 고려하여 안정해석을 실시하며, 해석 시 적용한 설계정수와 해석 방법을 명확히 기술($F_s = 1.3$ 적용)
지진 시	$F_s > 1.1$	• 지진관성력은 파괴 토체의 중심에 수평 방향으로 작용시킴 • 지하수 조건은 우기 조건과 동일하게 적용
단기	$F_s > 1.0$	• 기간 1년 미만의 단기적인 비탈면의 안정성(시공 중 포함) • 지하수 조건은 장기안정성 검토의 우기 조건과 동일하게 적용

사면은 오랜 세월 동안 지각활동, 풍화와 퇴적, 고결작용을 거쳐 형성된 산물이므로 지역 별, 지점별, 위치별로 매우 다양한 지반공학적 특성을 가진다. 사면 안정을 파악하는 것은 저항하는 힘과 미끄러지려는 힘을 비교하는 것이다. 이를 안전율이라고 한다. 안전율이 1이 면 두 힘은 평형을 유지한다. 그러나 사면은 불확실한 것이 많고 작용하는 하중도 일일이

계량하기 어렵다. 사면 안정해석은 복잡한 지반에 대한 제한된 조사 결과만을 가지고 지반을 단순화시키고 이론식을 활용하여 안정성을 검토하게 되므로 이러한 안정해석 결과가 정확하다고 말할 수 없다. 불확실성을 감안하여 여유를 두는데, 이를 최소안전율이라고 한다. 일반적으로 국내의 깎기 사면의 설계 최소 안전율은 비가 오지 않을 때 $F_s \geq 1.5$, 우기는 $F_s \geq 1.2 \sim 1.3$을 적용한다. 수압을 고려할 때는 강우 조건에 따라 지하수위 변화를 예측하여 적용하고, 암반은 균열 내의 지하수 조건을 감안한다. 1년 미만은 단기 조건으로 고려하여 $F_s \geq 1.0$으로 해석하나 주변 조건을 감안하여야 한다.

가. 토사 사면의 안정성

토사 사면 안정 해석에는 한계평형이론을 바탕으로 가장 낮은 안전율을 보이는 활동면을 파괴면으로 결정한다. 활동면 각 점에서 전단응력과 전단강도를 구하여 안전율을 결정하여야 하는데, 활동 토체를 연직절편으로 분할하고 절편에 대한 힘과 모멘트 평형을 고려한다. 이러한 방법을 절편법이라 하고 이때 각 절편에서 발생하는 3n개의 미지수를 가정하고 반복 계산에 의해 안전율을 구한다. 한계평형 해석은 토체가 활동면을 따라 일시에 움직인다고 전제하는데, 가장 취약한 지점부터 소성 상태에 들어가서 활동원호 전체로 확장되는 실제 거동과는 차이를 보이나 현재로서는 가장 일반적으로 안전율을 결정하는 방법이다.

한계평형 해석은 활동체의 응력 상태나 변위를 분석하지 못한다. 이를 파악하기 위해 수치 해석에 의한 방법이 사용된다. 수치해석은 암반의 불연속면을 거시적 관점에서 연속체로

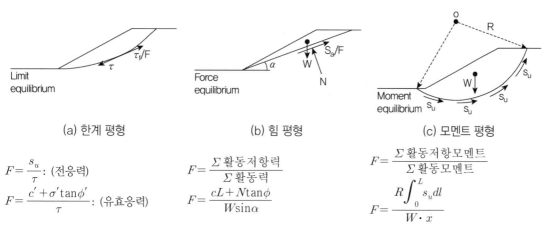

그림 2.33 토사사면의 평형(Abramson et al., 2002)

평가하여 거동과 응력 상태를 해석한다. 유한요소법, 유한차분법 및 경계요소법과 암반 내의 불연속면을 암반 블록으로 된 불연속체로 간주하여 파괴 후 암반 블록의 거동, 영향 범위, 파괴 메커니즘을 해석하는 개별요소법Distinct Element Method이 활용된다. 해석 대상 구조물 및 지반의 특성에 따라 적절한 수치해석법을 선정하여 해석에 사용될 입력정수를 결정하고, 해석 결과를 활용할 수 있어야 한다.

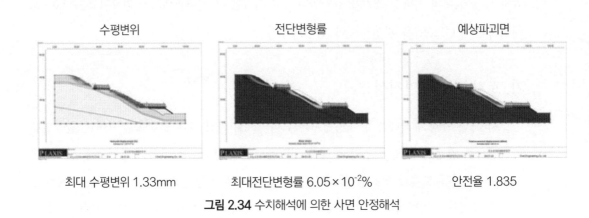

수평변위	전단변형률	예상파괴면
최대 수평변위 1.33mm	최대전단변형률 6.05×10^{-2}%	안전율 1.835

그림 2.34 수치해석에 의한 사면 안정해석

비가 오면 사면이 불안정해진다. 강우 시 사면 표면에서 물이 흐르게 되면 침식과 세굴이 발생한다. 지표수가 사면 내로 침투하면 상부로부터 포화되어 활동력이 증가한다. 원래 존재했던 지하수위면이 침투에 의해 상승하려면 상당한 기간 동안 비가 와야 하는데, 그 사이에 지표면 부근과 원 지하수위면 아래의 토층은 이중 포화대가 형성된다. 댐이나 하천에 접한 사면과 같이 사면에 지하수가 존재하고 선단부의 수위가 다르다면 선단부 측으로 흐르는 침윤선이 형성된다. 사면 선단부에 불투수층이 존재할 경우에는 하부에는 피압 상태의 지하수위면이 존재한다. 이와 같이 토사사면에서 활동력을 증가시키는 지하수압을 고려하는 것은 복잡한 조건을 모두 파악해야 하므로 정확하게 분석하기 어렵다. 강우로 인한 사면불안정을 고려하기 위하여 국내 여러 기관의 사면설계 기준에서는 우기 조건에 대하여 지하수위가 지표면까지 혹은 지표면 아래 얕은 깊이까지 위치한다는 가정하에 사면 해석 조건을 제시하고 있다. 이러한 사면해석 조건은 강우에 의한 지하수위 상승효과를 실제 현상과 비교해 매우 안전 측으로 고려함으로써 과다설계가 될 가능성이 크다. 실제 침투 조건을 파악하는 것이 선행되어야 한다.

토사 사면이 붕괴될 때 한계평형 해석과 같이 매끈한 원호 형태를 띠는 것은 드물다. 원호와 직선이 조합되거나 취약면을 따라 상부 토체가 평행이동하기도 한다. 다수의 원호가 겹쳐지는 복합활동, 마치 유체처럼 흐르는 흐름활동, 장기간에 걸쳐서 발생하는 점진적 파괴, 강우 시 지표면의 세굴과 침식, 사면 내 유로가 형성되면서 내부토사가 유출되는 내부 침식 등 다양한 형태로 나타난다. 사면 활동이 발생한 현장을 조사할 때 주된 활동 형태가 어떤 것인지를 파악하여 원인과 대책을 수립하는 것이 필수적이다.

표 2.13 토사사면의 일반적인 파괴 유형(BS 6100-3)

구분	사면 거동 양상	사면 거동 형태
원호 회전활동 (circular rotational)	곡선 형태 활동면(slip surface)을 따라 회전 거동	 Key 1: original profile 2: slip surface
비원호 회전활동 (non-circular rotational)	부분적으로 원호화 직선이 조합된 활동면을 따라 회전 거동	 Key 1: original profile 2: slip surface
병진 활동 (transitional)	얕은 토심의 토체가 취약면을 따라 원지반과 평행하게 직선상으로 활동 평형 조건 : $\gamma z \sin\beta \cos\beta =$ $c' + (\gamma - m\gamma_w)\cos^2\beta \tan\phi'$ if $c' = 0$: $\tan\beta = \dfrac{(\gamma - m\gamma_w)}{\gamma}\tan\phi'$	 Key 1: water table 2: slip surface
복합 활동 (compound)	회전과 병진활동이 조합된 다수의 토체가 복합적으로 활동	 Key 1: slip surface

표 2.13 토사사면의 일반적인 파괴 유형(BS 6100-3)(계속)

구분	사면 거동 양상	사면 거동 형태
흐름 활동 (flow)	간극 수압이 증가로 포화된 토체가 병진활동 형태로 흐르는 것처럼 활동 토석류(debris flow)의 경우 집중강우 시 지표수로 인해 지표면 토층이 아래로 빠르게 이동하는 현상	 Key 1: scarp 2: source 3: flow track 4: bedrock 5: superficial deposits 6: run-out lobe
판형 활동 (slab)	병진 활동에서 토체가 어느 정도 형태를 유지하면서 아래로 이동	
블록 활동 (block)	비교적 강도가 큰 점성토나 암괴가 활동면을 따라 블록 형태로 이동	 Key 1: sliding surface
점진적 파괴 (progressive failure)	사질토와 같이 취성물질로 구성된 사면에서 불규칙한 하중이 작용할 때 활동면부터 서서히 파괴가 발생한 다음 파괴 영역이 확대되면서 사면 전체가 활동	
세굴 (scour)	강우나 지하수 유출에 의해 지표면의 일부가 쓸려져 사면에서 토사가 유실. 확대될 경우 도랑 형태의 유로(gully)가 형성 washout이라고도 함	 Key 1: concentration of surface water flow 2: gully 3: washed out soil

표 2.13 토사사면의 일반적인 파괴 유형(BS 6100-3)(계속)

구분	사면 거동 양상	사면 거동 형태
내부 침식 (internal erosion)	사면 내에서 침투현상으로 유로가 형성되어 토립자가 유실(piping)되거나, 포화된 토사가 수압에 의해 일시에 사면 외로 유출되는 현상(slumping)	**Key** 1: recharge zone, upslope 2: piezometric pressure in confined channel 3: hight permeability channel

사면의 역학적인 거동 이외에 지표수에 의해 토사가 유실되어 하류로 흐르는 토석류土石流, debris flow 피해가 증가하고 있다. 국내 토석류는 주로 자연사면에서 기반암 상부를 덮고 있는 표토층이 파괴되어 발생한다. 토석류 시작부의 토석활동debris slide, earth slide 물질은 하부로 이동하면서 점차적으로 가속되며 지표수와 섞이면서 유사흐름운동flow-like motion을 나타낸다. 이동 경로상의 포화된 표토와 지표수를 연속적으로 끌어들여 함수비가 커지면서 체적이 증가하고 함수비도 역시 증가하게 된다. 이동 과정 중에 계곡을 흐르던 물과 합쳐지면 바닥면과의 마찰저항이 감소하여 토석류의 운동성mobility이 증가하며, 계곡을 따라 긴 거리를 이동하게 된다.

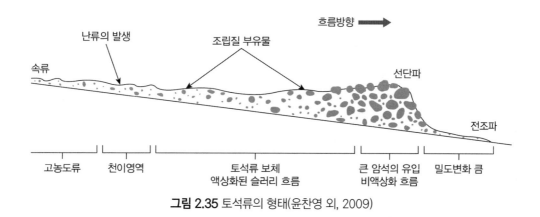

그림 2.35 토석류의 형태(윤찬영 외, 2009)

토석류의 최전면부에는 상대적으로 함수비가 적고 굵은 입자가 모인 파도 형태의 선단파front surge, bouldery front가 형성되는데, 토석류 흐름 내부에서 입자 간 충돌particle collision과 흐름 및 계곡 경계부 마찰저항에 의한 흐름 내 유속 차이에 기인하여 발생한다. 토석류 선단파에는 이동경로상에서 포함되는 수목과 목초가 포함되기도 한다. 선단파에 앞서 전조파precursory surge가 흐르게 되며, 선단파의 뒤에는 점차적으로 입자가 작은 액상화된 토석liquefied debris으로 이루어진 토석류의 본체에 이어서 후속류afterflow가 흐르게 된다. 후속류는 토석홍수debris flood 혹은 고농도류hyperconcentrated flow와 같이 세립분의 함량이 많은heavily sediment-charged 흐름과 유사하다.

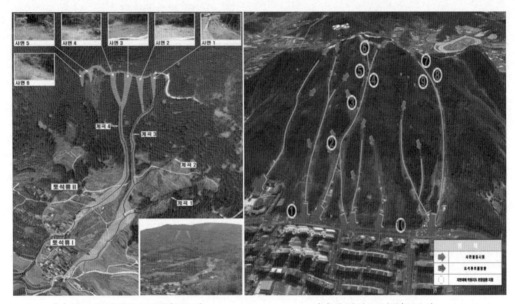

(a) 경남 밀양지구 토석류(2011)   (b) 우면산 토석류(2011)

그림 2.36 국내 토석류 발생 사례

나. 암반사면의 안정성

암반사면은 사면 내에 분포하는 불연속면 조건에 따라 안정성을 결정한다. 불연속면의 주향과 경사 등의 분포 상황을 조사하여 평사투영 해석으로 안정성을 파악하는데, 절리, 단층, 층리 등 암반비탈면에 분포하는 3차원적 지질구조와 사면의 경사 방향 및 경사 등을 평사투영도상에 2차원적으로 도시한다. 이때 사면은 평사투영도 안에서 원호로 표시되며 불연속면은 점으로 나타낸다. 점들의 분포 형태에 따라 원호, 평면, 쐐기, 전도 파괴 형태로 구분한다.

표 2.14 암반사면의 일반적인 파괴 유형(Hoek, Bray, 1981)

구분	전형적인 파괴 형태	발생 조건	평사투영도
원호파괴		• 토사 사면이나 불연속면이 불규칙하게 발달하여 뚜렷한 구조적 특징이 없는 암반사면 • 주로 풍화나 파쇄가 심한 암반에서 발생	
평면파괴		• 불연속면의 주절리가 한 방향으로 발달한 암반에서 발생 • 사면과 사면의 경사 방향이 같고 주향은 비슷한 경우	
쐐기파괴		• 두 개의 불연속면을 따라 암반 블록의 미끄러짐 형태 • 불연속면의 교선과 비탈면의 경사 방향이 같고 각 절리면의 주향이 사면의 주향과 비슷한 경우	
전도파괴		• 사면과 불연속면의 경사 방향이 반대이고 불연속면의 주향과 비탈면의 주향이 비슷한 경우에 발생	

활동하려는 암괴의 형상이나 분리면 상태를 알 수 있는 경우에는 한계평형 해석법으로 안정성을 파악한다. 사면 아래로 미끄러지려는 힘이 미끄러짐에 저항하는 힘과 정확하게 같을 때 암블록에서 미끄러짐이 일어나려는 순간인 한계평형limit equilibrium 상태에 있게 된다는 가정을 기초로 한다. 따라서 저항하려는 힘과 아래로 미끄러지려는 힘의 비로서 안전율을 정하게 된다. 암반의 안정성에서 인장균열이나 슬라이딩면과 같은 분리면 내에 작용하는 수압 영향은 매우 크다. 이때 암괴 안은 불투수성이라고 가정한다.

$$F = \frac{cA + (W\cos\phi_p - U - V\sin\phi_p)\tan\psi}{W\sin\phi_p + V\cos\phi_p} \tag{2.22}$$

여기서, c : 절리면 점착력

A : 활동면의 면적$\{(H-z)\operatorname{cosec}\phi_p\}$

W: 암괴의 자중

ϕ_p: 활동면의 경사각

U : 파괴면에 작용하는 수압

V : 인장균열에 작용하는 수압

ψ : 슬라이딩면의 마찰각

한편, 수압에 의한 작용력 U와 V는 다음과 같이 계산한다.

$$U = \frac{1}{2}\gamma_w z_w^2 (H-z)\cos\phi_p \tag{2.23}$$

$$V = \frac{1}{2}\gamma_w z_w^2 \tag{2.24}$$

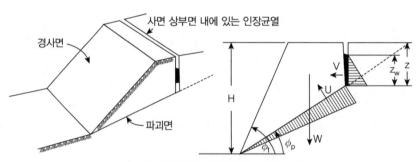

(a) 사면 상부면에 인장균열을 가진 사면

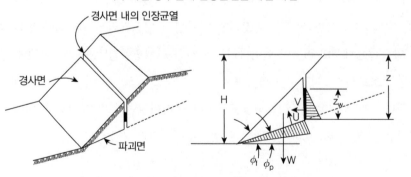

(b) 경사면 내에 인장균열을 가진 사면

그림 2.37 평면파괴의 기하학적 조건(Hoek & Bray, 1981)

제3장
지질공학

제3장
치료자가

지질공학

 기원전 1만 년경부터 시작된 신석기 시대는 지반공학적인 면에서도 의미가 있다. 인간이 정주하면서 도시가 생기고 대형 구조물이 축조되었다. 나무와 함께 흙과 돌은 구조물의 주요한 건설재료라서 경험에 의해 흙을 단단하게 만들고, 어떤 돌이 튼튼한가를 알게 되며 이를 후대에 전승했다. 18세기부터 경험적인 지식을 과학화한 것이 토질역학이며 현재 지반공학의 근간을 이룬다. 먼저 재료로서의 특성을 파악하는 것부터 시작하였다. 시간이 지나도 건물이나 성을 무너지지 않게 쌓거나 하천이 넘치지 않게 제방을 만들기 위해 의도한 재료 성질을 유지하는 것이 중요했다. 구조물이 커지면서 기초지반을 단단하게 하는 방법을 고민했다. 19세기까지 토질역학 초기에는 지표면 부근의 흙 재료가 갖는 공학적인 특성과 단순화된 지반 조건만으로 지반공학적인 문제에 대응할 수 있었다.

 구조물이 커질 뿐만 아니라 지질학적으로 문제가 있는 곳에 인위적인 행위가 진행되면서 토질역학 이론만으로 설명하기 어려운 현상이 생기게 되었다. 강이나 바다에 퇴적된 지반이 생성 시대에 따라 공학적인 특성이 다름을 알게 되었고, 비탈면이 미끄러지는 현상도 지역마다 차이가 나는 것을 설명할 필요가 생겼다. 지질학이 암석의 분류와 생성부터 암반 구조에 이르기까지 변화되는 역사를 다루어왔다면 지질공학은 문제점을 다루기 위해 지질 순환 과정을 연구하는 과학 분야다. 대상이 되는 지질 물질의 특성, 불연속면의 분류와 인위적인 환경변화에 따른 공학적인 특성 변화를 연구한다.

 5년간 지질학을 공부하였으며 대학에서 지질공학 강좌를 개설할 정도로 토목기술자에게 지질공학의 중요성을 강조한 칼 테르자기Karl Terzaghi(1883~1963)는 "Engineering Geology on the job and in the classroom[1]"에서 "In the realm of earthwork engineering, the instances are rare in which an engineering problem requires the services of an engineering geologists, provided the civil engineer is adequately trained"라고 지적했다. 지질공학적인 교육의 중요성과 함께 지반과 관련된 일에서는 두 분야의 연계가 불가피함을 강조하였다. Terzaghi 강좌에서 두 축이 된 지질문제의 공학적 측면이 설계에 관련된 것이라면 공학문제의 지질학적 측면은 사고 조사 과정에서 중요한 역할을 한다.

문제해결을 목적으로 하는 공학engineering은 전문지식을 구비하고 제한 조건에 따른 해결 방법을 찾는다. 지반공학은 토질공학과 지질공학을 배경삼아 기초, 사면, 굴착 등의 문제를 다룬다. 지질공학engineering geology 또는 토목지질학은 자연과학인 지질학의 응용학문으로서 암반의 특성 파악, 재하에 따른 움직임, 위험지점의 보강 방법 등을 취급한다. 지각이 암반과 토사로 이루어져 있는 한 지반공학은 지질공학과 연계되는 것이 불가피하다. 암석의 종류를 구분하여 기원을 살피고, 암반의 층서를 구분하는 것을 넘어 지하공간을 만들거나 산을 깎을 때 안정을 유지할 수 있는지 살펴본다. 이를 위해 공사 대상인 암반을 정량적으로 구분하는 것을 고민하였고, 그 결과로 다양한 암반분류법이 제시되었다.

3.1 암반의 불연속면

암반의 불연속면은 시간과 지각운동의 결과다. 암석이 열과 압력에 의해 장구한 시간에 걸쳐 원래의 상태에서 다른 상태로 변화하는 과정 중에 분리면이 생겨서 인장강도가 현저히 낮거나 이질 물질이 끼게 되는 경계면을 불연속면discontinuity이라고 한다. 암석의 강도와 불연속면의 특성에 따라 암반의 거동이 달라진다. 공사 규모로 볼 때 불연속면이 적어서 암반 거동이 암석 특성에 좌우되는 경우, 암석 강도는 크지만 불연속면이 많아 불연속면의 특성에 따라 거동이 지배받는 경우, 암석강도도 낮고 불연속면도 많아 동시에 영향을 주는 경우로 구분할 수 있다. 암반 내를 굴착할 때 불연속면의 발달 정도와 안정성은 상대적인 개념이다. 지하공간에 비해 불연속면 간격이 넓으면 무결함 내지 블록에 의한 거동이 지배적일 것이고 간격이 공간 규모에 비해 불연속면 간격이 좁으면 불연속면의 특성이 지하공간 안정성을 좌우한다.

---

1   Terzaghi, K., "Engineering Geology on the Job and in the Classroom", Jr Boston Society Civil Engineering, April, 1961.

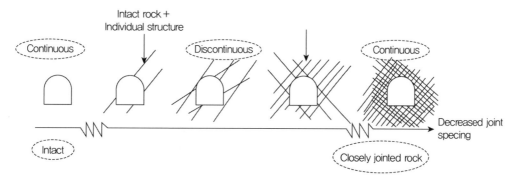

그림 3.1 암반 불연속면과 지하공간 규모(Edelbro, 2003)

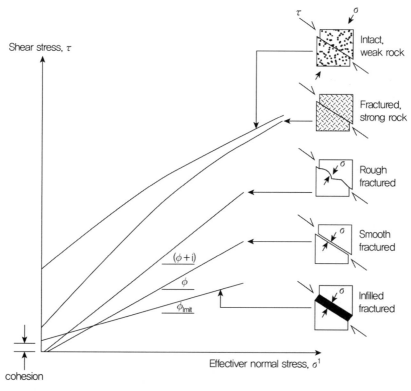

그림 3.2 불연속면 조건에 따른 암반 강도 변화(TRB, 1996)

암석이 생성되는 과정에서 내적으로 힘이 작용하면서 불연속면이 형성된다. 이때 취약면이 내포되고 풍화 과정을 통해 심화되기도 한다. 암석의 종류에 따라 형태와 충전물질이 달라지기도 한다. 화성암은 마그마가 지하에서 굳어져 생긴 암석이다. 서서히 냉각되어 결정질 암석이 되는데, 지표면으로 노출되면서 응력해방으로 인해 내재적인 불규칙한 균열면이 형성된다. 화산암은 마그마가 지표에 유출되면서 급격히 냉각되어 만들어지기 때문에 체적이 수축되어 수직절리가 발달하게 된다. 흙 입자가 퇴적되어 형성된 쇄설성 퇴적암은 재료 차이에 의해 층리라고 불리는 불연속면이 형성된다. 편마암이나 편암과 같은 변성암은 고온 고압에서 변성되어 형성되므로 압력 작용 방향에 수직 방향으로 광물들이 배열하는 변성구조를 가지게 된다. 이 면을 따라 1차적인 불연속면이 형성되고, 노출된 후 광물의 풍화저항도에 따라 차별풍화를 받아 점토가 충전된 불안정한 불연속면이 형성된다.

불연속면이 존재할 수 있는 지반을 대상으로 건설공사를 할 때 불확실성에 의한 불안정성이 초래되는 경우가 많다. 굴착으로 인해 내재된 불연속면이 거동하게 되어 급격한 활동이 발생하는 사면이나 터널 사고가 발생한다. 또한 지하수가 흐르거나 담겨져 있던 불연속면이 열리면서 지하수와 함께 토사가 유출되어 지반침하를 일으키는 경우도 생긴다. 불연속면의 크기로 보면 수 밀리미터에서 수 킬로미터 이상까지 다양하게 분포하고 종류, 방향, 연속성, 충전물 등 영향을 미칠 수 있는 규모가 다양하기 때문에 정확하게 측정하는 것이 어렵다. 발생 원인과 형상에 따른 불연속면의 종류는 다음과 같다.

표 3.1 암반 불연속면의 종류

구분		발생 배경
성인별	절리(joint)	암반에 작용한 응력으로 원위치에서 형성된 분리면
	단층(fault)	암반에 작용한 응력으로 상대적 거동이 발생한 분리면
	층리(bedding)	퇴적암의 단위 퇴적 경계면
	벽개(cleavage)	지층의 변형작용으로 층리를 따라 평행 또는 방사상으로 할렬되는 경향을 가진 면
	편리(schistosity)	편암의 변성 과정에서 발달한 편상구조
	편마구조(gneissosity)	편마암에서 동일한 광물이 방향성을 가지고 형성된 변성구조
형태별	균열(fissure)	절리면이 완전히 분리된 상태
	단층(fault)	절리면이 상대적으로 이동한 흔적이 있는 면
	성층(stratification)	층리면이 완전히 분리된 상태
	엽리(foliation)	층리면에 평행하게 발달된 벽개면
	엽리면(lamina)	얇게 형성된 성층
	정합(conformity)	이층 퇴적층에서 하위층 위에 연속적으로 새로운 지층이 퇴적된 것
	부정합(unconformity)	상위층이 퇴적하기 전에 하위층이 세굴 또는 침강작용을 받은 후에 새로운 지층이 퇴적된 것
	박층(seam)	암층에 얇게 이질암층이 끼어 있는 것
	파쇄대(fracture zone)	단층면을 따라 암석이 파쇄되어 풍화된 두꺼운 띠를 형성한 것
	구조선(tectonic line)	지각의 구조운동에 의해 광역적으로 형성된 단층성
	습곡(fold)	층상 구조의 암반이 지각운동으로 소성유동을 일으켜 물결 모양으로 변형된 구조

불연속면을 정량적으로 평가할 때 크게 방향성, 간격, 연속성, 거칠기, 불연속면 벽면 강도, 간극, 충전물, 침투수 상태, 절리군수, 암괴규모를 평가하도록 국제암반역학회ISRM가 규정하였다. 공간상의 불연속면의 방향성은 주향과 경사 또는 경사 방향과 경사각으로 표시한다. 두 개의 불연속면 간격은 암반강도에 직접적으로 연관되는 항목으로서 지하공간의 규모에 따른 상대적인 특성을 파악하는 것이 중요하다. 불연속면의 길이를 연속성이라고 한다. 평면, 파동, 계단식으로 분류되는 거칠기는 내부마찰각과 직접 관련성을 보인다. 벽면 강도는 불연속면의 강도와 풍화도에 따라 분류한다. 간극은 불연속면 양쪽 벽면 사이의 수직거리로서 0.1mm 이하이면 매우 치밀, 10mm 이상이면 넓다고 본다. 암반 강도를 지배하는 중요한 요소로서 충전물의 종류, 형태, 강도, 침투수 등을 조사한다. 이 외에도 절리군수, 암괴규모를 예상하여 평가에 활용한다.

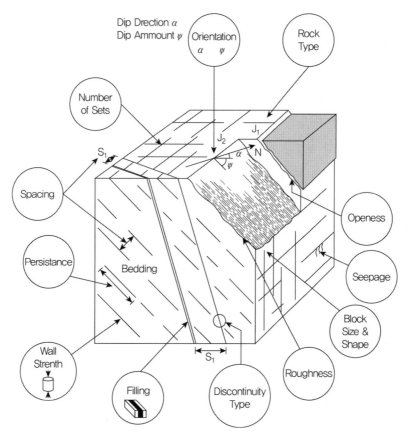

그림 3.3 암반 불연속의 정량적 평가항목(Wyllie and Mah, 2004)

3.2 암반 분류

제한된 관찰 자료를 활용하여 대상 지역의 응력 상태나 수리지질 정보를 파악함으로써 유용한 공학정보를 얻는 것이 암반 분류다. 지질공학이 태동되기 이전인 1879년에 Ritter는 터널공사에서 지지구조물을 결정하기 위해 경험적인 요소를 활용하였다. Terzaghi(1946)는 터널을 굴착할 때 강지보재에 작용하는 하중을 결정하기 위해 암반을 7개로 구분하였다. 무결함intact암은 절리나 균열이 포함되지 않은 상태로서 발파에 의해 암을 절취할 때 수 시간에서 수 일 동안 자립할 수 있는 상태다. 층상stratified암은 다수의 층으로 구성된 상태로서 분리면을 따라 저항을 기대할 수 없고 층을 가로지르는 불연속면에 따라 취약 정도가 달라진다. 보통절리moderately jointed암은 내재된 절리와 균열 상태에 따라 암괴가 형성되며 치밀하게 맞물려 있다면 연직벽은 수평지지가 불필요하다고 간주한다. 이 외에도 분리암괴blocky and seamy, 분쇄Crushed, 압출Squeezed, 팽창Swelling암으로 취약 정도를 분류하였다.

Lauffer(1958)는 암반이 굴착될 때 무지보 유지시간을 결정할 수 있는 분류법을 제시하였는데, NATM 공법이 개발되면서 Pacher(1974)는 Lauffer 분류법을 수정하였다. 암질지수rock quality designation는 Deere(1967)가 암석의 시추주상도에서 암질을 정량적으로 평가하기 위해 제안한 것이다. 일정한 시추길이에서 10cm 이상인 암석시료의 길이의 합으로 표시된다. RQD는 불연속면의 발달 정도를 지시하는 값으로서 방향성은 설명할 수 없으나 코아 회수율 total core recovery과 함께 기본적인 암반의 특성을 평가할 수 있는 지표다. RQD값을 사용하여 터널에서 록볼트 설치 기준으로 활용한 바 있고, 뒤에서 설명할 RMR, Q값을 결정할 때도 적용된다.

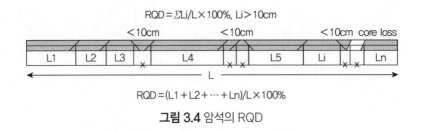

그림 3.4 암석의 RQD

가. RSR 분류법

소규모 터널에서 강지보재 설치간격을 결정하기 위해 암반구조를 평가하는 분류 방법이

Wickham 외(1972)에 의해 제시되었다. 지질A, 지형B, 지하수 조건C로 구분하여 평가 점수를 합산하여 RSR[Rock Structure Rate]을 구하는 방식이다. 이전의 분류 방법은 불연속면의 특성에 관심을 둔 정량적인 평가였다면 RSR은 정성적인 면까지 고려한 것이다. 100점을 만점으로 파라미터 A는 6~30, 파라미터 B는 7~45, 파라미터 C는 6~25점을 부여한다. 계산된 RSR을 세로축으로 하고 강지보재, 록볼트 설치 간격과 숏크리트 두께를 결정할 수 있는 표가 제시되었다. 암반분류법이 개선되면서 현재는 많이 사용하고 있지 않지만 분류법을 발전시키는 데 큰 공헌을 하였다.

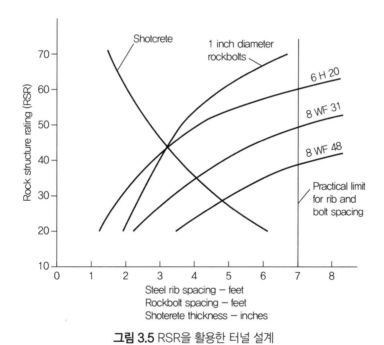

그림 3.5 RSR을 활용한 터널 설계

나. RMR 분류법

새로운 기법은 선행 연구를 바탕으로 한다. RMR[Rock Mass Rate] 시스템은 Bieniawski(1973)가 제안한 암반 분류법은 Lauffer의 무지보 유지시간 분류법이나 Wickham의 RSR을 참고하여 개발되었다. RMR에서 평가단계는 먼저 암석의 강도, RQD, 불연속면 특성, 지하수 조건을 포함한 정량적인 평가에서 8~100점을 부여한다. 여기에 굴착면과 불연속면의 방향성에 따른 특성에서 0~-50 범위 내에서 감점하여 보정한다. 이와 같이 산정된 점수로서 암반을 I~V등급으로 구분한 후 자립 가능시간, 점착력, 내부마찰각을 평가한다.

표 3.2 RMR 암반등급 분류 및 강도정수와 10m 터널 연장의 보강법

점수	100~81	80~61	60~41	40~21	<20
등급	I	II	III	IV	V
구분	매우 양호	양호	보통	불량	매우 불량
점착력(t/m²)	>40	30~40	20~30	10~20	<10
내부마찰각(°)	>45	35~45	25~35	15~25	<15
록볼트 설치	불필요	길이 3m 2.5m 간격 필요시 와이어메쉬 사용	4m 시스템 볼트 천단부 1.5~2m 간격 필요시 와이어메쉬 사용	4~5m 시스템 1~1.5m 간격 와이어메쉬 사용	4m 시스템 천단부 1.5~2m 간격 필요시 와이어메쉬 사용
숏크리트		필요시 천단부 50mm 적용	천단부 50~100mm 측벽부 30mm	천단부 100~150mm 측벽부 100mm	천단부 150~200mm 측벽부 150mm 막장면 50mm
강지보재		불필요	불필요	필요시 경량 강지보재 1.5m 간격	보통에서 중량 강지보 0.75m 간격 설치 필요시 강재판, 포어폴링 설치, 인버트 폐합

SMR 분류법은 Romana(1993)가 제시한 암반분류법으로서 RMR 분류법을 사면의 안정성 평가에 적합하도록 수정한 것이다. 평가항목과 평점은 RMR 분류법과 동일하며, 평점의 보정 기준을 불연속면과 절취사면 경사 방향과의 차이각, 평면파괴 시 불연속면의 경사각, 불연속면과 절취사면 경사각의 상관관계, 비탈면 굴착 방법에 따라 세분화하였다. 불연속면에 대한 보정 중 F_1은 평면 또는 전도파괴에 대해 불연속면의 주향각에 따른 보정값으로서 0.15~1.0 사이의 값으로 정한다. F_2는 불연속면의 경사각에 대해 평면파괴가 예상될 때만 0.15~1.0 사이의 값을 사용한다. F_3는 절리면 경사와 사면 경사를 동시에 고려하여 0~-60 사이의 값을 감점하는 방식이다. F_4는 절취 방법에 대한 보정으로서 자연 사면인 경우에는 15점을 부여하지만 발파방식에 따라 8~-8점을 보정한다.

표 3.3 SMR 평가($SMR = RMR + (F_1 \times F_2 \times F_3) + F_4$)

Class	I	II	III	IV	V
SMR	81~100	61~80	41~60	21~40	0~20
양호도	very good	good	fair	poor	very poor
안정성	completely stable	stable	partially stable	unstable	very unstable
파괴 형태	none	some blocks	same joints or many wedges	planar or large wedges	large planar or soil like
지보 형태	none	occasional	systematic	extensive corrective	re-excavation

다. Q 시스템

Barton 외(1974)는 스칸디나비아 반도에서의 212개 터널공사 자료를 분석하여 Q 시스템이라는 정량적인 암반분류법을 제안하였다. 이 분류법은 6개의 정량적인 분류 기준에 의하여 다음 식으로 Q값을 산출하고 이에 따라 암반을 분류하는 것이다.

$$Q = \frac{RQD}{J_n} \frac{J_r}{J_a} \frac{J_w}{SRF} \tag{3.1}$$

여기서, RQD^Rock Quality Designation: 암질지수(0~100% 값 사용)

J_n(the number of joint sets): 절리군의 수(0.5~20)

J_r(the number of joint roughness): 절리 거칠기 계수(1~4)

J_a(the number of joint alteration): 절리 변질 계수(0.75~24.0)

J_w(joint water reduction factor): 절리간극수에 의한 저감 계수(0.05~1.0)

SRF^Stress Reduction Factor: 응력 저감 계수(2.5~20.0)

식의 처음 항인 RQD/J_n은 블록 크기를 포함한 암반 구조를 나타내고, J_r/J_a는 암반 불연속면의 거칠기나 협재물질을 포함한 마찰특성을 지시한다. J_w/SRF는 작용응력^active stress을 나타낸다. Q 값은 0.001에서 1,000까지의 범위까지 9개 등급으로 분류하여 터널의 지지구조물 제원을 결정한다.

현재 가장 일반적인 RMR 분류법과 Q 시스템은 지질, 지형, 설계정보 등을 종합하고 일정한 점수를 부여하여 암질을 정량적으로 파악한다. 두 가지 분류법의 주요 차이점은 각 항목별로 세부적인 점수가 차이가 있는 것이다. RMR에서 암석의 압축강도는 직접 사용하는데, Q 시스템은 현장 응력과 관련시켜 SRF라는 항목으로 고려한다. 암질을 수식적으로 결정하는 변형계수를 산정할 때 RMR의 경우에는 $E_m = 10^{(R-10)/40}$(GPa), Q 시스템은 $E_m = 25 \log Q$(GPa)로 제안하여 차이점을 보인다. Bieniawski(1976)는 RMR과 Q 값 사이의 상관관계를 조사하였다. 스칸디나비아의 68개 사례, 남아프리카의 28개 사례 그리고 미국, 캐나다, 호주, 유럽의 21개 사례를 포함한 총 117개의 사례를 분석하여 관계를 도출한 바 있다. 이 외에도 지역에 따라 여러 경험식이 제안된 바가 있어서 두 지수 사이의 관계는 지역성^locality을 반영할 필요가 있다.

$$R = 9\ln Q + 44 \tag{3.2}$$

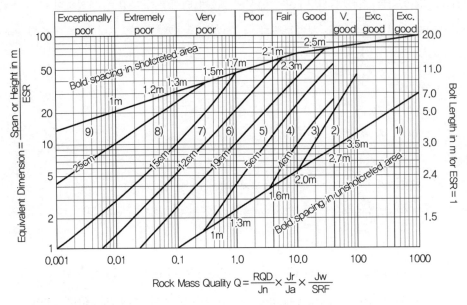

REINFORCEMNET CATEGORIES

1) Unsupported
2) Spot bolting, sb
3) Systematic bolting, B
4) Systematic bolting (and unreinforced shotcrete, 4–10cm, B(+S)
5) Fiber reinforced shotcrete and bolting, 5–9cm, Sfr+B

6) Fiber reinforced shotcrete and bolting, 9–12cm, Sfr+B
7) Fiber reinforced shotcrete and bolting, 12–15cm, Sfr+B
8) Fiber reinforced shotcrete＞15cm, reinforced ribs or shotcrete and bolting, Sfr, RRS+B
9) Cast concrete lining, CCA

그림 3.6 Q-System 평가를 위한 그래프

3.3 암반 불연속면의 공학적 특성

가. 불연속면의 전단강도

불연속면이 내재된 암석 시료를 사용하여 수직력을 가해 전단시험을 시행한다고 하였을 때 분리면을 따라 변형이 발생하면서 전단응력이 생긴다. 이때 분리면을 접합하는 물질의 점착력과 암석의 마찰저항에 의해 저항력이 발휘되는데, 어느 정도 한계를 넘으면 최대 전단 응력 τ_p를 보인 후 변형이 크게 발생하여 잔류강도에 이르게 된다. 최대와 잔류강도 상태의 Mohr-Coulomb 파괴 기준은 다음 식과 같다.

$$\tau_p = c + \sigma_n \tan\phi \tag{3.3}$$

$$\tau_r = \sigma_n \tan\phi_r \tag{3.4}$$

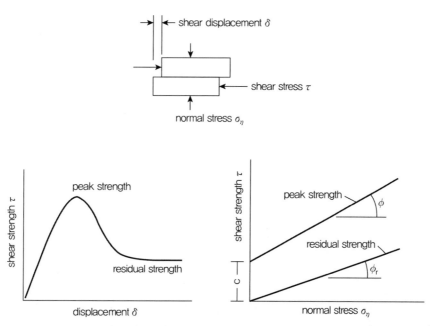

그림 3.7 암반 불연속면에 대한 전단시험

불연속면만의 마찰각 ϕ_b은 대략 잔류강도인 ϕ_r과 비슷하며, 여기에 불연속면의 거칠기각 i를 고려하여 Patton(1966)은 전단강도를 다음 식으로 표현하였다. 거칠기를 고려하였을 때의 전단강도와 거칠기 효과가 없어진 상태의 강도를 표시할 수 있는 방법인데, 전단변위가 작은 상태에서 수직응력이 가해지는 경우에 적용한다.

$$\tau = \sigma_n \tan(\phi_b + i) \tag{3.5}$$

수직응력이 커지면 톱니 모양의 거친 효과가 없어지고 암석의 강도에 의해 전단강도가 지배된다. Barton(1990)은 절리 거칠기 계수 JRC와 절리면 벽면 압축강도 JCS를 사용하여 전단강도를 나타내는 식을 제안한 바 있다.

$$\tau = \sigma_n \tan\left\{\phi_b + JRC\log\frac{JCS}{\sigma_n}\right\} \tag{3.6}$$

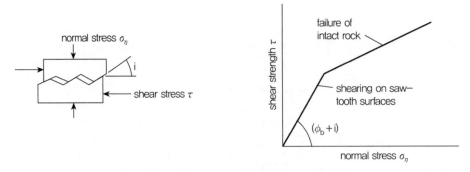

그림 3.8 Patton의 거칠기를 고려한 전단강도

앞에서 설명한 불연속면의 전단강도는 불연속면이 고려하는 범위 내에 밀착된 경우에 대한 것이다. 만약 치밀하게 접촉되지 않고 내부에 점토와 같은 물질이 협재된 경우에는 현저하게 전단강도가 저하된다. 경사진 퇴적암의 층리면에 점토가 끼여 있으면 굴착할 때 급작스럽게 붕괴되기도 한다. 경상계 칠곡층에서 고속도로를 건설할 때 18°로 경사진 평면상의 층리면을 따라 대규모 활동이 발생하여 1:0.5의 표준 절취경사가 아니라 경사각으로 사면을 완화시켜 최종 사면을 형성한 바 있다. 거칠거나 파형 절리가 형성된 경우에도 충전층 두께가 어느 한계를 넘으면 충전물의 강도특성에 의해 안정성이 좌우된다. 다음은 충전된 불연속면에서 측정된 전단강도를 제시한 연구 결과다.

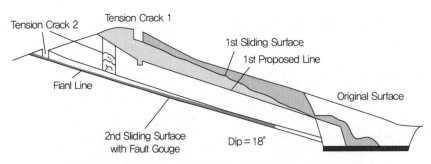

그림 3.9 중앙고속도로 사면 활동과 대응(김성환·유병옥, 1995)

표 3.4 충전물을 포함하는 불연속면의 전단강도

암석명	설명	최대강도		잔류강도		시험자
		c' (kgf/cm²)	$\phi(°)$	c (kgf/cm²)	$\phi(°)$	
현무암	점토화된 현무암질 각력암, 점토에서 현무암까지의 함유량 변화가 큼	2.4	42			Ruiz, Camargo Midea & Nieble
벤토나이트	백악 내의 벤토나이트층 얇은 층상 삼축시험	0.15 0.9~1.2 0.6~1.0	7.2 12~17 9~13			Link Sinclair & Brooker
벤토나이트질 셰일	삼축시험 직접전단시험	0~2.7	8.5~29	0.3	8.5	Sindair & Brooker
점토	과압밀, 미끄러짐면, 절리 및 소규모 전단면	0~1.8	12~18.5	0~0.03	10.5~16	Skempton & Petley
점토셰일	삼축시험 성층면	0.6	32	0	19~25	Sindair & Brooker Leussink & Muller-Kirchenbauer
협탄층 암석	점토 분쇄암층, 두께 1.0~2.5cm	0.11~0.13	16	0	11~11.5	Stimpon & Walton
백운석	변질된 셰일층, 두께 약 15cm	0.41	14.5	0.22	17	Pigot & Mackenzie
섬록암, 화강 섬록암 및 반암	점토충전물 (점토 2%, PI=17%)	0	26.5			Brawner
화강암	점토충전물이 있는 단층 사질토로 된 단층 충전물과 함께 약화됨 구조적 전단대, 편암질 및 파쇄된 화강암 풍화된 암석 및 충전물	0~1.0 0.5 2.42	24~45 40 42			Rocha Nose Evdokimov & Sapegin
경사암	층리면내 1~2mm의 점토			0	21	Dorzd
석회암	6mm의 점토층 1~2cm의 점토 충전물 1mm 이하의 점토 충전물	1.0 0.5~2.0	13~14 17~21	0	13	Krsmanovic 등 Krsmanovic & opovic
석회암, 이회암 및 갈탄	층상의 갈탄층 갈탄-이회암 접촉면	0.8 1.0	38 10			Salsa & Uriel
석회암	이회질 절리, 두께 2cm	0	25	0	15~24	Bemaix
갈탄	갈탄과 그 하부에 있는 점토 사이 층	0.14~0.3	15~17.5			Schultze
몬모릴로나이트 점토	백악 내에 있는 8cm의 벤토나이트(몬모릴로나이트) 점토층	3.6 0.16~0.2	14 7~11	0.8	11	Eurenirs Underwood
편암, 규암 및 규산질편암	10~15cm 두께의 점토 충전물 얇은 점토를 가진 성층구조 두꺼운 점토를 가진 성층구조	0.3~0.8 6.1~7.4 3.8	32 41 31			Serafim & Guerreiro
점판암	세밀한 판상 및 변질 상태	0.5	33			Coates McRorie & Stubbins
석영/고령토/ 연망간석	혼합시료에 대한 삼축시험	0.42~0.9	36~38			

참고: E. Hoek & J.W. Bray, 1974, Rock Slope Engineering.

나. 암반의 투수성

지하의 물은 틈새로 흐른다. 토사에서 간극을 통해 흐름이 발생하지만 수리지질학적으로는 무결암의 미세 간극과 같은 1차 간극과 불연속면을 따라 흐르는 2차 간극으로 구분한다. 1차 간극률(λ_1)은 무결암의 미세 간극과 미세 균열에 관계되고 지하수를 저장하는 역할을 담당하므로 저류 간극률storage porosity이라고 부른다. 2차 간극률(λ_2)은 암반 내 불연속면 규모, 빈도, 간극 크기, 충전물질에 의해 영향을 받는데, 지하수가 흐름에 관계되므로 침투 간극률seepage porosity이라 부른다.

Bell(1992)의 연구 결과에 따르면 불연속면이 매우 발달한 경우에는 $10^{-4} \sim 10^{-2}$cm/sec 정도의 투수성을 보이며, 무결암은 1차 간극에 의해서만 물이 흐르므로 10^{-11}cm/sec 이하의 투수성을 나타낸다. 불연속면의 충전물질, 폭과 절리군 형성 상태에 따라 투수성은 크게 달라진다. 현장에서 시추 조사를 통해 암반의 투수성을 파악할 때는 1933년에 스위스 지질학자인 M. Lugeon이 제안한 Lugeon 시험을 적용한다. 굴진 중에 시험 심도에서 팩커를 설치하고 주입압을 달리하여 일정 시간 동안 주입량을 측정하여 Lugern 값(Lu)을 산정한다. 1Lu는 대략 10^{-5}cm/sec으로 환산되며 1보다 작으면 닫혀 있거나 절리면이 없는 것으로 보고, 50보다 크면 개방된 불연속면에서 투수량이 많을 것으로 판단한다.

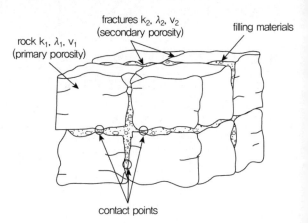

그림 3.10 암반의 지하수 흐름

표 3.5 불연속면 특징과 투수계수(Look, 2007)

절리면 상태	충전물	폭	절리군	투수계수(cm/sec)
개방(open)	모래, 자갈	>20mm	3개 이상	$>10^{-3}$
부분 개방(gap)	비소성 세립토	2~20mm	1~3개	$10^{-5} \sim 10^{-3}$
폐쇄(close)	점토	<2mm	1개 이하	$<10^{-5}$

제4장
지반 거동과 안정

지반 거동과 안정

4.1 땅의 움직임

땅에 하중이 가해지거나 지탱하였던 부분이 없어질 때 저항한계를 넘으면 지반은 움직인다. 응력(σ)과 변형률(ϵ)의 관계다. 조금의 변형을 허용할 수 없는 구조물이 있고, 어느 정도 움직여도 사용과 안전에 지장이 없는 것도 있다. 지반을 굴착하거나 성토할 때 주변 지반은 재하 또는 제하에 의해 변형이 일어난다. 일반적으로 발생하는 현상을 이해하면 문제점 발생 여부를 판단할 수 있다. Peck[1]은 이를 지배거동governing phenomena이라고 언급하고 설계와 시공 중 판단지표로 삼을 것을 제안한 바 있다.

거동과 안정은 상대적인 개념이다. 건물 기초는 대략 25mm 정도의 침하를 허용할 수 있고, 말뚝기초가 10mm 정도 침하되면 주면마찰력은 최대로 발휘된다. 옹벽의 주동토압은 높이의 0.1% 변위가 발생할 때 생기고 수동토압은 1% 정도가 되어야 한다. 보강토 옹벽의 경우 25~50mm 정도의 수평변위가 생길 때 지오그리드와 토층 사이에서 마찰저항을 보인다. 아스팔트 콘크리트 포장은 차량 주행에 의해 종방향으로 굴곡이 생기는 러팅rutting의 변형률 기준은 20mm로 본다. 제방은 높이의 0.1% 정도의 침하가 자중에 의해 발생하는 것을 설계에 반영한다. 지반 조건과 재하속도, 배수 조건에 따라 정도는 달리하지만 지반 구조물의 안정성은 변형률 수준strain level을 전제로 이해할 필요가 있다.

---

1 R.B. Peck, "ADVANTAGES AND LIMITATIONS OF THE OBSERVATIONAL METHOD IN APPLIED SOIL MECHANICS", 『Géotechnique』, Vol. 19, No. 2, 1969, pp. 171-187.

표 4.1 지반 구조물별 변형률 수준(Look, 2007)

구조물 종류	구분	변형률 수준	일반적인 거동 범위 (mm)	전단변형률 (%)
기초	말뚝기초 주면마찰력	미소	5~20	0.01~0.1
	말뚝기초 선단지지력	미소/중간	10~40	0.05~0.1
	얕은기초	미소/대	10~50	0.05~0.5
	제방성토	대/극대	>50	>0.1
지반 구조물	옹벽	주동/미소	10~50	0.01~0.1
		수동/대	>50	>0.1
	보강토 옹벽	중간	25~50	0.05~0.1
	터널	대	10~100	>0.1
포장 구조물	강성 포장	극미	5~10	<0.001
	연성 포장	대	5~30	<0.1
	보조기층	미소/대	5~20	0.01~0.1
	노상	미소/극미	5~10	0.001~0.1

지반이 움직이는 것을 방향으로 구분하면 연직 방향 거동을 침하settlement, subsidence, 수평 방향 움직임을 수평변위lateral displacement라고 한다. 침하를 나타내는 용어 중에 subsidence는 settlement에 비해 넓은 범위에서 발생하는 것이고, 침하 원인도 외력보다는 지하수위 변동이나 지하 공동에 의한 것으로 이해한다. 원호, 평면 또는 지수곡선 형태의 움직임을 활동sliding으로 부를 수 있는데, 지반은 불연속체이기 때문에 거동을 분리하는 것은 쉽지 않다. 연약지반 위에 흙을 쌓는다면 바로 아래에서는 침하가 주로 발생하지만 주변 지반은 활동에 의해 변형한다. 지반의 전단강도가 부족하여 전단변형이 일어난다면 연직 방향의 침하와 함께 성토부 부근에는 부풀어 오르는 것이 일반적인 거동이다. 압밀에 의해 침하가 발생한다면 전단변형과는 달리 주변은 융기되지 않는다. 성토부 끝에서의 수평변위 형태로 활동에 의해서는 외측으로, 압밀침하는 내측으로 흙이 움직인다.

단단한 땅위에 기초가 놓인다면 기초 아래에서만 변형이 발생할 것이다. 강성기초에 비해 연성기초는 침하량이 크지만 영향 범위는 작고 완만한 변형곡선을 보인다. 지하구조물을 설치하기 위해 굴착할 때는 수평변위가 선행되면서 주변 지반에 침하를 유발한다. 지반 조건에 따라 수평변위와 침하의 규모가 달라지며 영향 범위도 차이날 것이다. 기초거동과 비슷하게 연성 흙막이 벽체는 변형이 크지만 영향 범위는 강성 벽체보다 좁아진다. 흙막이 벽체의 수동부가 연약한 지반이라면 굴착바닥면은 부풀어 오르기도 한다. 보강토 옹벽의 경우에는 보강재가 변형을 허용할 수 있는 여부에 따라 토압 조건이 달라진다. 늘어날 수 있는 보강재를 사용하면 전체 높이에서 사각형 또는 사다리꼴 형태의 토압이 작용한다. 반면에 강재와

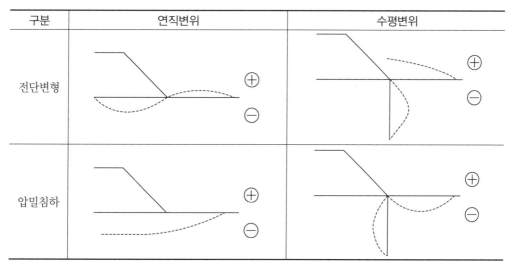

구분	연직변위	수평변위
전단변형		
압밀침하		

그림 4.1 연약지반 성토에 의한 지반 거동[2]

같이 연신율이 낮은 보강재를 사용하는 경우에는 상부에만 토압이 작용하는 경우가 많다.

토사로 구성된 사면은 활동면을 따라 점진적으로 움직이지만 암반사면은 일시에 무너지는 경우가 많다. 집중강우에 의한 토석류는 매우 빠르게 움직여서 예·경보가 쉽지 않다. 포장체는 기온의 영향을 받는다. 이와 같이 지반거동은 주어진 조건 아래에서 어느 것이 지배적인가에 따라 대응과 안정성 분석이 달라진다. 강우, 침투, 기온 등과 같은 자연적인 조건과 시공방법과 수준과 같은 인위적 조건에 따라서도 거동양상이 변한다.

땅이 외력에 저항하는 정도를 전단강도로 나타내고 점착력과 내부마찰각으로 표시한다. 힘을 받을 때 지반에서 생기는 응력과 변형률의 관계를 통해 강성stiffness을 설명하는데, 관계곡선의 기울기를 변형계수, 탄성계수라고 부른다. 변형계수는 변형률 수준에 따라 다르다. 즉, 어느 정도의 변형이 생기는가에 따라 지반의 강성이 달라진다. $\sigma-\epsilon$ 관계곡선에서 처음 부분은 탄성적인 거동을 보이다가 어느 한계를 넘으면 곡선으로 변한다. 최초 거동 부분의 기울기를 접선계수tangent modulus라고 하고 미소 변형 또는 탄성거동을 보일 때의 강성을 파악한다. 변형률 수준에 따라 원점에서 곡선과 만나는 할선을 그어 그때의 기울기를 변형계수로도 활용하는데, 이를 할선계수secant modulus라고 하며 흙−구조물 상호관계soil structure interaction를 설명할 수 있다.

이 외에도 변형률 수준에 따라 구속constrained, 회복recovery, resilient 계수 등을 사용한다. 지반

---

2   日本土質工學會, 『建設工事に伴う公害とその對策』, 1983, p. 38.

의 전단강도와 달리 강성은 변형률 수준에 따라 다르므로 변형 해석에서는 어떤 수준의 변형 계수를 쓰느냐에 따라 거동 해석의 신뢰도가 달라진다.

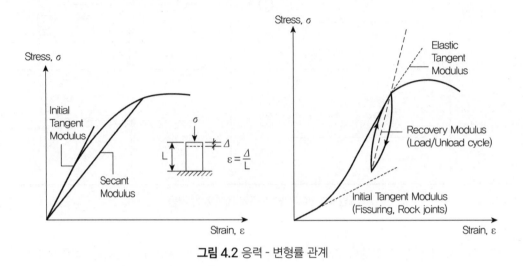

그림 4.2 응력 - 변형률 관계

4.2 재하에 의한 지반침하

가. 즉시 탄성 침하

기초지반이 모래질이거나 암반일 경우에 하중이 가해지면 수일 이내에 침하 발생이 완료된다. 이때는 탄성론에 근거하여 침하량을 산정한다. 침하 발생 형태는 기초의 강성에 따라 다른데, 연성flexible기초는 강성기초에 비해 중심에서 크게 침하되고 곡선 형태를 보여 침하 범위도 더 넓다. 일반적으로 수평지반에 하중, q가 작용할 때 놓인 폭이 B인 기초의 침하량은 다음과 같다. 여기서 E는 탄성계수, ν는 포아송비, I_s는 기초 형태에 따른 영향계수다.

$$S_e = qB\frac{1-\nu^2}{E}I_s \tag{4.1}$$

지하수위가 상승하거나 지표수가 침투하여 기초지반이 포화될 때 강성은 반으로 감소하고 침하량은 2배 증가하는 것으로 알려져 있다(Terzaghi, 1943). 기초를 설계할 때 지하수위가 기초 폭 B의 1.5~2배 정도의 아래에 있으면 지하수위는 침하량에 영향을 미치지 않는다.

표 4.2 지반 종류별 탄성계수(Das, 2004)

지반 종류	탄성계수(MN/m^2)	포아송비
느슨한 모래	10.5~24.0	0.2~0.4
보통 조밀한 모래	17.25~27.6	0.25~0.4
조밀한 모래	34.5~55.2	0.4~0.45
실트질 모래	10.35~17.25	0.2~0.4
모래질 자갈	69.0~172.5	0.15~0.35
연약한 점토	4.1~20.7	
보통 견고한 점토	20.7~41.4	0.2~0.5
견고한 점토	41.4~96.6	

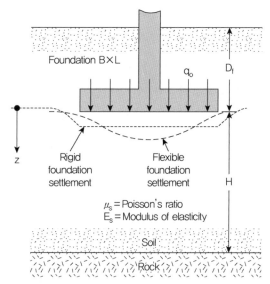

그림 4.3 기초 강성에 따른 탄성 침하량(Das, 2016)

그러나 지하수위가 설계 당시보다 상승하여 지표면에서 D_w에 위치하여 영향 범위에 들어 기초지반이 포화된다면 침하가 발생할 수 있다. 이때는 수위조정계수, C_w를 고려하여 원 침하량을 보정하여 안정성을 파악한다.

$$S'_e = S_e C_w \tag{4.2}$$

$$\text{Peck 외(1974)} \quad C_w = \frac{1}{0.5 + 0.5\dfrac{D_w}{D_f + B}} \geq 1 \tag{4.3}$$

나. 시간 의존성 압밀 침하

모든 흙은 어느 정도 간극이라는 미소한 공간이 있기 때문에 처음에는 탄성거동을 보인다. 하중이 가해지면 침하되고, 없어지면 어느 정도 원상태로 회복된다. 투수성이 낮은 지반에 하중이 가해지면 천천히 침하한다. 비압축성인 흙 입자와 물은 변형을 일으키지 않지만 공간을 통해 물이 배수되면서 땅이 압축되는 데 시간이 오래 걸리기 때문이다. 과잉 간극수압이 없어지면서 발생하는 침하 현상을 압밀consolidation이라고 한다. 이때 침하량은 투수성과 흙의 압축성을 지시하는 압축계수, C_c의 크기에 따라 달라진다. 압밀이 종료되면 흙 구조가 파괴되거나 입자의 압축, 재배열에 의해 2차 압축침하 또는 크립creep 침하가 발생한다. 이때의 하중－침하량의 기울기는 2차 압축지수, C_α로 나타낸다.

압밀시험oedometer test을 통해 세립토의 침하특성을 파악한다. 여기서 구할 수 있는 것은 압축지수, 압밀계수, 선행압밀 압력 등이다. 시간－변형 곡선에서 직선부의 기울기가 압축지수이며, 두께가 H이고, 초기 유효응력이 σ'_o인 압밀층에 $\Delta\sigma'$만큼 하중이 추가되었을 때의 침하량은 다음과 같다.

$$S_c = \frac{C_c H}{1 + e_o} \log\left(\frac{\sigma'_o + \Delta\sigma'}{\sigma'_o}\right) \tag{4.4}$$

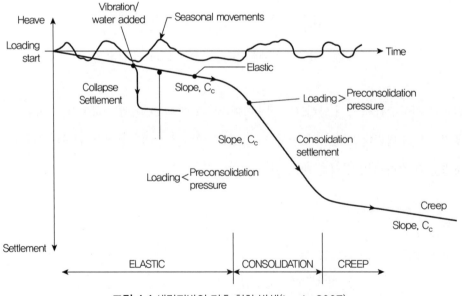

그림 4.4 세립지반의 기초 침하 발생(Look, 2007)

다. 광역 침하

멕시코의 수도인 멕시코시티는 지반이 침하되어 피해가 자주 발생하는 지역이다. 스페인이 점령하기 전 아즈텍의 테노치티틀란 주변에 있었던 텍스코코 호수를 메워 만들어진 도시다. 해발 2,300m에 위치하여 강수량이 적어 지하수를 오래전부터 사용했다.[3] 현재도 2,000만 명 인구가 지하수로 생활하여 매년 최대 30cm 정도 계속해서 지반이 침하한다. 같은 건물의 주변이 침하되어 높은 계단을 설치하는 경우가 빈번하다. 건물이 침하되는 1차적인 피해 외에도 배수관 역류에 의한 저지대 침수, 교통시설 파손 등의 2차 피해도 거듭되고 있다. 도시 전체에 걸쳐서 침하가 발생하고 있는데 3,700여 개의 지표침하 측점을 운영하고, 항공 레이저 측정장치LiDAR, 인공위성 영상InSAR을 사용하여 광역 침하 현상을 관찰하고 있다.

베니스, 휴스턴, 산 호아킨 계곡, 도쿄, 상하이, 타이페이, 호치민시티, 방콕, 자카르타와 같이 지하수 의존도가 높은 지역에서 광역 침하현상이 거듭되었다.[4] 지하수를 관리하는 법이

그림 4.5 멕시코 시티 건물 주변 침하 발생

---

3   G. Auvinet et al, "Recent information on Mexico City Subsidence", Proceed. 19th Int'l Conf on SMGE, Seoul, 2017.

4   J. Poland, "Status of present knowledge and needs for additional research on compatin of aquifer system", Proceed of Land subsidence Tokyo Symposium, 1969.

발효되면서 완화되거나 중지한 곳도 있지만 바닷가에 인접한 일부 도시는 해수면 상승과 함께 심각한 위기를 맞고 있다. 하중재하에 의해 발생하는 국부적인 침하와 비교하여 지하수위 저하에 따른 넓은 범위의 지반침하 현상을 광역침하ground subsidence라고 부른다. 하구언이나 과거 하천 통과 지역과 같이 충적층이 넓게 분포하고 지하수위가 높은 지역이 개발 대상이 되면서 지반침하에 의한 피해가 사회문제가 되기도 한다. 지하수 평형이 유지되고 있는 상태에서 인위적으로 지하수 배출시키거나 배수가 불가피한 구조물이 설치되면서 주변에 피해를 입히는 경우가 있다. 광범위하게 침하 피해가 발생하고 직접적인 인과관계를 설명하기 어려워서 발주자와 주민 사이에서 다툼이 일어난다.

4.3 지하굴착과 안정

단단해 보이던 산자락을 파면서 흙막이 벽체가 무너졌다. 2018년 9월 초에 서울 상도동에서 발생한 일이다. 위에 유치원 건물이 일부 붕괴되었는데, 한밤중이라서 건물 피해만 있었다. 굴착공사가 완료되기 직전에 흙막이 구조물이 무너지면서 배면 건물이 피해를 입은 것이다. 지반 조건에 따라 움직이는 범위가 달라지는데, 이 현장의 경우에는 굴착 깊이의 약 1.5배 후방까지 지반이 움직였다. 보강공사 후 2년이 지난 때 사고 직전의 상태가 되었다.

(a) 2018. 9. 6.   (b) 2020. 10. 14.

그림 4.6 서울 상도동 붕괴사고 현장

땅을 파면 주변 지반은 움직이는 것이 일반적이다. 불확실한 지반 조건 아래에서 굴착공사가 진행되기 때문에 사고 위험성이 상존한다. 평형 상태에 있는 지반을 굴착할 때 다양한 요인에 의해 불평형이 발생한다. 지반 조건에 맞는 흙막이 지지구조가 시공되어야 하고, 시공 속도와 순서를 조절하여야 한다. 초기 응력과 지하수 조건에 대한 이해가 전제되어야 한다. 설계에서 고려한 조건이 현장에서 실현될 수 있는 시공 수준도 필요하다. 지반 거동을 정량화하는 계측관리가 필수적이다. 더 나아가서 이상 유무에 따라 시공법을 탄력적으로 변화시킬 수 있는 관찰법 또는 정보화 시공이 일상화되는 것이 바람직하다. 굴착공사 붕괴사례로 볼 때 ① 부적절하고 불충분한 지반조사, ② 과다굴착에 따른 불안정성, ③ 미숙한 지하수 처리가 주요 원인으로 지목된다.

주변에 건물이나 매설된 관로가 있다면 지반변위, 응력 변화의 영향을 받아 안정성이 달라진다. 영향을 줄 만한 요인이 없던 상태green field condition에서 땅이 움직일 만한 행위가 이루어질 때 구조물은 변형deformation되는데, 강성에 따라 미관 피해, 사용성 피해, 구조적 피해를 야기한다. 즉, 상호작용interaction 정도에 따라 피해 양상이 달라지는 것이다.

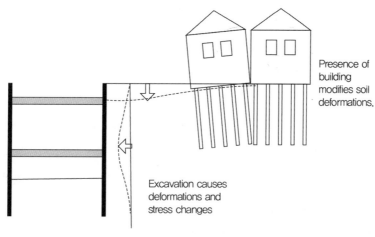

Presence of building modifies soil deformations.

Excavation causes deformations and stress changes

그림 4.7 지반굴착과 인접 건물의 상호작용[5]

가. 굴착에 의한 침하와 수평변위

굴착으로 인해 주변 지반에서 발생하는 침하에 대해 Peck(1969)은 3개 영역으로 구분하여 추정하는 도표를 제안한 바 있다. 이 표에 따르면 사질토와 견고한 점토는 굴착 깊이의 1% 정도의 침하가 굴착 깊이의 2배 범위까지 발생한다. 굴착 저면에서 소성 영역이 발생할 수

---

5   Deltares, Deformations and damage to buildings adjacent to deep excavations in soft soils, 2009.

있는 연약한 점토에서는 1~2% 이상, 2배 거리까지 영향을 미치는 것으로 분석하였다. 연구결과는 1969년까지 엄지말뚝 또는 강널말뚝 흙막이 벽체와 버팀보를 사용하여 굴착한 현장에서 측정한 자료를 분석한 것이다. 균질한 토사 지반에서 침하량을 예측하는 데 유용하게 사용할 수 있다. 하부로 갈수록 지반강성이 커지고, 다양한 강성 흙막이 벽체가 일반화됨에 따라 안전 측의 예측 결과라고 볼 수 있다.

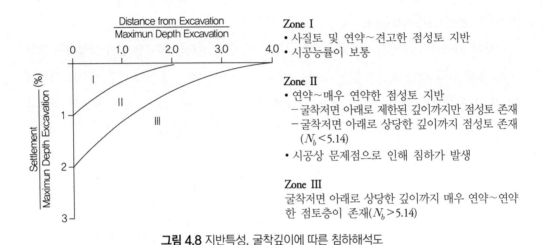

그림 4.8 지반특성, 굴착깊이에 따른 침하해석도

흙막이 벽체의 수평변위와 주변 침하는 여러 가지 요인에 의해 크기와 발생 양상이 달라진다. 변수가 많아서 각각의 영향을 개별적으로 파악하는 것이 쉽지 않다. Goldberg 외(1976)는 토사지반에서 엄지말뚝 흙막이 벽체 외에 지중연속벽, 소일네일링, 주열식 현장타설 말뚝, 소일시멘트 벽체가 적용된 현장에서 얻은 거동 자료를 분석하여 최대 침하량과 수평 변위량을 굴착 깊이에 따라 정규화normalized하는 방식으로 분석하였다.

토사로 이루어진 지층에서 굴착공사로 인해 발생하는 평균 침하량은 깊이의 0.15% 정도, 평균 수평 변위량은 0.2%H임을 볼 수 있다. 분산도가 커서 0.5%H 정도까지 증가하는 경향을 보이며 추세와 크게 어긋나는 자료도 볼 수 있다. 지반 조건, 흙막이 구조물 강성, 시공수준 등을 종합한 거동자료로 볼 때 붕괴가 발생하지 않는 범위의 수평변위와 침하 거동 한계라고 파악된다. 또한 대체로 0.2%H 추세선을 따라 수평변위와 침하량이 집중되고, 굴착깊이와 지반거동이 선형적인 관계에 있음을 볼 수 있다. 이는 굴착 시 배면지반이 0.2%H 범위에서는 어느 정도 탄성거동을 보이는 것으로 추론할 수 있다. 하부가 견고한 지층이나 암반으로 구성된 경우에는 이 값보다 작은 범위 내에서 수평변위와 침하가 발생하는 것이 일반적이나, 암반 불연속면 발달 상황에 따라 오히려 더 크게 변형이 발생할 수 있다.

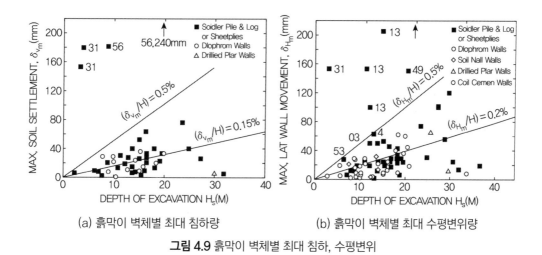

(a) 흙막이 벽체별 최대 침하량   (b) 흙막이 벽체별 최대 수평변위량

그림 4.9 흙막이 벽체별 최대 침하, 수평변위

나. 구조물의 허용 침하

기초지반이 침하되면서 구조물의 손상을 평가하는 기준으로는 최대허용침하량, 부등침하로 인한 허용각변위를 제시한 Skempton and MacDonald(1956), Sower(1962), Bjerrum(1963) 등의 기준이 있으며, 지반의 수직침하와 수평변위를 동시에 고려하는 기준으로는 Boscardin and Cording(1989), Burland(1995)에 의해 제안된 기준이 있다.

표 4.3 여러 가지 구조물의 최대허용침하량(Sowers, 1962)

침하 형태	구조물의 종류	최대침하량	비고
전체 침하	배수시설 출입구 부등침하의 가능성 석조 및 벽돌구조 라멘구조 굴뚝, 사일로, 매트	15.0~30.0cm 30.0~60.0cm 2.5~5.0cm 5.0~10.0cm 7.5~30.0cm	
전도	탑, 굴뚝 물품적재 크레인 레일	0.004S 0.010S 0.003S	S: 기둥 사이의 간격 또는 임의의 두 점 사이의 거리
부등침하	빌딩의 벽돌 벽체 철근콘크리트 뼈대구조 강 뼈대구조(연속) 강 뼈대구조(단순)	0.0005~0.002S 0.003S 0.002S 0.005S	

건물에 대해서는 균열 폭을 대상으로 0.1mm 이하인 '무시' 수준부터 25mm 이상인 심각한 수준의 6단계로 구분하는 방법이 제시되어 있으나 각 변위와 수평 변형률을 동시에 고려하는 것이 일반적인 분석법이다. 국내에서 실무적으로 많이 이용하는 인접구조물 영향 평가 기준은 다음과 같다. 여기서 각 변위는 건물 기둥 사이의 거리(L)에 대한 두 기둥 부등침하량(δ)의 비이며, 수평변형률, ϵ_h는 건물의 횡 방향 인장변형률을 의미한다.

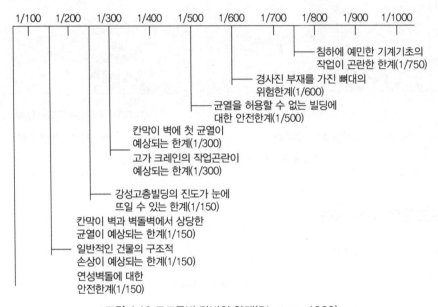

그림 4.10 구조물별 각변위 한계(Bjerrum, 1963)

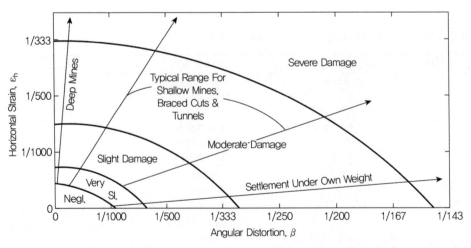

그림 4.11 구조물 손상도 평가 기준(Boscardin and Cording, 1989)

다. 터널 굴착에 따른 거동

지중에 공간이 형성되면 응력이 재분배되는 과정에서 변형이 수반되어 막장부터 지표면까지 거동이 발생한다. 지반 특성상 비선형 거동을 보이며 지질, 수리지질, 지반 조건과 터널 형상과 위치, 굴착 방법, 공사 수준에 따라 발생 규모가 달라진다. Peck(1969)은 터널굴착의 설계와 시공에서 굴착 부분 안정성, 지반거동과 영향, 라이닝 역할이 중요한 세 가지 요소로 구분하였다. 토사로 구성된 지반에서 터널을 굴착할 때 막장면 주변의 침하 형태는 터널 굴착 진행 방향과 직교하는 방향으로 곡선 형태를 보인다.

학자들이 연구한 바에 따르면 직교하는 방향의 침하는 가우스 분포 곡선으로 표현하고 다음 식으로 터널 중심선에서 떨어진 거리, y에서의 침하량을 구할 수 있다. 여기서 i는 터널 중심선에서 가우스 곡선의 변곡점까지의 거리로서 대체로 최대 침하량의 60% 정도의 침하량을 보이는 위치가 된다. 점성토와 사질토로 구성된 토사지반에서 터널을 굴착할 때 점성토 지반은 터널 인버트부터 직경보다 크게 침하가 발생하는 반면, 사질토가 우세한 지반에서는 터널 상단부터 직경 정도의 굴뚝 형태를 보이면서 침하가 일어나는 것으로 알려졌다. 또한 막장에서 굴착 진행 방향으로 변형하는 것도 점성토 지반에서 멀리 나타난다.

$$S_v = S_{\max} \exp\left(-y^2/2i^2\right) \tag{4.5}$$

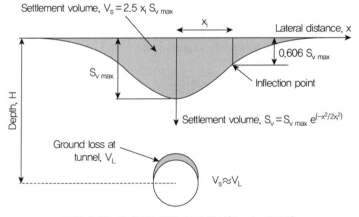

그림 4.12 터널굴착 횡단 침하 양상(Peck, 1969)

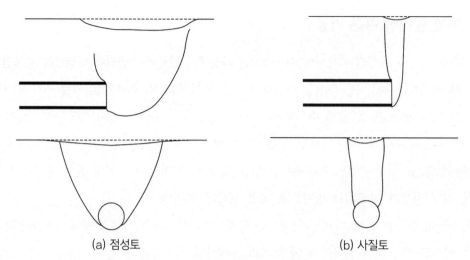

(a) 점성토　　　　　　　　　　　　　(b) 사질토

그림 4.13 터널 굴착 시 지반 조건별 거동 양상(Mair, 1979; Chambon & Corté, 1994)

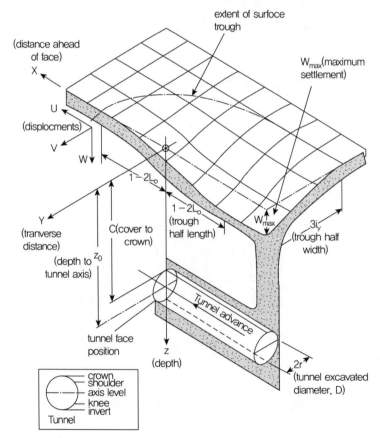

그림 4.14 터널 굴착 시 3차원 지반변형(Lake et al., 1992)

암반에서 터널을 굴착할 때는 불연속면의 특성에 따라 거동 양상이 지배된다. 암반 내에 분포하는 불연속면의 간격, 연장성 등의 물리적 특성과 불연속면의 강도, 거칠기, 지하수 유출 조건 등의 공학적 성질은 터널 굴착 안정성을 파악할 때 고려해야 할 요소다. 풍화암과 같이 암석 강도가 작고 불연속면 간격이 좁을 경우에는 어느 특정의 불연속면에 의해 거동이 좌우되는 것이 아니라 터널 주변의 응력 상태가 암반 강도를 초과할 때 굴착된 부분이 부풀거나 압착되어 밀려나오게 된다. 반면에 암석 강도가 크고 불연속면 간격이 비교적 큰 경우에는 분리면을 따라 활동이 발생하여 쐐기 또는 평면 형태의 암괴가 원위치에서 이탈하는 붕락현상이 발생하고, 불연속면의 전단강도가 낮고 연장성이 긴 경우에는 대규모 활동을 야기할 수 있다. 굴착암반층에 단층 파쇄대, 탄층과 같이 연약층이 분포하거나 지하수 유출이 심한 경우도 파괴의 원인이 될 수 있다.

터널은 길이 방향으로 굴착되기 때문에 공정이 진행되면서 3차원 응력 해방에 따른 변형이 과다할 때 붕괴가 발생할 수 있다. 암반의 강도를 최대한 활용하여 굴착되는 NATM의 경우에는 발파 후 버럭처리, 록볼트와 숏크리트와 같은 지보재 설치가 일정 간격으로 연속된다. 굴착에 의해 막장이 형성된 직후는 아무런 지보재가 없는 상태에서 암반의 강도로만 버텨줘야 하는 단계이므로 가장 불안정한 시기가 된다. 터널 사고 자료에서도 이 시기에 가장 문제점이 많이 노출된다. 각 공정은 동시에 이루어지지 않아 시간 지체가 발생한다. 그림에서 막장(A-A), 터널 상반만 굴착된 경우(B-B), 단면이 폐합되기 전(C-C), 라이닝이 시공된 후에도

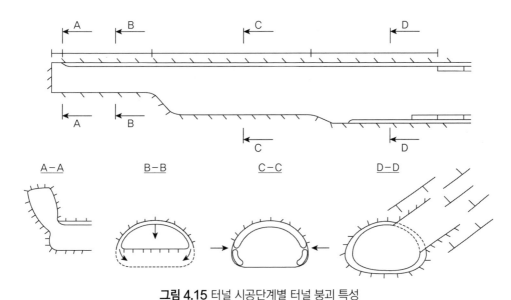

그림 4.15 터널 시공단계별 터널 붕괴 특성

지연효과에 의해 문제점이 발생할 수 있다.

굴착된 공간에서 토사가 밀려나오거나 암괴가 떨어지는 낙반의 경우에는 내부에서 막을 수 있는 문제이나 지표면까지 연장되면 함몰이 발생하여 주변 구조물에 피해를 유발할 수 있다. 인위적으로 형성된 지하공간으로 지하수가 토사와 함께 유입되거나 자연적으로 존재하는 석회암 공동이 만나게 되는 경우에는 매우 빠른 속도로 함몰이 진행되어 대책을 수립하기 어려운 경우도 있다.

제II편

사고 조사

제5장
위험사회 편익사회

제**5**장

위험사회 편익사회

5.1 나쁜 날씨는 없다

에리히 프롬Erich Fromm은 자유를 소극적 자유와 적극적 자유로 구분했다. 소극적 자유 freedom from는 속박, 불안감 등과 같이 외부로부터 부정적 간섭을 받지 않는 것을 의미한다. 반면에 자신이 원하는 무언가를 할 수 있는 자유는 적극적 자유freedom to다. 이성에 따라 자기 주도가 가능한 것이다. 소극적 안전은 직접적인 사고 원인으로부터 벗어날 수 있는 장치다. 공사를 안전하게 진행하며 위해요인에 대한 예측과 대비가 이에 해당한다. 적극적 안전은 위험을 제공할 수 있는 부분을 점검과 유지보수를 통해 안전율을 높이며, 정책을 통해 지속할 수 있는 안전대책을 실행해가는 일이다. 편익사회는 소극적인 안전사회를 넘어 적극적인 안심사회가 이루어지는 수준이 되어야 한다.

위험 사회는 위험이 중심으로 작용하는 사회이며 위험을 결정하기 위해 늘 점검해야 하는 사회다. 어떨 때는 안전의 가치가 평등의 가치보다 중요해진다. 법에서도 위험을 다룬다. 「재난 및 안전관리 기본법」에서 재난은 자연재난과 사회재난으로 구분한다. 자연재난이란 태풍, 홍수, 호우, 강풍, 풍랑, 해일, 대설, 한파, 낙뢰, 가뭄, 폭염, 지진, 황사, 조류藻類, 조수潮水, 화산활동, 소행성·유성체 등 자연우주물체의 추락, 충돌, 그 밖에 이에 준하는 자연현상으로 인하여 발생하는 재해를 뜻한다. 사회재난이란 화재, 붕괴, 폭발, 교통사고(항공사고와 해상사고를 포함), 화생방사고, 환경오염사고 등으로 인하여 발생하는 대통령령으로 정하는 규모 이상의 피해와 에너지, 통신, 교통, 금융, 의료, 수도 등 국가기반체계의 마비, 「감염병의 예방 및 관리에 관한 법률」에 따른 감염병 또는 「가축전염병예방법」에 따른 가축전염병의 확산 등으로 인한 피해를 말한다. 「재난 및 안전관리 기본법」은 재난을 예방하고 재난이 발생한 경우 그 피해를 최소화하는 것이 국가와 지방자치단체의 기본적 의무임을 확인하고, 모든 국민과 국가·지방자치단체가 국민의 생명 및 신체의 안전과 재산보호에 관련된 행위를 할 때는 안전을 우선적으로 고려함으로써 국민이 재난으로부터 안전한 사회에서 생활할 수 있도록 함을 기본이념으로 한다. 위험이 시절마다 도처에 있다는 인식이다.

울리히 벡Ulrich Beck(1944~2015)은 기존 위험과 위험 사회는 성공적인 근대화의 과정에서 초래된 정치적·경제적·사회적·기술적 변화의 산물이라고 보았다.[1] 근대화의 주요 수단인 과학기술은 문제의 원인이자 해결책으로서 작동한다고 인식하였다. 태풍, 지진, 화산폭발과 같은 전통적인 자연 재난은 지역적 특성을 배경으로 일어난다고 보고 정치경제와는 무관할 것이라는 시각이 있었다. 국지적으로 발생하며 과학기술과는 거리가 있다는 뜻이다. 지구 전 지역에서 발생한 태풍의 이동속도가 1949년 이래로 20%까지 감소하여 호우 피해가 늘어나고 있는 상황은 지구 온난화 때문이라고 지목[2]한 것을 볼 때 기존의 모든 위험은 정치·과학적인 것에만 기인하는 것은 아니다. 또한 온난화의 원인이 산업을 뒷받침하는 과학기술과 연관성이 없다고 단언하기 어렵다. 따라서 위험 상황은 전 방위적인 요인이 복합되어 발생한다고 보는 것이 타당하다.

Beck이 제시하는 이론의 핵심은 근대 문명이 발달하여 인류가 파국을 맞고 있지만 이를 '해방적 파국'으로 전환하면서 문명적 '탈바꿈'을 해내야 한다는 것이다. 중세 말 극심한 혼란과 빈곤을 딛고 유럽 주민들은 과학기술 혁명과 근대 국민국가 형성을 통해 풍요로운 사회를 만들어내는 데 성공하였다. 그리고 그 성공의 노하우를 전 세계에 퍼뜨리면서 지구상의 모든 나라를 근대화 프로젝트로 끌어들였다. 그러나 성공은 엄청난 부작용과 부산물을 동반하는 것이어서 환경오염과 기후변화, 원자력발전 등으로 인한 재앙과 일상화된 위기 속에서 국민들의 내면이 깨져나가는 재난으로 이어졌다. 벡은 이제 '부'가 아닌 '위험risk'의 개념을 바탕으로 제2의 근대, 곧 성찰적 근대를 열어가야 한다고 했다. 누구도 안전하게 살 수 없게 된 지구에서 그간의 시스템을 '리콜'하면서 시장과 국가와 과학과 공공에 대해 다시 질문을 던지

---

1   울리히 벡, 『위험 사회 - 새로운 근대(성)을 향하여』, 홍성태 역, 새물결출판사, 2006.
2   조선일보, 〈재미있는 과학, 태풍 이동속도 20% 느려져, 바람 약해졌지만 폭우 늘었죠〉, 2018. 7. 12.

며 지속 가능한 삶의 새판을 짜자는 것이다. 배고픔의 시대를 벗어나 국민총생산GNP 1만 달러 사회가 되면 더 이상 GNP를 올리려 하기보다는 위험을 줄이는 방안을 찾아야 한다고 주장했다. 불안과 의심, 공포와 적대감 가득한 사회에서는 경제 생산도 불가능하기 때문이다.[3]

현대 산업사회의 위험성에 대하여 울리히 벡은 특징을 다섯 가지로 설명한다. 첫째, 인간의 평상적인 지각능력 너머에 있다. 2011년 동일본 대지진이 지진동과 쓰나미로 그친 것이 아니라 원자력 발전소 붕괴로 이어졌다. 둘째, 어떤 사람들은 다른 사람들보다 위험의 분배와 성장에서 더 큰 영향을 받는다. 즉, 위험의 사회적 지위가 구분되며 이른바 위험의 외주화라고 부르는 사회 현상이다. 셋째, 위험의 확산과 상업화는 자본주의의 발전논리를 완전히 종식시키는 대신에 자본주의를 새로운 단계로 끌어올린다. 넷째, 부는 소유할 수 있지만 위험으로부터는 그저 영향을 받을 수 있을 뿐이다. 마지막으로 사회적으로 공인된 위험은 특수한 정치적 폭발력을 지닌다.

경제가 발전할수록 정부 정책이나 전문가 집단의 처방은 비판적 대중에게 지속적으로 확인받고 실행 결과를 주의 깊게 분석하는 것이 바람직하다. 안전관리 대책은 위험이 인지될수록 다양해지고, 심화되며 기술발전에 대해 객관적인 평가가 수반되어야 공정성과 안정성을 얻을 수 있다. 사회적 합리성 없는 과학적 합리성은 공허하며, 과학적 합리성이 없는 사회적 합리성은 맹목적이다. 위험은 확실성이 커질수록 해소될 가능성이 크나 예측할 수 없는 현대사회의 위험을 해소하기 위해서는 실행과 확인 작업이 거듭되어야 한다.

동물과 인간이 다른 점이 무엇인가. 10마리 사자가 조직적으로 사냥할 수는 있어도 애니메이션 <라이언 킹>과 같이 수천 마리 서로 다른 동물을 하나의 이념으로 뭉쳐서 뭔가를 도모할수는 없다. 인간은 보이지 않는 대상을 이념으로 설정하고 이를 위해 목숨도 바쳐서 이념을 지켜낸다. 유발 하라리Yuval Noah Harari는 약 7만 년 전부터 3만 년 전 사이에 출현한 새로운 사고방식과 의사소통 방식을 인지혁명이라고 말한다.[4] 당시 지구상에는 오스트랄로피테쿠스로부터 분화한 여섯 종의 인간이 살고 있었는데, 이 중 사피엔스가 전 지구로 이동하면서 토착 인간을 멸종시켰다. 호모사피엔스가 세상을 정복한 것은 다른 무엇보다도 우리에게만 있는 고유한 언어 덕분이었다고 분석한다. 언어 능력을 통해 허구를 말할 수 있고, 집단 상상이 신화를 탄생시켰다. 인지혁명 이후 사피엔스는 나무, 사자, 강과 같은 실재와 조상, 신,

---

3 조한혜정, 〈울리히 벡 선생을 기리며〉, 한겨레신문, 2015. 1. 13.

4 유발 하라리, 『사피엔스』, 조현욱 옮김, 김영사, 2015.

도덕과 같은 가상의 실재를 동시에 그릴 수 있게 된 것이다. 라스코 벽화, 알타미라 동굴 그림 등은 4만 년 전을 전후로 수준이 높은 예술 작품이 탄생한 배경이 되기도 한다. 또한 보이지 않는 이념을 위해 협력과 이타심이라는 인류의 최고의 무기를 갖게 된다.[5] 스톤헨지나 고인돌, 오벨리스크 등과 같은 고대 거석은 일상생활의 필요를 넘어 보다 고양된 정신을 구가하기 위한 축조물이다.

10만 년 전 동아프리카 일대에 살았던 사람은 1만 명 정도로 추정된다.[6] 20~30명 정도가 무리지어 떠돌이 생활을 했다. 현대인과 비슷한 큰 뇌와 언어능력으로 인해 의사소통과 협업이 가능했다. 그런데 이 시기에 인류는 전 세계로 흩어진다. 주류 학설인 '아프리카 기원설'이다. 유전자 계통분석 결과를 증거로 제시하며 당시 기후 변화로 인해 다른 지역으로 대이동했다고 주장한다. 고인류학계에서는 '다지역 출현설'도 제기되나 어느 것이든지 인류가 이동했다는 것human migration에는 이견이 없다. 생활환경 변화를 과학기술로 해결할 수 없었던 사피엔스는 본능을 따라 집단 의사결정 능력을 발휘하여 이동을 결정했다. 그리고 전 세계에 인류의 세상을 열었다.

지금 사람들이 기후변화였을 거라고 설명하는 20만 년 전의 위험사회를 옛날 사람은 이동을 통해 해결했다. "세상에 나쁜 날씨란 없다. 서로 다른 종류의 좋은 날씨가 있을 뿐이다." 19세기 말 영국의 비평가 존 러스킨John Ruskin(1819~1900)의 말이다. 높은 산을 오르다보면 수시로 날씨가 변한다. 비바람이 불어 춥고, 뜨거운 태양 아래 힘을 잃는다. "나쁜 날씨는 없다, 날씨에 맞지 않는 복장이 있을 뿐이다"라는 외국 속담은 조절할 수 없는 자연에 대한 인간의 현명한 대처를 요구하는 말일 것이다. 경험으로 위험을 극복하고, 더 나은 세상을 만들기 위해 과학, 공학, 기술 발전에 매진한다. 새로운 기술이 위험의 해결수단이자 또 다른 위험 요인이 되는 것은 분명하지만 그래도 나아가야 할 수밖에. 다만 과한 욕망을 억제하고 적용한 과학기술의 영향을 세밀히 모니터링하면서 피해를 방지해야 할 것도 우리의 할 일이다. 성 프란체스코는 이렇게 말한다. 반드시 해야 할 일을 하라. 그런 다음 할 수 있는 일을 하라. 그러면 이제는 불가능한 일도 해낼 수 있을 것이다. 편익사회는 한꺼번에, 아무 대가없이 오지 않는다.

---

5   이상희·윤신영, 『인류의 기원』, ㈜사이언스북스, 2015.
6   시리 아이돈, 『인류의 역사(THE HISTORY OF MAN)』, 이순호 옮김, 리더스북, 2007.

5.2 도시의 탄생

도시는 인류의 위대한 발명품이다. 『도시의 승리』(2021)를 쓴 하버드 경제학과 에드워드 글레이저Edward Glaeser 교수의 말이다. 도시에 사람이 모여 생각을 교류하고 거래함으로써 문명이 싹텄다고 주장했다. 의도적인 발명이라기보다는 인류의 삶의 방식이 발전된 결과라고 보는 것이 타당할 것이다. 현재 전 세계의 인구 50% 이상, 대한민국은 행정구역상과 용도지역 기준으로 90% 이상이 도시에 거주한다.[7] 도시는 인적 자본의 집약지이자 미래를 구상하는 터전이다. 도시에서 인간의 기본생활 욕구를 충족시키는 기본적인 조건으로서 세계보건기구WHO는 안전성safety, 보건성health, 편리성convenience, 쾌적성amenity을 제시하였다. 오래된 도시는 네 가지 요소를 처음부터 한꺼번에 갖추기 어려웠을 것이다. 도시가 생겨나고 발전한 개략을 살펴보자.

수렵 채취의 시기에는 도시라는 것이 없었다. 20만 년 전에 나타나 4만 년 전 네안데르탈인을 멸종시킨 호모사피엔스 사피엔스는 기원전 10000년경을 전후로 지구 전 대륙에 자리 잡았다. 5,000년 전에 농업혁명이 시작되어 정주생활이 시작되고 잉여생산물로 인해 계급이 형성되면서 도시의 원형이 생겨났다. 1950년대 말에 발견된 터키 아나톨리아Anatolia 고원의 차탈 회위크는 신석기 시대의 소도시다. 기원전 7000년에서 5500년 사이에 8,000명 정도가 살았던 것으로 추정된다. 기원전 3000년경에 터키 아나톨리아 고원으로부터 팔레스타인 서부 해안을 거쳐 현재의 이라크에 이르는 비옥한 초승달fertile crescent 지역에 메소포타미아 문명이 태동하였다. 이 지역에 최초의 도시인 우르크가 만들어졌다.

우르크는 기원전 5000년경부터 사람이 모여 산 흔적이 있으며, 기원전 3000년경에 설형문자의 원형인 그림문자로 농작물의 수확량이나 가축 수 등을 점토판에 기록했다. 구약 성경의 대홍수, 바벨탑 에덴동산 이야기의 원전인 길가메시 서사시는 3,500년 전 작품이다. 기원전 1900년경의 바빌론은 약 $10km^2$의 면적에 10만 명가량이 살았던 것으로 알려진다. 유프라테스강을 따라 왕궁과 지구라트를 건설했고, 햇볕에 말린 점토를 사용했다. 기원전 15~13세기에 발칸반도 끝자락에 아테네가 세워졌다. 파르테논 신전을 비롯하여 아크로폴리스 등의 웅장한 석조건물이 만들어졌다.

---

7   국토교통부, '도시계획 현황', LH.

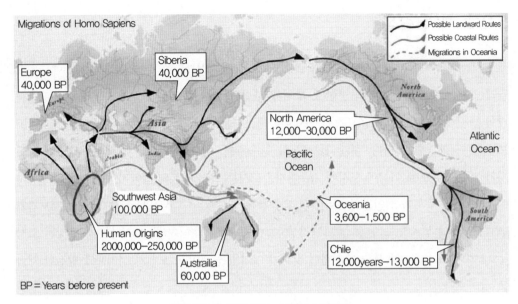

그림 5.1 호모사피엔스 사피엔스의 이동

알렉산드리아라는 지명은 유럽, 중동, 중앙아시아 등에 70군데나 있다. 나일강 삼각주 서쪽 끝에 있는 알렉산드리아는 기원전 336년에 건설되었다. 격자형 시가지와 1,225m에 달하는 둑을 쌓아 높이가 140m인 등대가 있는 파로스섬과 연결했다. 30만∼100만 명 정도가 거주하였다고 알려진다. 로마는 기원전 753년에 세웠다고 건국신화에서 전해진다. 기원전 616년에 에트루리아인이 로마왕이 되면서 주변 언덕을 방어벽으로 삼고 언덕 사이를 메워 광장을 만들었다. 하수도를 정비하고 10km에 달하는 도성을 쌓았다. 기원전 312년에 전체 길이가 16.5km인 '아피아 수도水道'를 만들었고, 로마를 중심으로 방사선 모양으로 군사도로를 건설했다. 기원전 27년에 초대 황제로 등극한 아우구스투스는 로마를 14구로 나누고 대리석을 사용하여 판테온, 의사당, 극장을 세웠다. 기원전 300년경 3만 명 정도의 인구가 기원후 164년경에는 100만 명 이상으로 증가했다. 인구가 급증하면서, 도시가 팽창했고 11개의 수도를 더 건설하여 하루에 110만m³ 이상의 물을 공급했다.

비잔티움, 노바 로마, 콘스탄티노플로 불렸던 이스탄불은 기원전 658년 그리스가 건설한 도시다. 330년경에 로마제국의 수도가 여기로 옮겨졌다. 바다로 둘러싸여 담수를 얻기 어려워서 광장 지하에 거대한 저수조를 만들고 높이 20m, 길이 1km인 발렌스 수도교를 세워 물을 공급했다. 오스만제국의 지배를 받으면서 1457년부터 이스탄불이 되었다.

(a) 우르크 지구라트

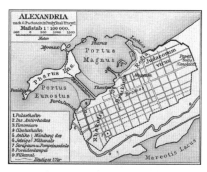

(b) 고대 알렉산드리아 시가도

(c) 로마 아피아 수도교

(d) 이스탄불 지하저수조

(e) 진나라 장안성

(f) 베네치아 마르코 광장 침수

(g) 운하의 도시 암스테르담

(h) 싱가포르 매립공사

그림 5.2 세계 도시의 형성

춘추전국 시대를 거쳐 기원전 221년에 진나라가 중국을 통일했다. 영원히 평안하길 기원했던 마음으로 한왕조는 장안長安을 수도로 삼았다. 장안은 이미 오래된 도시고 토양 염화, 저지대 침수 등의 문제가 있어서 6세기경 수 문제는 대흥성으로 개칭하고 구 장안에서 10km 떨어진 곳에 신수도를 건설했다. 폭 150m, 길이 4km의 주작대로를 중심으로 대칭되는 가로망을 만들고 110개의 방坊으로 행정구역을 나눴다.

15세기를 정점으로 지중해 무역을 주도했던 베네치아는 이탈리아 반도 일부와 118개의 섬으로 이루어진 도시다. 석호지반에 나무 말뚝기초를 사용하여 건물을 올렸고, 운하를 오가는 수상교통이 발달하였으나 현재는 지반침하로 침수가 자주 발생하여 모세 프로젝트라는 방어대책을 가동하고 있다. 파리는 기원전 3세기경 켈트족의 일파인 파리시족이 정착하면서 도시가 만들어졌다. 센강을 중심으로 도시가 커졌고 1180년에는 시내의 도로를 판돌로 깔았다. 1814년에 나폴레옹이 실각하면서 왕정과 입헌군주정이 반복되는 와중에 1837년에 파리와 상제르맹앙레 사이에 철도가 개통되었다. 이때 인구가 급증하고 위생환경이 악화되어 나폴레옹 3세는 대규모 재개발을 시작하였다. 에투알 개선문을 중심으로 방사상으로 뻗은 도로를 만들고 지하에 하수시설을 정비했다.

14세기부터 해상무역으로 힘을 키운 네덜란드는 국토의 4분의 1이 해수면 아래에 있다. 개방형 하구둑과 방조제를 건설했고 풍차를 활용하여 저지대 물을 퍼냈다. 호수와 늪을 메워 국토를 넓히고 운하교통을 발전시켰다. 이탄토가 분포하는 암스테르담 땅에 나무말뚝으로 기초를 삼아 건물을 지었다. 런던은 기원전 700년경부터 사람이 살기 시작했다. 켈트어로 '습지의 요새'라는 뜻을 갖는 론디니움에서 런던이라는 지명이 유래했다. 템스강을 중심으로 궁전과 의사당이 만들어졌는데, 1666년에 일어난 대화재로 대부분의 건물이 피해를 입었다. 1700년에는 50만 명이 사는 대도시가 되었고, 18세기 후반부터 시작한 산업혁명으로 대기와 수질오염 등의 위생환경이 나빠지기도 하였다.

1325년 아즈텍 제국은 해발 2,300m 산 속에 있는 텍스코코 호수를 중심으로 10km 정도를 메꾸어 섬을 만들고 수도로 삼고 테노치티틀란이라고 명명했다. 1519년 스페인 정복자 에르난 코르테스에 의해 식민지가 되었다. 이후 기존의 운하와 호수를 다시 매립하여 현재의 멕시코시가 만들어졌다. 해발 2,300m인 고산지대에 있는 호수는 자체가 중요한 수자원일 뿐더러 호수 물이 증발되어 구름을 만들고 다시 비를 뿌려주는 물 순환 터전이었다. 스페인 식민지 정부는 더 많은 땅을 얻기 위해 호수를 메꿨는데, 이로 인해 강수량이 현저히 줄어들었다. 멕시코시 지반은 인위적인 매립층과 화산재, 호수 퇴적층이 상부에 위치하고 아래는

그림 5.3 멕시코시티 독립기념탑

수백만 년 전에 퇴적된 지층으로 지하수가 풍부하다. 인구가 늘다 보니 우물을 파서 지하수를 사용하였는데, 1854년까지 지중의 압력에 의해 물이 솟아오르는 자분정artesian well이 140개 이상 있었다. 1952년에 주변 계곡에서 물을 끌어들여 생활용수로 사용하려는 노력에도 불구하고 이미 도시는 가라앉았다. 1898년부터 2005년까지 107년간 측정한 자료에 의하면 멕시코시 중앙에 있는 시립공원인 알라메다 공원 지역은 10m 정도 침하되었고, 대성당은 9m가 넘게 가라앉았다. 1910년에 세워진 독립기념탑의 주변지반은 2010년까지 약 12m 이상이 내려앉았다. 매립지형에 도시가 세워지고 식수를 공급하기 위해 지하수를 남용함으로써 광역 지반침하 문제를 심각하게 겪고 있는 사례다.

인도네시아 수도이자 인구 1,100만 명의 최대도시인 자카르타에 인간이 살기 시작한 것은 5세기부터다. 1527년 반탐 술탄이 포르투갈을 물리치며 자이야케루타로 이름을 짓고, 네덜란드 지배 시절에는 바타비아로 불렸다. 1942년 일본 군정시절에 자카르타로 명명됐다. 인도네시아 정부는 수도를 옮기려고 한다. 지진이 빈발하는 불의 고리에 위치하였고 과밀 지역으로 교통체증도 심하다. 지하수 개발과 고층건물 신축으로 인해 지반이 매년 7.5cm씩 내려앉고 있다. 보다 안전하고 쾌적한 보르네오섬 동부로 이전한다는 계획을 발표하였는데, 기득권층의 반발이 만만찮다. 방콕, 호치민, 하노이와 같은 동남아시아 대도시도 지반침하와 해수면 상승에 의한 침수 문제로 고민하고 있다.

말레이반도 맨 끝에 위치한 싱가포르는 1819년 토마스 래플스에 의해 무역항으로 개발되기 시작하였다. 1990년경 면적은 서울(605km²)보다 약간 큰 625km² 정도였는데, 지속적으로 간척사업을 진행하여 현재는 720km²이며 2030년까지 계속될 예정이다. 상하이는 10세기경 당나라 시대에 등장하여 1840년 아편전쟁으로 개항된 도시다. 1989년 상하이 출신의 장쩌민 주석이 권좌에 오르면서 세계적인 도시로 발전하는데, 매립공사를 시행하여 부지를 확보하고 1992년 푸둥 개발구를 신설하여 세계적인 대도시로 거듭났다. 고층건물이 지하수를 과다하게 유출시키면서 푸둥의 일부 지역은 내년 수 미터씩 가라앉고 있고, 지반침하로 인해 함몰되는 사고가 수차례 발생했다.

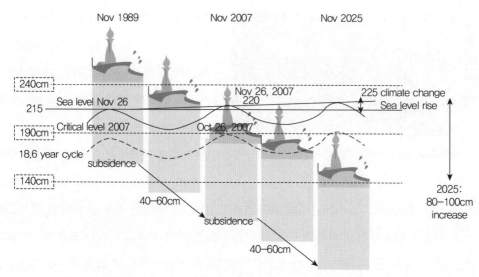

그림 5.4 자카르타 광역지반침하(Ad Jeuken et al., 2015)

서울이 공식적으로 대한민국 수도로 지명이 된 것은 1946년 미군정청에서 서울헌장을 만들면서부터다. 서울을 동서를 가르는 한강은 한수, 욱리하, 한산하(백제), 아리수(고구려)라는 이름으로 불렸고 북독, 열수, 경강이라는 이름도 가졌다. 6,000년 전 선사 시대 유적지가 암사동에서 발견되었고 삼국의 유물이 발견될 정도로 전략적 요충지였다. 서울은 기원전 18년부터 493년간 백제의 수도였고 1046년에 즉위한 고려 문종은 지방수령의 관료제를 확립하면서 1067년 양주를 남경으로 승격시켰다. 고려사에 나타난 남경의 규모는 동서로는 대봉(낙산)부터 기봉(안산)까지였으며 남북으로는 사리(용산 남쪽)부터 북악산에 이르렀다.[8] 1392년에 조선을 창건한 태조 이성계는 1394년에 새 도읍지로 한양으로 확정한 후 도시를 짓기 전에 먼저 한양 천도를 단행하였다. 한성부의 관할구역은 도성 안과 성저십리城底十里, 즉 북악산·인왕산·남산·낙산을 연결하는 약 18km의 도성과 중랑천, 양화나루와 불광천, 한강에 이르는 사방 10리가 포함되었다. 5부 52방으로 행정구역을 나누고 방 밑에 계와 동을 두었다.

한양도성은 태조·세종·숙종 때 세 차례에 쌓고 4개의 대문과 4개의 작은 문을 두었다. 도성 안은 <주례>의 원칙을 따라 종로 또는 청계천 북쪽에는 지배층, 남쪽에는 일반 백성의 공간으로 배치하였다. 도심부 간선도로는 군사적, 풍수적 이유에 따라 서로 직교하지 않고 어긋나게 짜여졌다.[9] 개경에서 한양으로 천도한 후 20만 명 정도가 살았다. 박제가의 <북학

---

8 노중국 외, 『시민을 위한 서울역사 2000년』, 서울역사편찬원, 2009.

9 염복규, 『서울은 어떻게 계획되었는가』, 살림출판사, 2005.

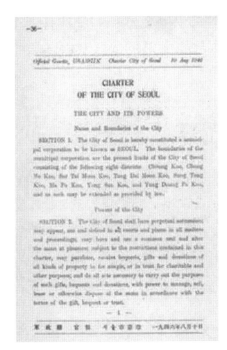

그림 5.5 서울헌장(1946. 8. 10.)

의>는 한양의 분뇨 처리에 대한 문제를 심각하게 기술했다.[10] 태종 12년(1412)에는 청계천과 만초천 (현 욱천)에서 개수공사가 있었으며 영조 때 1760년에는 <준천사실瀋川事實>에서 청계천 준설과 교량 보수공사를 기록하고 있다. 1921년부터 1943년까지 225km의 간선과 지선 하수도를 개량하였다. 2012년 9월에 1910년에 만들어진 벽돌식 하수관(길이 461.3m), 석축식 하수관(27.3m)이 발견되었다.

도시에서 상수도 시설은 유기체에서 동맥과 같은 의미다.[11] 하수도 시설은 정맥에 해당한다. 순환계 다음의 진화단계인 신경계는 생명체 내에서 각기 다른 기관과 세포 간의 정보를 교환하는 것을 주요 목적으로 하고 있는데, 도시 시스템에 비유한다면 사람 간의 소통을 원활하게 해주는 교통망(통신망)이 이에 해당할 수 있다. 도시도 사람과 마찬가지로 각 기관이 건전해야 기능을 유지한다.

서울이 어떻게 확장되었는지 살펴보자. 조선 시대 한양도성 내부와 성저십리가 1939년에 일제의 군수산업 기지로 개발된 영등포 지역이 서울에 편입되면서 134km²로 확대되었다. 1945년 당시에는 행정구역이 8개 구 268개 동이었으며, 광복 후인 1949년에 서울은 서울특별시로 승격·개칭되었다. 이후 시·도 관할구역 및 구군의 명칭, 위치, 관할구역 변경에 의해 45개 리를 서울시에 편입하고 성북구를 신설하면서 9개 구가 되었고, 면적은 268.35km²로 늘었다. 1963년에는 인접한 5개 군, 84개 리를 편입하면서 면적이 613.04km²로 2.3배 증가하였다. 1973년에도 경기도의 일부가 서울에 편입되면서 서울의 면적은 627.06km²가 되었다.

1975년에 성동구에서 한강 남부 지역이 독립하여 강남구가 신설되었고, 1977년에는 영등포구에서 강서구가 분리되었다. 1979년에는 은평구, 강동구의 신설로 15개 구가 되었으며, 1980년에는 구로구, 동작구가 신설되어 17개 구에 이르게 되었다. 1988년에는 송파구, 중랑구, 노원구, 서초구, 양천구가 신설되었으며, 1995년 강북구, 금천구, 광진구의 신설로 현재와

---

10 서울시 물순환정책과, 『건강한 물순환 도시 이야기』, 2016.

11 유현준, 『도시는 무엇으로 사는가』, 을유문화사, 2015.

같이 25구 체계가 완성되었다. 2010년 말 현재 서울시의 행정구역은 25개 자치구와 424개의 행정동으로 구성되어 있으며, 면적은 실측 결과 605.25km²으로 조정되어 동일 시점의 국토면적(100,033km²)에서 약 0.6%를 차지하고 있다.

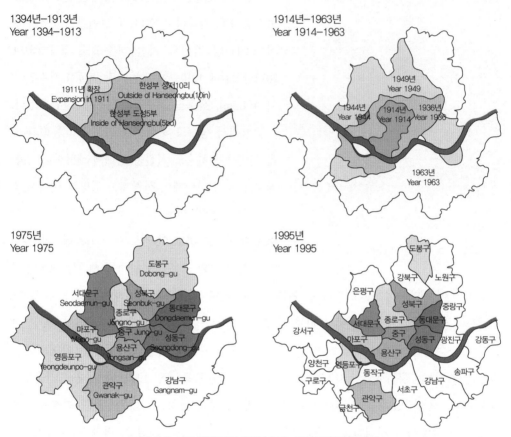

그림 5.6 서울 행정구역 변화(출처: 서울정책아카이브)

"오래된 것들은 다 아름답다"라는 박노해의 시에서 "저기 낡은 벽돌과 갈라진 시멘트는 어디선가 날아온 풀씨와 이끼의 집이 되고, 빛바래고 삭아진 저 플라스틱마저 은은한 색감으로 깊어지고 있다"라고 노래했다. 기원전에 건설된 도시들에서 아직도 후손이 삶을 영위하고 옛 흔적을 보기위해 끊임없이 여행객이 몰린다. 서울과 같이 면적이 증가하고 외부 요인에 의해 파괴되기도 한다. 도시는 한계수명이 없다. 그러나 도시기능을 유지하는 시설물, 건물의 재료는 영원하지 않다. 자연재난에 의해 파손되기도 한다. 꾸준히 손을 봐야 할 이유다. 오래된 도시는 고쳐 쓰면서 여전히 사람을 불러 모은다.

5.3 도시의 위기와 품격

　도시는 최고의 발명품이자 인류가 직면한 난제의 집합체다. 겉으론 화려함과 풍요로 화장하고 있지만 속은 중병을 앓고 있는 경우가 있다. 도시는 정치와 행정의 중심인 都와 시장기능 중심의 경제 활동을 의미하는 市가 합성된 말이다. 도시와 비도시를 구분하는 인구 기준은 우리나라나 일본은 5만 명, 중국은 10만 명, 영국과 스페인은 만 명, 미국과 멕시코는 2,500명으로 하고 있다.[12] 유엔경제사회국UNDESA 보고서에 따르면 1950년 도시인구는 약 7억 명, 농촌인구는 약 18억 명이었다. 2015년의 도시인구는 39억 명으로 전체 인구의 54%에 해당하는 수치다.

　도시가 형성되는 데 주요한 지형요건인 배산임수 조건에서는 산사태, 하천범람, 저지대 침수 등의 피해가 발생할 수 있는 위험이 있다. 도시가 팽창하면서 택지가 부족하여 산지로 주거 지역이 확대되면서 지반사고의 발생 가능성이 높아진다. 도시 시설이 노후화되면서 적기에 보수되지 않거나 관리가 부실할 때 사고로 이어지는 경우가 많다. 도시화는 21세기 인류 문명의 지속 가능성을 위협하고 있다. 최근의 도시 재난은 과거와 다른 양상을 보이고 있다. 지구 온난화로 인한 풍수해·설해·한해·폭염의 발생 빈도와 강도가 증가한다. 지진이 자주 일어나는 지역에서는 지진·쓰나미 취약 지역에 인구가 증가하여 재난이 발생할 때 피해 규모가 확대되고 있다. 도시화·산업화·시설 노후화로 인해 인적 재난이 자주 발생한다. 테러와 폭동 등의 사회적 불안요인이 지속되고 정보통신기술이 발달하여 통신재난과 사이버테러의 가능성도 높다. SARS, 조류 인플루엔자, 코로나19 등의 생물학적 재난이 빈번하다. 도시에 인구가 집중되고 다양한 시설이 집중되어 단일 사고가 복합적 재난으로 발전하게 된다.

　오래된 도시는 구도심과 신시가지로 나눠지는 경우가 많다. 노후 지역이나 저소득 계층이 집중된 지역은 방재에 취약하다. Friz(1961)는 재해, 위험요소, 위험, 재해 취약성에 대해 이렇게 정의한다. 재해disaster란 어떤 한 사회 또는 상대적으로 자급자족할 수 있는 어떤 특정한 사회의 시공간에서 집중적으로 발생하는 것으로 그 사회 또는 일부가 실제적인 손실과 사회적으로 부정적인 영향을 입어 그 사회 시스템 전체 또는 일부가 본질적으로 기능이 손실을 입은 상태를 말한다. 위험요소hazard는 자연 재해 또는 인적 재난으로 이어질 때 인간의 생명과 재산 및 환경상의 손실을 초래할 수 있는 요인이다. 위험risk은 특정 재해의 발생 가능성

12　대한국토도시계획학회, 『새로운 도시 도시계획의 이해』, 보성각, 2014, p.16.

또는 예상 손실로 본다. 재해취약성vulnerability이란 재해 및 재난에 대한 인간 및 재산 민감도[13]인데, 재난은 재난위험요인(위험요소)이 재난피해를 초래하는 재난취약성과 결합할 때 발생한다.

도시의 구성요소는 시민citizen, 활동activity, 토지와 시설land & facility로 들 수 있다. 도시에서 일어나는 활동을 보다 원활하고 효용성 있게 하기 위해서는 시설이 필요하고, 시설물이 배치되기 위해서는 토지가 필요하다. 도시가 점유하고 있는 토지에 주거를 위한 건물이 들어서고 이동과 소통을 위한 도로와 다리가 세워지며 삶의 기본적 요구를 해결하기 위한 시설물이 배치된다. 통치 목적의 궁궐과 신전이 건설된다. 우르크의 지구라트, 아테네의 아크로폴리스, 로마의 수도가 그렇고, 암스테르담의 제방과 풍차, 베네치아의 나무말뚝은 생존의 기본 시설물이다. 런던과 파리의 하수도와 지하철, 뉴욕과 두바이의 마천루는 근대화 또는 현대화의 상징이다.

도시와 도시민의 안전을 가장 위협하였던 것은 전쟁이다. 일시에 많은 것을 소멸시킨다. 도시민이 증가하여 전염병은 인구 감소의 원인이 되었고 지속되는 자연재난은 도시 발전을 후진시켰다. 현대사회에서는 도시 지역의 사고와 범죄가 도시민의 생활을 위협하고 있다. 20세기 이후 고층건물, 지하철, 교량 등 도시문명을 유지하고 지원하는 시설이 집중적으로 건설되었다. 도시 경쟁력은 고용과 복지라는 긍정적인 요인뿐만 아니라 방재와 치안이라는 부정적인 요인에 대한 대처도 필요하게 되었다. 아울러 한번 건설되면 수명이 긴 상하수도, 전기·통신관로, 도로, 교량, 지하철 등의 시설물은 유지관리가 정책의 주요 이슈다. 도시에 필요한 시설에 관련된 기술적인 문제는 의지와 예산이 뒷받침되면 해결이 가능하다.

고색창연한 건물이 즐비한 영국 런던에 보이지 않은 위대한 시설이 있다. 1875년에 지하에 885km 길이로 만들어진 하수도다. 1850년을 전후해서 3만 명에 이르는 사람이 콜레라로 숨졌다. 오수가 바로 템스강으로 흘러갔기 때문이다. 토목기술자 베절제트는 100년을 내다보고 3.5m 직경의 하수구를 16년 동안 건설했다. 당시 런던 인구 2백만 명의 2배가 사용할 것으로 예상하였는데, 2000년대 840만 명으로 증가하고 물을 더 많이 소비하는 생활습관으로 증설이 필요하게 되었다.[14] 슈퍼 하수도라고 명명된 직경 7m 터널이 런던 동쪽 애비밀스부터 서쪽의 액튼까지 25km로 이어졌다. 2016년부터 시작된 공사는 기존 하수도 지선을 새로 만들어질 슈퍼 하수도에 연결하여 도시 외곽 처리장으로 보내는 터널을 템스강 16m 아래를 통과시킬

---

13 황성남, 『지속 가능한 도시재생과 재해복구』, 국토연구원, 2015.
14 중앙일보, 〈'7대 불가사의 런던 하수도 140년간 잘 썼어' 보강 착수〉, 2015. 8. 26.

예정이다. 공사비는 약 7조 9,000억 원이 소요될 것으로 보이는데, 영국 이코노미스트지는 "화려하지도, 유권자의 표를 바랄 수 없는 일이지만 그래서 더 존경할 만한 일"이라고 평했다. 도시를 안전하고 쾌적하게 만드는 과업은 이렇게 진행된다.

그림 5.7 영국 런던 베절제트 하수도

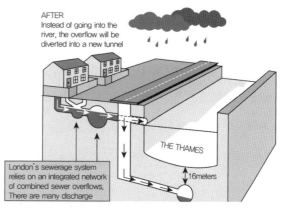

(a) Super Sewer Tunnel　　　　　(b) Super Sewer system

그림 5.8 영국 런던 슈퍼 하수도

　서울 시설물의 근대화 작업은 도시가 생성된 것보다 늦게 시작되었다. 1882년 박영효는 『치도약론治道略論』에서 위생과 위신의 도시 만들기를 주장했다. 1913년 2월 23일 「시구개경과 시가지 건축 취제 규칙」을 세운 조선총독부는 식민을 위한 도시 만들기를 시도했다. 한국전쟁 이후 서울 발전축을 종로를 중심으로 재건 정책, 1970년대에는 차량을 위한 도시 개조가 진행되었다.[15]

---

15 김기호, 『역사 도심 서울, 개발에서 재생으로』, 한울아카데미, 2015, pp.23-58.

서울시는 준공 후 20년이 경과한 노후 기반시설물을 선제적으로 관리하여 안전성을 높이는 정책을 수행 중이다.[16] 도시기반시설 종합계획의 이름으로 개별 유지관리부서에서 관리하던 시설 현황을 도시 기반 차원에서 종합적인 조사와 개선방안을 마련하고 있다. 서울의 도시기반시설의 대부분은 '70년대 경제성장과 함께 조성되어 노후시설 비율이 점차 가속화되고 있으며, 향후 시설물별 노후화 위험도는 급격히 증가될 것으로 예상된다. 무엇보다 10년 후 30년 이상 된 노후시설 비율이 50% 이상을 차지한다. 특히 하수도, 교량 등 도시기반시설의 노후화는 심각한 수준이지만, 재정 부족 등의 이유로 안정적인 예산 확보가 어려운 실정이다. 시민 안전과도 직결되기 때문에 대책 마련이 시급하다.

교량의 경우, 현재 30년 이상 노후화 비율은 615개소 중 27%를 차지하고 있으며, '26년에는 49.5%를 초과하고, C등급(반드시 보수필요 등급) 이하의 교량수가 17개소에서 47개소로 증가할 것으로 예상하며, 보수를 위해 1조 원 이상의 재정수요가 발생한다. 하수도의 경우, 30년 이상 노후관로가 52%를 차지하고 있으며, 도로함몰 발생 원인의 79.2%가 하수관로 노후화라고 판단하고 있으나, 도로함몰 우려 지역(충적층 및 도로함몰 발생 지역) 3,700km의 관로개량비용 4조 500억 원 중 최근 5년간 관로 개선비용으로 18%(7,446억 원)가 투입된 상황이다. 도로의 경우, 2014년 기준 SPI[17] 조사구간(5,671.8km) 중 보수가 필요한 6 이하 구간은 36%를 차지하고 있으며, SPI 평균지수는 6.59로 조사됐다. 이는 과거 6.83('09년), 6.46('12년) 보다 개선되지 못한 수치이며, 이상기온, 중차량 등 반복된 외부환경으로 도로노후화는 지속적으로 진행될 것이므로 전략적인 대응방안이 필요하다.

서울은 도시공간이 고밀도로 개발되었기 때문에 노후화와 함께 밀착 개발에 따른 지반공학적인 문제가 지속적으로 발생하고 있다. 경사지에 형성된 주택가는 굴착공사 시 지반변형에 따른 피해를 입을 가능성이 높고, 집중강우 시 산사태의 영향 범위에 있기 때문에 수해가 발생한다. 서울은 하천 계획 홍수위보다 낮은 지역이 전체 면적의 42%에 달해 침수피해를 입기도 한다. 또한 도시 기능을 유지하는 시설물이 놓이는 공간도 협소하여 자연재난이 발생할 경우 복합재난으로 비화하는 경향이 있다.[18] 2011년에 우면산 산사태를 유발한 집중 호우로 인해 강남역 사거리, 광화문 일대가 침수되었고, 산사태로 인한 인명피해 외에 지하철 운행중단, 주요도로 통행 차단, 정전과 통신 마비를 야기하였다.

---

16 서울시 안전총괄본부 안전총괄과 보도자료, 2016. 1. 29.
17 SPI: 서울시포장상태평가지수, 0~6 불량, 6~7 보통, 7~10 양호.
18 신상균 외, '신종 대형 도시재난 전망과 정책 방향', 서울연구원, 2016.

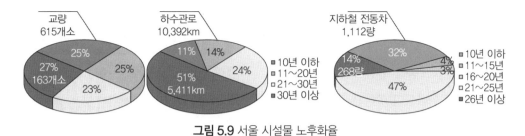

그림 5.9 서울 시설물 노후화율

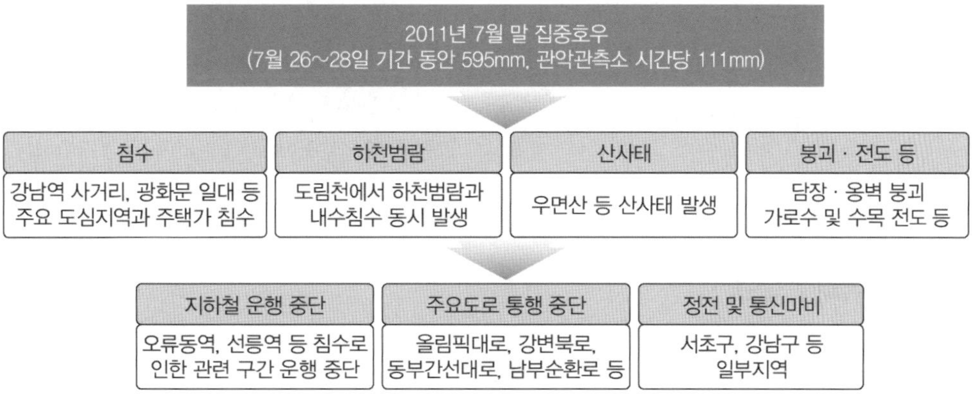

그림 5.10 2011년 7월 말 집중호우로 인한 주요 피해

(a) 대치역 침수	(b) 남부순환로 차단	(c) 남부순환로 인근 아파트

그림 5.11 2011년 7월 말 집중호우 피해 사례

　급격한 도시화 과정에서 6개월 만에 5층 아파트 15개 동을 지은 와우아파트 붕괴사고뿐만 아니라, 성수대교와 삼풍아파트 붕괴와 같은 대형 붕괴와 지역 곳곳에서 일어났던 소규모 사고가 끊이지 않았다. 1970년대 개발독재 시대에는 안전문제 보다는 전시행정을 도모한 결과고, 이후에는 절차를 무시한 인간의 탐욕과 근거가 없는 개인의 경험을 맹신한 결과로 빚어진 사고다. 시민과 전문가들에게 질문한 도시 재난 순위는 풍수해, 붕괴, 철도·지하철

사고 등이며 일반 대중은 재난에 대한 만성 피로 증세를 호소하고 있다. 품격이 있는 도시가 되기 위해서는 노출된 위험 요인을 선제적으로 제거하고, 인식되지 못하는 요인이 재난으로 연결되지 않도록 차단하는 정책이 집행되어야 한다. 또한 사고 배경을 시민이 이해할 수 있도록 지반사고 조사 수준이 유지되고, 재발 방지 대책은 유사한 대책이 거듭되지 않도록 행정적인 노력이 필요하다.

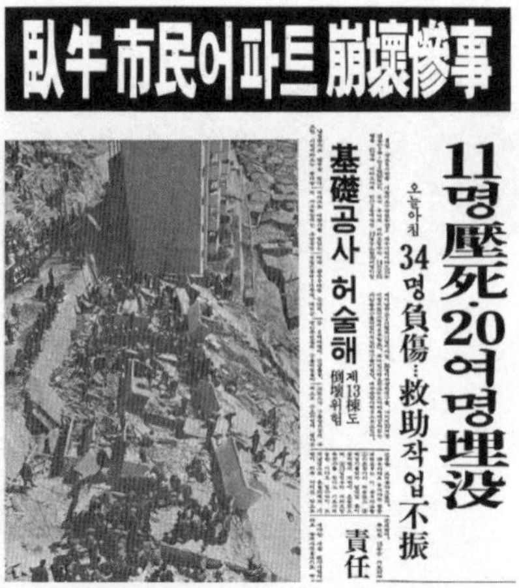
臥牛 市民어파트 崩壞慘事

11명 壓死·20여명 埋沒

오늘아침 34명 負傷…救助작업 不振

基礎공사 허술해

제13棟도 倒壞위험

責任

그림 5.12 와우아파트 붕괴(경향신문, 1970. 4. 8.)

5.4 교류의 통로

한 장소에서 다른 장소로 이동하는 데 가장 단순한 방법은 걷기다. 걸을 수 있는 공간이 있어야 한다. 익숙한 한 음절의 단어, '길'. 사전 뜻풀이는 폭이 넓다. '사람이나 동물 또는 자동차 따위가 지나갈 수 있게 땅 위에 낸 일정한 너비의 공간', '시간의 흐름에 따라 개인의 삶이나 사회적·역사적 발전 따위가 전개되는 과정', '어떤 자격이나 신분으로서 주어진 도리나 임무' 등등. 영단어도 못지않다. 'road, street, way, path, track, route, avenue, highway, lane, pavement, thoroughfare …' 물리적인 공간과 심리적인 통로가 모두 길이다. 직립하는 인간의 발자국은 길이 되었다. 먼 옛날 인류가 아프리카에서 나와 전 지구로 흩어질 때는 가는 곳이 길이었다. 출발지와 목적지 그리고 왕복의 이유가 생기면서 오가는 통로가 구상되고 전승되었으며, 수 없이 반복되면서 길이 생겼다. 시간이 지남에 따라 옛길은 넓혀지고 곧아졌다. '오가서 생긴' 것이 아니라 '오갈 수 있도록' 만들어지고 있고, 없는 길이 만들어져서 교류가 쉬워졌다. 땅 위만이 아니고 바닷길, 하늘길이 열리면서 더욱 교류의 양이 늘고 속도가 빨라졌다.

걸어서 다니는 길은 좁아도 좋았다. 산이 막으면 돌아가고 물이 있으면 낮은 곳으로 건넜다. "사람들이 더 빨리 가기 위해 땅을 학대하기 전에는 산이 깎이거나 뚫리지도 않았고, 언덕도 납작해지지 않았을 것이며, 다리도 세워지지 않았을 것이다."[19] 가축을 길들여 이동수

19 Uli Hauser, 『걷기를 생각하는 걷기』, 두시의 나무, 2018, p.147.

단으로 삼았다. 많은 것을 싣기 위해 바퀴를 만들었다. 기원전 3500년경의 것으로 추정되는 메소포타미아 유적의 전차용 나무 바퀴가 가장 오래된 것이다. 아메리카 토착민과 잉카문명 원주민은 유럽인들이 전파해주기 전까지 바퀴의 존재를 몰랐다고 알려져 있다. 마차가 생기면서 넓어지고 돌을 깔았다. 증기기관이 발명되면서 마차가 다니던 길에 철로가 놓이고, 산이 뚫렸다. 언덕은 평평해졌으며 강은 다리를 놓아 건넜다. 물을 나르던 히스기야터널, 로마 수로교 말고도 사람이 통행하는 터널과 교량이 놓였다. 바빌론 시대 유적에서 벽돌로 쌓은 아치교 흔적이 발견되었다. 두 마리의 말이 끄는 마차가 다니기 위해 폭 2.4m의 로마 도로는 아래에 큰 돌을 쌓아 지지력을 얻고 작은 돌로 하중을 분산시켰다. 맨 위에는 돌을 깔아 오랫동안 버티게 했다. 이탈리아 반도를 종단하는 아펜티노산맥을 통과하기 위해 38m 길이의 플루로터널을 뚫었고 지금도 사용한다. 로마의 지배를 받던 튀니지에 29년에 세워진 트라얀 교량은 대표적인 석재 아치교다.

| (a) 수메르 벽돌 다리 (기원전 3000년경) | (b) 로마 시대 도로 건설 | (c) Furlo 터널 (기원전 220년) | (d) Trajan 아치교 (기원후 29년) |

그림 5.13 고대의 도로, 터널과 교량

가. 도로 지반사고

오래된 길은 쓰지 않아 황폐해질지언정 무너지지 않는다. 도시가 확대되고 인간의 활동 영역이 확대됨에 따라 다양한 공학적 특성을 갖는 지반 위까지 도로가 건설되면서 지반과 관련된 사고가 발생한다. 연약한 지반에 흙을 쌓아 만든 도로나 팽창할 수 있는 땅에 만들어진 도로는 침하나 부상에 의해 피해가 발생한다. 집중강우 때는 급류에 유실되기도 하고 흙 속의 수압이 늘어나 성토된 도로가 무너지는 일도 있다. 지진이 오면 진동이나 액상화에

그림 5.14 부산 신항 배후도로 침하 **그림 5.15** 구례 서지천 범람에 의한 도로 유실

그림 5.16 인도네시아 팔루 액상화에 의한 도로 파손 **그림 5.17** 서울시 포트홀

그림 5.18 서울시 도로 함몰 **그림 5.19** 팽창성 지반 도로 침하(Amakye, 2021)

의해 도로가 파손된다. 포장 재료가 약하면 구멍이 파이는 포트홀이 생기고 지지력이 부족하여 불규칙한 균열이 심하게 생긴다. 도로 아래 지반이 내려앉아 싱크홀이라고 불리는 지반함몰이 발생한다. 도로에서 사고가 발생하는 지반공학적 배경으로는 연약지반 처리, 사면 안정, 지반지지력으로 귀결된다. 또한 도로와 인접하여 굴착공사가 진행되는 경우에는 지하굴착 토압문제, 지진이 빈번한 곳에서는 지반동역학도 다루어야 할 부분이다. 포장체 자체의 문제

는 포장공학의 힘을 빌어야 한다.

준공된 지 2년이 지난 시점에서 부등침하로 인해 평탄성이 현저히 떨어진 도로는 교통사고를 유발한다. 도로포장체가 받아줄 수 있는 허용침하량을 넘어 점토지반에서 침하가 지속되었기 때문이다. 부산 신항 배후도로와 같이 중차량이 빈번하게 다니는 곳에서는 차량 하중을 고려하여 포장체 강성을 충분히 확보하고, 연약지반 처리 기간도 늘리는 것이 바람직하다. 2020년 8월 전남 지역은 32년 만에 호우가 내려 산사태와 함께 하천이 범람하여 성토된 도로가 유실되는 사고가 있었다. 2018년 9월 인도네시아 팔루 지역에 7.5 규모의 강진이 발생하여 액상화 현상에 의해 도로가 파손되었다. 아스팔트 포장 도로가 파손되는 포트홀은 주로 비가 자주 오는 계절에 발생한다. 도로 아래에 매설된 관로가 불량하거나 노후화되어 도로가 함몰되어 서울시는 정기적으로 하부의 동공을 발견하여 위험도에 따라 조기에 보수하여 사고를 방지하고 있다. 굴착공사에서 과다하게 변위가 발생하면 인접한 지반이 침하되고, 도로와 도로 하부에 매설된 관로에 손상을 입히는 경우도 있다. 습윤과 건조가 반복될 때 체적변화가 심한 소성 점토지반에 상향력이 작용하여 도로가 파손된다.

지금 보이는 지형은 수천만 년을 통해 스스로 안정을 찾은 결과다. 도로나 철도, 부지를 확보하기 위해 산을 깎아서 만든 공간은 기존의 평형을 훼손하는 것이기 때문에 사면 불안정이 지반사고의 원인이 된다. 사면이 불안정해질 수 있는 요인으로는 지질학적·지형학적·물리적 인간 활동에 의한 것으로 분류된다. 특히 지질학적 요인 중 우리나라에서 30% 정도의 분포 면적을 갖는 호상편마암은 산사태 유발 가능성이 높다. 경상계 퇴적암 지역은 선단부를 굴착할 때 층리면을 따라 급격하게 거동이 발생할 수 있다. 최근에 발생한 전남 지역의 산사태를 조사한 경험에 따르면 산지에 평탄지를 만들어 집중강우 시 지표수가 일시적으로 저류됨으로써 산사태를 유발할 수 있는 에너지가 축적되는 경우가 많았다. 산지에 조성되는 도로와 철도, 주택단지, 공원과 묘지시설, 태양광 발전단지 등에서 산사태가 자주 발생한다.

우리나라 사면은 대체로 토사와 암반이 함께 나타나는 복합사면 형태가 많다. 사면을 구성하는 토사의 전단강도와 암반의 불연속면 조건을 모두 고려한다. 또한 집중강우 시 계곡부와 소하천을 따라 빠르게 토사가 유출되는 토석류debris flow는 기존의 사면 안정 해석법과는 다른 각도에서 접근한다. 사면과 같은 방향으로 형성된 불연속면이 원인이 되어 일부 암괴가 떨어져 나가는 낙석사고가 빈번하게 발생한다.

표 5.1 사면 불안정 요인

(1) 지질학적 요인	(2) 지형학적 요인
가. 지반강도 자체가 약한 경우 나. 예민한 지반 다. 풍화된 지반 라. 기존에 전단된 지반(단층 혹은 과거에 일차 붕괴된 사면) 마. 절리가 발달된 지반 바. 불연속면이 불리한 방향으로 경사진 지반 사. 지층들 간의 투수계수가 다른 지반 아. 지층 사이의 강도가 다른 경우(소성변형을 보이는 물질 위에 강한 물질이 존재)	가. 물에 의한 사면 선단(toe) 부분의 침식 나. 파도에 의한 사면 선단 부분의 침식 다. 사면 측면부의 침식 라. 사면 내부의 침식(석회암과 같은 물질의 용해 혹은 퇴적물의 유출에 기인한 파이핑) 마. 사면 정상부에 퇴적물에 의한 하중 증가 바. 초목의 제거(산불이나 가뭄에 의해)
(3) 물리적 요인	(4) 인간 활동에 의한 요인
가. 매우 심한 폭우 나. 눈의 녹음 속도가 매우 빠름 다. 장기간의 강우 라. 수위의 매우 빠른 저하(홍수나 조수) 마. 화산 폭발 바. 해빙 사. 동결융해의 기후	가. 사면이나 사면 선단 부분의 절개 나. 사면이나 사면 정상부의 하중 증가 다. 저수지의 수위 강하 라. 산림 훼손 마. 광산활동 바. 인위적인 진동(발파) 사. 시설물로부터 물이 새나오는 경우

그림 5.20 대만 고속도로 혼합사면 파괴 (2010. 4.) **그림 5.21** 경부고속도로 영천구간 암반 사면 붕괴 **그림 5.22** 우면산 토석류

나. 터널 지반사고

터널은 산과 물로 가로막힌 장애를 해결하는 구조물이다. 지표 아래 부분을 통과하여 양끝이 열려 있는 인공 통로를 터널이라고 정의한다.[20] 전 세계에 걸쳐 약 51,000개소 이상 건설되어 있고 매년 5,000km를 넘는 길이가 새로이 뚫린다. 앞을 알 수 없는 암반을 뚫는 작업은 불확실성을 극복한 역사고 수많은 붕괴사고가 쌓인 결과다. 대부분 터널 사고는 건설 중에 발생하는데, 1999년부터 2004년까지 총 63회 정도인 것으로 보고된다.[21] 부산 구포역 부근에

---

20 An artificial subterranean passage open at both ends, ITA, 2016.

21 D. Proske et al., 'Revised Comparison of Tunnel Collapse Frequencies and Tunnel Failure Probabilities', Jr. of

서 NATM으로 시공하던 전력구 터널이 붕괴되어 지상을 달리던 열차가 전복되어 인해 78명의 사망자와 198명의 부상자가 발생하였다. 터널 막장이 자립능력이 상실된 풍화대 구간에서 지하수와 함께 토립자가 유실되는 과정 중에 이완영역이 확장되면서 발생한 사고라고 조사되었다. 1996년 2월 20명의 사망사고가 있었던 홋카이도 토요하마 터널은 해안 절벽이 지진으로 이완된 암반 균열부에 지하수가 얼어서 균열이 확대됨으로써 발생한 것으로 알려졌다.

(a) 구포역 전복사고(동아일보, 1993. 3. 28.)　　(b) 토요하마 터널 붕괴(朝日新聞, 1996. 2. 10.)

그림 5.23 터널 지반사고

　터널은 지반을 종 방향으로 굴착하면서 공간을 형성하여 목적하는 지하구조물을 설치하는 공사다. 평형을 유지하던 지중에 공간이 만들어지면 응력 상태가 변화하고 변형이 수반된다. 한 번에 필요한 공간을 만들 수 없으므로 단계별로 굴착할 때 거동 양상이 달라지고, 계획된 대처가 지연되면 막장 자립성이 낮아진다. 지보재는 과응력 상태가 될 수 있으며, 주변 지중이나 지표면에 위치하는 구조물이 불안정해질 수 있다. 특히 지반은 불확실성이 큰 매질이므로 설계 조사에서 파악하지 못한 취약부나 지하수 유출 지점을 통과하는 경우도 있어서 사고

ASCE-ASME, 2021.

가능성은 상존한다. 따라서 터널공사는 계측을 통해 거동을 면밀하게 관찰하여 설계 조건과 차이점을 분석하고 다음 공정을 진행시키는 관찰법이 필수적이다.

터널의 안정성을 지배하는 요소로는 지반 강성, 지하수 유입 상태, 굴착 방법, 토피고, 시공 수준 등을 들 수 있다. 터널이 굴착되고 아무런 지보재가 설치되기 직전은 지반의 강성만으로 막장이 유지되는 가장 불안정한 시기다. 점착력을 기대할 수 없는 사질토 지반에서 토피고가 낮은 터널을 시공할 때 막장에 작용하는 압력(p), 변형이 발생하기 시작하는 때의 압력(p_c), 붕괴 시 압력(p_f)의 관계를 원심모형실험으로 연구한 사례[22]에서 다음과 같이 막장 안정성을 분석하였다.

$p > p_c$: 막장면 변형이 없는 조건

$p_c > p > p_f$: 작은 변위가 침하를 동반하며 붕괴가 임박하는 상태

$p = p_f$: 국부적으로 급작스러운 붕괴 발생

$p < p_f$: 사질토가 흘러내리는 상태

굴착에 의해 변형이 유발되기 쉬운 사질토에 비해 점성에 의해 마찰력이 발휘되는 점성토나 강성이 큰 암반의 경우는 막장면에서 보다 복잡한 거동이 발생하며 거동 속도도 일정하지 않다. 지하수가 용출되면 수압이 작용하여 예측이나 대응은 더 어려워져서 사고로 이어지는 경우가 많다. 2020년 3월 18일 부전−마산 복선전철공사 하저터널 공사 현장에서 지반이 침하한 사고는 본선 터널 사이에 연락갱을 굴착하는 과정에서 파이핑에 의해 토사가 유출된 것이 원인으로 추정한다. 인천도시철도 2호선이 건설되고 있던 2012년 2월 18일에 발생한 지반 함몰은 터널 지보재가 설치된 이후 지반 강도가 낮아지면서 발생한 사고다. 2020년 4월 8일 이천−오산 간 고속도로 현장에서는 막장면 직전 천정부에서 쐐기파괴에 의해 낙반사고가 발생하여 굴착기 작업원이 사망하는 사고가 있었다. 2012년 12월 2일 일본 야마나시현의 사사고笹子 터널의 천정부가 50~60m 떨어져서 차량을 덮치는 사고가 일어났다.[23] 이 사고로 9명이 사망했으며, 사망자의 시신 중 8구는 불에 타 훼손된 것으로 확인되었는데, 1997년에 개통되어 매 5년마다 안전점검을 하였고 사고 3개월 전 점검에서는 이상이 없는 것으로 조사되었다.

22 Chambon et al., 'Shallow Tunnels in Cohesive Soil: Stability of Tunnel Face', ASCE Jr. of Geotechnical Engineering, Vol. 120, No. 7, 1994, pp. 1148-1165.

23 每日新聞, '中央道トンネル崩落:現場で焼死体3体を確認', 2012.

다. 교량 지반사고

물을 만나 멀리 돌아가야 하는 길에 다리를 놓았다. 얕은 물은 돌을 던져 징검다리를 놓았다. 긴 여울에는 큰 돌을 세우고 나무나 넓적한 돌을 깔았다. 옛 사람은 그렇게 오갔다. 기원전 4000년경 벽돌로 만든 아치형 다리가 메소포타미아 지방에서 발견되었다. 『삼국사기』 신라 본기에서 '신성 평양주 대교'라는 한국의 다리에 대한 최초의 기록이 나온다. 고려 시대의 다리는 선죽교, 진천 농다리가 대표적이고, 조선 시대에는 세종조 수표교, 성종조 살곶이 다리, 숙종조 승선교가 유명하다. 다리를 놓으려면 단단한 땅이 있어야 한다. 얕은 곳이라면 큰 문제가 없겠지만 물이 깊고 다리 무게가 커지면 기초를 두어야 한다. 물살이 빠른 곳은 놓인 기초 주변이 파이게 되어 불안정해진다. 우리나라 도로에 놓인 교량은 총 35,902개소 총 연장은 3,667km에 달한다.[24] 철도 교량은 총 3,514개소, 총연장은 639.3km이다.[25]

(a) 진천 농다리   (b) 서울 살곶이 다리   (c) 승주 승선교

그림 5.24 우리나라 다리

미국의 경우에는 평균적으로 연간 128회 정도의 교량 파괴사고가 발생하며 주요 원인은 세굴을 포함하는 수압(52.1%), 충돌(19.6%), 과적(12.0%), 노후화(6.5%)인 것으로 분석되었다.[26] 중국에서 2009년부터 2019년까지 교량 붕괴사고는 총 418건이 보고되었다. 사고 원인으로 보면, 공사 중(28.7%), 홍수와 세굴(21.3%), 충돌(18.7%), 과적, 설계 오류, 지진과 풍하중, 기타로 분류된다.[27] 우리나라에서 1974년부터 2001년까지 발생한 교량 사고 중 지반침하 2회, 교각기초 세굴, 우물통 전도 각 1회씩 조사된 바 있다.[28] 구조공학과 수공학적 원인을 제외하

---

24 국토교통부, 『도로 교량 및 터널 현황 조서』, 2020.

25 국가철도공단 시설 현황, https://www.kr.or.kr.

26 Wesley Cook, 'Bridge Failure Rates, Consequences, and Predictive Trends', Ph. D dissertation, 2014.

27 Ji-Shuang Tan et al., 'Lessons Learnt from Bridge Collapse: A View of Sustainable Management', Jr. of Sustainability, 2020.

고 교량 붕괴 중 지반공학적인 측면에서 원인이 될 수 있는 것은 기초 지지력 부족, 교대부 거동, 지진 등이 있다.

양산천을 건너는 총연장 600m의 금오대교는 2010년에 준공되었다. 연약층 지반 제방에 놓인 교각이 23~35cm 정도 침하되어 2021년 현재 보강공사가 진행 중이다. 당초 실시설계 과정에서 파악된 연약층이 두께가 더 깊게 분포하여 기초 지지력이 충분히 확보되지 못했고 제방이 추가로 성토되면서 교각에서 측방 유동 현상이 발생한 것이 원인으로 지적되었다.[29] 울산 남구 번영교 접속도로는 2013년에 준공된 후 압밀침하가 지속되었다. 2021년 주변 굴착 공사 현장에서 지하수가 유출되어 압밀이 가속되어 하부지반 보강공사를 진행하고 있다.[30]

약산성인 비와 접촉하여 용해되는 탄산염 석회암 지반에 기초가 놓일 경우 급격한 침하가 발생하여 교량 안정성이 위협받을 수 있다. 우리나라의 석회암은 강원도 남부에서 충청북도 북부에 걸쳐 넓게 분포하며 경상북도(울진, 봉화, 문경, 상주), 전라남도(장성, 화순, 무안) 등지에도 일부가 퍼져 있다. 문경시에 위치한 ○○교 기초지반은 고생대 석회암이 분포하여 시추 조사를 통해 공동 분포 상황을 파악하였다.[31] 직경이 수 미터에 달하는 공동이 연속하여 존재하는 것으로 확인되어 천공 후 내부를 충전시키는 CGS 공법으로 보강하여 지지력을 확보하는 것으로 계획하였다. 동해고속도로 확장 공사 때 교량기초 하부에 석회암 공동과 파쇄대가 존재하는 것으로 파악되어 고압분사 방식으로 내부를 충전하고 안정성을 높였다. 보강공사 전후에 시행된 탄성파 토모그래피와 암석코아의 일축압축강도를 조사하였다. 또한 보강 후 시공된 말뚝에 대해 정동적 재하시험을 시행하여 실제 발휘될 수 있는 지지력과 침하량을 확인하였다.[32]

교량에 접근할 때 가끔 덜컹하며 주행에 불편함을 느낄 때가 있다. 교대와 후방의 성토체 간에 부등침하가 발생했기 때문이다. 연약지반에 세워진 교대부는 침하가 발생하지 않도록 말뚝기초를 설치하거나 지반을 개량한다. 성토부가 침하되는 원인으로는 다짐 불량, 재료 부적절, 고성토의 압축침하, 원지반의 압밀침하 등을 들 수 있다. 특히 콘크리트 구조물인 교대와 성토부 사이에는 다짐이 어렵기 때문에 공용 중에 유지관리를 통해 부등침하 문제를

28 김영진, '국내 교량구조물의 사고사례 분석', 한국구조물진단학회, 제6권, 제2호, 2002.

29 양산신문, 〈금오대교 교각 보강공사 이달 중 착공〉, 2021. 6. 6.

30 울산신문, 〈침하·균열 현상 번영교 접속도로 보강공사〉, 2021. 8. 18.

31 박성수 외, 'CG S공법 적용 석회암 공동 지역의 교량기초보강 사례 연구', 지반환경공학회지, Vol. 14, No. 12, 2013, pp. 43-52.

32 최진오 외, 'SIG 공법으로 보강된 석회암 공동부 교량기초 지지력', 한국지반공학회지, Vol. 19, No. 7, 2003, pp. 37-44.

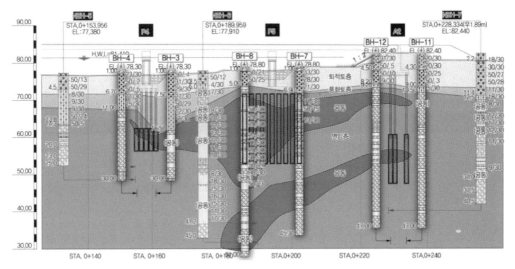

그림 5.25 교량 기초 석회암 공동 분포

해결하는 것이 일반적이다. 접속부를 슬래브를 설치하여 평탄성을 유지하거나 공사 중에
다짐관리를 철저히 하며 공용 전에 침하를 허용 범위 내에 완료시키는 것이 바람직하다.
공용 중에 과도한 침하가 발생할 경우에는 포장 덧씌우기공법, 주입공법, 대체공법을 적용할
수 있다.[33] 한국에서 지진이 발생하여 교량이 붕괴된 사고는 보고되고 있지 않으나, 지진이
빈번하게 발생하는 지역에서는 지진동, 쓰나미와 액상화에 의한 파괴 사례가 많다.

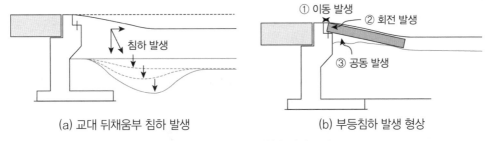

(a) 교대 뒤채움부 침하 발생   (b) 부등침하 발생 형상

그림 5.26 교량 접속부 침하 발생 모식도

---

33 김낙영 외, '교량 접속부 뒤채움부 부등 침하 원인 분석', 한국지반공학회지 기술기사, Vol. 28, No. 4, 2012, pp. 22-24.

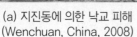

(a) 지진동에 의한 낙교 피해
(Wenchuan, China, 2008)

(b) 쓰나미에 의한 낙교 피해
(동일본 대지진, 2011)

(c) 액상화 피해
(Nias, Indonesia, 2005)

그림 5.27 지진에 의한 교량 파괴 사례

5.5 간척의 역사

간척干拓, reclamation은 육지와 접한 바다나 호수의 일부를 둑으로 막고, 그 안의 물을 빼내어 육지로 만드는 일이다. 싱가포르와 같이 땅이 부족한 나라나 네덜란드처럼 해수면보다 낮은 지대가 많은 곳에서 오래전부터 국가사업으로 진행되었다. 네덜란드는 현재 전체 국토에서 간척지의 비율이 25%에 달한다. 인도양의 섬나라 몰디브는 전체 1,190개 산호섬의 80% 이상 이 해발 1m 이하에 자리 잡고 있다. 해수면이 상승하면서 나라가 사라질 수 있는 수몰 위기에 처했다. 1997년부터 산호지대를 매립하여 인공섬을 만들고 주민을 이주시켰다. 세계 최초의 해상공항은 1975년에 만들어진 나가사키공항이다. 육지에 있는 기존 공항을 확장하기 위해 바다를 메웠다. 덴마크는 코펜하겐 앞에 3만 5,000명이 거주할 수 있는 인공섬을 만들어 국토를 넓히고 코펜하겐의 방파제로서 역할을 시킬 계획이다. 강화도는 『고려사』에 기록된 1246 년의 방축사업을 시작으로 지난 800년간 현재 면적의 3분의 1이 간척사업으로 넓어졌다. 조선왕조실록에 자주 등장하는 언답堰畓, 언전堰田은 간척지를 의미한다.

간척사업은 수심이 낮은 곳에서 진행되는데, 이러한 지역은 모래나 점토가 물로 운반되어 퇴적된 곳이 대부분이다. 따라서 조류에 떠내려가지 않는 무거운 돌을 먼저 제방을 쌓고 내부를 좋은 흙으로 메우는 간척사업은 연약지반soft ground 처리라는 지반공학적 과제를 풀어 야 한다. 아울러 오래된 제방은 안정성이 낮아지고, 편익만을 추구할 때 환경 피해가 유발되 는 경우도 있다. 네덜란드, 싱가포르와 우리나라의 간척의 역사와 시사점을 살펴보자.

가. 네덜란드 간척사업

네덜란드는 낮은 땅이라는 뜻이다. 이탄토가 분포하는 늪지대에서 물을 배수시키고 농지를 만들었다. 건조해진 이탄토는 산화되어 압축침하를 일으켜서 경작지는 더욱 낮아지고 범람 피해가 빈번했다. 제방을 만들고 배수용 풍차를 도입했다. 이와 같이 수세기 동안 만들어진 저지대를 폴더polder라고 하며, 지금의 대표적인 네덜란드 풍광을 만들게 되었다. 농경지 확보를 위해 1300년경부터 꾸준히 간척사업을 벌여왔다. 네덜란드 전역에 수천 킬로미터로 해안과 강 주변에 설치된 제방은 네덜란드인의 생존을 위한 분투의 아이콘이다.[34]

(a) 늪지대 polder 제방   (b) 해안 제방과 ploder   (c) 노후 제방 보수보강

그림 5.28 네덜란드 제방과 polder

10세기 초에는 단순하게 늪지대의 땅을 파서 강가에 제방을 만들었다. 중세에 들어 점토와 모래가 혼합된 코아의 개념이 적용되었고, 15세기 제방에서는 유실을 방지하기 위해 설치한 목책이 관찰된다. 좀조개가 서식하여 파이핑이 발행하는 것을 방지하고 중량을 가해 유실되지 않도록 응회암 사석을 쌓기 시작했는데, 암석의 침하를 방지하고 재료가 분리되지 않도록 짚과 갈대매트를 깔았다.

현재의 제방에서 흔히 볼 수 있는 공법이 오랜 시간을 통해 시행착오를 겪은 결과라고 볼 수 있다. 수백 년이 지난 노후 제방은 보수가 필요하다. 지금도 곳곳에서 안전한 제방을 만들기 위해 제체를 보강하고 수문을 신설하는 노력이 진행 중이다. 아울러 전 세계적인 이슈거리인 해수면 상승에 대비하여 높이를 증가시킬 계획을 가지고 있다.

---

34 Cultural Heritage Agency, Man-made Lowlands A future for ancient dykes in the Netherlands, 2014.

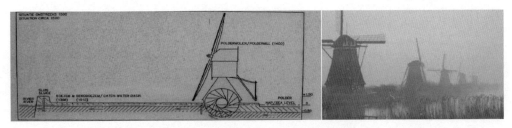

그림 5.29 polder 지대의 제방과 배수용 풍차

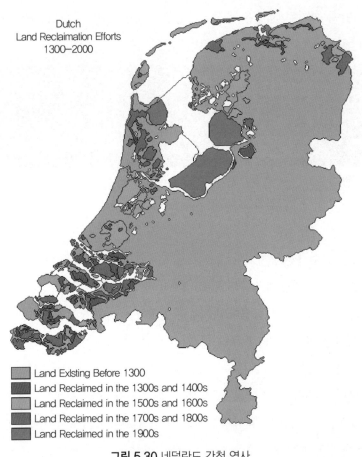

그림 5.30 네덜란드 간척 역사

나. 싱가포르 간척사업

　　1819년 래플스가 조호르 술탄과 무역항 개발을 계약하였을 때는 싱가포르 지역은 어업에 종사하는 주민 200여 명 정도가 사는 한적한 마을이었다. 1869년 대영제국의 식민지가 되었을 때 10만 명으로 늘었고 1965년 말레이 연방에서 독립할 때 160만 명이 되었다. 2019년

현재는 570만 명이고 2030년에는 690만 명으로 예상된다. 원래 항구로 개발할 목적이었기에 초기부터 매립 간척공사가 활발하게 진행되었다. 비교적 파도가 낮고 조수간만의 차가 3m 정도였기에 당시 기술로 간척공사는 큰 문제가 없었다. 1886년 8년에 걸친 공사 끝에 7ha가 항만부지로 확보되었고, 1915년까지 단계별로 확장되었다. 1959년 자치, 1965년 독립되면서 주롱도심공사JTC, 주택개발국HDB, 싱가포르 항만청PSA을 중심으로 1일 8,000m^2 속도로 간척공사가 진행되어 1980년대 초까지 48km^{2}이 매립되었다. 이는 지난 100년 간 진행된 간척면적의 90%에 해당하며 약 2억 8,500만m^3 분량의 토사가 사용되었다. 제방길이는 76km에 달했다.[35]

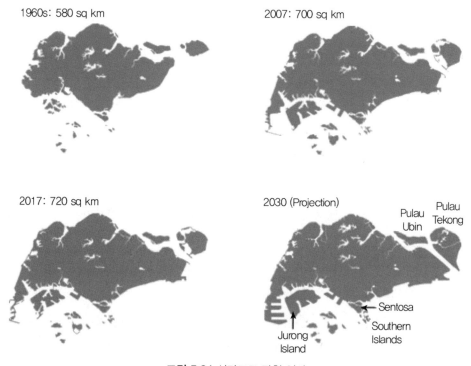

그림 5.31 싱가포르 간척 역사

1974년까지는 싱가포르 섬 구릉지를 평탄화시킨 흙을 사용할 수 있었다. 매립 면적이 워낙 빠르게 증가하여 바다 모래를 준설하여 매립토로 활용했다. 모래를 매립하면 빠른 시간에 침하가 완료되고 지지력도 크다. 모래가 부족해짐에 따라 주변 지역에 풍부하게 분포하는 해성 점토를 준설하여 사용하기 시작하였는데, 점토는 모래에 비해 배수시간이 상당히 길고

---

35 S.K. Pui et al., '100 YEARS OF FORESHORE RECLAMATION IN SINGAPORE', COASTAL ENG CH.195, 1986.

침하량도 커서 지반공학적인 문제점이 다양하게 발생한다. 싱가포르 개발부Ministry of National Development는 2030년까지 5,600ha를 더 확보하기 위해 간척사업을 지속시킬 계획이다. 그러나 수입모래는 가격도 비싸고, 수출국의 환경보호를 위해 규제가 심해지고 있다. 해양을 매립하면 생태계가 교란되고 수역한계에 대한 외교문제도 제기되고 있다.[36]

다. 우리나라 간척사업

물을 모으기 위해 제방을 쌓은 역사는 삼한 시대로 거슬러 올라간다. 제천堤川 의림지, 벽골제, 수산제는 우리나라에서 가장 오래된 저수지다. 지명에서도 알 수 있듯이 제천 의림지(대한민국 명승 제20호)는 산줄기 사이를 흐르는 계곡을 530척(약 160m) 길이로 막아 관개면적이 400결을 확보하였다. 세종과 세조, 1910년과 1972년에 수선하였다는 기록이 남아 있고, 현재도 농업용수 공급을 위한 시설로 활용된다. 문헌상 최초의 간척은 고려 고종 22년(1235) 강화로 천도한 후 해상 방어를 목적으로 연안제방을 구축한 것이다.[37] 1248년에는 청천강 하구에 갈대섬에 제방을 축조하여 농지를 만들었다. 조선 시대 강화도 간척사업 기록은 10회에 걸쳐 나오며 일제강점기부터 현재까지도 지속적으로 간척사업이 진행되고 있다. 충남 서산, 서해안 시화지구, 전남 광양, 부산 신항, 인천 영종도와 송도, 청라지구, 전북 새만금 간척사업은 최근에 진행된 대형 매립공사다. 국내 간척지 면적은 총 867km²로 전국 경지면적의 9%에 이른다.

간척 역사는 물을 다스리고 연약지반을 처리하는 것이 골자다. 정주영 공법으로 알려진 서산 방조제 체결(1984. 2. 25.)은 총 6,400m의 방조제 중 마지막으로 남은 270m를 폐유조선으로 임시로 막아 제방을 연결한 사례다. 3,300만 평의 갯벌에 1,400만 평의 담수호를 합쳐서 총 4,700만 평의 국토 면적을 확보하였다.[38] 새만금 간척사업은 군산 비응도부터 부안군 대항리까지 세계에서 가장 긴 33.9km의 방조제를 건설하여 409km²의 간척지를 조성하는 사업이다. 1991년부터 시작하여 2010년 4월 27일에 방조제를 완공하였다.

---

36 Lim Tin Seng, 'Land from Sand, Singapore Reclamation Story', Biblioasia, 2017.

37 농어촌진흥공사, 『한국의 간척』, 1995, pp. 61-63.

38 정주영, 『이 땅에 태어나서』, 1998, pp. 295-302.

표 5.2 대한민국 간척사업

지역	간척사업 대상지
경기도	화성호, 현대자동차남양연구소, 시화호, 안산 송산그린시티, 시화 멀티테크노밸리, 배곳신도시
충청남도	서산 간척지, 삽교천 간척지
전라북도	부안 계화 간척지 새만금 간척사업
전라남도	광양제철, 광양항, 여수국가산업단지, 보성군 득량만 간척지(1937), 고흥군 간척지, 구일간척지(무안군 운남면)
부산광역시	남포동 마린시티, 용호만 매립지, 남천 삼익비치, 동삼혁신지구, 명지오션시티, 신호주거단지, 부산신항, 부산항, 북항 및 원도심(19세기 말엽에서 일제강점기에 간척)
경상남도	마산해양신도시 삼성중공업 부지 대우조선해양 부지 거제시 중곡동, 거제 빅아일랜드 통영시 죽림신도시
인천광역시	강화도, 인천 도심 상당수, 인천경제자유구역, 송도국제도시, 영종국제도시, 청라국제도시

그림 5.32 목포 산정동 지반붕괴사고 (2014. 4.)   **그림 5.33** 경남 양산시 지반침하사고 (2020. 2.)   **그림 5.34** 부산 명지지구 지반침하사고 (2020. 10.)

연약지반을 메꾸어 국토를 넓히는 과정 중에 침하가 크게 발생하고, 지하를 굴착하는 과정 중에 붕괴사고가 발생한다. 양산과 같이 퇴적층이 깊은 곳에서 많은 량의 지하수를 배수시킬 때 수백 미터 범위 내 건물에 피해를 야기하기도 한다. 인천지하철 2호선 건설공사 중 2012년 2월 18일에 지반이 함몰되는 사고가 있었다. 도로를 지나던 오토바이 탑승자가 폭 11~14m, 깊이 13m 정도의 함몰 부위로 빠져서 사망하였다. NATM을 적용하여 도로에서 13m 정도 아래를 굴착하고 있었다. 일반적으로 터널 막장면을 굴착하는 중에 지표면이 함몰되는 경우가 많다. 그런데 사고 지점은 이미 6개월 전에 터널이 굴착되어 록볼트와 숏크리트로 안정을 유지하고 있었다. 공사 당시 막장면을 조사한 자료에 의하면 절리가 발달한 풍화암(토)이고, 우측 상부에서 지하수가 많이 배출되고 있으니 주의가 필요하다는 기록이 있었다. 굴착으로 인해 지하수가 흘러갈 수 있는 공간이 생기면 지하수가 배출되는데, 이 지역은 1910년대에 갯벌이 매립되어 만들어진 도심지다. 현재는 바다의 모습을 볼 수 없지만 지하수는 과거 흐름이 유지되어 굴착된 지반 강도가 저하된 것이 사고 원인으로 지목되었다.

 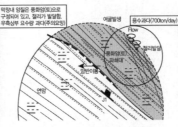 

그림 5.35 인천지하철 2호선 공사 지반 함몰 사고(인천 왕길동, 2012. 2. 18.)　　**그림 5.36** 사고 막장면 맵핑 자료　　**그림 5.37** 사고 지점 고지형도

5.6 지속 가능한 공존

　제프리 삭스는 『지리 기술 제도The Ages of Globalization』에서 인류 문명의 진화 과정을 7단계로 구분했다. 인류가 전 지구로 흩어지면서 7만 년 동안 인류가 거듭해온 발전과 쇠퇴, 협력과 갈등의 흐름을 ① 수렵채취의 구석기 시대, ② 정주농업의 신석기 시대, ③ 기마문명의 청동기 시대, ④ 동양과 서양이 만나는 고대 제국 시대, ⑤ 해양개척을 통한 글로벌 제국 시대, ⑥ 산업혁명 시대, ⑦ 디지털 시대로 나눴다. 어느 시대나 진보를 위한 노력과 더불어 불평등이 있었다. 이를 지리, 기술, 제도의 측면에서 설명한다. 지구 내에서 인류문명이 존속되기 위해서는 역사에서 교훈을 받고, 고통스럽지만 현상을 인정하며 지속 가능한 발전을 위한 동기와 방책을 찾는 일은 규모와 위치에 관계없이 누구나 해야 할 일이다. 건설은 인류문명의 핵심이다. 지반공학은 문명의 토대를 갖추고 안전하게 지속될 수 있도록 정보를 제공하는 기술 분야다. 불확실성을 극복하기 위한 노력을 통해 현재 기술 수준까지 도달하였다. 지반사고의 쓰린 교훈은 그 노력에서 차지하는 지분이 크다.

　어떠한 사안에 대해 보는 시각은 다양할 수밖에 없다. 또 그래야만 건전하게 의견을 교환하고 모두가 납득할 만한 결과를 도출할 수 있다. 만약에 특정 목적을 위해 어느 한쪽의 의견과 상황을 무시하게 된다면 일의 진행은 신속할지는 모르겠으나 그 결과는 일시적이며 언젠가는 뒤바뀔 가능성이 잔존하게 된다. 아무리 목적이 순수하다고 할지라도 수행하는 과정에서는 관계되는 당사자 간의 충분한 의견수렴 과정을 거치는 것이 옳다. 이런 단계가 의도적으로 생략될 경우 갈등의 빌미를 제공하게 될 것이다. 그러나 의견수렴 과정 중 서로의 이익만을 내세우며 평행선을 긋는 것도 개인적으로나 사회적으로 기회비용을 과도하게 지출하게 한다.

인간은 어떠한 이유에서든 노동을 하게 되어 있는데, 노동은 인간과 동물이 구분되는 점이라고도 주장한다. 경제적 이익을 얻는 행위든 쾌락을 위한 것이든 움직이지 않는 인간은 없다. 따라서 그 누군가와는 접촉하게 되며, 서로 다른 의견 속에서 자신의 목적을 위해 역량을 집중한다. 그러다 보면 타자와 충돌이 있게 되며, 불일치를 일치로 바꾸는 과정 중에 자연스럽게 문제해결 능력이 함양된다. 양자 간의 문제라면 접촉점이 적어서 해결 가능성은 커질 수 있다. 큰 범위로 확대될 경우에는 당사자의 수가 많아지고 이해관계도 복잡해지므로 보다 슬기로운 대처가 필요하다. 아울러 흑과 백이 아닌 회색지대에서 타협할 필요성도 대두된다. 이익의 극대화가 아닌 상생의 원리가 필요한 것이다.

지반사고가 발생하면 원인을 찾아 사고책임자를 가리게 된다. 사고로 인해 피해를 보는 측도 생긴다. 원인이 명백하게 밝혀지면 책임한계가 드러나게 되어 가해자와 피해자는 손실에 대한 보상 문제를 의논한다. 만약 인사 사고까지 발생한 경우라면 형사상의 책임을 지게 된다. 지반사고 조사가 명료하게 원인을 밝혀내지 못하거나 가해자라고 여겨지는 이가 책임을 회피 또는 인정하지 못하는 경우 또는 피해자가 과도하게 보상을 요구하는 때는 당사자 간 갈등이 생긴다. 드문 경우이긴 하지만 유사 전문가가 피해자의 입장에서 사고 원인을 호도하여 진실을 매몰시키기도 한다. 지반사고 조사자가 공평타당한 원인을 제시하더라도 특정한 목적을 가지고 허위라고 주장하는 격조 낮은 언론도 만나게 된다. 사람이 하는 일에 솔로몬의 지혜가 필요한 경우가 많음을 느꼈다.

가. 갈등

갈등이란 칡과 등나무가 서로 얽히는 것과 같이 개인이나 집단 사이에 목표나 이해관계가 달라 서로 적대시하거나 충돌하거나 또는 그런 상태를 의미한다. 사전적 의미에서 보듯이 갈등은 이익을 전제로 한다. 개인적으로 혹은 집단이 이익을 기대하지 않으면 갈등은 생기지 않는다. 또한 상대방의 입장과 견해를 무시하고 자신만의 이익만을 추구한다면 그 상대가 약자이거나 아니면 사실을 호도한 연유일 것이다.

과거의 남아프리카공화국은 인종차별 정책apartheid으로 악명 높았다. 인구의 16%에 불과한 백인이 모든 특권을 누리며 유색인종을 차별하고 억압했다. 1991년 흑인들의 거센 저항 끝에 백인 정부는 마침내 차별정책의 종식을 선언하였지만 그 이후에도 여전히 흑백 간 갈등이 심각하였다. <인빅터스Invictus>라는 영화가 있다. 만델라 대통령이 자국 럭비팀에게 하나 된 남아공을 위해 월드컵에서 우승할 것을 주문하였다. 오히려 흑인들은 자국이 아닌 상대편을 응원할 정도로 반목이 심하였다. 결국에는 우승을 거두고 흑과 백이 하나가 되는 상징적인 사건이 되었다.

흑인과 백인이 공존할 것인가, 공멸할 것인가를 토론하기 위한 회의가 개최되었다. 남아공의 새로운 질서를 만들기 위한 토론을 위한 것으로 백인 단체, 백인 기업인을 비롯해 흑인 정당, 유색인 반反정부단체, 노동조합 등 남아공에서 영향력을 가진 22명의 대표가 참석했다. 열띤 토론 끝에 전략을 수립하고 이를 소책자로 만들어 국민들에게 배포하면서 홍보를 시작하였다. 무려 100여 차례의 토론회를 거쳐 국민과의 대화를 진행하였다.

이들은 최종적으로 네 가지 시나리오를 만들었다. 각 시나리오는 새鳥로 표현된다. 먼저 타조 시나리오. 백인 정부가 타조처럼 모래 속에 머리를 처박고 흑인과 협상하지 않는다는 것이다. 다음은 레임덕 시나리오. 약체 정부가 들어서서 여러 세력의 눈치만 볼 뿐 어떤 개혁도 이루지 못하리란 예측이다. 그다음은 이카로스 시나리오. 흑인들이 권력을 쟁취하여 이상적인 국가 건설을 추진하지만 태양 가까이 날다 떨어져 죽는 이카로스처럼 결국 실패하리라는 전망이다. 마지막으로 플라밍고의 비행 시나리오. 모든 인종과 세력이 서로를 배척하지 않고 연합해 새로운 사회를 건설한다는 각본이다.

그림 5.38 The Mont Fleur Scenarios

물론 우리나라는 남아공과 사정이 다르다. 비교적 단일민족국가로 살아왔기에 공동체의 동질성은 어느 정도 유지된다고 볼 수 있다. 현재 우리는 경제 분야뿐만 아니라 한류로 대표되는 문화 분야에서도 전 세계적인 주목을 받고 있다. 그러나 유사 이래 가장 국력이 강성하다는 지금, 오히려 국민 통합이 시대적 과제가 되고 있다. 이미 오랫동안 지역 간, 보수·진보 간 갈등이 깊어져 왔다. 최근 들어서는 세대 간에 성향이나 의견 차이가 뚜렷이 나타나고 있다. 경제적으로는 복지냐 성장이냐의 논쟁과 함께 부자와 서민, 대기업과 중소기업, 기업주와 근로자, 정규직과 비정규직 등이 충돌하는 모습을 보이고 있다.

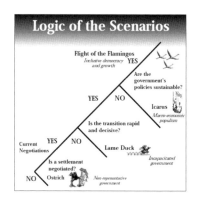

그림 5.39 Logic of Scenarios

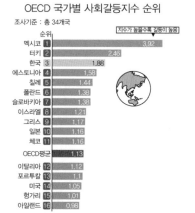

그림 5.40 사회갈등지수 2016
(한국경제연구원, OECD)

그림 5.41 도덕적 인간과
비도덕적 사회

우리나라는 경제협력개발기구OECD 회원국 중 세 번째로 사회갈등이 심한 나라라고 한다. 인종 차이나 소득 불평등과 같은 구조적 요인은 상대적으로 미미하지만, 갈등을 관리하는 리더십이 취약하고 사회갈등 해소에 있어서 법치주의 기반이 미흡하기 때문이다. 민주주의 국가에서 다양성과 표현의 자유는 존중되어야 한다. 그러나 공동체가 통합을 유지하기 위해서는 정당한 절차를 거친 결정에는 승복하는 문화 그리고 이를 이루어내는 리더십이 필요하다.

1920년대 미국문명을 조명한 레이놀드 니버Reinhold Niebuhr(1892~1971)의『도덕적 인간과 비도덕적 사회』에서 사회갈등에 대해 다음과 같이 기술한 바 있다. 거의 100년 전의 진단이지만 현재와 다름이 없는 것은 문명을 구성하는 제1 요소인 인간의 기본적인 성질이 변하지 않기 때문일 것이다.

"종교적이건 합리주의적이건 모든 도덕가들에게 결여되어 있는 것은 인간 집단행동의 야수적 성격과 모든 집단적 관계 틀에서 이기심과 집단적 이기주의의 힘에 대한 이해다. 그들이 필연적으로 비현실적이고 혼란된 정치사상에 빠지게 되는 이유는 모든 도덕적인 사회 목표들에 대해서 집단의 이기주의가 얼마나 완강하게 저항하는 지를 제대로 인식하지 못하기 때문이다. 그들은 사회적 갈등을, 도덕적으로 인정된 목적들을 획득하기에는 불가능한 방법으로 간주하든지, 아니면 보다 완전한 교육과 보다 순수한 종교가 달성되면 자연스럽게 사라질 임시방편 정도로 간주한다. 그들은 인간의 상상력의 한계성, 이성이 편견과 격정에 쉽게 굴복하는 일 그리고 특히 집단적

행동에서 비합리적 이기주의의 끈질김 등에 비추어볼 때 사회적 갈등은 인간의 역사
에서 끝까지 불가피한 것임을 제대로 알지 못한다."

사회갈등은 어느 사회고 불가피한 것이지만 역설적으로 구성원들의 노력하에 극복 가능한
것이며, 보다 한 단계 성숙할 수 있는 기회이기도 하다. 사회갈등은 민주주의의 성숙도와
정부의 정책수행 능력에 따라 그 수준을 달리한다. 이는 개인 간에도 마찬가지로 적용될
수 있다. 개인의 성숙도와 이견을 풀어나가는 방법 수준에 따라 갈등 해소의 정도는 달라질
것이다. 지반사고 조사활동을 할 때 조사위원 사이에서 의견 차이를 보이는 경우가 있다.
각자의 경험과 시각이 다르기 때문에 빚어지는 갈등이다. 현장 관찰과 시험 등을 통해 얻은
자료를 해석하는 데도 이견이 있다. 조사자는 사실이 무엇인가에 초점을 맞추어 집요하게
탐구하고, 이견이 있는 부분은 서로 납득할 수 있을 때까지 인내심을 가지고 조율하는 것이
필요하다. 그렇게 작성된 사고 원인 조사 보고서는 다른 이를 설득할 수 있는 힘을 갖게
된다. 갈등 해소는 시간이 걸리는 법이다.

나. 지속 가능한 발전 목표

유엔 산하 '환경과 발전 위원회'는 1987년에 발간한 보고서 「우리의 공통적 미래Our Common
Future」에서 지속 가능한 발전을 "현 세대의 필요에 부응할 뿐만 아니라, 미래 세대가 그들의
필요에 부응하는 것을 전혀 방해하는 일 없이 이루어지는 발전"으로 정의했다. "자연은 조상
에게 물려받은 것이 아니라 후손들에게 빌려 쓰는 것"이라는 말과도 통한다. 2012년부터 2015
년까지 유엔 회원국은 협상을 거쳐 17개의 지속 가능한 발전을 목표Sustainable Development Goals,
SDGs 17개를 결정했다. 그 아래로 169 Targets, 3083 Events, 1303 Publications, 5472 Actions를
제시한다.[39] 전 세계가 하나로 연결되어 있는 상황에서 갈등이 빚어지는 것에도 불구하고
지구를 살 만한 곳으로 계속 유지하고자 하는 선한 의도다. 17개 목표를 경제적·사회적·
환경적 목표로 구분해보면 다음과 같다.[40]

---

39 https://sdgs.un.org/goals; UN 'The Sustainable Development Goals Report 2021'.
40 Jeffrey Sachs, 『지리 기술 제도』, 이종인 옮김, 21세기북스, 2011.

경제적 목표

1. 극빈의 종식(No poverty SDG 1)
2. 배고픔의 종식(Zero hunger SDG 2)
3. 보편적 의료 혜택(Good health and well-being SDG 3)
4. 학교 교육(Quality education SDG 4)
5. 안전한 물에 대한 접근(Clear water and sanitation SDG 6)
6. 전기의 공급(Affordable and clean energy SDG 7)
7. 좋은 직장(Decent work and economic growth SDG 8)
8. 현대적 하부 기반시설(Industry, Innovation and infrastructure SDG 9)

사회적 목표

1. 젠더 평등(Gender equality SDG 5)
2. 소득 불평등의 저감(Reduced inequalities SDG 10)
3. 평화롭고 준법적이고 포용적인 사회(Partnerships for the goals SDG 16)

환경적 목표

1. 지속 가능한 도시(Sustainable cities and communities SDG 11)
2. 지속 가능한 생산과 소비(Responsible consumption and production SDG 12)
3. 기후변화의 통제(Climatic action SDG 13)
4. 해양 생태계의 보호(Life below water SDG 14)
5. 지상 생태계의 보호(Life on land SDG 15)

목표는 현재의 결핍을 의미한다. 유엔 차원에서 현대적 사회간접 자본시설을 갖추고(SDG 9) 지속 가능한 도시(SDG 11)를 목표로 설정한 것은 지금 우리가 사는 세상이 위험하고 개선의 여지가 많다는 뜻이겠다. 도시와 인간 거주 지역을 안전하고 회복탄력성이 있는 발전을 도모하는 것은 2008년을 기점으로 전 세계 도시인구가 비도시 인구를 초과하는 상황을 반영한 것이다. 2050년까지 인구의 3분의 2가 도시에 거주할 것으로 예상되는 바, 지속적인 발전을 위해 자연스럽게 도시에 착목한 것이다. 재해 위험 저감Disaster Risk Reduction, DRR은 도시 개선을 위해 절대적으로 중요한 개념이다. 위생적인 물환경을 제공하고, 자연재해로 인한 피해를 줄이고, 테러나 전염병과 같은 사회적 재난으로부터 도시를 안전하게 지킴으로써 건전하고 오래 지속될 수 있는 도시를 만들 수 있다.

그림 5.42 Sustainable Development Goals

2021년에 발간된 「The Sustainable Development Goals Report 2021」은 코로나19COVID-19와 관련된 사항이 심각하게 반영되어 있다. 머리말의 제목이 'View from the pandemic: stark realities, critical choices'일 정도다. 2020년에는 질병에 대처하기 위해 사회간접자본 투자가 6.8% 급락했고, 도시 저소득층의 생활환경은 개선되지 않았으며, 대중교통이 확충되지 않아 전 세계 도시민의 50% 정도가 출퇴근에 애로를 겪고 있는 것으로 지적하였다. 앞서 지적한 도시 노후화와 함께 지속 가능한 발전의 저해요소로 코로나19와 같은 전 세계적인 질병이 거론된 것이다. 도시 시설이 개선되는 속도가 늦춰지면 위험성은 커지게 되며, 재난을 야기할 수 있는 태풍, 장마와 같은 자연현상에 대한 회복탄력성도 낮아질 것이다. 우리나라 인구의 90% 이상이 거주하는 도시가 안전하게 지속될 수 있으려면 우리 나름의 목표가 진지하게 논의되고 끊임없는 투자가 이루어져야 한다.

다. 지반사고의 회복탄력성

2020년부터 겪고 있는 코로나19는 21세기의 재앙이다. 생명 손실은 물론 삶의 방식 변화를 강제하고 있다. 이성적인 자유 판단이 유보된다. 통행이 부자유해졌다. 질병이 도시 공간을 고립시키고 사람 사이의 신뢰를 옅게 만들었다. 14세기 유럽에서 1억 명의 목숨을 앗아간 흑사병은 17세기 가서야 인구 수준이 회복되었다. 원하지 않은 전염병이 전 세계를 강타하고 있는 중이다. 알베르트 까뮈가 1947년에 발표한 소설 『페스트』에 이런 구절이 나온다.

"미래라든가 장소 이동이라든가 토론 같은 것을 금지해 버리는 페스트를 어떻게 그들 이 상상인들 할 수 있었겠는가? 그들은 자신들이 자유롭다고 믿고 있었지만 재앙이 존재하는 한 그 누구도 결코 자유로울 수 없는 것이다."

소설 페스트의 해설에서 재앙에 대한 대응방식을 세 가지로 설명했다. 하나는 도피적 태도다. 재앙이 만재한 도시를 벗어나고자 분투하는 부류다. 두 번째는 초월적 태도다. 전염병을 신의 뜻으로 여기에 의탁하는 자세다. 마지막은 반항이다. 작품의 윤리적 선택이기도 하다. 순화시켜 말하자면 전염병의 실체를 찾아 극복하려고 노력하는 것이다. 인간에 대한 애정은 희망을 갖게 하고 결국에는 퇴치하는 성과를 거둔다. 지금 겪고 있는 전염병은 분명히 극복될 것이다. 2002년 사스, 2012년 메르스가 극복되었을 때 남긴 유산 중의 하나가 방역체계 원형이다. 이전과는 다르게 전염성이 매우 높은 코로나 바이러스이기 때문에 허점이 있었던 것도 사실이지만 과거 경험이 체계적인 대응이 가능하게 하였다. 제약사는 1년이 안 된 기간에 백신을 만들고 치료약도 개발 중이다.

지반침하로 인한 사고가 발생하면 「지하안전관리에 관한 특별법」 제46조(사고조사)에 의거하여 국토교통부장관은 대통령령으로 정하는 규모 이상의 피해가 발생한 사고의 경위 및 원인 등을 조사하기 위하여 필요한 경우에는 중앙지하사고조사위원회를 구성·운영할 수 있다. 2020년 8월 26일 오후 3시 30분경 구리시 교문동 인근도로에서 직경 16m, 깊이 21m 규모로 지반침하가 발생하였다. 인명피해는 없었으나 인근 도로와 상수도관이 파손되었다. 하부 지반에서는 구리시 토평동과 수택동을 잇는 별내선 복선 전철공사가 진행 중이었고, 분야별 전문가 8명으로 구성된 사고조사위원회가 독립적으로 운영되었다. 사고 직후 상수도관이 파열되어 다량의 물이 유입된 상황을 고려하여 ① 노후 상수도관의 영향, ② 복선전철 터널공사 영향의 두 가지 측면에서 사고 원인을 검토하였다.

영상기록을 검토한 결과, 상수도관이 파열된 시점은 땅꺼짐이 발생하고 약 5분이 경과한 후에 누수된 것으로 확인되어 상수도관 파손은 땅꺼짐의 원인이 아닌 것으로 판단하였다. 주변의 오수관 2개소, 우수관 2개소에 대한 CCTV 조사 결과, 결함이 발견되지 않아 오·우수관의 영향도 없는 것으로 조사되었다.

(a) 지반침하 현황　　　　　　　　　(b) 피해 복구 상황

그림 5.43 구리시 교문동 지반침하 사고(2020. 8. 26.)[41]

사고가 발생한 지역은 하천 인근으로 매립을 통해 조성된 지역이기 때문에 지층 두께가 변화가 심하다. 터널이 굴진되고 있을 때 수평 시추 조사를 통해 설계 당시에 조사된 지반 조건과 달리 연성지반 후 완전히 풍화된 실트질 지반이 있는 것으로 확인되었다. 사고조사위원회가 수행한 시추 조사 2개소와 제공된 9공 시추 조사 결과를 종합한 결과, 함몰사고가 발생한 지점의 터널 상부 지층은 연암층 2m, 풍화대 1m이고 그 위에 충적층이 바로 분포하는 것으로 나타났다. 사고 지점에서 약 70m 떨어진 지점부터는 연암층이 4m 이상으로 분포하여 양호한 조건이 나타나는 것으로 조사되어 길이 방향의 지반 조건을 입체적으로 확인하였다.

사고 원인은 지층 조건이 설계 당시에 비해 불안전 측으로 나타날 것으로 예상되는데, 터널 지보 패턴을 강화시키지 않아서 지반거동에 대응할 수 없었다고 지적했다. 사고조사위원회는 주변 매설관 상태를 직접 확인하고, 영상자료를 통해 사고 정황을 재구성하여 상수도관 파손이 원인이 아닌 것을 입증하였다. 지반 불확실성에 대해서는 과거 지형도를 활용하여 퇴적지반과 지층변동성을 유추한 다음 시추 조사를 통해 확인하였다. 불안정한 지반을 굴착

---

41 국토교통부 건설안전과, 『구리시 땅꺼짐 사고 조사 보고서』, 2020.

할 때의 지반거동을 수치해석을 통해 거동을 살폈고, 지보패턴을 결정하는 공사기록을 확인하여 대응 미흡으로 결론을 내렸다.

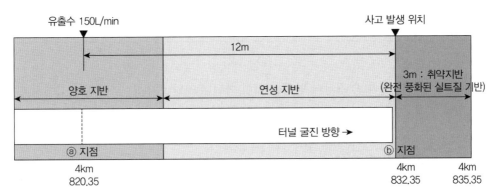

그림 5.44 구리시 용문동 지반침하 사고 공사 조건

재발 방지 대책으로 취약 구간의 시추 조사 간격을 50m로 줄이는 '지반조사 강화', 경쟁설계인 경우 상대자의 지질자료를 활용할 수 있는 '다양한 지반정보 활용', 굴착면 지반 상태를 최종 확인하고 보강 방법을 결정하는 '전문기술자 상시 배치', '외부 전문가 자문', '자동 계측 시스템 적용' 등을 제시하였다. 또한 당국 관계자는 조사위원회 최종 보고서는 공개하고, 사고사례를 전파하여 안전의식을 높일 계획임을 밝혔다.

지반사고 조사 보고서를 통해 원인을 가리고 재발 방지대책을 제시하며 관계 당국의 대응 계획을 살펴보았다. 고난이나 역경을 딛고 일어서는 능력, 더 나아가서는 유사한 고난을 너끈히 이겨낼 수 있는 배경을 회복탄력성resilience이라고 볼 수 있다. 지반사고에 대한 회복탄력성이란 불확실한 지반을 대상으로 시행되는 공사에서 발생하는 사고나 자연현상에 의해 재난이 닥쳤을 때 사고 교훈을 도약의 발판으로 삼아 상위단계로 상승할 수 있는 개인, 사회의 능력 수준이라고 말할 수 있다. 구리시 지반침하 사고 이후 조사위원회 활동이나 관계당국의 대응을 회복탄력성의 관점에서 살펴보면, 사고대처 능력을 확보하고 위기관리체계를 구축하며 사고 정보의 구축과 지식의 축적으로 구분할 수 있다. 정책입안자, 설계 기술자, 시공자, 감리자 등 각자의 업무가 유기적으로 협조하고 수준을 유지할 때 탄력성은 높아질 것이다. 지반사고 조사 업무는 회복탄력성의 근간이 되고 사회 갈등을 해소하는 데 가장 일선에 있다. 나아가 지극히 경험적인 학문인 지반공학이 발전되기 위해 자료를 축적하는 일은 시대적 사명이라 봐도 무방할 것이다.

표 5.3 지반사고 회복탄력성 확보

지반사고 회복탄력성 확보		
사고대처 능력 확보	위기관리체계 구축	사고정보 구축과 지식 축적
• 지반조사 강화 • 다양한 지반정보 활용 • 자동화 계측 시스템 적용	• 전문기술자 상시 배치 • 외부 전문가 자문	• 사고 조사 보고서 공개 • 사고 사례 전파 및 교육

런던에서 있었던 일이다. 평상시 막히는 길이 아닌데 그날 아침은 차가 영 움직이지 않았다. 출근길 조바심이 났지만 옆 영국인 운전자는 느긋이 기다리는 것이다. 이유를 물었더니 "누군가 저 앞에서 이를 처리하기 위해 애쓰고 있을 것이라며 좀 있으면 나아질 것이다"라고 말했다. 개인 성격이라고도 볼 수 있겠지만 사회가 작동하는 시스템에 대한 믿음이 있는 것이라고 생각했다. 소설 『페스트』에서 빠르게 전파하는 전염병을 보면서 내레이터는 이렇게 말한다.

"거기서 멎을 수는 없는 일이었다. 중요한 것은 저마다 자기가 맡은 직책을 충실히 수행해나가는 일이었다."

제6장
지반사고 조사공학

지반사고 조사공학[1]

범죄 현장에 도착하여 증거를 모으고 보존된 현장을 여러 각도에서 사진을 촬영한다. 눈에 보이지 않는 증거는 최첨단 장비가 갖춰진 실험실에서 분석하여 범죄 연관성을 파악한다. 과학과 양심에 따라 사건을 재구성하여 사망 원인과 범인을 밝힌다. 2000년에 첫 방송된 이후로 전 세계에서 인기를 끌었던 수사 드라마 CSI[Crime Scene Investigation] 이야기다.

실제 범죄수사는 복잡하나 체계적인 과정과 절차를 따른다.[2] 전문 분야에 따라 분업과 협업이 이루어진다. 사건이 발생하면 부상자 구호와 응급조치, 현장에 있는 용의자 체포 또는 도주 용의자 수배, 주변 목격자 인적 사항 확인, 현장 최초 상황 기록과 사진 촬영, 현장 보존과 출입차단, 도착한 현장 수사 요원[CSI]에게 현장 인계의 순으로 조치를 취한다. CSI 요원이 현장에 도착하여 사진 촬영, 족적 확보, 혈흔·지문·체모·섬유 등 미세 증거를 확인하고 수집하는 현장 감식을 진행한다. 그 사이에 담당 형사는 목격자와 참고인을 대상으로 긴급조사, 탐문과 탐색, 수색을 담당한다. 이와 같은 초동 수사가 끝나면 법의학[forensic medicine] 전문가는 부검을 통해 사망 원인과 시기를 밝히고, 법과학[forensic science] 전문가는 증거물 분석과 감정을 실시한다. 프로파일러와 같은 범죄 분석[crime analyst] 전문가는 확인된 사실과 증거를 토대로 사건을 재구성한다.

---

[1] 통용되는 영어명은 'Forensic Geotechnical Engineering'이고 ISSMGE TC40도 같은 명칭을 사용한다. 단어 배치상 법정 소송과 관련된 사고 조사 부분이 강조되었다. 한국어로 번역함에 있어서 지반사고를 앞에 배치한 후 조사공학을 뒤로 두었고, 영문명은 'Geotechnical Forensic Engineering'으로 표기한다.

[2] 표창원 외, 『한국의 CSI』, 북라이프, 2011.

과학수사 요원이 진행하는 현장 감식은 보존된 현장을 관찰하고 다양한 증거를 수집하는 것부터 시작한다. 감식의 집중도를 높이기 위해 먼저 도착한 경찰, 구급대원, 목격자, 피해자 등에게서 관련 사항을 청취한다. 직접 관찰한 내용과 청취된 사항을 토대로 현장을 둘러보며 범죄에 대한 가설을 구상한다. 수사 과정에서 수정이 가해지지만 수사 방향과 증거 수집의 출발점이고 모든 가능성을 상정하여 선입견에 매몰되거나 오류가 발생하지 않도록 유념한다. "중복은 있어도 누락은 없다"라는 금언을 되새기며 수색하고, 수집한 물품은 사진, 동영상, 스케치, 필기 등의 방법으로 기록을 남긴다. 완벽한 수사가 되려면 명백한 증거가 필수적이다. 누구도 수사 결과에 이의를 제기하지 않는, 즉 증거가 스스로 진실을 말하게 하는let the evidence speak for itself 증거 수집과 분석이 진행되어야 한다. 다툼이 있을 때는 늘 원칙이 이긴다. 과학과 논리로 설명되는 증거는 힘이 세다.

한국 추리문학상에서 단편 부문은 2007년부터 '황금 펜'이라는 이름으로 수여한다. 2017년 수상작은 1653년 8월 서귀포 앞바다에 하멜이 탄 배가 좌초되었을 때 제주목사 이원진이 살인사건을 해결하는 『귀양다리』다.[3] 폭풍우 속에서 표류하는 동인도회사 소속 스페로 호크 Sparrow Hawk호를 보면서 귀양다리인 송교명의 사망 소식을 접한다. 적거지 안방에서 손에 칼을 쥔 채 발견된 시신을 검험해보니 세 군데에 자상이 있는 것으로 관찰되었는데, 자살로 위장한 타살이라는 것을 직감한다. 칼로 동일하게 이촌 깊이로 찔린 것은 아무리 자결 의도가 있더라도 스스로 할 수 없는 행위라는 것이다. 피해자가 머문 곳의 소나무 주변을 살펴보니 함수비 상태가 다른 말똥이 흩어져 있어서 여러 번 말이 매어진 정황을 짐작하였다. 다음은 범인과 범행 동기, 범행 도구를 알아내는 일이다. 시신이 발견된 지점에 혈흔이 없는 것이 관찰되어 어디선가 살해된 후 이동된 것으로 보였다. 적거지와 가까운 곳에 인가가 있었다. 전임목사의 수탈로 아내를 잃은 계봉의 집이었다. 탐문 당시에 술에 취한 계봉이 성난 모습으로 목사를 맞았다. 그의 딸 열이는 비가 오는데, 오리나 떨어진 샘에서 물을 길어오는 중이었다. 짐짓 목이 마르다고 물을 달라는 목사의 말에 지금 떠온 물을 주는 것이 아니라 떠다놓은 것을 주었다. 살해된 송교명은 한양의 명문가 자제로서 언젠가는 복귀할 것으로 예상되는 상태여서 위계에 의해 석생화라는 기생과 어울리고 있었다. 계봉에게 돈을 쥐어주고 밀회의 장소로 그의 집을 이용했다. 사건 당일에 송교명이 기생 대신에 열이를 희롱하는 것을 보고 계봉은 물질할 때 쓰는 송곳 같은 비창으로 그를 살해하고 칼로 자상을 덧입힌 후 적거지로

---

3   한이, '한국추리문학상 황금펜상 수상 작품집' 중 『귀양다리』, 나비클럽, 2017.

이동시켜 자결로 위장했다.

　제주 목사 이원진은 동일한 자상흔, 사망 장소에 혈흔이 없는 점, 적거지 주변에 누군가 말을 타고 왕래한 증거, 비오는 날 열이가 떠온 물은 식수가 아니라 계봉의 옷에 묻은 핏자국을 없애는 바닷물이라 마시지 못하게 다른 물을 준 점, 살해무기와 다른 물질 도구가 깨끗하게 손질되어 있던 정황 등을 고려하여 계봉과 그의 딸 열이가 우발적으로 공모한 살인 사건으로 보고 자백을 받았다. 제주 목사는 사건 현장과 주변을 관찰하여 논리적으로 설명이 가능하도록 추리하고 타살 가설을 세웠다. 주변을 탐색하면서 증거를 모으고 범인을 찾았으며 살해 동기는 정황증거를 용의자에게 제시함으로써 자백을 통해 알아냈다.

　추리는 수집한 증거와 주변 정황을 참고하여 여러 가지 정황 중에 가장 높은 가능성을 추려내는 영역이다. 증거가 채 모이기 전에 추리를 한다는 것은 오류 가능성이 높아질 위험이 있다. 사건 초기 감식 과정에서 상호 연관성이 어떤지 모르고 증거를 수집하지만 분석 과정에서 논리적인 관련성을 찾아낸다. 가설을 가능하게 하는 상상력을 과학적으로 활용하고 추론은 반드시 물적 증거에 바탕을 둔다. 이때 사고와 관련된 지식과 경험이 상상을 실상으로 만들어준다. 사람이 저지르는 범죄는 의도가 있다. 범인은 사건의 결과로 인해 가장 이득을 볼 수 있는 사람이고 현장 주변에는 의도를 드러내는 증거가 있다. 우발적이라고 하더라도 탐문이나 기록을 통해 짐작할 수 있다.

　지반사고는 의도나 동기는 없다고 봐야 한다. 일부러 무너뜨리는 일은 없을 거라는 생각이다. 그러나 원인은 있다. 사고가 발생할 때의 정황, 발생 전 거동 전개, 사고 후 결과와 함께 전형에서 벗어나는 특이점이나 사고 지점이 지니는 특수한 지반 조건을 종합할 때 논리적으로 설명할 수 있는 원인이 드러난다. 범죄 사고에서는 현장검증이라는 단계를 통해 재구성된 시나리오를 실현한다.

　지반사고는 사고 규모, 형태, 발생 시점, 촉발 원인을 조사하여 사고 시나리오를 재구성할 수 있지만 실물 재현은 어렵다. 사고 현장에서 수집한 증서와 증언을 통해 가설을 세우는데, 유사한 현장에서 발생할 수 있는 유형을 염두에 둘 필요가 있다. 이때 정련된 경험이 크게 도움이 되는데, 개인적 경험에 의해 사실이 매몰되지 않도록 유의한다. 현장과 실험실에서 관련된 시험을 통해 입증 자료를 구성하고 사고가 유발된 현장 조건과 거동을 가장 근접하게 모사할 수 있는 해석적 방법으로 사고 경위를 밝힌다. 불확실한 지반을 대상으로 수행되는 조사이므로 다양한 가능성을 타진하기 위해 조건별 경중을 가리는 매개변수 분석 작업으로 가장 근사한 원인을 제시한다.

6.1 지반사고

자연과학은 현상을 관찰하고 실험하여 가설을 설정하는 것부터 시작한다. 다양한 조건에서도 동일한 현상을 같은 방법으로 설명하고 검증할 수 있다면 보편타당한 이론으로 삼을 수 있다. 귀납적 접근 방법이 일반적이다. 과학기술은 같은 방법으로 현상을 연구하고 해결책을 내놓는다. 과학기술을 이론적으로 일반화하는 것은 셀 수도 없는 현상을 평균화함으로써 보이는 것을 설명하고 장래를 예측하기 위한 도구로 삼는 것이다. 성공보다는 실패를 통해 기술이 발전한다. 자기 비평과 지속적인 의문을 통해 기술이 진보한다. 동료의 비판과 개선 요구는 마다할 일이 아니다. 공학자는 성공에 대해 공부하는 것 이상으로 실패에 대해 공부해야 하며, 실패 원인을 공개하여 논의함으로써 비슷한 실패가 나오지 않도록 기여하여야 한다. 사고 원인 조사보고서에 빠지지 않는 것이 '사고 원인', '사고 교훈lesson learnt과 재발 방지 대책'인 것은 이러한 정신에 기인한다.

설계란 무엇인가. 목적에 맞게 조건을 설정하고 기본 이론을 따라 제원과 순서를 정하는 일이다. 문제해결 과정인 것이다. 보다 세분하면 가설을 설정하고 검증하는 과정이다. 설계에 필요한 모든 조건을 완벽하게 파악하는 것은 불가능하다. 흙의 작동 원리는 경험을 통해 축적된 사실을 이론화시킨 것이다. 조건이 달라지면 결과도 달라진다. 단단할 것 같은 암반도 내재된 불연속면에 따라 기존 이론과는 다른 거동이 나타나기도 한다. 땅 위에 또는 속에 있는 구조물과 공간은 불확실성의 지배를 받는다. 자연재해는 불확실성을 배가 시킨다. 지반의 불확실성을 감안할 때 설계는 확정이 아니라 가설이다. 지반사고는 불확실성에 의해 비롯되며 여기에 계량하기 어려운 인적 요소human factors가 더해진다. 시간이라는 변수가 개입되면서 거동이 복잡하게 된다. 불확실한 지반과 관련된 사고 조사는 모든 가능성을 책상 위에 올려놓고 상관성과 전후관계를 검토하여 가능성이 큰 순서로 늘어놓는 작업부터 시작한다. 지반사고가 발생한 형태에 따라 주요 원인이 짐작된다. 그러나 사고 원인을 완벽하게 분류할 수 있다고 생각하는 주장은 사고에 대한 모든 대비책을 다 마련해서 설계했다고 주장하는 것과 별로 다를 것이 없다.[4] 사고 조사는 불가피하게 책임소재를 논하게 되지만 불확실성에 대한 감안이 꼭 필요하다.

---

4 헨리 페스토스키, 『인간과 공학 이야기(To Engineer is Human)』, 최용준 옮김, 출판사 지호, 1997.

가. 사고 유형

지반공학을 통해 사회에 기여할 수 있는 방법 중 하나는 주변에서 일어나는 지반공학적 사고를 설명하고 다시 발생하지 않도록 해결방안을 제시하며 정책을 수립하는 데 조언하는 것이다. 지반사고 조사공학forensic geotechnical engineering이란 지반공학적인 재료나 생산품이 붕괴(극한한계 상태) 또는 기능상실(사용한계 상태)이 되어 인명과 재산 손실이 발생한 것을 조사하는 분야다.[5] 지반구조물이 어떻게, 언제, 왜 붕괴되었는지 또는 기능이 현저히 저하되었는지를 지반공학적 관점에서 연구하는 것이다.

인위적인 작용이 가해진 듯한 어감이 있는 용어인 파괴destruction, demolition와 자연적인 요소까지 포함된 의미를 갖는 붕괴collapse를 아울러서 원래의 목적한 기능을 다하지 못하게 된 상태를 사고failure, accident라고 볼 수 있다. 여기에 법적인 조사 행위가 개입된다는 의미로 영어 단어인 'forensic'을 쓸 수 있는데, 언어적인 차이를 상쇄하기 어려운 점이 있다. 토론의 여지가 있겠지만 지반사고라는 용어를 사용하기로 한다. Leonards(1982)는 파괴failure란 '예측한 거동과 실제 발생한 현상 사이의 허용할 수 없는 편차'라고 정의한 바 있다. 여기서 거동performance이라 함은 구조물의 안정성, 외관 유지와 기능 수행을 포함하는 개념이다. 파괴란 구조물이나 지반이 어느 한계를 넘어서 구조·외관·기능적으로 작동하지 못하는 상태다. Eurocode(1990)에서 한계 상태limit state를 극한ultimate과 사용serviceability의 두 가지로 분류했다. 사용한계 상태는 정상적으로 기능할 수 없는 상태나 외관상 불편함을 주는 상태를 의미한다. 극한한계 상태는 인명과 구조물에 직접적인 피해를 야기할 수 있는 상태다. 이를 지반공학적 측면에서 다음과 같이 세분한다.

- 구조물과 지반의 평형 상실: 강체거동으로 보았을 때 구조물 재료와 지반이 저항하지 못하는 상태(EQU)
- 내부 파괴 또는 구조물의 과다 변형: 얕은기초, 말뚝기초, 지하실 벽체 등의 구조체가 상당한 저항력을 보이고 있으나 변형 진행 상태(STR)
- 지반 붕괴 또는 과다 변형: 지반이 어느 정도 저항력을 보이고 있더라도 과다한 거동 발생(GEO)
- 부상uplift에 의한 평형 상실: 수압이나 상향력에 의한 불안정 상태(UPL)

---

5 Pedro Seco e Pinto, 『Forensic Geotechnical Engineering』, Preface, Springer, 2016.

• 동수경사hydraulic gradients에 의한 히빙, 내부 침식, 파이핑 발생(HYD)

사고현장을 관찰하는 중에 직관적으로 짐작되는 원인에 집착하면 진짜 원인을 파악하는데 장애가 된다. 이른바 경험의 함정에 매몰될 수 있다. 또한 현장 시험 진행이나 관련 자료 수집을 예단된 방향으로 유도하면 실상을 파악할 수 없다. 사고가 발생하는 일반적인 원인에 대하여 숙지한 후에 조사 결과를 분석하는 것이 필수적이다.

나. 사고유발 지반거동

원인이 없는 결과는 없다. 자연적이든 인위적이든 평형 상태를 훼손하는 작용력이 가해짐으로써 사고가 일어난다. 여기에 태만, 지연과 같은 인적 요소로 인해 사고 조사의 불확실성이 커진다. 지반사고가 발생한 후 사고 원인을 분석한 보고서를 보면 불확실성에 기인한 것이 대부분을 차지한다. 가장 큰 원인은 지반조사가 불충분하기 때문에 전체를 유추하는 과정에서 생기는 불확실성이다. 업무태만으로 인한 불확실성은 차치하더라도 미처 파악하지 못한 국부적인 취약부가 사고를 유발하는 시발점이 될 수 있다.

지반공학 지식을 활용할 때 가장 현장 조건에 유사한 이론이 적용되어야 한다. 거동을 예측하는 데 결정적인 역할을 하는 지반정수나 해석 모델, 하중 조건을 결정하는 단계에서도 오류가 발생할 수 있다. 설계단계에서 설정한 공정 진행은 각 단계마다 문제점이 없는 상태를 전제로 구조계산이 수행되나 시간 지체가 발생할 경우 설계 가정과 편차가 생긴다. 또한 기대하는 시공 수준에 달하지 못하거나 부적절 재료나 장비의 임의 사용 등과 같이 공학적으로 수치화하기 어려운 조건도 사고를 유발할 수 있는 요소다. 인간이 제어할 수 없는 집중호우, 급작스러운 기온 변동, 강풍, 지진, 해일과 같은 자연현상과 인위적으로 가해지는 충돌과 같은 현상도 지반사고가 발생할 수 있는 조건이다.

지반공학적인 측면에서 사고를 유발시킬 수 있는 거동은 다양하다. 구조물이 가하는 하중을 기초지반이 받아주지 못할 때 지지력 파괴가 발생한다. 지지력은 만족하지만 침하가 허용할 수 있는 범위를 넘어서서 구조물이 변형되거나 기능을 상실할 수 있다. 이때 침하는 시공 직후에 발생하는 단기 침하 또는 즉시 침하와 오랜 시간 동안 천천히 발생하는 압밀침하로 구분한다. 지역별로 특이한 지형이 있다. 석회암 지역의 공동, 동남아 지역에서 분포하는 홍토laterite, 아라비아반도에 있는 사브카, 점토질 연약지반 최상부가 건조된 지층, 바람에 의해 느슨하게 퇴적된 붕적토층, 암석이 자유낙하해서 쌓인 테일러스 등 지반공학적인 분석이 어렵고 이상 거동을 보이는 지층이다. 연약지반은 점토와 모래가 불규칙하게 번갈아 쌓이므로 특성 규명이 힘들고, 새로운 하중이 가해질 때 주변 지반이 부풀어 오른다. 땅속에서 굴착으로 생기는 수두 차이에 의해 파이핑이 발생하기도 하며, 지하수 남용으로 지하수위가 저하되면 광역적인 지반침하 현상이 나타난다.

표 6.1 지반사고의 원인별 분류

사고 원인	주요 내용
불충분한 지반조사 또는 분석 오류	예산이나 시간적 제약으로 인해 충분한 조사가 수행되지 않아 전반적으로 현장을 파악하지 못한 경우. 또한 조사가 충분하였다 하더라도 국부적으로 존재하는 취약부를 인지하지 못한 경우
부적절한 지반정수	시료채취 및 시험 방법 오류 적용, 부적절한 지반정수 선정(평균값, 상하한값 선정 등), 지반정수의 다양성 과소평가
해석 모델 오류	파괴 상태에 대한 몰이해(지반의 배수, 비배수 조건, 내외적 안정)
거동 과소평가	힘의 크기, 작용 방향, 분포 상태와 변위 발생 방향 파악 오류, 하중 조합 미고려, 사용 연한 중 하중변화 요인
지하수 작용	지하수위 변동에 따른 구조물에 작용하는 수압 증가, 기초지반의 전단저항력 감소, 침투력(seepage force) 영향, 부분 포화된 지반의 함수율 변화가 야기하는 연화(softening), 히빙, 과다침하
시공 수준과 재료	공정 진행, 적기 시공 등 시공 관련 수준 결정 사항 미준수, 설계 시 설정된 공법 외에 부적절 공법 적용
설계 미상정 조건	극한 기상 조건(고온, 강추위, 강수량, 풍하중 등), 예기치 않은 충돌 등 설계 시 고려되지 않은 외부 조건

“행복한 가정은 다 비슷하지만 불행한 가정은 저마다 이유가 다르다Happy families are all alike; every unhappy family is unhappy in its own way.”

『안네 카레리라』의 첫 문장이다. 행복한 가정은 조건을 다 갖추고 있기 때문에 다른 사람이 보면 다 비슷하고, 행복한 가정을 위해 필요한 조건 중 어느 하나가 부족할 때 불행한 가정으로 보인다는 이야기다. 지역별 문명의 성쇠를 설명한 『총·균·쇠』에서 제러드 다이아몬드Jared Diamond는 정복당한 민족의 지형학적 문제의 한 단면을 이 문장으로 설명했다. 어떤 중요한 일이 성공하려면 수많은 실패 원인을 피할 수 있어야 한다고 했다. 현장을 점검할 때 안전하게 보이고 실제로 사고 경험이 없는 현장은 시공지침을 준수하며 설계와 현장 조건을 비교하여 문제를 사전에 파악하여 대응하는 등의 노력을 꾸준히 한다. 사고 현장을 조사할 때는 다수의 원인보다는 눈에 띄는 어느 소수의 원인이 도드라지는 경우가 많다.

보다 심층적으로 조사하면 주요 원인 이외에도 다양한 원인이 복합적으로 작용하였음을 알게 된다. 이탈리아의 경제학자인 빌프레도 파레토$^{\text{Vilfredo Pareto}}$(1848~1923)는 19세기 영국의 부의 소득의 유형을 연구하던 중 소수의 국민이 대부분의 소득을 벌어들인다는 부의 불평등현상을 발견했다. 전 인구의 20%가 부의 80%를 차지하고 10%의 인구는 65%의 부를, 5%의 인구는 50%의 부를 차지하고 있다는 사실을 발견하고 이를 최소 노력의 원리 또는 80/20 규칙이라고 정리했다. 납세자의 상위 20%가 세금 총액의 80%를 담당하며 공장에서 생산되는 제품 중 불량품은 대부분이 소수의 원인에 의해 발생하고 이를 개선하면 불량률은 현저히 떨어진다는 것도 알려져 있다. 다른 분야에서 시작된 파레토^{Pareto} 법칙이라는 통찰은 지반사고 조사에서도 활용될 수 있다. 지반사고 원인을 분석해보면 상당수 사례에서 지반조사가 불충분하거나 지지구조물이 적기에 설치되지 못한 경우가 많다. 여기에 지하수 문제, 상세 부적절, 시공오류, 담당자 태만 등이 부가되는데, 사고를 방지하기 위한 주요 착목점은 주요 사고 원인인 지반의 불확실성과 구조체의 과다 응력 유발이 된다.

표 6.2 지반 거동에 따른 파괴

지반 변형 원인	파괴 형태
지지력 파괴	점성토 지반의 비배수 조건에서 발생, 느슨한 사질토에서는 펀칭, 심할 경우 기초 회전거동 유발
시공 중 또는 직후 압축침하	느슨한 사질토에서 급작스러운 부등침하 발생. 구조물에 전단력이 작용하여 수직균열 유발
시공 후 압밀침하	압밀이 발생할 수 있는 두께 정도에 따라 장기적으로 침하 발생하고 사균열 형태의 문제점 유발
붕괴성 지반침하	일정 규모 이상의 하중이 가해질 때 지반 구조 파괴로 인한 급격한 침하 발생. 지하수 유입에 의해 강도 저하현상 유발
연약지반 스퀴징	지반 내 강도 차이가 큰 지층이 분포된 경우 연약지층의 밀림현상 발생으로 구조물 피해 야기
구조물 활동과 전도	토압을 지지하는 구조물이나 사면 내에 설치된 구조물의 기초지반 거동에 따른 문제점
파이핑과 같은 수압 할렬	제방, 지하굴착과 같이 수두차가 형성되는 지반 조건에서 지하수와 토립자가 유실되면서 통로가 만들어져 지반 붕괴 야기
연약지반 히빙	연약지반 위에 성토나 굴착이 진행되면서 하중 불균형에 의한 활동파괴로 주변 지반이 부풀어 오름
광역지반침하	대수층 내부의 지하수를 용수로 개발할 때 간극이 불포화 상태가 되면서 넓은 범위로 지반이 침하됨
팽윤과 건조파괴	팽창성 지반에 지표수가 침투되거나 지하수위가 저하되면서 건습이 반복되어 지지력과 침하 조건이 제공되고 지반균열과 함께 과다 침하 발생

다. 경험의 가치

인류 문명은 경험의 소산이다. 돌을 연장으로 사용했던 것은 인간만은 아니다. 유인원도 던지는 것부터 시작하여 부수는 일에 돌을 썼다. 인류는 우연히 날카로운 면이 있는 돌로 무언가를 도려낼 수 있었다. 잡기 편하게 다른 면도 가공했고, 연마를 통해 더 날카롭게 만들었다. 구석기 시대는 260만 년~300만 년 전부터 시작되어, 지역에 따라 9,000년~1만 5,000년 전까지의 시기로 보는 매우 긴 시기다. 인류가 출현한 시기 중 대부분의 시간이 구석기 시대다. 거친 돌을 그대로 사용하다가 어느 시기부터 석기를 가공하고 날카로운 면을 쉽게 얻을 수 있는 흑요석을 화살촉으로 사용했다. 흑요석黑曜石은 화산 활동에 의해 생성되는 화성암으로, 자연적인 유리의 일종이다. 규장질의 용암이 분출되어 결정이 형성되기 전에 식었을 때 만들어진다. 어디에 가면 흑요석을 구할 수 있다고 체험한 정보가 무리 중에 전파되고 후대에 전승되었을 것이다. 석기 시대인이 대를 이어 얻은 경험은 삶의 도구를 다양하게 하고, 식생활, 안전 등의 문제를 진일보시킴으로써 문명은 선사 시대에서 역사 시대로 넘어갔다. 경험을 전승하는 인류는 동물의 본능과 현격한 차이를 만들면서 인류세를 구가하고 있다.

(a) 연천 구석기 유물 　　 (b) 양구군 구석기 흑요석 　　 (c) 암사동 신석기 갈돌과 갈판
　　　　　　　　　　　　　　　 석기(국립중앙박물관) 　　　　　　　 (국립중앙박물관)

그림 6.1 대한민국 석기 유물

기억은 상상할 수 있게 한다. '상상想像'이란 말은 코끼리를 한 번도 본 적 없는 중국 사람들이 인도에서 온 코끼리뼈만 가지고 '코끼리의 형상을 머릿속으로 그렸다'는 데서 유래했다. 이 어원은 '상상력'의 핵심을 정확히 짚고 있다. 우리가 무언가를 제대로 상상하려면 '코끼리의 뼈'라는 현실적 토대 위에서 해야 한다는 것이다. 다시 말해 세상의 모든 상상력은 '과학적

상상력'이어야 한다.[6] 과학적이라는 것은 무엇인가. 사물의 구조, 성질, 법칙 등을 관찰 가능한 방법으로 얻어진 체계적이고 이론적인 지식의 체계에 의존하여 수행되는 행위를 말한다. 과학적 지식은 인류가 경험주의와 방법론적 자연주의에 근거하여 실험을 통해 얻어낸 자연계에 대한 지식들을 의미한다. 현재의 지식은 과거의 관찰과 경험에 의거하여 만들어지고 세대를 거쳐 개선하여 전승된다.

흙의 거동을 설명하는 역작인 『Soil Mechanics』(1979)를 집필한 T.W. 램T.W. Lambe은 경험에 대해 이렇게 말했다. "단순히 어떤 일을 했다는 것이 아니라 행동의 결과를 평가하는 것까지 포함한다." 경험은 지반사고를 조사하는 데 있어서 유용한 요소다. 하지만 단순 경험이 아니라 행위에 대한 평가를 통해 체계적으로 지식화되는 과정에서 체득되는 것이다. 지반공학의 기본 이론, 지질적 배경을 포함한 지반조사와 경험 그리고 경제성이 어우러질 때 공학적 판단engineering judgement을 통해 해결책을 제시할 수 있는 것이다.

경험experience은, 즉 시도, 증명, 실험이라는 의미를 갖는 라틴어의 'experientia'에서 유래했다. 실증을 위한 행위로 얻어지는 지식의 원천이라고 볼 수 있다. 조사하고 있는 지반사고가 어떻게 발생하였는지 상상할 때 과거에 발생했던 비슷한 사례가 유용한 자료다. 현재의 지반은 수억 년간의 지질적인 변화의 결과다. 경험하지 못한 과거 역사를 담고 있는 것을 대상으로 한다는 뜻이다. 지점마다 공학적 특성이 같을 수 없고, 조사 수준에 따라 공학적 특성이 오도될 수 있다. 지반사고는 불확실성이 큰 땅에서 발생하고 여기에 공학적으로 설명하기

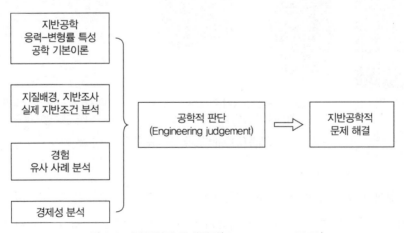

그림 6.2 지반공학적 문제해결(T.W. Lambe, 1979)

---

6   정재승, '예술적 상상력 vs 과학적 상상력', 한겨레신문 과학칼럼, 2009. 11. 13.

어려운 인간 요소와 시간 흐름이 관여된다. 유사한 지반에서 체득한 개인의 경험이 유용한 것은 사실이지만 불확실성은 늘 존재한다고 가정하여야 한다. 경험의 함정에 빠지지 않고, 지반사고와 관련된 존재하는 사실을 최대한 수집하며 기본 이론을 따라 일반화 또는 단순화 시키는 능력과 자세가 경험의 가치를 높일 수 있다고 믿는다.

경험은 과학적 태도를 견지할 때 가치가 높아진다. 어떤 것도 쉽게 믿지 않지만 증거가 명백하다면 받아들이는 태도, 즉 새로운 증거가 나타날 때 기존 믿음이 폐기될 수 있는 자세 는 과학자 또는 공학자가 가져야 할 자세. 1982년 미국 아칸소주에서 진화학을 학교에서 강의해서는 안 된다는 근본주의 기독교인들의 주장 때문에 법적 논쟁이 벌어졌다. 당시 주 법원의 판사 윌리엄 오버턴William Overton(1939~1987)은 과학계 전문가에게 자문하여 판결문 에서 자연과학의 특성을 다섯 가지로 설명했다.

① 자연법칙에 따라야 한다It is guided by natural law.

② 모든 것을 자연법칙에 따라 설명할 수 있어야 한다It has to be explained by reference to natural law.

③ 실제 세계에서 검증할 수 있어야 한다It is testable against the empirical world.

④ 연구 결과는 언제나 잠정적일 수밖에 없다Its conclusions are tentative, i.e., are not necessarily the final word.

⑤ 반박할 수 있어야 한다It is falsifiable.

지반사고 조사에 있어서 조사자는 획득된 증거를 가지고 검증된 기본 이론에 근거하여 원인을 찾는다. 경험에 입각한 직관은 중요하다. 직관에 의해 논리가 전개되고 증거로 확증될 때 직관에 관련된 증거만을 수집하는, 이른바 확증편향confirmation bias에 매몰되지 않도록 모 든 증거를 모아야 한다. 빨리 판단하려고 할 때 확증편향에 빠지기 쉽다. 시간이 걸리더라도 집요하게 모든 증거를 확인하고 원인을 분석하여야 한다. 과정 중에 찾지 못한 증거가 새로이 나와 다른 결론을 제시한다면 겸허하게 받아들일 일이다. 조사보고서와 작성자의 권위는 오로지 명백한 증거와 이론의 탄탄함으로 확립된다.

톨스토이는 『어떻게 살 것인가』에서 지혜를 얻는 방법을 명상, 모방, 경험의 세 가지로 들었다. 명상은 가장 심오한 방법이다. 다른 사람의 행위와 방식을 따라하는 것은 편한 방법 이다. 가장 고통스럽고 시간이 많이 걸리는 것이 경험이다. 아프리카의 속담에 "노인 한 사람 이 죽으면 도서관 하나가 불타는 것과 같다"라는 말이 있다고 한다. 영국 속담에는 "노인이 가지고 있는 지식은 도서관의 책보다 많다"라는 말이 있다. 모든 것을 경험할 수는 없지만 수십 년 동안 축적된 경험은 소중한 삶의 지혜가 담겨 있다. 지반공학을 경험학문이라고 하는데, 이에 종사하는 기술자는 경험을 쌓는 일에 매진해야 할 당위성이 있다. 지반과 관련된 사고 조사 또한 경험을 통해 실마리를 찾는 일이 빈번하다. 아울러 얻은 경험은 한계가 있어서 모든 것을 설명할 수 없다는 것을 염두에 두는 것이 바람직하다. 경험은 결과물이자 과정이고 개인적이다. 경험에서 얻은 교훈은 철저히 의심해야 한다. 자신에게 속는 것은 남에게 속는 것만큼이나 치명적일 뿐 아니라 극복하기 더 어렵다. 기원전 4세기에 고대 그리스 의사인 히포크라테스의 명언을 다시금 새겨본다.

"인생은 짧고 의술은 길며, 기회는 순식간에 지나가고 경험은 믿을 수 없으며 결정은 어렵다Life is short and art long, opportunity fleeting, experience perilous and judgement difficult."

라. 지반사고 조사 자세

지반공학 엔지니어는 지구라는 큰 엔진을 다루는 데 자연에 순응할 수 있는 마음자세가 먼저 필요하다. 자신의 한계를 인식하고 관련 지식을 탐구하여 발생한 현상을 설명하지만 여전히 존재하는 한계와 불확실성을 인정할 필요가 있다. 지반사고 조사공학은 사례교훈을 통해 기존의 잘못된 확신이 얼마든지 변경될 수 있으며 경험의 함정에 빠지지 않도록 늘 경계하는 것이 중요하다. 지반사고 조사공학에 임하는 기술자는 사고가 발생하였을 때 실제 상황을 효과적으로 설명하고 갈등관계를 해소하는 일을 한다. 이와 같은 일을 수행하기 위해서는 다음과 같은 사항이 필요하다.[7]

① Data collection: 자료 수집

② Problem characterization: 문제 규정

③ Development of failure hypothesis: 파괴 가설 설정

④ Realistic back-analysis: 실제와 부합하는 역해석

⑤ Observations in situ and in some cases performance monitoring: 현장관찰, 거동계측

⑥ Quality control: 공정 진행 품질관리

---

7   Suzanne Lacasse, 『Forensic Geotechnical Engineering』, Ch. 2, Springer, 2016, p. 17.

⑦ Developing repair recommendations: 대책안 제시

⑧ Preparing report: 보고서 작성

지반사고 조사 결과로 작성된 보고서는 사고와 연관된 당사자 간의 갈등 해소를 위해 소송의 증거자료가 된다. 법정 용어로는 감정鑑定이라고 하는데, 법관의 판단능력을 보충하기 위하여 전문적 지식과 경험을 가진 자로 하여금 법규나 경험칙(대전제에 관한 감정) 또는 이를 구체적 사실에 적용하여 얻은 사실판단(구체적 사실판단에 관한 감정)을 법원에 보고하게 하는 증거 조사 방법 중 하나다. 법원에서 행하는 증거조사는 증인신문, 감정, 서증, 검증, 당사자 신문, 그밖에 증거에 대한 조사의 6가지가 있다.[8] 종종 지반사고 조사자는 법원으로부터 감정을 명령받은 감정인 자격을 가지게 된다. 당연히 객관적인 입장에서 사실에 충실하게 조사하고 보고서를 작성할 필요가 있다. 또한 감정을 요청한 판사나 양측의 변호사는 전문 분야의 지식을 충분하게 가지고 있다고 전제할 수 없으므로 보고서의 내용은 가급적 일반인이 이해할 수 있는 수준을 유지하는 것이 바람직하다.

사고가 발생하는 지반은 불확실성이 큰 매질이다. 지반조사는 모든 지점에 대해 수행하기 어려우므로 일부는 유추할 수밖에 없다. 또한 조사자는 사고를 직접 목격하지 못하는 입장이기 때문에 청문이나 증거자료를 통해 사고를 재구성한다. 따라서 사고를 완벽하게 설명할 수 있는 데이터를 얻기 어려워서 제한된 자료를 분석하고, 해석에는 가정이 개입되며, 유추에 근거한 시나리오를 제시한다. 따라서 모든 단계에서 조사자의 '상당한 판단substantial judgement'[9]이 개입되며 견해를 달리하는 전문가와 논증의 여지를 남기게 된다. 증거와 논리 싸움이 불가피한 것이다. 또한 사고조사공학은 경제적 또는 법적 이해관계가 대립하는 집단 간 갈등을 전제로 수행되기 때문에 첨예한 대립이 빚어지기도 한다.

사고 조사는 과학과 공학 이론을 근거로 전개된다. 그 이론은 모든 사항을 완벽하게 설명하기 어렵고 설정된 조건하에서만 유효한 것이다. 조사자가 지니는 경험과 지식은 제한적이며 주관이 관여된다. 보다 설득력이 있는 사고 조사가 되기 위해서는 사용한 증거자료가 사고와 관련성이 충분하고 신뢰성이 높아야 한다. 납득될 수 있으려면 다음과 같은 4가지 사항을 염두에 두고 증거를 수집하고 논리를 전개하여야 한다.

---

8 아웃소싱타임스(http://www.outsourcing.co.kr).

9 Patric C Lucia, 'The practice of forensic engineering', Keynote Lecture. ASCE Geo Institute Geo Congress. Vol. 1, 2012, pp. 765-785.

① 과학이론과 기술이 의견 개진에 사용될 때 이론과 의견은 검증이 된 것인가

② 적용된 과학이론은 전문가의 검증을 거쳤거나 이미 발표된 것인가

③ 적용 이론과 기술의 제한 범위는 있는가 또는 오차 가능성은 어느 정도인가

④ 관련 학계 사이에서도 받아들여질 수 있는 것인가

6.2 자료 수집

가. 모든 것을 모은다

새벽에 발생한 진도 7의 지진으로 6,434명이 사망했다. 1995년 1월 17일이었다. 고베지진으로 알려진 한신·이와지 대지진阪神·淡路大震災이 발생하였을 때 파손된 가옥은 11만 채에 달했다. 고베시와 시코구를 연결하는 아카시해협대교는 이와지섬을 지나는데, 이 섬의 16km 밑이 진앙이었다. 이때 길이 10km에 달하는 노지마 단층이 생겼으며 지표면에 노출된 부분을 보존하여 기념공원을 만들었다. 도쿄의 인구는 1,300만 명인데, 인근 사이타마, 치바, 가나카와현까지 합치면 3,550만 명 정도다. 일본 정부 지진조사위원회는 이곳에 21세기 내, 빠르면 30년 내에 고베지진 규모의 지진이 일어날 확률이 70%라고 보고 있다. 이른바 수도직하지진이다. 만약 이와 같은 지진이 발생한다면 직간접 피해 총액으로 95.3조 엔, 사망자수 2만 3,000명을 예상하고 있다. 일본의 공영방송인 NHK는 매년 1월 지진 관련 특별방송을 하고 있다. 2021년 3월에는 2011 동일본 대지진 10주기 특집편성을 통해 가공의 방송사 보도국을 주 무대로 이 지진이 일어났다고 가정한 단막극을 편성하기도 하였다.

한진·이와지 대지진이 나고 20년이 되던 2015년 1월에는 활단층의 위험을 전하는 '도시직하지진 20년째의 경고'라는 방송 프로그램이 제작되었고, 2016년에 방송될 기획을 준비하고 있었다.[10] 이때 발굴한 자료가 1995년 1월 17일에 숨진 5,036명에 대한 사체검안서다. 사망자의 성별, 연령, 사망 시각, 사망 원인에 대해 꼼꼼히 작성한 수기 자료였다. NHK 취재팀은 사망 원인, 장소, 시간별로 자료 시각화를 시도했다. 여기에는 화재정보, 가옥피해, 교통량, 구조 활동에 대한 정보를 함께 포함하였다.

---

10 NHK 특별취재팀, 『진도 7 무엇이 생사를 갈랐나』, 김범수 옮김, 황소자리, 2016.

그림 6.3 한신·이와지 대지진(컬러 522쪽 참조)

지진 발생 1시간 동안 3,842명이 진도 7 지진이 강타한 지역에서 사망했다. 그런데 사인은 61%가 순간적으로 죽음에 이르는 압사가 아니라 몇 분이 지나야 하는 질식사였다. 1시간 이후에도 900명이 살아 있었다. 5시간이 지난 때는 500여 명이 구조를 기다리고 있었다. 압사보다 질식사가 상당한 희생자를 낸 것은 집안의 가구가 넘어지면서 깔렸기 때문이다. 이후 키가 높은 가구나 가전제품은 고정장치를 달고, 침실에는 배치하지 않도록 유도하는 대책을 세우는 계기가 되었다. 지진은 화재를 수반한다. 1시간 이내에 113건이 발생하였고 초동 진화하기 위해 구조인력이 투입되었으나 모두 소화하기에는 역부족이었다. 화재가 진압되기 전에 92건이 연이어 발생하였다. 끊어진 전기를 복구하는 과정 중에 동시다발적인 통전화재 형태였다. 시간차 화재로 85명이 희생되었다. 사망시간을 분석해보니 지진이 발생하고 5시간 후에도 당일 사망자 중 500명 가까이 질식사와 화재를 피해 살아 있었다.

지진이 발생한 효고현은 1월 17일 10시에 전국 소방 당국에 지원을 요청하였고, 180곳의 소방대가 피해 지역으로 출동하였지만 교통정체 때문에 제시간에 도착하지 못했다. 사고 당시 촬영한 항공사진을 보면 지진으로 교량에서 단차가 생겨 차량이 우회하면서 정체가 빚어지기도 하였고, 일시에 도로로 나온 승용차로 인해 교통량이 폭증했다. 구조대가 즉시 현장으로 투입되었으면 1시간 이후까지 생존해 있던 900명의 생사가 달라질 수 있었다.

기억은 희미하지만 기록은 풍화되지 않는다. 당시를 경험했던 사람들은 엄청난 규모의 지진을 증언함에 있어서 개인의 느꼈던 감정에서 자유로울 수 없다. 이러한 이야기로만 점철된다면 일화중심, 휴먼 드라마 수준에 그치는 프로그램이 될 것이었다. 5,036명에 대한 사체검안서를 시간과 장소, 사인별로 구분하여 가시화^{visualized}시켰을 때 질식사와 통전화재에 대한 대책을 세울 수 있었다. 시간대별로 촬영된 항공사진은 지진 발생 후 교통량 증가와 정체 시작 시점을 파악함으로써 구조작업이 지연된 원인과 피난 행동 계획을 수립하는 데 일조했다. NHK 제작팀은 프로그램 제작 때 '모든 것을 모은다'라는 목표로 취재에 임했다. 이는 전모 파악과 상세한 규명을 목적으로 한다. '정보수집×정보처리×가시화×의견도출' 과정 은 프로그램 취재에 한정된 것이 아니라 사고 조사에도 같이 응용되어야 할 기법이다. 사고와 관련된 정보를 한정하지 않고 모으고, 맥락에서 벗어나는 자료는 구분해야 할 것이며, 동일한 자료라도 관점을 달리해서 가시화함으로써 진실을 밝히고 관계자가 납득할 수 있는 보고서 를 작성하여야 한다.

그림 6.4 한신·이와지 대지진의 사망기록, 화재, 가옥피해, 교통상황, 구조활동 데이터맵(컬러 523쪽 참조)

지반사고 조사는 일반적인 지반설계와 달리 발생한 상황에 대해 고찰한다. 즉, 장래 거동을 예측하기보다는 어떻게 발생하였는지를 추적하여 설명하는 일이다. 사고가 발생하면 이차 피해를 줄이기 위해 복구를 서두르는 것이 더 필요할 수 있다. 건설사고 조사위원회 운영규정 제19조(건설사고현장 초기조치와 현장보존)에 따르면 "발주청 등의 담당자는 해당 사고현장 에서 사고보고를 접수한 즉시 현장에 대한 보존조치를 해야 한다. 단, 추가적인 피해의 확산 을 방지하기 위하여 응급복구나 잔해의 이동이 필요할 경우에는 그 사유와 과정을 문서와 영상 등으로 기록하여 사고 원인 조사시 추적이 가능하도록 하여야 한다"라고 규정하고 있다.[11] 사고 조사위원회의 조사업무는 사고가 발생한 후 개시된다. 따라서 어느 정도 임시복구가 진행된 상태에서 추가 붕괴 위험으로 인해 제한된 시간 내에 현장을 관찰하고 시료를 채취하며, 영상 자료를 얻어야 한다. 임시 복구 후에는 현장 상황과 지반 조건이 변하여 사고 당시를 정확히 설명하기 어려울 수 있다. 이때 합리적인 선에서 가능한 한 자료를 완벽하게 얻어야 하고, 사고 당사자가 모두 납득할 수 있는 정확한 기록을 유지하여야 하며 쉽게 이해될 수 있도록 자료가 재생산되는 것이 필수적이다.

　의도는 행위를 낳고 원인은 결과를 빚는다. 자연을 대상으로 발생하는 사고는 지반이 지니는 특성을 바탕으로 인위적인 행위가 개입되어 발생한다. 또한 사람이 제어할 수 없는 자연현상이 원인이 되기도 한다. 조사 대상은 크게 ① 사고 상황, ② 현장 조건(지반공학 특성과 인간 행위), ③ 사고 관련 자연 현상으로 구분한다.

나. 사고 상황

　2018년 9월 6일 밤 11시 26분에 동작구 상도동에서 유치원 건물이 붕괴되었다. 북쪽에서 굴착공사가 진행 중이었다. 다음 날 인허가 관청의 관계자는 현장을 조사하고 자료를 확보하였다. 시공사 관계자는 유치원 건물과 옹벽이 부실하여 사고를 유발했다고 주장했다. 설계도서와 시공 자료를 살펴본 결과, 설계도에 적용된 지반조사 내용과 붕괴 지점의 지층구성이 달랐고 토압을 지지하는 구조물이 취약한 것으로 파악하였으나 시공사의 반론이 지속되었다. 만약 시공사의 주장이 타당하다면 유치원 건물과 옹벽이 먼저 붕괴되고 흙막이 구조물이 뒤따라서 무너졌을 것이다. 붕괴된 후 촬영된 사진 자료만으로는 이를 확인하기 어려웠다. 조사위원회 활동 중에 동작 경찰서가 사고 직후 확보한 CCTV 영상 자료가 공유되었다. 여기에서 흙막이 구조물이 동쪽부터 무너지고 위에 있는 옹벽이 전도되며 유치원 건물이 붕괴되는 상황을 확인할 수 있었다. 사고 순간의 영상 자료는 매우 효과적인 증거가 된다. 상도유치원 사고 이후 서울시 모든 굴착공사장에는 CCTV 설치를 의무화하도록 추천하였다. 대부분의 사고 현장에서 사고가 발생하는 동영상 자료를 얻기가 쉽지 않다.

---

11 국토교통부, '건설사고조사위원회 및 중앙시설물사고조사위원회 운영규정', 2015.

그림 6.5 상도유치원 붕괴 사고

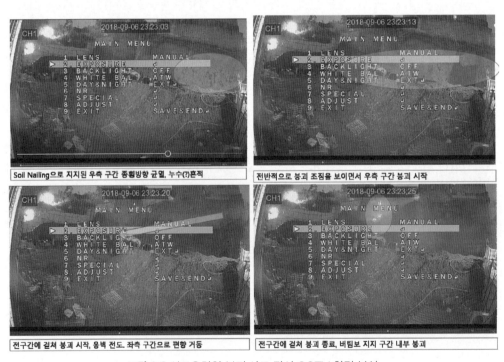

그림 6.6 상도유치원 붕괴 사고 당시 CCTV 화면 분석

사고 상황을 사고 전 상황, 사고 전개 과정, 붕괴 후 양상으로 구분하여 파악한다. 사고 전 상황으로는 사고 당시 공정 진행, 변위나 침하, 수압변화와 같은 거동자료, 충격·폭발·지진·홍수·누수 등과 같은 사고 유발행위 또는 거동, 강수나 강풍 기온과 같은 특이 기상 조건, 사고를 예지하는 소음, 파열음, 낙석과 같은 특이 사항을 들 수 있다. 상도유치원 사고와 같이 사고 전개 과정을 파악할 수 있는 동영상은 매우 강력한 증거자료다. 사고 전후의 사진 자료를 비교함으로써 사고 유발요인과 규모를 이해할 수 있다. 드론 영상자료는 지상보다 관찰자 시점을 크게 높여 현장 전반을 조감하게 한다. 고해상도 카메라가 장착된 드론은 사고 현장의 전반적인 형태나 이상대의 확인, 접근이 곤란한 구간의 점검에 활용된다. 열화상 카메라는 누수, 숏크리트 균열, 수풀 하부의 인장균열을 관찰할 수 있다. 정지 영상은 촬영자의 관점이 개입되는데, 동영상을 함께 촬영하여 촬영자 이외의 조사자가 다른 시각에서 사고 현장을 바라보게 하는 것이 필요하다. 당장은 필요하지 않다고 생각되어도 다양한 각도와 조감점에서 영상자료를 촬영하는 것이 바람직하다. 사고 직후 전체 영상 자료는 원인을 파악 하는 데도 필요하지만 추후 대책공법 수립의 적용 범위나 보상 영역을 결정하는 데도 활용된다. 사고 현장을 조사할 때 얻어야 할 정보는 다음과 같다.

① 사고 범위와 지점별 양상(평면 및 주요 단면별)
② 변형 크기와 거동 정도(폴대, 지질해머, 기타 재료를 사용하여 규모 확인 필요)
③ 사고 유발 증거(암반 불연속면, 부재 변형, 파손 상태 등)
④ 지하수 유출 상태(침투, 과다유출, 과거 범람 흔적 등)
⑤ 구조물 또는 지반 파괴면 상태(다양한 각도에서 촬영, 시료채취, 상태조사 필요)
⑥ 주변 지역 피해 또는 변화 상태(구조물이나 건물 파손, 지반침하, 수평변위 등)

건설사고 조사위원회 운영규정 제25조(현장조사)에서는 사고가 발생하였을 때 조사위원회가 조사할 사항에 대해 다음과 같이 정하고 있다.

1. 사고현장에 대한 육안 관찰
2. 잔해처리 및 필요 잔해 보관
3. 시편채집 및 공인시험의 실시
4. 영상자료의 기록

5. 목격자 확보 및 구두진술

6. 현장 업무절차 확인

7. 문서조사

8. 기타 위원회가 필요하다고 인정하는 사항

　육안으로 관찰된 정보 외에 문서로 작성된 자료를 확보할 때는 출처, 작성일자, 작성자 등에 대한 정보가 분명하여야 한다. 설계도, 구조계산서, 지반조사 보고서, 계측관리 보고서, 내역서 등 간행된 문서 자료와 부정기적으로 만들어지는 공정진행 기록, 실정보고, 설계 변경 자료 등은 공식적으로 요청하여 확보하여야 하고, 제출된 자료는 목록화하여 객관성을 유지 하도록 한다. 사고가 발생한 시점을 중심으로 과거 기상자료는 기상청 날씨누리 홈페이지[12] 에서 확인할 수 있다. 사고 지역의 과거 지도는 지형 변화, 도로나 단지의 생성, 하천 유역 변경 등의 자료를 시계열적으로 파악할 수 있는 자료다. 국토 정보 플랫폼[13]은 과거 지도와 항공지도, 디지털 수치지도를 얻을 수 있는 유용한 사이트다. 해당 지역의 지질도는 지질자원 연구원의 지오데이터 오픈플랫폼[14]을 통해 1:50,000, 1:250,000, 1:100,0000 축척으로 활용할 수 있다.

　사고 상황을 파악하기 위해서는 목격자의 증언이 필수적이다. 목격 상황에 대한 진술을 그대로verbatim 기록하여 문서화하고 서명을 받도록 한다. 목격한 지점, 시점, 증언자의 입장에 따라 증언이 왜곡이나 윤색될 수 있으므로 다양한 증인의 말을 듣고 맥락을 정확하게 파악할 필요가 있다. 기억이 명료하게 유지되고 관계자 간 입장이 정리되기 전인 사고 발생 직후에 증언 조사를 시행하는 것이 증언의 가치를 높일 수 있다. 경우에 따라서 동일인의 증언이라 하더라도 사고에 대한 전후 상황이나 규모, 일시 등이 일치하지 않는 경우가 있다. 핵심적인 증언 부분이라면 불일치한 부분은 반복하여 청문하여 진실 여부를 확인하는 것이 바람직하 다. 국토교통부는 다음 표와 같이 관계인 진술서 양식을 제공하고 있다.

　사고 조사는 지반공학적 이론과 경험지식을 토대로 진행된다. 취득된 자료를 분석하여 사고 원인을 상정想定 또는 가설 설정, postulation하고 과학적인 방법으로 검증verification한다. 여기서 유의하여야 할 것은 직관적으로 획득한 특정 의견에 매몰되지 않아야 한다는 점이다. 편향된

---

12 https://www.weather.go.kr/w/index.do

13 http://map.ngii.go.kr/mn/mainPage.do

14 https://data.kigam.re.kr

관점에 지배를 받으면 진실을 보는 눈이 어두워지고 다른 전문가의 말을 듣는 귀가 닫힌다. 과학 조사는 상정된 사항을 지지하는 자료뿐만 아니라 반대되는 자료도 함께 수집·기록되어야 한다. 사고 조사의 첫 단계는 자료를 모으는 것이다. 객관적으로 자료를 수집하고 발생했던 모든 상황이 기록되어야 이어서 수행되는 역해석이나 파괴 메커니즘에 대한 신뢰도를 확보할 수 있다. 열린 사고를 통해 선입견과 독립적으로 상황을 보아야 한다.

표 6.3 건설사고관계인 진술서 양식(국토교통부, 건설사고조사위원회 운영규정, 2015)

건설사고관계인 진술서			
일반사항			
진술일시		진술 장소	
성명		주민등록번호	
주소			
연락처		핸드폰	
근무지		전화번호	
근무지 주소			
사고 관련성			
진술 내용			
사고인지 장소		시간	
(사고 당시 목격한 것, 들은 것 또는 행동한 것과 사고 발생 시 일어난 모든 사실을 육하원칙에 의거하여 정확히 기입할 것. 가능하다면 사고 원인에 대한 의견표식도 가능함)			
성명: ○○○ (인)			

다. 관련 자료 정리와 추가 조사

사고 원인을 조사하기 위해 자료가 방대하게 모여졌다. 이를 중요도에 따라 논리적으로 정리하고, 시계열적으로 분류하여야 한다. 필수적으로 포함될 자료는 다음과 같다.

- 사고 현장의 공간적 위치
- 현 지형과 과거 지형 변화 상태 및 개발 현황
- 식생, 배수, 기후, 과거 토지이용, 현재 지표고 상태 등의 현장 상황
- 사고 지점의 기반암, 불연속면 상태 특히 지반거동을 야기할 수 있는 단층, 습곡, 파쇄대, 협재 물질 등의 지질적 조건
- 지층 구성 상태와 지층별 지반공학적 특성(실내, 현장 시험 자료 등)

• 지하수위 위치, 흐름 발생 조건, 지하수위의 계절적·조위차에 의한 변화 조건
• 사고 전, 당시 공정 진행 상황, 긴급 복구 내용

제공되거나 현장에서 얻은 자료가 불충분한 경우가 있다. 설계 당시 지반조사는 설계를 목적으로 수행되기 때문에 범위가 부지내로 한정되고 시추 조사도 계획심도 아래 일정 깊이까지만 실시된다. 그러나 지반사고의 경우에는 부지 외곽으로부터 시작되어 계획고보다 상당한 깊이 하부까지 이어지는 경우가 있고, 보다 광범위하게 지반 조건을 파악하여 영향 범위를 설정하기 위해서는 조사 범위를 확대할 수 있다. 1992년 12월에 발생한 붕괴사고의 경우 설계 당시에는 파악할 수 없었던 단층 점토대를 사고 후 부지 후방에서 시추 조사하면서 통해 확인하였고, 주된 붕괴 원인으로 규정된 바 있다.

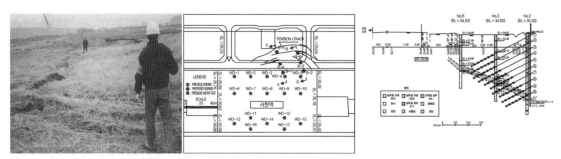

(a) 배면지반침하 균열 상태   (b) 사고현장 추가 조사 계획   (c) 경사 단층 점토대 파악

그림 6.7 ○○역 신축공사 흙막이 붕괴사고(한국지반공학회, 1993)

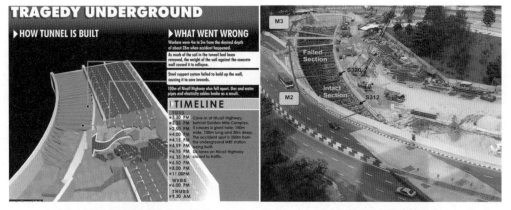

(a) 시간별 붕괴 진행과 사고 경위   (b) 사진상 사고 현황 도시

그림 6.8 싱가포르 니콜하이웨이 붕괴사고(2004. 4. 20.)

영상자료와 목격자 증언을 통해 사고 발생 과정을 재구성하는 것은 원인을 조사하는 데 결정적인 역할을 한다. 최초로 파괴 또는 붕괴되기 시작한 지점을 안다면 사고 직전에 가장 힘을 크게 받은 지점이라는 것을 유추할 수 있으며, 사고 영향 범위와 안전 구역 결정에도 활용된다. 시간 경과별로 발생했던 거동을 나열하고 붕괴된 지점에 대한 설명을 사진 위에 나타냄으로써 사고 전개 과정, 주요 원인, 피해 범위를 파악할 수 있다.

라. 설계와 시공 자료 조사

「건축법」에서 '설계도서'라 함은 건축물의 건축 등에 관한 공사용 도면과 구조계산서 및 시방서와 가. 건축설비계산 관계서류, 나. 토질 및 지질 관계서류, 다. 기타 공사에 필요한 서류를 포함한다. 또한 설계도서에 관련해서 법령해석과 감리자의 지시 등이 서로 일치하지 아니하는 경우에 있어 계약으로 그 적용의 우선순위를 정하지 아니한 때는 다음의 순서를 원칙으로 하고 있다. 따라서 사고 조사 중 과실 여부를 확인하고 규정하기 위해서는 이 순서에 입각하여 중요도를 고려한다.

1. 공사시방서	2. 설계도면
3. 전문시방서	4. 표준시방서
5. 산출내역서	6. 승인된 상세시공도면
7. 관계법령의 유권해석	8. 감리자의 지시사항

시방서specification는 공사에서 시공순서, 재료 기준, 유의사항을 적은 문서다. 설계도면에 일일이 적시할 수 없는 사항을 기록한 것으로서 사고 현장에서 과실, 부주의 여부를 판단하는 기준이 된다. 현장관찰, 청문 등에서 파악된 특이사항을 시방서 기준에 따라 적합 여부를 판단하여 적정성을 확인한다. 설계도, 지반조사보고서와 구조계산서를 교차 확인하여 설계에 적용한 지반 조건이 현장 관찰 결과와 일치하는지 파악하고 사용한 지반정수의 결정 근거와 적합성 정도를 분석한다. 구조계산 기법이 실제 거동을 적절하게 모사하고 있는지를 판단하며, 구조계산 과정 중에 경계 조건, 적용 물성치, 수렴 여부 등 계산상 오류가 없는지도 검토한다. 계측 결과가 있다면 설계 때 추정한 거동 양상과의 일치성을 살펴보고, 만약 불일치할 경우 원인 추적 후 안정성 확보 절차에 대해서도 조사할 필요가 있다. 「건설기술진흥법

시행령 제75조의 2(설계의 안전성검토)」에서 설계 안전성 검토 방법 및 절차 등에 필요한 사항을 정하도록 함에 근거하여 '설계안전성 검토 업무 매뉴얼'(국토교통부, 2017)이 제작되었다. 건설 과정 중에 발생할 수 있는 위험요소를 사전에 발굴하여 설계단계부터 안전을 고려한 설계design for safety를 실시하는 제도의 일환인데, 사고 조사 과정 중 설계도서 적합성 검토에 활용할 수 있다.

시공자료는 설계에서 설정한 규격, 재질, 강도 기준, 시공법 등이 만족되고 있는지를 판단할 수 있는 기록물이다. 검측자료, 설계변경을 위한 실정보고, 현장 회의록, 감리 또는 감독자의 지시사항 등을 검토하여 시공 적정성을 판단한다. 이때 일자와 시간을 분명하게 확인하여 사고로 이어질 수 있는 시간적 임계점을 파악하는 것이 중요하다. 준공된 후 운용 중인 상태에서 사고가 발생하는 경우에는 지반이나 구조물이 시간 경과에 따른 변화요인에 주목할 필요가 있다. 설계, 시공, 사고 후로 구분할 때 각 단계에서 확보하는 자료는 다음과 같다.

표 6.4 단계별 관련 자료

설계단계	시공 중 단계	사고 후 단계
• 현황 측량 자료 • 지반조사 보고서 • 주변현황 영상 자료 • 설계보고서(설계 수행자 인적 사항 포함) • 구조계산서(지반정수, 하중 조건 등 입력데이터 포함) • 설계도면 • 수량산출서 및 내역서 • 자문회의, 협의 회의록 • 발주처 승인 관련 자료	• 과업 조직도, 업무분장도(관련 당사자 연락처) • 전문 시공사 선정 관련 서류 및 계약문건 • 감리일지, 과업지시서 • 지반 조건 확인 관련 자료 • 시험시공 자료 • 설계와 시공 일치성 여부 확인자료 • 공사 품질관리 관련 기록 • 시공 중 기상 기록 • 계측 수행계획서, 계측 보고서 • 공정 진행 보고서, 사진대지	• 사고 당시 영상 자료 • 목격자 증언기록 • 긴급 복구 수행 기록 • 확대 현황 측량 자료(지반 변형 확인, 영향 범위 파악) • 기타 사고 상황과 현장 조건에 관련된 자료

마. 자료 생산과 객관성 유지

세밀가귀細密可貴. 12세기 송나라 사신 서긍이 고려를 다녀간 뒤 작성한 글에서 정교한 나전 칠기를 보고 한 말이다. '세밀함이 뛰어나서 가히 귀하다'라는 의미인데, 보통 명품은 재료와 함께 디테일이 강하다. 조사 목적과 범위가 분명하고 붕괴 메커니즘이 타당하며 논리 전개에 허점이 없는 명품 보고서는 자료를 세밀하게 기록하고 정확하게 보여주는 것부터 시작된다. 취득된 자료의 출처, 작성일자, 작성자 등의 기본적인 사항은 물론 현장 관찰 결과를 영상자료로 나타낼 때도 안내도key map를 활용하여 촬영 위치, 각도 등을 명기하는 것이 바람직하다.

현장시험이나 실내 시험 자료는 진행 과정, 실험 전후 상황과 결과를 함께 도시하면 이해가 빠르다.

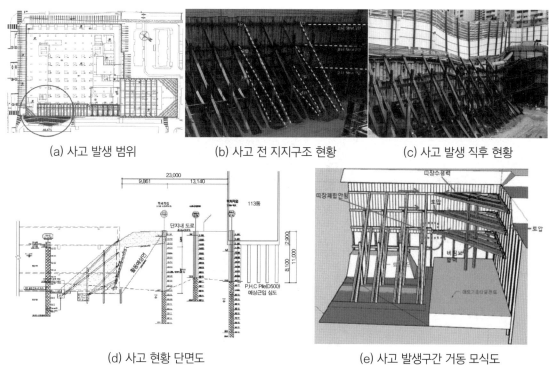

(a) 사고 발생 범위   (b) 사고 전 지지구조 현황   (c) 사고 발생 직후 현황

(d) 사고 현황 단면도   (e) 사고 발생구간 거동 모식도

그림 6.9 붕괴사고 현황 도시(한국지반공학회, 2018)

지반사고 조사는 문제가 발생한 현상에 대해 공학적으로 설명하는 것이다. 의뢰자의 입장을 대변하기 위해서 공학적인 원리를 훼손하거나 비논리적으로 보고서가 작성될 때 신뢰도는 떨어진다. 특히 법적 분쟁의 여지가 있는 사안에 대해서는 독립적인 위치에서 객관성을 유지하는 것이 매우 중요하다. 당사자 간의 합의하에 현장 조사와 자료 수집이 진행되고, 얻은 자료에 대해서는 확인을 받아 놓아야 한다. 여기에는 조사항목 결정, 조사업체 선정, 기초자료 공유 등 일련의 과정을 모두 포함하여 공개적으로 진행되는 것이 바람직하다. 이는 편향적으로 자료가 수집되고, 생산, 활용되는 것을 지양하기 위해서다.

2015년 2월에 서울에서 보도가 함몰되는 사고가 있었다. 근처에서는 대형 굴착공사가 진행 중이어서 흙막이 벽체를 통해 토사가 유출한 것이 원인으로 의심되었다. 시공사는 근처에 하수박스가 통과하고 있어서 이를 통해 토사가 유출될 가능성을 제기하였다. 허가관청, 공사

관계자가 모두 입회하여 사고 지점 부근을 굴착하여 육안확인하고, 하부 박스 구조물 내부로 진입하여 유출될 만한 공간이 있는지 확인하였다. 도로가 함몰될 정도의 토량이 유출될 만한 공간이 없음을 육안으로 확인하여 박스 구조물은 원인이 될 수 없는 것으로 판단하였고, 시공사도 이에 대해 더 이상 문제를 제기하지 않았다.

그림 6.10 용산역 앞 보도 함몰사고

(a) 하수박스 외부 굴착 조사　　　　(b) 채취 물시료 수온 검측　　　　(c) 박스 내부 연결부 조사

그림 6.11 함몰 현장 인근 하수 박스 구조물 확인 조사

2017년 8월에 평택에서 시공 중인 교량 상판이 무너졌다. 조사위원회는 다각도로 사고의 원인을 살펴보았다. 교량은 직경이 2.3m인 현장타설말뚝으로 지지되고 있었는데, 말뚝기초

가 부실하였는지 확인하고자 하였다. 붕괴된 지점을 중심으로 기초지반에 대한 시추 조사와 현장시험을 시행하였다. 또한 이미 시공된 현장타설말뚝을 직접 천공하여 콘크리트 코아를 채취하여 상태를 조사하였다.

회수된 코아를 관찰한 결과, 대체로 수평균열이 우세하고 일부 40°의 쪼개짐 균열이 있었다. 분리면은 골재면을 따라 발생하고 있었고 면은 서로 잘 맞물린 상태이며 균열 내부는 이물질이 끼여 있지 않았다. 최하단부는 암반 접촉면과 정확하게 맞물리지 않아서 슬라임 잔류의 영향이 미친 것으로 보이나, 말뚝 재하시험 결과에서 잔류침하량이 1mm 내외이므로 침하에 의한 요인은 없었을 것으로 분석하였다.

그림 6.12 평택국제대교 상판 붕괴 사고(2017. 8. 26.)

사고가 발생한 원인에 대해서는 의심해볼 만한 것은 모두 상정하여 가능성을 확인하는 것이 필요하다. 하나의 원인에 대해 관련 자료를 분석하고 현장 상황을 육안으로 확인하며 시험을 통해 가능성이 없는 것으로 파악된다면 실제 원인에 접근하는 길이 단축될 것이다. 이때 유의해야 할 점은 관련 당사자가 모두 수긍할 수 있는 진행이 되어야 한다는 점이다. 공학적인 궁금증을 해소하고 교훈을 얻는다는 점을 넘어 법적 분쟁에 대한 증거자료로 활용될 수 있기 때문에 획득된 자료는 객관성을 유지하는 것이 필수적이다.

(a) P16 RCD 선단부   (b) P17 RCD 선단부   (c) P18 RCD 선단부

그림 6.13 RCD 선단부 시추코어

6.3 자료 분석

사고 조사 과정에서 얻은 자료는 무척 방대하다. 설계도서, 시공자료, 계측자료, 회의 문건, 안전관리 자료 등 분석에 상당한 시간이 필요하다. 때로는 문서화되지 않은 중요자료도 있어서 재작성을 요청하기도 한다. 청문 녹취록을 문서화시키고 피조사자의 확인을 받아야 한다. 취득한 자료는 항목별로 분류하고 시계열적으로 정돈시킨다. 선후관계는 공정 진행을 이해하고 사고 원인 제공 가능성을 파악하는 데 중요한 단서가 된다. 자료 분석은 기술적인 부분과 행정적인 부분이 모두 포함된다. 지반설계가 가설임을 감안해도 가정 사항은 이해될 수 있는 범위 내에서 설정되어야 한다. 특이한 지반 조건이 상정된다면 이를 뒷받침하는 검토가 선행되어야 하고, 거동해석에서 설계자의 의도가 명확히 제시되는 것이 바람직하다. 특수한 공법이 적용되었을 경우에는 적용 사유, 적합성, 품질관리 과정 등에 대한 자료가 필요하다. 기술적인 분석 과정은 지반특성, 설계 의도와 내용, 거동 해석 결과와 타당성, 공정 진행 상황의 적절성, 계측 결과 분석과 다음 공정 반영 여부 등을 다룬다.

설계가 완료된 후 시공에 들어가기 전에 현장소장은 「건설기술 진흥법」 제62조에 명시된 안전관리계획서를 작성하여 착공 전에 이를 발주자에게 제출하여 승인을 받아야 한다. 안전관리계획서에는 건설공사의 개요, 현장 특성 분석, 현장 운영계획, 비상시 긴급조치계획이 포함된다. 공사책임자로서 설계와 현장 조건에 대한 이해, 위험요소에 대한 파악과 대응계획을 망라하는 것이다. 유해·위험 방지계획서는 「산업안전보건법」 제48조 제3항을 근거로 작성되는데, 공사개요, 안전보건 관리계획, 작업공종별 유해위험방지계획, 작업환경 조성계획을 다룬다. 두 가지 계획서는 설계나 계획이 변경될 때 함께 수정하여야 하고 사고 원인을 파악하는 데 중요한 증거자료와 판단 기준이 된다. 또한 감리지시서, 회의록, 실정보고서 등에 포함된 의사결정 내용, 판단 책임자와 근거, 시행 여부와 확인 과정 등은 공정 진행과 더불어 어떤 배경에서 공사가 진행되고 확인되었는지 파악하는 자료다. 공사 예산 설정과 집행에 관련된 자료는 적절한 공사비가 산정되고 집행되었는지 확인할 수 있다.

가. 지반 조건

지반의 특성은 크게 나누어 강도특성, 압축특성, 일반 상태특성, 투수특성으로 분류한다.[15] 옹벽이나 굴착문제에서는 토압계수가 사용되고, 조사 대상이 암반일 경우에는 암반의 불연속면 분포 상황이 중요한 고려사항이 되며, 지역별 특수 지반인 경우에는 해당 조건을 대변할 수 있는 특성이 함께 포함되어야 한다. 사고 조사 과정 중에 설계에 반영된 지반특성을 분석하게 되는데, 현장 조건에 맞게 올바르게 선정되어 적용되었는지 파악하는 것이 선행된다. 지반조사 보고서가 적절하게 작성되고, 보고서 내용을 설계자가 어떻게 반영하였는지 살펴본다. 조사 지역의 특수상황이나 사고 전의 기상 조건이 지반특성에 미치는 영향에 대해서도 파악할 필요가 있다.

표 6.5 사고 조사에서 고려하는 지반정수

지반 특성 종류	지반정수(geotechnical properties)
강도(strength)	응력－변형률 계수(탄성, 변형계수), 동전단계수, 첨두강도, 잔류강도, 포아송비, 내부마찰각, 점착력, 간극수압계수 등
압축성(compressibility)	압축지수, 압축비, 재압축지수, 압밀계수, 이차압밀계수, 과압밀비 등
일반 상태(gravimetric-volumetric)	단위중량, 비중, 간극비, 간극률, 함수비, 포화도, 애터버그 한계, 균등계수, 곡률계수 등
투수(permeability)	투수계수, 수리전도도, 동수경사, 크리프비, 파이핑비, 루전값, 암반 불연속면 투수계수 등
토압(earth pressure)	주수동 토압계수, 정지토압계수, 벽면마찰각, 지반반력계수, 안정수 등
암반 불연속면(discontinuities)	불연속면 전단강도, TCR, RQD, 불연속면 잔류강도 등
지역별 특수성(locality)	활성도, 동결지수, 예민비 등

땅은 생성 기원과 퇴적된 상태 및 지질학적 이력에 따라 위치, 심도별로 불균질하고 특수한 방향성이 존재한다. 지반조사를 통해 특성을 파악하지만 모든 조건을 반영하기 어렵기 때문

---

15 J.E. Bowles, 『Foundation Analysis and Design 5th』, McGraw-Hill, 1997, pp. 15-16.

에 불확실성이 존재한다. 특수한 조건이 아닌 이상 지반정수는 어느 정도의 범위 내에서 나타난다. 대표치typical value는 지반정수가 존재할 수 있는 개략적인 범위를 파악할 수 있는 참고 값이다.[16] 함수비 w는 60% 이하의 값이 일반적이나 해성점토나 유기질토는 수백 %까지 나타나기도 한다. 비중의 대표치 G_s=2.65~2.72이며, 자연 상태 모래의 간극비, e=0.5~0.8 정도다. 인천 지역의 압축지수, C_c=0.2~0.5 정도로 분포하며 부산 지역의 액성한계, w_L는 40~80% 정도다. 시험지점마다 다르게 측정될 수 있지만 대략적인 분포 범위를 숙지하고 있으면 직관적으로 지반정수의 오류를 가름할 수 있고, 간단한 계산이 가능하다.

실내실험이나 현장시험에서 얻은 지반정수값이 일반적인 범위에서 현저히 벗어나는 경우에는 자료를 얻는 과정 중에 문제점이 없었는지 확인할 필요가 있다. 시추 조사나 시험굴 등의 방법으로 시료를 채취, 운반 성형할 때 불가피하게 교란이 발생하는데, 시료 교란에 의해 이상값이 나타난다. 시험 자체의 한계에 기인하는 오류도 발생한다. 예를 들어, 삼축압축시험으로 구속압력을 가한 후 축차응력을 발생시켜 강도정수를 추정하는 경우, 실제 기초지반 하부에는 등방압력이 가해지지 않는다. 유사하다고 전제하고 유추하는 과정에서 편차가 발생한다. 삼축압축시험 압력실pressure cell에는 비등방 구속압력을 가할 수 없는 한계가 있다.

실험자의 오류도 있다. 평판재하시험은 기초지반에 가해지는 압력과 침하량의 관계를 실측하여 지지력을 추정한다. 이때 중요한 것은 하중단계별 침하량을 얼마나 정확하게 읽느냐는 것이다. 평판이 압력을 받아 침하하면 주변 지반으로 하중이 전달되는데, 침하량을 읽는 다이얼 게이지가 놓이는 기준보reference beam는 영향 범위의 외곽까지 연장되어야 한

그림 6.14 평판재하시험 오류

다. 만약 기준보가 같이 침하되거나 부풀어 오른다면 침하량은 과소 또는 과대하게 측정되어 지지력이 실제를 대표하기 어려워질 것이다.

서울 지반조사 편람에 의하면 단지조성 깎기일 경우 조사 간격은 100~200m, 연약지반 쌓기는 200~300m, 지하철 개착구간은 100m, 건축물은 사방 30~50m 간격으로 시추하여

---

16 지반정수의 일반적인 값에 대해서는 '제I편 지반'의 해당 장을 참고하기 바란다.

지층선을 추정한다. 시추공 사이를 유추하는 과정에서 심각한 오류가 발생할 수 있다. 소일네 일링으로 흙막이 벽체를 지지하면서 굴착하다가 붕괴된 사고 현장의 경우 흙막이 벽체 부근의 지층선은 약 15m 떨어진 지점의 시추 조사를 참고하여 풍화대와 연암이 분포하는 것으로 가정하고 설계하였다. 그러나 사고 이후 조사된 바에 따르면 대부분 굴착지반은 풍화토층으로 파악되었고, 지층선도 반대 방향으로 형성되어 불안전 측에서 설계와 공사가 진행되었다.

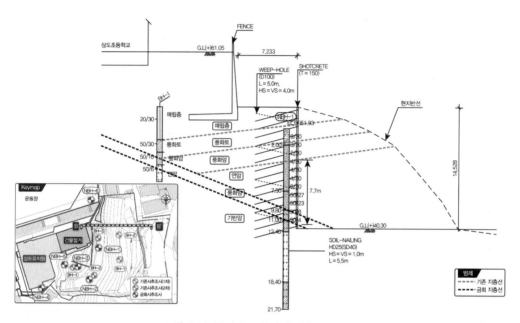

그림 6.15 붕괴사고 현장의 지층구성 차이

경험식을 사용할 때는 제안된 조건을 이해하여야 한다. 압밀침하량을 산정하는 데 중요한 압축지수의 경우에는 지역별, 재성형 조건, 실트 함유 여부, 저소성 점토 등 실험 조건에 따라 여러 경험식이 제안되었다. 지반사고 조사 대상의 점토지반의 특성에 따라 경험식이 적절히 사용되었는지 파악하여 산정한 침하량이 타당한지 확인하여야 한다.

표 6.6 압축지수 제안식[17]

equation	reference	region applicability
$C_c=0.007(LL-7)$	Skempton(1994)	Remolded clays
$C_c=0.01w_N$		Chicago clays
$C_c=1.15(e_O-0.27)$	Nishida(1956)	All clays
$C_c=0.30(e_O-0.27)$	Hough(1957)	Inorganic cohesive soil: silt, silt clay, clay
$C_c=0.0115w_N$		Organic soils, peats, organic silt, and clay
$C_c=0.0046(LL-9)$		Brazilian clays
$C_c=0.75(e_O-0.5)$		Soils with low plasticity
$C_c=0.208e_O+0.0083$		Chicago clays
$C_c=0.156e_O+0.0107$		All clays

나. 공정 진행

설계에서 안정성을 검토할 때 지반 조건, 하중 조건, 사용재료의 강성, 공정진행 등을 고려하는데, 설계자는 해당 조건이 적합하게, 적시에 시공되는 것으로 전제한다. 실제 공사에서는 설계에서 추정한 지반 조건과 다른 상태가 나타나고 현장 사정에 따라 공정 순서가 바뀌기도 하며 재료가 변경되는 일도 있다. 이와 같은 차이가 발생할 경우 조건을 다시 설정하여 설계 안정성을 확인하고 시공에 반영하는 일이 반복된다. 굴착공사에서 붕괴사고가 일어날 때 주요한 원인 중에 하나는 과다 굴착over-excavation이다. 설계에서 지지구조물이 설치되기 전에 하부를 50cm~1m 이상 굴착하는 것을 고려하지 않는다. 장비 운용이나 공기 단축을 위해 흔히 지지구조물 설치 이전에 하부를 굴착함으로써 붕괴사고로 이어진다.

지반을 굴착할 때 응력해방으로 인해 변형이 수반되므로 과도한 변위가 발생하지 않도록 적기에 지지구조물이 설치되어야 한다. 2017년 3월에 발생한 서울 ○○ 현장은 오목한 코너부를 버팀보로 지지하고 좌측에는 레이커, 우측은 어스앵커로 지지하도록 설계되었다. 좌측의 레이커가 먼 곳부터 설치되어 오는 중에 코너부 좌측을 중심으로 회전하면서 버팀보 구조물이 붕괴되었다. 버팀보는 좌우측에서 작용하는 토압을 지지하는 압축부재다. 그러나 레이커가 설치되지 않은 상태에서 토압 불평형으로 인해 버팀보가 좌측으로 편향거동을 일으켜 붕괴된 사례다. 이러한 경우 적기에 레이커가 설치되었다면 붕괴 가능성은 대폭 감소되었을 것이다.

---

17 Das, 『Principles of Geotechnical Engineering』, 2010, p. 320.

(a) 부천 ○○ 사고현장(2. 9.)　　　(b) 시흥 ○○ 사고현장(3. 11.)　　　(c) 성남 ○○ 사고현장(10. 9.)

그림 6.16 과다 굴착에 의한 붕괴사고 사례

(a) 붕괴사고 전 레이커 미설치　　　(b) 붕괴 사고 상황　　　(c) 3D 해석에 의한 응력집중

그림 6.17 불평형 공정진행에 의한 붕괴사고 사례

　　과다 굴착도 문제지만 과도 성토도 사고 원인이 된다. 연약지반은 강성이 낮기 때문에 활동을 일으키지 않는 범위 내에서 흙을 쌓아야 한다. 한 단계를 성토한 후 배수에 의해 강도가 증가하면 다음 단계를 진행하는 단계별 성토가 이루어져야 한다. 1982년 여수 제석산 지하저장 공간을 굴착하면서 발생된 암버럭을 해안 매립재로 활용하였다. 설계상 EL.5.5m까지 성토할 계획이었으나 EL.13.5m까지 성토함으로써 하부 연약지반에서 활동파괴가 일어났다. 활동 범위는 280m에 달했는데, 주변에 있던 크레인이 전도되고 해상에 설치된 강관말뚝이 기울어졌다.[18]

---

18 김주범 님 개인 소장 사고사례.

(a) 성토 제방부 활동 파괴　　　　　(b) 해수면상 강관말뚝 변위

그림 6.18 과다성토에 의한 제방 붕괴사고 사례

다. 해석 기법과 한계

　지반거동을 분석할 때 제안식이 흔히 사용된다. 제안식이란 주어진 조건에서 실험과 해석에 의해 일반화된 이론식이며 적용성을 높이기 위해 조건별 계수를 함께 제안한다. 지반사고를 조사할 때 제안식을 사용하는 경우에는 제안식의 배경과 현장 조건이 어느 정도 일치하는지 확인한 후 적용할 필요가 있다. 얕은기초의 지지력을 산정할 때 활용할 수 있는 지지력 공식으로는 Terzaghi, Meyerhof, Hansen, Vesić 등의 제안식을 사용한다. Terzaghi 공식은 소성점토를 대상으로 개략적인 극한지지력을 산정하는 데 적합하고, Meyerhof 식은 기초 하부 흙쐐기에서 곡선 형태로 수동저항이 발휘된다고 볼 수 있을 때 반영한다. Hansen 공식은 대수나선 형태의 수동저항이 발생할 경우고, Terzaghi 공식과 마찬가지로 기초저면보다 위에 있는 흙의 전단저항은 무시하는 것을 전제로 이론화되었다. Vesić 제안식은 Hansen 지지력 공식 중에서 N_c, N_ϕ는 동일하나 N_γ를 약간 변형시킨 형태다. 현장 조건과 일치하는 제안식을 적용하는 것이 타당하나 사고 현장 조건을 충분히 파악할 수 없는 경우에는 복수의 제안식으로 지지력을 산정하되, 편차가 큰 경우에는 수치해석 결과나 공학적 판단에 의거하여 합리적으로 결정할 필요가 있다.

　설계단계에서 해석은 거동을 예측하여 안정성을 확인하는 작업이다. 지반정수를 적합하게 선정하여야 함을 물론 지반 모델링의 기법도 매우 중요하다. Mohr-Coulomb 모델은 사용이 편리하고 사례가 많기 때문에 자주 사용된다. M-C 모델은 Hooke 법칙을 근간으로 선형 탄성 완전 소성 거동을 설명하는 모델이다. 지반공학 기술자에게 익숙하며 실내시험, 현장시험과 경험적인 방법으로 쉽게 결정할 수 있는 단위중량, 탄성계수, 포아송비, 점착력, 내부마찰각을 매개변수로 사용한다. 그러나 굴착문제에서 실제 현상과는 달리 굴착저면과 배면지반에서 융기가 발생하는 한계를 드러내기 때문에 수평변위나 지점별 응력 상태가 정확하게 산정되는지 의문시된다. 니콜 하이웨이Nicoll Highway 사고를 재조명한 Puzrin et al.[19]의 연구 결과에 따르면 M-C 모델로 해석할 경우, 비배수 전단강도를 최대 50%까지 크게 예측하여 불안전측에서 해석되었다. 반면에 수정 Cam Clay 모델을 적용하였을 때는 실험데이터와 1% 정도의 오차를 보여 실제 거동을 대표할 수 있는 것으로 분석하였다. 굴착과 같이 재하-제하-재재하가 반복되는 거동의 경우에는 던컨 장Duncan Chang이 제안한 Hyperbolic 모델이 바닥면 히빙이 발생하지 않은 결과를 보여 굴착거동 해석에 적합한 모델인 것으로 보고된 바 있다.[20]

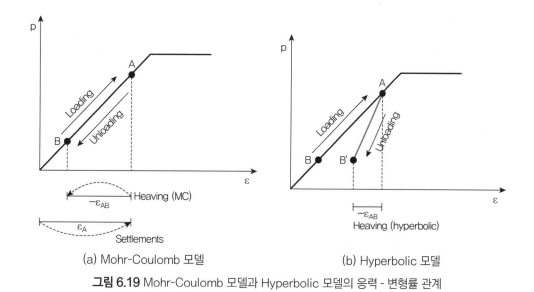

(a) Mohr-Coulomb 모델　　　　　(b) Hyperbolic 모델

그림 6.19 Mohr-Coulomb 모델과 Hyperbolic 모델의 응력 - 변형률 관계

지반사고가 발생하는 경우는 대부분 3차원 공간이다. 설계단계나 사고 조사단계에서 2차원 해석 결과를 통해 안정성을 확인하는 데 전산활용 환경이 개선됨에 따라 3차원 해석이 늘어나는 추세다. 토사 사면의 해석은 한계평형 개념으로 2차원 안전율을 구한다. 수치해석을 통해 실제와 가까운 활동 양상, 변위, 응력 상태를 분석할 수 있게 되었다. 사면을 바라보면서 좌우측이 평면이 아닌 경우에는 구속효과 또는 반대의 개방효과로 인해 대표단면에 대한 2차원 해석은 실제 거동을 대표하기 어렵다. 2차원과 3차원 해석의 차이점을 분석한 연구[21]에

19 Puzrin et al., 『파괴사례로 본 지반역학(Geomechanics of Failure)』, 조성하 외 옮김, 도서출판 씨아이알, 2021.

20 이종현 외, '지반굴착 시 Mohr-Coulomb 모델 적합성에 관한 수치해석적 분석', The Journal of Engineering Geology, Vol. 30, No. 1, 2020.

21 정우철 외, '곡면사면의 파괴 형상과 쐐기파괴의 안정성에 관한 수치해석적 연구', 한국자원공학회지, Vol. 39, No. 1, 2002.

서는 곡면형상사면의 파괴형상과 안전율을 비교하였다. 또한 사면파괴에 영향을 주는 변수인 인장강도를 변화시키면서 안전율의 변화 양상을 비교하였는데, 오목사면의 경우 FLAC2D 해석에서는 회전반경에 따라 평면사면에 비해 10~34% 정도로 큰 안전율이 나왔고, FLAC3D 해석에서는 14~42% 정도로 더 큰 결과가 나왔다. 볼록사면의 경우에는 두 해석 결과 모두 평면사면과 거의 차이가 없었다. 즉, 볼록한 사면의 개방효과는 2D, 3D 해석 결과는 차이가 없고, 오목한 곡면 형태의 사면에서는 구속효과가 안전율을 크게 산정하는 경향을 보이는 것으로 이해할 수 있다.

터널 굴착은 길이 방향의 3차원 문제다. 굴착 시 아칭효과에 의해 막장 주변에 응력 재배치가 이루어지면서 터널 안정성에 기여하게 된다. 설계단계에서는 2차원으로 터널 거동을 해석할 때는 강성 변화법 또는 응력분배법으로 3차원적인 거동을 모사하는데, 3차원 해석으로 보다 엄밀한 거동을 해석할 수 있다. NATM은 실제 발생하는 변위와 응력 상태를 관찰하여 다음 단계의 지보패턴을 결정하는 관찰법의 전형이다. 시공단계에서는 아직 굴착하지 않은 전방에 파쇄대와 같은 연약대가 있는 경우에는 급격하게 변위가 증가하여 안정성을 저해할 수 있다. 현 굴착단계의 3차원 변위를 계측하여 Schbert 외(1996)가 제안한 영향선과 경향선에 의해 막장 전방의 거동을 예측하여 사고를 방지할 수 있는 예측자료를 얻게 된다. 막장 전방에 연약대가 존재하는 경우 막장이 연약대에 접근함에 따라 영향성 그래프에서 영향선 간의 면적이 증가한다. 경향선 그래프에서는 직선 상태에서 증가 또는 감소하게 되는 경향을 보이게 되므로 연약대 존재 여부를 판단할 수 있다. 따라서 공사 관리뿐만 아니라 사고 조사 과정에서 분석의 중요한 수단으로 활용된다.

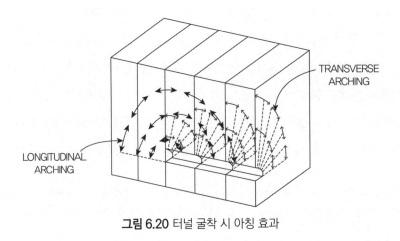

그림 6.20 터널 굴착 시 아칭 효과

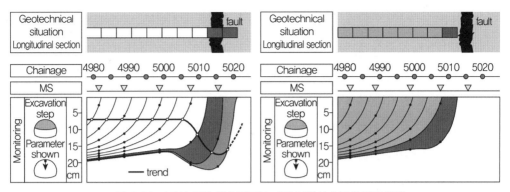

그림 6.21 막장이 연약대에 접근할 때의 영향선과 경향선의 변화

6.4 역해석

가. 지반사고 검증

지반공학적 붕괴사고는 이미 발생한 결과를 분석하여 원인을 추정한다. 검증verification에 대한 대한민국 법원도서관 법률백과사전의 정의는 다음과 같다.

> "검증이란 시각, 청각, 취각, 미각, 촉각 등 오감의 작용에 의하여 물건, 인체 또는 장소의 존재, 형태, 성질, 형상 등을 실험, 관찰하여 인식하는 강제처분을 말한다. 공판 정에서 행하는 증거물에 대한 증거조사도 넓은 의미에서는 검증으로 볼 수 있다. 그러나 검증은 대개 범죄현장 등 법원 이외의 장소에서 행해지는데, 이를 흔히 현장검 증이라고 부른다."

지반사고가 일어나면 현장검증은 현상 관찰 수준 정도로 행해지며, 경우에 따라서는 응급 복구가 시행되어 완벽한 현장보존은 어렵다. 현장 검증 또는 조사단계에서 관련 자료를 수집 하고 사고 상황을 청취하거나 영상자료를 확인함으로써 개괄적인 사고 시나리오를 구상한 후 현장시험을 계획한다.

지반사고는 대개 규모가 크기 때문에 원형을 그대로 재현한 실물시험을 하기 어렵다. 축소 모형 시험은 축척효과scale effect로 인해 불확실성이 내포된다. 따라서 사고 원인이 될 수 있는 지반 조건, 하중 상태, 공정진행 상황 등을 파악하여 붕괴 메커니즘을 설명하는데, 수집한 자료를 사용하여 공학 이론에 부합되는 사고 전개 과정을 모사한다. 역해석back analysis은 현장 관찰자료와 계측 결과가 일치하도록 미지 매개변수를 정의하는 해석 과정으로서 시행오차 법, 역산법, 직접법 등이 있다. 시행오차법은 정해석 결과인 변위와 응력에 대응하는 계측 결과와 비교하여 일치할 때까지 반복해서 매개변수를 수정하면서 정해석을 수행하는 방법이 다. 역산법은 계측에서 얻은 변위와 응력 데이터에서 직접 결정하는 방법이다. 직접법은 계측 결과와 해석 결과를 비교하여 차이가 최소화될 때까지 수치해석 과정의 반복연산을 통하여 역해석 대상인 미지 매개 변수를 수정하는 방법이다.

역해석은 사고 원인으로 설정된 가설을 입증하거나 사고가 발생하게 된 지반 조건을 확인 하는 데 유용한 수단이 된다. 수치해석만을 의미하는 것은 아니며 지반공학의 간단한 이론이 나 경험근거에 의해서도 수행된다. 그러나 시간 경과별로 지반 조건이나 구조물의 응력 상태 가 변화하여 붕괴에 이르는 과정을 면밀하게 재현하는 데 한계가 있다. 특히 지반 조건은 지점마다 똑같을 수 없고 간극수압 변화와 같이 명확하게 파악할 수 없는 점으로 인해 오류가 발생할 수 있는 점도 감안하여야 한다. 역해석에서 기본적으로 고려하여야 할 사항으로는 다음과 같다.[22]

① 설계 때 가정된 사항이 실제와 다르거나 성립되지 않은 경우가 많기 때문에 관찰된 현상as-built 조건으로 수행되어야 한다.
② 현장 조건을 파악하기 위한 조사는 관계 당사자들이 입회하여 객관적으로 진행되는 것이 바람직하다. 이때 영상자료를 다양하게 촬영하여 추후 활용하도록 한다.
③ 역해석 결과의 신뢰도를 높이기 위해서는 사용하는 입력 데이터 선정에 유의하여야 한다. 특히 검토 지역의 지질특성, 과거 이력을 함께 고려할 필요가 있다.
④ 설계도서와 구조계산서를 확보하여 실제 시공이 설계와 부합되는지 확인하는 것이 필 수적이다.
⑤ 문제의 복잡 정도에 따라 (a) 경험적 간단판별법, (b) 사례 분석을 통한 경험식, (c) 토압이 나 지지력 산정공식과 같은 닫힌 해closed-form solution, (d) 간편 수치해석, (e) 엄밀 수치해 석 등의 방법을 사용한다.
⑥ 상용 소프트웨어를 사용할 때 적합성, 가능 범위, 적용한계에 대한 이해가 선행되어야

---

22 G.L. Sivakumar et al., 『Forensic Geotechnical Engineering』, Springer, India, 2016.

한다. 해석 결과는 해당 분야 전문가가 검토하여 정당성을 확인할 필요가 있다.

⑦ 소프트웨어의 알고리즘이나 수치처리 방식에 따라 유사한 소프트웨어라도 다른 결과를 보일 수 있다. 적용되는 계수에 따라 결과가 달라지므로 예비해석을 통해 확인하도록 한다.

⑧ 수치해석은 실제를 모사하는 것이지만 해석기법 한계로 인해 오차요인이 내포된다. 최종 결론을 내리거나 대책공법을 추천할 때 (a) 3차원 문제를 2차원으로 모델링하였을 때의 문제점, (b) 간극수압 소산으로 인한 시간 의존성 흙의 거동, (c) 비선형 거동의 구성방정식 선정한계 등에 대한 설명이 추가되는 것이 바람직하다.

역해석을 통해 지반공학적 거동을 설명할 수 있는 분야는 다양하다. 기초나 구조물 아래에서 일어나는 침하거동, 구조물의 균열 발생 과정, 성토지반의 압밀침하, 터널이나 갱도가 형성될 때 주변지반의 변형과 응력 상태, 지하수나 원유 채굴에 따른 광역 침하문제, 사면 안정, 지진으로 유발되는 거동이나 액상화, 팽창성 지반 문제 등 대부분의 지반공학적 사고를 모사한 사례가 풍부하다. 역해석 과정에서 기본이 되는 것은 사고 현장의 지반 조건을 정확하게 파악하고, 사고에 이르기까지 관찰된 거동 계측자료다. 사고 영상이 확보되면 시간 경과별로 거동을 분리할 수 있으므로 더욱 엄밀한 역해석이 가능할 것이다. 그러나 사고 시점의 영상자료를 확보할 수 있는 경우가 많지 않으며, 먼 거리에서 촬영되어 공학적으로 활용이 어렵기도 하다. 또한 거동을 측정하는 계측기기가 정확하게 사고 지점에 설치되지 않은 경우에는 불가피하게 공간적 유추 과정이 필요하다.

나. 지하굴착 붕괴사고 역해석

지반을 굴착하면서 가시설을 설치하여 공간을 확보함으로써 목적 구조물을 시공하는 과정에서 굴착단계별 토압 변화, 지지구조물 설치 과정 중의 시간 지체 효과, 배면지반의 간극수압 변화 등 다양한 거동이 일어난다. 단 하나의 원인으로 붕괴사고가 발생하는 경우는 드물다. 가장 취약한 원인이 다른 조건과 연계되어 연쇄적으로 반응하여 전체 구조가 불안정해진다. 경우에 따라서는 사전 징조가 감지되지 않은 상태에서 급작스러운 붕괴가 발생하기도 한다. 사고가 발생할 수 있는 개별적인 요인에 대해 문제점을 파악하고, 다양한 원인을 종합적으로 설명할 수 있는 역해석이 필요한 경우다. 연약지반을 굴착하는 과정에서 붕괴사고가 일어난 사례에 대해 원인을 파악한 보고서가 발간되어 지반공학자의 관심을 끌었다.

(1) 니콜 하이웨이 지반사고 발생

싱가포르 교통 시스템의 중추인 지하철 원형 순환선 MRT[CCL]이 건설되고 있었다. 2004년 4월 20일 오후 3시 30분경, 니콜 하이웨이와 블루버드 역 사이를 연결하는 지하구조물을 건설하기 위해 지표로부터 30.5m 정도 굴착한 상태에서 붕괴가 발생하였다. 근로자 4명이 사망하였고, CCL 1단계 준공이 약 4년 정도 지연되었다. 싱가포르 정부는 사고조사위원회 Committee of Inquiry, COI를 구성하여 사고 상황과 원인에 대해 조사를 의뢰하였고 이듬해 5월에 보고서를 제출받았다.

굴착 현장은 20~50년 전에 성토된 매립층이 약 2.5m 정도 분포하고 하부에 하구(유기질) 퇴적층, 해성 점토층이 분포한다. 피에조콘으로 확인된 비배수 전단강도는 $c_u = 0.21\sigma'_{vo}$의 관계를 보인다. 지표에서 33.5까지 굴착하여 폭 20m로 시공되는 개착식 터널은 흙막이 벽체로서 두께 0.8m의 지중연속벽을 견고한 지반에 1~3m 정도 근입시키기 위해 지표에서 40~ 45m 하부까지 시공하였다. 지반을 안정시키기 위해 제트그라우팅을 서로 중첩시켜 지반을 고화시키는 JGP 공법을 굴착될 부분과 근입부 2개 심도에 시공하였다.

사고 4일 전에 지표 아래 30.5m까지 굴착되었다. 사고 지점 부근에 수평변위를 측정하는 지중경사계가 2개소(I-65, I-104)가 위치했다. 수평변위 양상은 전반적으로 곡선 형태로 하부로 갈수록 최대변위를 보여 연약지반에서 강성벽체가 변형될 수 있는 전형적인 양상을 보여주고 있다. 3월 9일경에는 버팀보 9단을 설치하기 위해 약 25.0m까지 굴착되었는데, 이때의 최대 수평변위량은 북쪽의 I-65에서 198mm, I-104는 215mm가 발생하여 굴착깊이 대비 0.8% H 정도였다. 3월 26일에는 각각 202mm, 282mm로 증가하였고, 사고 당일은 I-104는 441mm로 현저하게 증가한 반면 I-65는 175mm로 오히려 감소하였다. 수평변위 발생 양상을 보면 전반적으로 곡선 형태를 띠고 있으나 I-104의 경우, EL62 지점을 중심으로 하부는 직선을 유지하고 있는 반면에 상부는 급격하게 변위가 발생한 것을 볼 수 있고, I-65는 EL65 하부가 직선인 상태에서 연속적인 곡선을 보이고 있다. 이는 지중경사계 I-104가 위치한 남쪽부터 붕괴가 시작되었음을 지시한다. 사고 당일 오전 9시에 버팀보 S338지점의 북쪽 띠장이 좌굴되기 시작하여 전 구간으로 확대되어 붕괴에 이르렀는데, 남쪽에서 시작된 수평이동이 북쪽 띠장에 압축응력을 발생시킨 결과로 볼 수 있다.

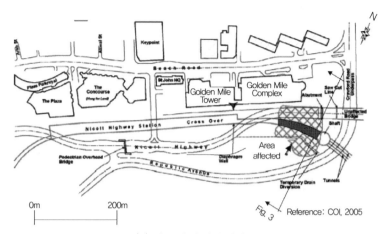

(a) 사고 발생 위치 평면도

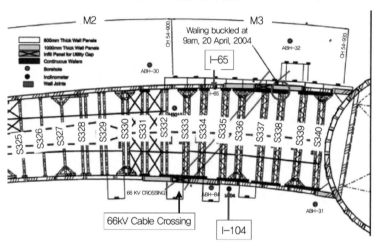

(b) 사고 발생 가시설 평면도

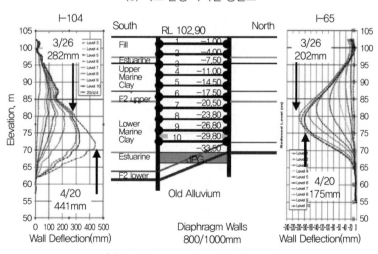

(c) 사고 발생 위치 단면도, 계측자료

그림 6.22 니콜 하이웨이 붕괴사고 관련 자료(COI, 2005)

(2) 원설계와 시공 중 역해석

굴착설계는 시공사가 책임을 지는 설계−시공 일괄 방식으로 진행되었다. 수치해석에 사용된 소프트웨어는 PLAXIS였고 Mohr-Coulmb 모델을 사용하였다. 해석에서는 배수강도를 사용하는 Method A와 비배수 강도를 적용하는 Method B를 적용할 수 있는데, 굴착지반인 해성 점토에 대해 비배수 강도($c' = c_u$, $\phi' = 0$) 대신에 유효응력 강도정수(c', ϕ')을 적용하였다. 이와 같이 적용한 경우에는 실제보다 강도를 크게 적용하여 휨모멘트와 벽체 변형이 과소하게 측정되는 결정적인 오류가 발생하게 된다.

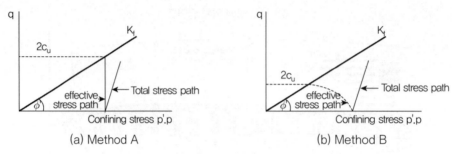

그림 6.23 비배수 전단강도 비교

Mohr-Coulomb 모델은 파괴 전의 변형 상태를 등방 탄성거동으로 가정한다. 따라서 배수 상태에서 순수 전단은 체적 변형을 일으키지 않는다. 비배수 전단 재하, 즉 체적변화를 허용하지 않는 상태에서는 간극수압이 발생하지 않는 결과가 된다. 평균 유효 응력, p'은 일정하게 유지되며 그림과 같이 $p' - q$ 삼축응력 공간에서 파괴에 이르는 유효응력 경로는 연직 방향으로 그려진다. 사고 현장의 정규에서 약간 과압밀된 점토는 배수 재하 조건에서 수축하는 경향을 보인다. 물은 비배수 전단 상태에서는 비압축성이기 때문에 해석 결과는 정(+)의 과잉 간극수압이 발생한다. $p' - q$ 삼축응력 공간에서 파괴에 이르는 유효응력 경로는 연직에서 좌측으로 휘는 곡선 형태를 보이고, 파괴포락선에 교차하게 될 때 실제보다 훨씬 낮은 축차 파괴응력, q_f를 지나게 되며 이때 $q_u = 2c_u$가 된다.

18m를 굴착하여 버팀보 6단을 설치한 2004년 2월 23일경 북쪽에 설치한 지중경사계(I-65)에서 측정된 최대 수평변위가 원설계에서 예측한 105mm보다 큰 159mm가 발생하였다. 역해석을 수행한 결과, 최대 수평변위는 253mm로 예측되었다. 2004년 4월 1일에 I-104에서 수평변위가 302mm가 측정되었고, 역해석을 통해 최대 359mm까지 발생할 것으로 파악되었다.

(a) stiffener plate   (b) C-channel

그림 6.24 띠장 좌굴(COI 보고서, 2005)

시공 중 역해석은 배수전단강도를 적용한 Method A로 진행되었다.

(3) 사고 조사와 원인 발표

사고가 발생한 후 법원 판사를 위원장으로 하는 조사위원회는 전문가 20명의 의견을 받고 173명의 목격자 진술을 토대로 약 5개월 후인 2004년 9월 13일에 중간 조사 결과, 2005년 5월 13일에 최종 결과를 발표하였다. 주된 원인으로 Method A를 적용하여 전반적으로 과소 설계under design가 진행되었고, 띠장 연결부의 설계오류를 지적하였다. 최초의 붕괴는 9단 버팀보 띠장의 좌굴 현상이 발생하면서 전체 흙막이 구조가 붕괴에 이르렀다고 보았다.

조사위원회가 의뢰한 별도의 자문단Engineering Advisory Panel은 ABAQUS를 사용하여 3차원 수치해석을 통해 붕괴 과정을 모사하였다. 단기 굴착 문제이기 때문에 원설계와 달리 비배수 강도를 적용(Method B)하였을 때 전반적인 안정성이 저하된 결과를 보고하였다. 붕괴 수개월 전에 관찰된 띠장과 보강재의 좌굴문제에 대해서는 수치해석 결과에서 6단과 9단의 작용한 하중이 불과 7~10% 정도만 크게 발생한 것으로 산정되어 강도정수를 잘못 적용한 것은 좌굴의 직접적인 원인으로 보기 어려웠다. 사고 발생 지점의 가시설 평면도에서 보면 직각 버팀보가 띠장에 연결될 때 하중을 분산시키는 사보강재(속칭: 까치발, 화타load spreader, spreading bracer, splay)가 생략된 것을 볼 수 있다. 또한 2004년 2월에 일부 버팀보와 보강재stiffener에 좌굴이 발생하여 C-channel로 대체하여 보강하였는데, 축 방향 저항력은 약간 커졌으나 용접 면이 축소되면서 취성파괴의 가능성이 증가했다. 따라서 변형이 과다하게 발생할 수 있는 토압이 버팀보를 통해 흙막이 벽체에 작용될 때, 띠장과 스티프너가 국부적으로 변형되어 취성 파괴가 발생함으로써 일시에 붕괴된 것으로 파악하였다.

(4) 역해석을 통한 사고 조사 의의

싱가포르에서 발생한 대형 붕괴사고 보고서에 수록된 역해석 내용을 살펴보았다. 실물 시험이 어려운 까닭에 역해석은 유일한 검증 과정이고, 설계 적합성과 시공 상황 증거 확인, 계측 결과 분석을 명백하게 설명하는 수단으로 활용되었다. 해석적 기법으로 거동을 분석할 때 해석 모델과 입력자료를 어떻게 활용하느냐에 따라 결과는 크게 차이가 남을 알 수 있다. 따라서 지반 조건을 파악할 때 실제 일어나는 일을 감안하여 지반정수, 모델, 시공단계 등을 정하는 것이 필수적이다.

역해석은 실측 데이터인 계측 결과를 기준으로 수행한다. 사고 지점에서 활용할 수 있는 계측기기 유무, 설치 오류, 시간 지체, 계측기기 파손 등에 따른 부적합한 자료로서는 역해석 의 정확성을 기할 수 없다. 사고 조사를 위해서만 아니라 안전한 공사 관리를 위해서 현장 거동을 그대로 설명할 수 있는 계측자료가 얻어져야 한다. 계측 결과가 실제 거동을 대표한다 고 전제할 때 시공 상황에 따른 역해석이 사실과 동일한 결과를 얻게 되고 사고 원인이 명확 해진다. 수치해석은 의도적으로 조절될 수 있다. 해석기법에 대해 충분한 이해가 없으면 해석 결과는 실제와 다른 결과를 빚어낸다. 해석적 방법에 대한 자체적인 한계도 있음을 감안할 때 해석 결과는 사고 원인을 확정하는 것의 보조적 또는 확인 차원의 작업으로 인식하는 것이 바람직하다. 무엇보다도 현장에서 관찰되고 획득된 증거자료와 경험과 지식을 통한 판단이 우선시되는 것이 타당하다.

다. 사면 붕괴사고 역해석

물은 높은 곳에서 낮은 곳으로 흐른다. 비탈면은 자신의 강도에 따라 서 있기도 하며 안정 을 찾을 때까지 무너져 내린다. 비가 많이 오면 표면이 쓸려 내린다. 단단한 암반사면이라도 풍화되면 떨어져 나간다. 지질학적 변화에 의해 만들어진 취약면은 안정에 크게 영향을 미친 다. 여기에 사람이 인위적으로 굴착하거나 흙을 쌓으면 무너질 가능성이 높아진다. 사면 안정 은 지반 강도, 강우 영향, 인위적 요인에 따라 달라진다.

(1) 사면 안정 영향 요인

사면의 안정성에 영향을 미칠 수 있는 요인들을 각각 평가하여 점수를 합산한 후 재해위험도를 평가한다. 「급경사지 재해예방에 관한 법률 시행령」 제3조 제3항에서 자연비탈면 및 산지, 인공비탈면, 옹벽 및 축대로 구분된 급경사지 재해위험도 평가에서 총점 100점 만점으로 하여 붕괴위험성(70점), 사회적 영향도(30점)으로 구분하여 점수를 부여한다. 또한 조사자의 판단에 의해 항목별로 1~5점을 보정할 수 있다. 합산된 점수를 20점 단위로 나누어 A~E 등급으로 분류하여 위험도를 판단한다.

표 6.7 등급별 평가 점수 및 내용

등급	재해위험도 평가 점수			내용
	자연비탈면 또는 산지	인공비탈면	옹벽 및 축대	
A	0~20	0~20	0~20	재해위험성이 없으나 예상치 못한 붕괴가 발생하더라도 피해가 미비함
B	21~40	21~40	21~40	재해위험성이 없으나 주기적인 관리 필요
C	41~60	41~60	41~60	재해위험성이 있어 지속적인 점검과 필요시 정비계획 수립 필요
D	61~80	61~80	61~80	재해위험성이 높아 정비계획 수립 필요
E	81 이상	81 이상	81 이상	재해위험성이 매우 높아 정비계획 수립 필요

행정안전부에서 제시하는 재해위험도의 평가 중 붕괴 위험성을 보면 비탈면 자체의 형상(경사각, 높이, 종단과 횡단형상)과 비탈면 내 지반 변형·균열과 인접한 비탈면 계곡의 연장과 폭을 평가한다. 사면 내 풍화 산물인 토심, 사면에 하중으로 작용할 수 있는 외력, 지하수 상태, 보호시설 상태를 관찰하여 점수를 부여한다. 또한 과거에 붕괴·유실 이력이 있는지 조사하여 평가에 반영한다. 사회적 영향도는 주변환경, 피해인구수, 도로차로수와 교통량을 고려하며, 보호하여야 할 급경사지와 인접한 시설물과의 거리를 반영한다. 이 중에서 피해가 발생한다고 가정하였을 때 피해 예상 인구수는 개별항목 총점이 15점으로 가장 중요시 여긴다. 조사자의 판단에 의해 상부에서 토석류가 발생할 수 있는 경우, 우수배수시설 여부와 상태, 재해 취약자의 피해 예상 등에 대한 보정을 할 수 있도록 한다.

인공비탈면의 경우는 비탈면의 경사각을 토사와 암반으로 구분하고 풍화도와 토사의 강도, 암반의 절리 방향을 고려하는 부분이 추가된다. 표면 보호공의 시공 상태를 관찰하여 평가에 반영하고, 조사자의 보정 정수는 자연비탈면과 동일하게 적용한다. 행정안전부의 재

표 6.8 자연비탈면 및 산지의 재해위험도 평가표(「급경사지 재해 예방에 관한 법률 시행령」 제3조의3, 2018)

구분			평가 기준 및 배점					
붕괴위험성(70)	경사각(°)		20 미만	20~33	34~43	44~53	54 이상	
			2	4	6	8	10	
	높이(m)		25 미만	25~49	50~59	60~69	70이상	
			1	2	3	4	5	
	급경사지 종단형상		철형	직선형	요형	복합형		
			1	2	3	4		
	자연비탈면 횡단형상		하강형	평행형	상승형	복합형		
			1	2	3	4		
	지반 변형·균열		없음		있음			
			0		5			
	비탈면 계곡	계곡 연장(m)	0~10	11~30	31~50	51 이상		
			1	2	3	4		
		계곡 폭(m)	3 이상	2~3	1~2	1 미만		
			1	2	3	4		
	토층심도(cm)		0~20	21~50	51~70	71~90	91 이상	
			1	2	3	4	5	
	상부외력		무	전, 답, 묘지 외	송전탑, 주택	철도	도로	임도
			1	2	4	6	8	10
	지하수 상태		건조	습윤	표면수	용수		
			0	2	4	6		
	붕괴·유실이력		없음	낙석	10% 미만	10~20% 미만	20% 이상	
			0	2	4	6	8	
	보호시설 상태		양호	불량	매우 불량	무		
			0	2	4	5		
사회적 영향도(30)	주변환경		임야·공원 시설		택지·도로·철도 등			
			3		5			
	피해 인구수/ 도로 차로수· 교통량	도로와 접한 급경사지 — 도로 차로수(편도)	도로 1차로 이하	도로 2차로		도로 3차로 이상		
			1	4		7		
		교통량(대/일)	500 미만	500~5,000	5,001~20,000	20,001~35,000	35,001 이상	
			1	2	4	6	8	
		그 외 기타 지역 급경사지 — 피해 예상 인구수	0	1~4명		5명 이상		
			0	10		15		
	급경사지와 인접 시설물과의 거리		시설물 없음	비탈면 높이 2배 초과	비탈면 높이 2배 이내	비탈면 높이 이내	비탈면 높이 1/2배 이내	
			0	1	4	7	10	

※ 조사자 보정점수
1. 상부 산지에서 토석류 등이 발생하여 피해가 예상되는 지역(+5)
2. 급경사지의 우수배수시설 여부 및 상태: 우수배수시설 없음(+2), 우수배수시설 있으나 시설 상태 불량(+1)
3. 노약자(노인, 어린이, 장애인 등)의 피해가 예상되는 지역: 노약자 4인 이하(+1), 노약자 5인 이상(+2)
4. 관리 주체가 불분명*한 지역 또는 자력정비가 어려운 재해취약계층**거주 지역: 4인 이하(+3), 5인 이상(+5)

    * ① 토지와 주택 등의 소유자와 사용자가 달라 관리주체를 정하기 어려운 경우, ② 급경사지 소유자의 행방을 알 수 없는 경우, ③ 직접 거주를 하지 않아 방치되어 타인의 피해가 우려되는 경우, ④ 소유자·점유자가 다수인으로 관리주체를 정하기 어려운 경우 등

    ** 「국민기초생활보장법」 제2조의 국민기초생활보장수급권자 및 차상위계층

표 6.9 인공비탈면의 재해위험도 평가표(「급경사지 재해 예방에 관한 법률 시행령」 제3조의3, 2018)

구분			평가 기준 및 배점						
붕괴위험성 (70)	비탈면 경사각(°)	토사	34 미만	34~38	39~43	44~53	54~63	64~73	74 이상
			0	1	2	3	4	5	6
		암반	54 미만	55~58	59~62	63~67	68~72	73~76	77 이상
			0	1	2	3	4	5	6
	비탈면 높이(m)		5 미만	5~14		15~24		25~34	35 이상
			0	1		2		3	4
	급경사지 종단형상		철형		직선형		요형		복합형
			1		2		3		4
	절토부 횡단형상		직선형	오목형	볼록형	요철형		하부이탈형	돌출형
			0	1	2	3		4	5
	지반 변형·균열		없음			있음			
			0			5			
	절리 방향/흙의 강도		매우 유리/매우 견고	유리/조밀 또는 견고		양호/중간		불리/느슨 또는 연약	매우 불리/매우 느슨
			0	3		5		7	10
	비탈면 풍화도		하			중			상
			0			5			10
	지하수 상태		건조		습윤		표면수		용수
			0		2		4		6
	배수시설 상태		완전 배수		양호		보통	불량	매우 불량
			0		2		3	4	5
	표면보호공 시공 상태		매우 양호		양호		불량	매우 불량	표면시공 없음
			0		2		3	4	5
	붕괴·유실이력		없음		낙석	10% 미만	10% 이상~20% 미만		20% 이상
			0		3	5	8		10
사회적 영향도 (30)	주변환경			임야·공원 시설			택지·도로·철도 등		
				3			5		
	피해인구수/도로차로수·교통량	도로와 접한 급경사지	도로 차로수 (편도)	도로 1차로 이하		도로 2차로		도로 3차로 이상	
				1		4		7	
			교통량 (대/일)	500 미만	500~5,000	5,001~20,000	20,001~35,000		35,001 이상
				1	2	4	6		8
		그 외 기타 지역 급경사지	피해 예상 인구수	0			1~4명		5명 이상
				0			10		15
	급경사지와 인접 시설물과의 거리		시설물 없음	비탈면 높이 2배 초과		비탈면 높이 2배 이내		비탈면 높이 이내	비탈면 높이 1/2배 이내
			0	1		4		7	10

표 6.10 산사태 위험지 판정 기준표(「산지관리법 시행규칙」 제5조 및 제28조의 3, 2018)

구분		위험요인별 점수				
경사 길이 (m)	위험요인	50 이하	51~100	101~200	201 이상	-
	점수	0	19	36	74	
모암	위험요인	퇴적암(이암, 혈암, 석회암, 사암 등)	화성암(화강암류 기타)	변성암(천매암, 점판암 기타)	변성암(편마암류 및 편암류)	화성암(반암류와 안산암류)
	점수	0	5	12	19	56
경사 위치	위험요인	0-1/10	2-6/10	7-10/10	-	-
	점수	0	9	26		
임상	위험요인	침엽수림(치수림, 소경목) 무입 목지	침엽수림(중경목, 대경목) 활엽수림, 혼효림(치수림)	활엽수림, 혼효림(소, 중, 대경목)		
	점수	18	26	0		
사면형	위험요인	상승사면	평행사면	하강사면	복합사면	-
	점수	0	5	12	23	
토심(cm)	위험요인	20 이하	21~100	101 이상	-	-
	점수	0	7	21		
경사도(°)	위험요인	25 이하	26~40	41 이상	-	-
	점수	16	9	0		
조사자의 점수 보정	※ 보정인자 1. 조사자 또는 마을사람들이 산사태 발생 위험 지역이라고 생각함(+10) 2. 조사자 또는 마을사람들이 산사태 발생 위험성이 전혀 없다고 생각함(−10) 3. 인위적 산림훼손지로 방치하거나 불완전한 방재 시설지(+20) 4. 과수원 및 초지단지, 유실수조림지 등 지피식생이 불완전한 산지(+20) 5. 산지가 도심지에 위치하여 산사태 발생 시 피해 확산 위험이 있는 지역(+10)					

가. 180점 이상인 경우: 산사태 발생 가능성이 대단히 높은 지역
나. 120점 이상 180점 미만인 경우: 산사태 발생 가능성이 높은 지역
다. 61점 이상 120점 미만인 경우: 산사태 발생 가능성이 낮은 지역
라. 60점 미만인 경우: 산사태 발생 가능성이 없는 지역

해위험도 평가표에서 다루지 않는 「산지관리법」의 토석류는 산사태 위험지 판정 기준표를 활용한다. 여기에서는 모암, 임상과 같은 사면의 정성적 성질을 고려하는데, 반암류와 안산암류가 가장 위험하다고 판단하며, 우리나라 변성암의 대부분을 차지하는 편마암류의 점수도 높다. 또한 침엽수림으로 식생된 사면은 활엽수림에 비해 위험성이 크다고 본다. 조사자의 점수 보정을 통해 최종 점수를 합산한 후 180점 이상이면 산사태 발생 가능성이 대단히 높고, 60점 미만이면 산사태 발생 가능성이 없는 지역으로 판단한다.

　재해위험도 평가표와 산사태 위험지 판정 기준표에서 제시된 사면 안정에 영향을 미치는

기하학적 또는 정성적인 성질 외에 취약부를 형성할 수 있는 요소로서는 불연속면 특성과 지질학적 특이 지층을 들 수 있다. 특히 쇄설성 퇴적암 지역에서 경사층리면을 따라 협재된 물질의 강도에 따라 급격한 활동을 보이거나 공동이 발달된 석회암 지역은 함몰, 지하수 유출에 따른 지반침하 문제를 야기할 수 있다. 지질특성을 이해함으로써 파괴 특성을 미리 예측하여 대응하는 것은 설계단계뿐만 아니라 사고 조사에서도 매우 중요한 점이다. 사고 원인을 조사하고 강도를 추정하기 위한 역해석의 입력 데이터 항목과 값을 선정할 때 고려하여야 한다.

표 6.11 주요 특이 지질과 사면 영향 요소(김수로 외, 2008)

특이 지질	영향 요소
불연속면 특성	불연속면은 암석 생성 당시의 내적인 원인으로 발생된 것과 암석 생성 이후 생성된 것으로 양분된다. 불연속면의 발달 방향, 규모, 빈도, 표면특성, 충전물 특성 등은 사면 안정화에 직접적인 영향을 미치는 요소이며, 누수특성과도 밀접한 관련을 가진다.
제3기층 특성	신생대 제3기층은 한반도에서 동해안 등 일부 지역에서 분지 형태로 나타나고 있으며, 미고결층으로 매우 연약한 강도 특성을 보인다. 그러나 일반적으로 풍화로 오인하여 설계에 반영되는 경우가 있어 3기층을 포함한 지층은 설계상에서 심도 및 지층 특성 등에 유의하여야 한다.
탄층 및 탄질 셰일	우리나라 석탄 자원은 강원 내륙, 문경 지역 및 남서 지역에 분포하고 있으며, 그 외 지역은 소규모 협층으로 존재한다. 탄질 셰일의 경우 낮은 슬레이킹 내구성 지수를 나타내며 노출과 지표수 유입에 따라 매우 급속한 풍화를 보이게 된다. 따라서 급격한 전단강도 감소에 따른 파괴가 발생하기도 한다.
층리 및 퇴적암	퇴적암 지역의 사면의 경우 복합적인 원인에 의하여 파괴가 발생되는 경우가 많다. 퇴적암의 층리는 지각변동에 따라 2차적인 불연속면과 함께 위험 블록을 발생시키기도 하며, 절취 시에도 블록 이완이 심해져 대규모 파괴 원인이 되기도 한다. 또한 불연속면의 연장성이 높은 경우 불연속면 및 사질과 이질이 협재된 경우 차별풍화 그리고 팽창성 점토 등이 문제를 일으킬 수 있다.
엽리를 포함한 변성암	엽리 등의 불연속면은 변성암 암반사면의 블록 발생 및 파괴를 일으키는 주요 원인이다. 대표적인 암종은 점판암, 천매암, 편암, 편마암 등으로 불연속면 발달이 엽리 또는 편리를 따라 발생되는 경우가 일반적이다. 또한 이러한 엽리, 편리를 따라 발달된 불연속면은 매끄러운 표면특성을 나타내고 있으며, 풍화, 변질을 동반할 경우 심한 전단강도 저하를 나타내게 된다.
풍화 및 핵석(corestone) 노출	암석의 풍화 과정은 성인 및 기타 조건에 따라 다른 양상으로 진행되며, 이러한 풍화 경로와 속도의 차이는 암석의 물성에도 차이를 나타낸다. 사면의 관점에서 풍화는 암반의 불연속면의 특성 및 강도 저하를 정성적으로 나타내는 항목이다. 또한 암석의 풍화 과정에서 발생되는 핵석의 노출은 표면보호 및 보강에 있어서 주요 고려 대상이 된다.
석회암 공동	이미 형성된 공동이 있는 지역에 굴착으로 인해 유출공간이 형성되면 내부에 충전되어 있던 토사와 지하수가 함께 유출되어 지반침하를 야기할 수 있다. 또한 공동 직상부에 장비하중이 가해지거나 발파가 진행되면 급격한 붕괴로 이어지기도 한다.

(2) 사면 안정성 해석 기법

일반적으로 토사사면의 안정성 해석에서 사용하는 방법은 가상 파괴면을 따라 활동하는 토체는 강체로서 거동하고, 활동면 전체에서 동일한 안전율을 보이며 강도정수는 응력－변형률 거동에 관계하지 않는 한계평형 해석법이다. 전단응력과 수직응력의 관계는 Mohr-Coulomb 평형방정식을 사용하여 힘의 평형을 고려하며 흐름법칙은 사용하지 않는다. 결정론적인 한계평형 해석에서 지반의 강도를 표현하는 정수(c, ϕ)가 매우 중요한 역할을 한다. 활동토체를 하나의 물체로 보는 방법과 다수의 절편으로 나누어 절편 간 평형 조건을 만족하도록 하고 각 절편에 대한 성분을 합산하여 안전율을 구하는 절편법으로 나뉜다. 절편법은 토체 내부에서 활동면을 따라 전단파괴가 발생하는 순간 활동력과 활동에 대한 저항력이 평형을 이룬다는 가정하에 개발된 기법이다. 다양한 사면 형상, 지반 불균질성과 수압 조건을 모두 고려할 수 있는 장점이 있으나 미지수의 수가 방정식의 수보다 많아 부정정 문제다. 따라서 작용력에 대해 가정이 필요하다. 현재 활용되는 사면 안정 해석의 적용성과 가정 사항을 다음 표와 같이 설명할 수 있다.

표 6.12 한계평형 해석의 특징과 가정 사항(Nash, 1987)

해석법	원호 파괴	비원호 파괴	모멘트 평형	힘 평형	가정 사항
무한사면 해석		*		*	사면과 평행
쐐기해석		*		*	경사도 확인된 경우
$\phi_u = 0$	*		*		
Ordinary	*		*		합력은 절편 바닥면과 평행
Bishop	*	(*)	*		수평면으로 합력 작용
Janbu 간편법	(*)	*		*	수평면으로 합력 작용
Lowe & Karafiath	*	(*)		*	활동토체 경사도 확인된 경우
Spencer	*	(*)	*	*	일정한 경사
Morgenstern & Price	*	*	*	*	$X/E = \lambda f(x)$
Janbu 엄밀법	*	*	(*)	*	활동면 지정
Fredlund & Krhan GLE	*	*	*	*	$X/E = \lambda f(x)$

*는 특정조건 모두 만족
(*)는 특정조건 부분 만족

한계평형 해석기법은 초기응력 상태, 응력이력 및 지반의 비선형 거동을 고려할 수 없으며 상호 작용력에 대한 가정에 따라 안전율이 다르다. 또한 단일 토체로 거동한다고 가정하기 때문에 사면 활동의 변형 문제를 설명할 수 없다. 유한요소법이나 유한 차분법을 사용하는 수치해석은 사면의 안정과 변형을 일관성 있게 모사할 수 있다. 전단강도 감소 기법은 사면이 파괴될 때까지 흙의 전단강도 정수를 감소시킴으로써 안전율을 산정하는 방법이다. 파괴면의 형상이나 위치에 대한 가정이 불필요하고 굴착이나 성토와 같이 하중경로에 의한 다양한 시공 과정을 모델링할 수 있다.

강도감소법Strength Reduction Method을 사용하여 구하는 안전율은 가상활동면에서 산정된 τ_f, 전단강도와 τ_m, 활동전단응력의 비로서 정의된다.

$$F = \frac{\tau_f}{\tau_m} \tag{6.1}$$

사면의 형상에 중력하중을 가하여 발생되는 응력을 수치해석 기법으로 계산하여, 사면의 파괴활동이 발생될 수 있도록 그 지점의 전단강도를 안전율로 나누어 모아원이 파괴포락선에 접하도록 응력 상태를 보정한다. 이러한 파괴점이 증가함에 따라서 사면에서 전반적인 파괴가 발생된다. 그때의 유한요소해석에서는 계산이 발산이 되어 더 이상의 해석이 진행되지 않은 상태로 되며, 한계값을 사면의 최소안전율로 정의한다. 계산 방법은 주어진 사면의 탄성계수와 포아송비는 일정하게 간주하고, 점착력 c, 마찰각 ϕ는 다음과 같은 식으로 점진적으로 감소시켜 계산이 발산이 되는 지점의 안전율을 최소안전율 F로 계산하는 것이다 (Matsui and San, 1992).

$$c_r = \frac{c}{F}, \quad \phi_r = \tan\left(\frac{\tan\phi}{F}\right) \tag{6.2}$$

파괴가 일어나는 사면의 최소안전율뿐만 아니라 변위, 지반 내의 응력 상태, 소성영역 등을 확인할 수 있기 때문에 지반사고 조사에 더욱 치밀한 해석법이라고 볼 수 있다. 수치해석에 수반되는 요소망 크기, 체적 팽창각, 경계 조건, 응력이력, 모델 차원과 같은 매개 변수에 따른 영향을 검토한 연구 결과[23]에서 보면, 요소망이 조밀할수록 안전율은 작게 산정됨을 알 수 있다. 체적 팽창각은 지반이 파괴될 때 0으로 수렴되므로 유한요소해석에서는 소성

---

23 김영민, '강도감소법에 의한 3차원 사면안정해석에 대한 매개변수 연구', 한국지반신소재학회 논문집, 제15권, 제4호, 2016.

변형률을 계산할 때 체적 팽창각을 적용하고 최소안전율을 구한다. 예측한 바대로 체적팽창각이 0일 때 최소 안전율을 보였다. 한편 3차원 해석 결과는 2차원보다 안전율이 평균 6.3% 크게 산정되는 경향을 보여 구속효과가 있음을 알 수 있다.

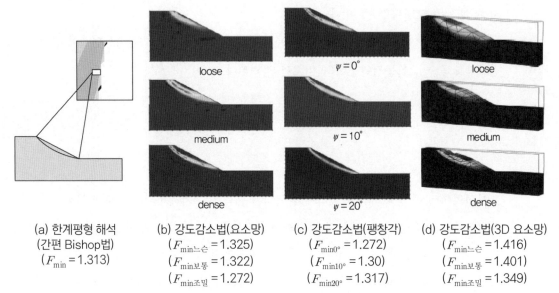

(a) 한계평형 해석
(간편 Bishop법)
(F_{min} =1.313)

(b) 강도감소법(요소망)
($F_{min느슨}$ =1.325)
($F_{min보통}$ =1.322)
($F_{min조밀}$ =1.272)

(c) 강도감소법(팽창각)
($F_{min0°}$ =1.272)
($F_{min10°}$ =1.30)
($F_{min20°}$ =1.317)

(d) 강도감소법(3D 요소망)
($F_{min느슨}$ =1.416)
($F_{min보통}$ =1.401)
($F_{min조밀}$ =1.349)

그림 6.25 한계평형 해석과 강도감소법에 의한 사면 안정해석

(3) 역해석에 의한 강도정수 추정

사면 안정 문제는 강도정수를 어떻게 선정하느냐, 사면 붕괴사고 관련해서는 파괴 당시의 지반정수가 얼마 정도였는지를 파악하는 것이 매우 중요하다. 사면 안정성 해석에 사용되는 단위중량, 외력 조건, 전단강도 정수, 지하수위 조건 등은 모두 역해석 대상이 될 수 있다. 이 중에서 불확실성이 가장 높은 변수들을 역해석 대상변수로 선정하는 것이 효율적이므로 전단강도 정수를 선정하는 것이 일반적이다.[24]

지반특성과 지하수위 조건, 사면 조성 시기와 지하수위 변화, 강우 조건 등을 감안하여 비배수 또는 배수 상태로 구분하여 역해석을 시행한다. 사면이 만들어진 바로 다음에 지하수위가 상승하여 사면붕괴가 일어났을 경우에는 비배수 상태로 설정하여야 하며 오랜 시간이 경과하였다면 배수 상태로 보는 것이 타당하다. 사면 안정해석에 적용되는 입력 인자들의

---

24 김종민, '붕괴사면의 역해석', 지반, 제28권, 제7호, 2012, pp. 25-27.

민감도를 분석한 연구 결과[25]에 따르면 전단강도 정수 중 내부마찰각은 상대적으로 낮은 민감성을 보이나 점착력이 더 지배적인 요인인 것으로 나타났다. 다양한 요인이 영향을 미치는 사면 붕괴의 결과를 보고 역으로 강도를 추정하는 것은 불확실성이 있으므로 민감성이 낮은 내부마찰각은 현장시험 결과나 경험식을 통해 확정하고, 점착력을 대상변수로 수행하는 것이 효율적이다.

뉴질랜드 편암 지역에서 대형 암반사면이 붕괴된 사례를 통해 한계평형 해석과 2D, 3D 수치해석을 통해 붕괴된 사면의 전단강도를 역해석한 연구 결과가 있다.[26] 4개의 단층대와 전단면이 사면 방향으로 형성되어 있어서 강도가 매우 작은 가우지가 협재된 교차면을 따라 붕괴가 발생하였다. 붕괴면의 잔류 내부마찰각은 10° 이하인 것으로 측정되었다.

그림 6.26 뉴질랜드 라운드 힐 핏(Round Hill pit) 북쪽 사면 붕괴 현황

선캄브리아기 편암을 기반암으로 하는 지역에서 최대 30m까지 절토공사가 진행 중인 암반사면에서 붕괴가 발생하였다.[27] 사면과 유사한 방향으로 엽리, 단층 등의 취약면이 발달하여 불안정성이 내재된 상태였다. 불연속면을 조사하고 슈미트 해머시험과 시추공에서 채취한 암석시료를 통해 전단강도 특성을 파악하였다. 붕괴가 일어난 해석단면에 대해 점착력은 0부터 1.25tonf/m²까지 0.25씩, 내부마찰각은 20~32° 사이를 2°씩 변경하여 역해석을 통해 안전

25 백용 외, '사면 안정해석에 적용되는 입력 인자들의 민감도 분석', 한국지반공학회 논문집, 제21권, 제5호, 2005.

26 I.R. Brown et al., 'Estimation of in situ strength from back-analysis of pit slope failure', Australian Centre for Geomechanics, 2016.

27 송원경 외, '사면의 지질특성을 고려한 암반강도 결정', 한국지반공학회 사면위원회, 2001.

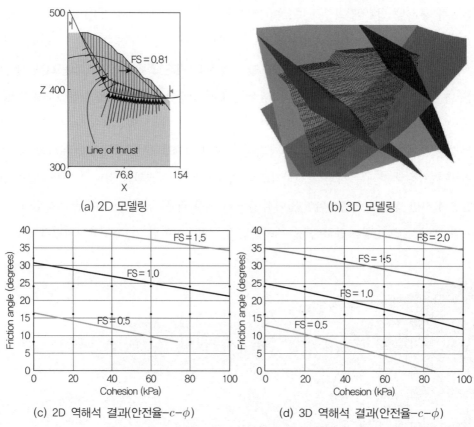

(a) 2D 모델링

(b) 3D 모델링

(c) 2D 역해석 결과(안전율$-c-\phi$)

(d) 3D 역해석 결과(안전율$-c-\phi$)

그림 6.27 붕괴 사면의 강도감소법에 의한 강도정수 추정

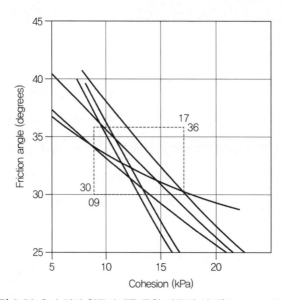

그림 6.28 유사 암반 활동사례를 통한 다중해 산정(Sancio, 1981)

율을 산정하였다. 점착력 0.25tonf/m², 내부마찰각은 26°일 때 안전율이 0.93으로 산정되었고, 활동면은 실제 붕괴 상황과 유사하게 해석되었다.

실내시험과 Hoek-Brown식, 경험식으로부터 최종 활동면의 강도는 점착력 0.75tonf/m², 내부마찰각은 25°로 결정하였다. 역해석이 매우 유용한 강도정수 추정 방법이지만 현장에서 관찰된 내용, 실내시험 결과를 통해 조정되고, 암반 파괴 시 응력과 강도와의 관계를 이용하여 절리를 포함하는 암반의 강도정수를 추정하는 경험식과 유사 조건의 사례를 통해 강도정수를 검증하는 단계를 거쳤다. 붕괴 양상이 실제와 부합되는 것을 확인하면서 역해석을 통한 강도정수 신뢰도를 높인 사례로 볼 수 있다.

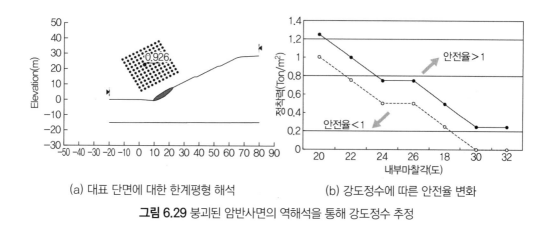

(a) 대표 단면에 대한 한계평형 해석   (b) 강도정수에 따른 안전율 변화

그림 6.29 붕괴된 암반사면의 역해석을 통해 강도정수 추정

라. 연약지반의 역해석

연약지반은 압축성이 커서 상부구조물이나 성토하중을 지지할 수 없는 자연 상태의 지반을 말한다. 퇴적환경에 따라 점토나 실트와 같은 세립분과 모래가 순차적으로 지층을 형성하거나 서로 교호하면서 복잡한 지층이 만들어진다. 지역에 따라 팽창성 점토, 붕괴점토, 고유기질토, 화산회질 점성토, 예민비가 큰 퀵클레이 등과 같이 고유의 특성을 보이는 문제성 토질도 분포한다. 연약지반 설계에서 지반공학적 특성을 명확히 파악하는 것이 중요하다. 산정된 지반정수를 사용하여 주어진 하중에 대한 침하특성, 강도특성을 분석한 후 안정성을 확인하게 된다. 그러나 연약지반은 지반 조건을 파악하는 것은 한계가 있고, 실제 거동은 복합적인 원인이 관여되기 때문에 정확하게 예측하기가 어렵다.

말레이시아 도로공사는 1989년 해성점토층에 한계성토고를 결정하는 현장시험을 시행하였다. 국제적으로 저명한 지반공학자에게 동일한 현장시험자료를 제공하고 활동 파괴가 발생하는 성토높이와 활동면을 예측하게 하였다. 실제 파괴는 5.4m를 쌓았을 때 일어났는데, 참여한 학자들은 3.5∼5.4m까지 다양하게 예측하였고 실제 활동파괴면도 예측한 내용과 크게 달랐다.[28] 동일한 지반 조건을 가지고 분석한 내용도 분석자에 따라 다른 결과를 보여주기 때문에 연약지반 문제는 시험시공과 역해석을 통해 '설계 가설−검증−재설계' 과정을 반복하는 것이 필수적이다. 계측관리를 통한 관찰법이 중요하며, 측정된 자료를 역해석하여 침하와 관련된 압축특성, 장기침하량 예측, 지층 확인 등의 분석 작업이 가능하다.

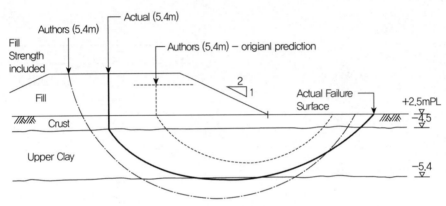

그림 6.30 연약지반 시험 성토에 의한 파괴시험

(1) 역해석에 의한 성토부 파괴 징후 분석

말레이시아 고속도로 건설공사 중 연약지반 위에 성토를 하면서 붕괴가 발생한 사고가 있었다.[29] 지반사고 당시의 자료를 역해석하여 사고 원인을 분석하고, 사고가 발생하기 전에 주목해야 할 사항에 대하여 설명하였다. 점성토, 실트와 사질토가 교대로 분포하는 연약지반에 최고 5m, 측면부 1:2 경사로 성토하는 3개의 현장에서 붕괴가 발생하였다. 점성토 지반의 지반물성치는 액성한계가 40∼120% 정도로 자연함수비에 근접하고 소성지수는 30∼80% 범위에 있다. 베인시험으로 파악한 비배수 전단강도는 $S_u/\sigma_c = 0.3 \sim 0.4$를 보이고 예민비는 3∼12다. 약간 과압밀된 상태이며 압밀계수, $C_v = 1 \sim 10\text{m}^2/\text{yr}$로 분석되었다. 공사 중 거동관

---

28 H. G. Poulos et al., 'Predicted and observed behaviour of a test embankment on Malaysian soft clays', Australian Geomechanics Journal, 1991.

29 B. Huat, 'Stability of Embankments on Soft Ground-Lessons from Failures', Pertanika J Sci. & Technol, 3(1): 1995, pp. 123-139.

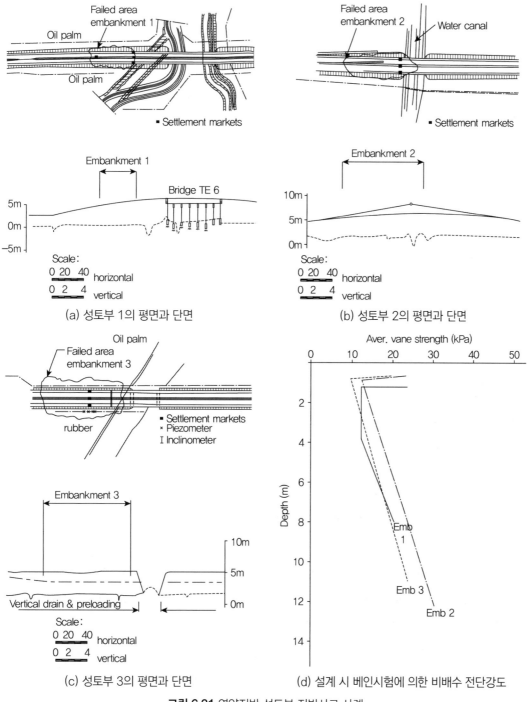

(a) 성토부 1의 평면과 단면

(b) 성토부 2의 평면과 단면

(c) 성토부 3의 평면과 단면

(d) 설계 시 베인시험에 의한 비배수 전단강도

그림 6.31 연약지반 성토부 지반사고 사례

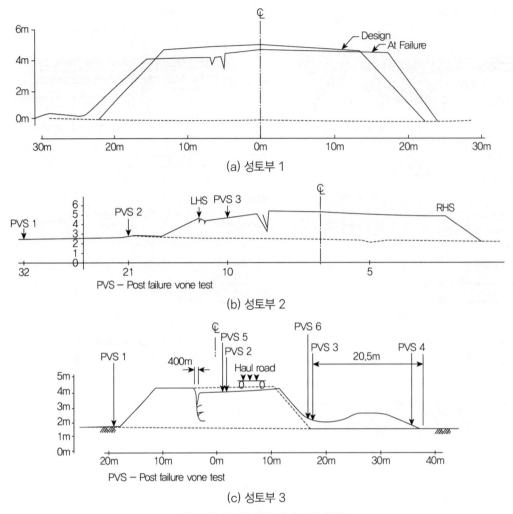

(a) 성토부 1

(b) 성토부 2

PVS – Post failure vone test

(c) 성토부 3

PVS – Post failure vone test

그림 6.32 성토부 활동파괴 단면 양상

찰을 위해 침하계를 설치하였고, 성토부 3의 경우에는 수위계와 지중경사계가 운용되었다.
성토가 거의 완료될 시점에 붕괴사고가 발생하여 성토부 일부를 제거하고 측면에 압성토를
시행하였다. 붕괴사고 후 측량을 통해 파괴 형태를 도면화하였고, 현장 베인시험과 불교란
시료를 사용한 등방 비배수 삼축시험으로 강도정수를 얻었다. 성토체의 균열과 침하, 주변
지반의 히빙 양상으로 볼 때 회전거동rotational slip이 발생하였음을 알 수 있었다.

붕괴 사고 1개월 후에 조사된 바에 따르면 소성지수는 17~23%, 점착력은 17~42kPa, 내부
마찰각은 23~27° 정도였다. 현장 베인시험의 결과를 설계당시에 조사된 값과 중첩하여 나타
내보면 소성지수는 대폭 감소하였으나 비배수 전단강도는 크게 증가하지 않았음을 볼 수

있다. 이는 성토공사 중 안정성 문제는 비배수 조건에서 다루어져야 한다는 것을 지시하며, 활동 파괴에 대한 안전율을 분석할 때도 동일한 조건을 적용하는 것이 타당하다고 보인다. 비등방성과 전단율을 고려하는 Bjerrum의 소성지수별 보정계수를 0.7~0.9로 적용하여 간편 Bishop법으로 구한 활동에 대한 최소 안전율은 0.91~1.04 정도였다.

붕괴가 일어난 시점의 침하는 붕괴 직전에 갑자기 증가하는 양상을 볼 수 있다. 성토부 3은 침하와 수평변위를 함께 분석할 수 있었는데, 수평변위 변화(Δy)와 침하량 변화(Δs)의 비율을 보면 $\Delta y/\Delta s$가 초기에는 0.29 정도이나 약 1에 가까운 0.93 이후에는 갑자기 증가하여 붕괴에 이르렀다. 따라서 $\Delta y/\Delta s = 0.9$ 이하로 거동을 관리하는 것이 필요하다고 보인다. 또한 과잉 간극수압(Δu)과 성토하중에 의한 수직응력 증가분($\Delta \sigma$)을 비교해보면, 간극수압비, $\overline{B} = \Delta u/\Delta \sigma$가 1m 성토하였을 때는 0.44 정도였는데, 성토가 계속되면서 과잉간극수압이 크게 증가함을 볼 수 있다. 따라서 붕괴사고를 예지할 수 있는 간극수압비 기준은 과잉간극수압이 성토하중에 의한 수직응력증가분보다 커지는 시점으로 삼는 것이 바람직하다.

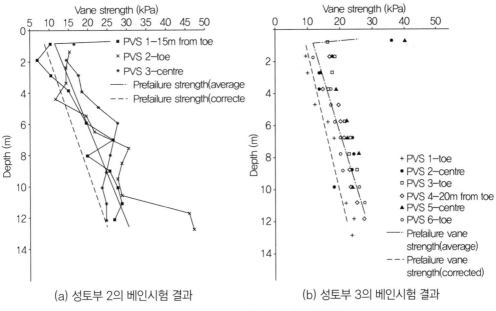

(a) 성토부 2의 베인시험 결과　　　　　(b) 성토부 3의 베인시험 결과

그림 6.33 붕괴사고 전후의 비배수 전단강도

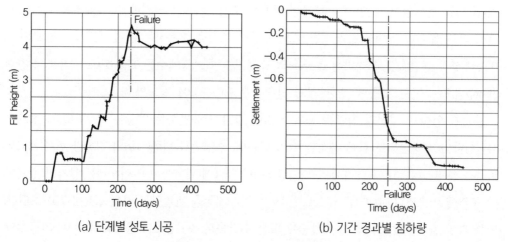

(a) 단계별 성토 시공　　　　　　　　(b) 기간 경과별 침하량

그림 6.34 성토부 1의 시공과 침하량

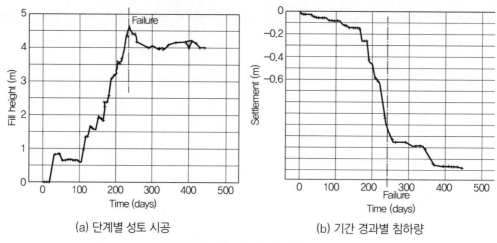

(a) 단계별 성토 시공　　　　　　　　(b) 기간 경과별 침하량

그림 6.35 성토부 2의 시공과 침하량

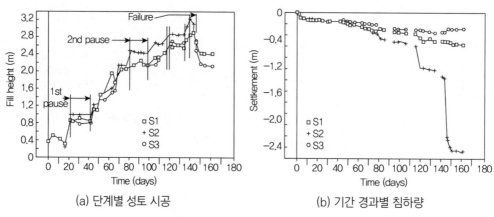

(a) 단계별 성토 시공　　　　　　　　(b) 기간 경과별 침하량

그림 6.36 성토부 3의 시공과 침하량

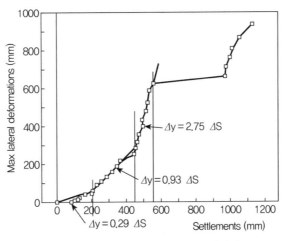

그림 6.37 성토부 3의 침하량과 수평변위

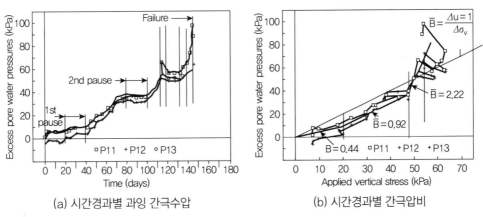

(a) 시간경과별 과잉 간극수압　　　　　　(b) 시간경과별 간극압비

그림 6.38 성토부 3의 과잉 간극수압과 간극수압비

(2) 역해석에 의한 연약지반 압축특성 파악

인천공항 2단계 부지조성을 위한 설계에서 표준 관입시험과 콘관입시험을 실시하여 지반의 개량 심도를 결정하였다. 지반의 거동을 정확히 평가할 수 있도록 실내시험 결과를 분석한후 시공 중에 계측을 통해 거동을 살펴보았다. 예측된 거동과 상이한 결과를 나타낼 경우, 역해석을 통해 압축지수와 압밀계수와 같은 지반특성값을 재평가하였다. 예측치와 편차가심한 경우에는 지반의 불균질성이나 조사 한계성, 시험과 및 조사 오류에 따른 지반의 특성값선택에 의한 경우와 지반 내 미처 파악하지 못한 Sand Seam이나 모래 자갈층이 존재하는경우로 볼 수 있다. 예측값과 편차가 5% 이상 발생하는 경우에 역해석을 시행하였다.[30]

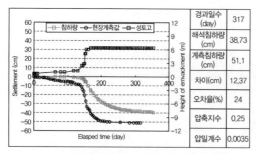 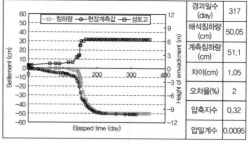

| (a) 설계 값을 고려한 예측침하량과 실측치 | (b) 역해석 결과와 최종침하량 |

그림 6.39 역해석을 통한 연약지반 압축특성 파악

측정지점에서 원설계 특성치를 반영하였을 때는 해석값과 실측값이 24%의 오차를 보였다. 설계에 적용한 압축지수는 0.25, 압밀계수는 0.00035cm²/sec였는데, 역해석 결과 각각 0.21과 0.0083cm²/sec로 평가되었다. 이 값을 적용하여 최종 측정일까지 침하형상을 재산정하면 침하량은 2% 정도의 오차율을 보이고, 시간–침하 곡선도 예측치와 실측치가 잘 일치하고 있음을 볼 수 있다. 71% 정도로 크게 오차를 보이고 있는 지점도 있었는데, 시추 조사 결과, 압밀침하 양상이 매우 달라지는 sand seam과 자갈층이 렌즈 형태로 분포하고 있었다.

(3) 연약지반 장기침하 특성 분석

연약지반의 깊이가 20~70m에 달하는 낙동강 하구 지역은 처리대책의 한계로 인해 장기침하가 우려되는 지역이다. 2차 압밀 특성을 고려하기 어렵고 심도가 깊은 곳의 연직 배수재의 거동이나 투수성이 매우 큰 자갈층에서의 배수 성능도 평가하기 어려운 조건이다. 연구[31]된 지역의 토질특성은 함수비 36.7~81.0%, 액성한계 33.1~67.7%, 소성지수 11.4~34.7%로 압축성이 큰 CL, CH로 분류된다. 초기 간극비는 1.03~2.15, 압축지수는 0.38~1.12 정도를 보인다.

도로공사를 위해 연약지반에 성토하여 2004년 12월부터 2012년 3월까지 측정된 계측자료를 활용하여 장기 침하거동을 살펴보았다. 1차원 이론 침하, 탄소성 및 점탄소성 수치해석으로 계측치와 해석치를 비교한 결과, 1차원 이론 해석은 평균 66.0%로 작게 산정되었다. 탄소성 해석은 76.2~83.9% 정도 작고, 점탄소성 해석은 94.1~104.4%로 유사하게 해석되었다.

---

30 이규진 외, '현장 계측 결과와 시공단계를 고려한 역해석기법을 이용한 연약지반의 특성값 재산정에 관한 연구', 한국지반환경공학회 논문집, 제7권, 제5호, 2006, pp. 5-11.

31 박춘식 외, '수치해석에 의한 낙동강 하구 연약지반의 장기침하특성', 한국지반신소재학회논문집, 제18권, 제3호, 2019, pp. 55~67.

탄소성 해석에서는 수정 Cam Clay 모델을 적용하였는데, 2차 압밀, 크리프 거동과 같은 장기 시간효과를 고려하기 어려웠기 때문에 편차가 있는 것으로 분석되었다. 점탄소성 해석은 Sekiguchi-Otha 모델을 적용함으로써 실제와 유사한 해석 결과를 얻을 수 있었다. 이는 주어진 조건에 부합되는 해석 모델을 적용하는 것이 예측에 효율적임을 보여 주는 사례다.

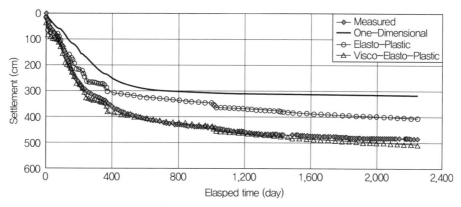

그림 6.40 수치해석을 통한 연약지반 장기침하 특성 파악

마. 터널굴착의 역해석

설계단계에서 터널과 같은 선형 구조물은 굴착되는 지반 전체의 지층 구성을 정확히 파악하기 어렵다. 산지 지형에서 일정 간격으로 시추 조사가 어렵기 때문에 전기비저항 탐사나 탄성파 탐사와 같은 방법으로 노선의 지층 조건과 암질 상태를 추정하여 터널 지보 패턴을 정한다. 실제 굴착할 때 설계에서 예측하지 못한 취약면이 출현하고, 수맥을 관통할 때 암반 지하수가 급격히 유출되기도 한다. 파괴가 발생하는 것을 크게 두 가지로 나누면, 국부적인 결함에 의해 터널 천정부나 측벽부에서 암괴가 이탈하는 경우와 좀 더 큰 범위에서 굴착면 측으로 주변 암반이 변형되거나 지보재가 감당할 수 있는 강성보다 크게 응력이 발생하는 경우로 나눌 수 있다. 국부적인 탈락현상은 역해석으로 설명하기 어려우나, 전반적인 응력변화에 따른 안정성은 굴착지반의 특성이 파악되면 강도를 추정하고 보강의 적정성을 판단하며 지반 장기거동을 예측하는 데 역해석기법이 활용될 수 있다.

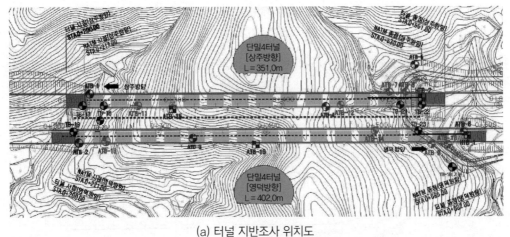

(a) 터널 지반조사 위치도

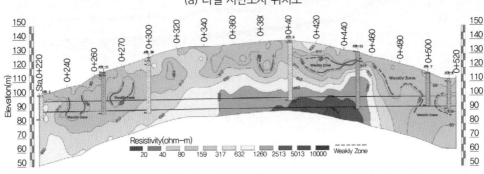

(b) 터널 전기 비저항 탐사 결과

그림 6.41 터널 설계 지반조사 사례[32]

　　설계에서 터널굴착 거동을 해석하는 과정은 경계 조건을 설정하고 강도와 변형 등의 역학
정수를 입력해서 응력 상태, 변형률, 변위를 구하는 것이다. 반면에 역해석은 현장에서 관찰
되고 계측된 거동자료 중에서 응력, 변형률, 변위를 변수로 입력하여 가해진 하중과 강도·
변형 정수를 산정하는 방법이다. 정해석forward analysis은 굴착지반의 모델링과 입력정수 가정
사항이 포함되고, 역해석에서는 현장에서 취득된 자료의 상관관계에 대한 불확실성과 모델
링에 대한 가정이 내포된다. 기본적으로 역해석은 계측 결과와 해석 결과를 비교하여 차이가
허용될 수 있는 오차 범위에 들어올 때까지 반복해서 연산하는 과정을 거친다. 터널에서
과다 변형이나 함몰과 같은 지반사고가 발생할 때 역해석을 통해 원인을 파악하고자 한다면
이상 거동의 주요 원인에 대한 이해가 선행되는 것이 바람직하다. 이를 통해 주된 독립변수가
무엇인지 파악하여 부가되는 원인과 차별화함으로써 해석 신뢰도를 높일 수 있다.

---

32 남윤섭, '탄질셰일 지역 내 터널 천단 및 갱구비탈면 보강 사례', 유신 기술회보, Vol. 23, 2016.

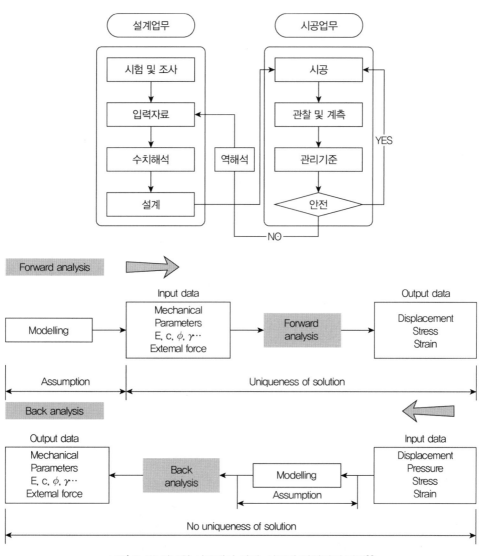

그림 6.42 정보화 시공에서 설계, 시공과 역해석의 관계[33]

(1) 터널 계측자료를 활용한 안정성 분석

굴착으로 인해 주변 지반이 변형되고 일정 한계를 넘으면 과다하게 변형되어 불안정해진다. 측정된 변형률과 파괴 시 변형률 기준값과 비교하여 안정성 여부를 확인하는데, 변형률은 측정변위와 직접적인 관계가 있고 응력해석을 거치지 않아도 되기 때문에 분석이 간편하다. 그러나 측정 변위가 일관성이 없거나 분산도가 크면 해석에서 수렴되지 않은 단점이 있다.

---

33 김영준, '역해석 프로그램을 이용한 터널설계정수 평가', 명지대학교 박사학위 논문, 2011.

측정 오차나 불확실성을 극복하기 위해 상대변위를 활용하여 역해석을 통해 안정성을 판단한 사례[34]가 있다.

안정성을 판단한다는 것은 어느 시점의 응력 상태와 강도정수를 추정하는 것으로서 변형률 또는 변위 자료가 필수적이다. 초기 응력 상태는 공벽변형법, 평판재하, 직접전단과 같은 현장시험을 통해 파악할 수 있는데, 축척효과가 개입되고 한정된 시험 결과가 분산도가 클 경우 입력데이터로서 활용이 곤란할 수 있다. 응력 상태를 직접 측정하는 것보다는 내공변위나 지중변위를 활용하는 것이 단순하고 직접적이므로 유용하다. 지표면에서 400m 아래에 굴착하는 터널의 경우에는 초기응력 파악이 매우 중요하다. 측정 변위 $\{u^m\}$와 초기 응력 $\{\overline{\sigma}^o\}$의 관계는 기하학적 형상과 포아송비에 따른 $[A]$를 사용하여 다음과 같이 나타낼 수 있다. 그러나 측정치의 분산도가 큰 경우에 한 지점의 변위를 사용할 때 최적화기법을 사용하게 되는데, 여기에서는 두 측점 사이의 상대변위를 활용하여 측정값이 갖는 불확실성을 상쇄시켰다. 즉, $\{u^m\}$을 사용하는 대신에 $\{\Delta u^m\}$을 적용할 경우 실측변위와 역해석에 따른 변위가 큰 차이를 보이지 않았다. 이와 같이 산정된 응력값은 수치해석상의 초기응력으로 입력하여 굴착단계별 응력 상태와 강도정수를 추정하는 기법의 입력데이터로 활용되었다.

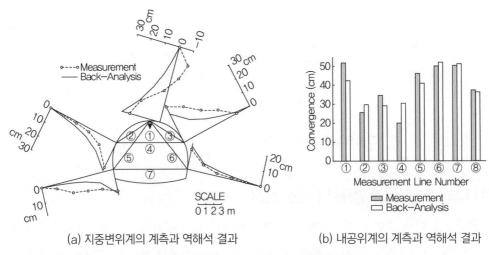

(a) 지중변위계의 계측과 역해석 결과　　　(b) 내공위계의 계측과 역해석 결과

그림 6.43 일반화된 Hoek-Brown 현장 암반 모델

34 S. Sakurai et al., 'Back Analysis of Measured Displacements of Tunnels', Rock Mechanics and Rock Engineering 16, 1983, pp. 173-180.

$$\{u^m\} = [A]\{\overline{\sigma}^o\} \tag{6.3}$$

$$\{\Delta u^m\} = [A^*]\{\overline{\sigma}^o\} \tag{6.4}$$

(2) 막장 관찰 결과를 활용한 지반 물성치 산정과 해석 모델 신뢰도

시공 중 막장의 암석 강도, RQD, 불연속면 특성, 지하수 조건을 고려하여 RMR^{Rock Mass} ^{Rate} 값을 0~100점 사이로 산정하면 대략적인 강도정수 범위와 지보재 규모를 추정할 수 있다. 또한 RMR값을 사용하여 점착력과 내부마찰각을 산정하는 경험식이 제안된 바 있다. 현장시험을 통해 직접 산정하기 어려운 강도정수를 제안식으로 결정한 후 계측자료와 수치해석으로 얻은 변형 상태를 비교함으로써 해석 모델에 대한 신뢰도를 연구한 사례[35]를 소개한다.

암반의 파괴기준으로는 Hoek-Brown의 모델이 주로 사용되며 지질 강도정수^{Geological Strength} ^{Index, GSI}를 고려하여 실제 암반의 상태를 반영한다. 대상터널은 경기 변성암 복합체의 편마암으로 균열과 절리가 심한 상태였다. 막장 암반은 풍화암으로 분류되며 현장 관찰 결과 RMR은 19~25 정도였다. Trueman(1988)과 Trunk(1989)가 제안한 경험식에 따라 구한 점착력과 내부마찰각은 다음 식으로 정리된다.

$$c_m\,(\mathrm{t/m^2}) = 25\mathrm{e}^{(\mathrm{RMR})}, \quad \phi_m\,(°) = (0.5 \times \mathrm{RMR} + 8.3) \pm 7.2 \tag{6.5}$$

설계 시에 사용된 입력자료를 이용한 Mohr-Coulomb 모델과 경험식으로 추정된 강도정수를 적용한 Hoek-Brown 암반 모델 해석 결과와 현장에서 측정된 천단침하 계측자료를 분석한 결과를 보면 침하 형태는 Hoek-Brown 모델과 유사함을 나타냈다. RMR은 천단침하와 계측치를 일치시키는 조건의 GSI로 수정한 값을 사용하였고, 다른 현장사례에서 얻은 강도정수의 상하한값과 비교하면서 역해석 신뢰도를 높였다. 연구 대상인 국내 9개 현장의 일반화된 H-B 모델에서 GSI 하한치는 RMR-5로 나타났으며 이 값을 사용하여 역해석을 수행하면 유사한 조건에서 터널의 안정성을 확인하는 데 활용할 수 있다.

---

35 김학문 외, '현장암반 모델을 적용한 터널의 역해석', 대한터널협회 논문집, Vol. 2, No. 3, 2000.

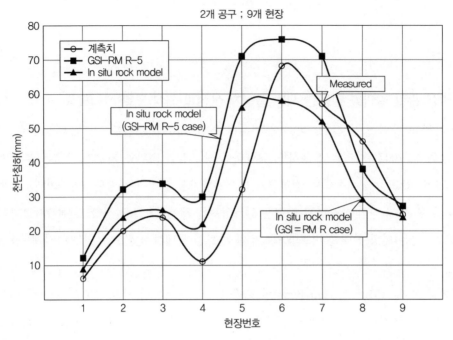

그림 6.44 일반화된 Hoek-Brown 현장 암반 모델의 해석 시 천단침하(GSI 하한치=RMR-5를 사용)

(3) 터널변상 발생 시 역해석을 통한 안정성 파악

터널변상은 굴착이 완료되고 지보재가 설치된 후 또는 이미 완성된 터널이 외력, 재료, 시공 상태에 따라 공용 중에 하자가 발생하는 것을 말한다. 형태로 보면 터널 구조물의 변형, 균열, 박락과 외부로부터 지하수가 침투하는 누수를 말하는데, 이로 인해 터널 기능이 저하되거나 방치할 경우 사용성에 문제가 생기게 된다. 지반사고와 관련한 문제점 중에서 외력에 의한 변상 원인으로는 ① 이완토압 또는 돌발성의 붕괴, ② 소성토압 또는 수압·동상압, ③ 편토압 또는 지반활동, ④ 근접시공, ⑤ 지지력 부족, ⑥ 지진, 지각변동 등을 들 수 있다. 라이닝의 재료, 시공 상태에 따라 변상 형태가 달라지는데, 외력에 의한 일반적인 변상 형태는 다음과 같다.[36] 특히 굴착으로 인해 응력이 해방될 경우, 불연속면에 협재된 점토 물질에 의해 급격하게 지반이 변형되거나 파쇄암과 같이 시간적으로 지체되어 변형이 발생되는 경우에는 대응이 쉽지 않게 된다.

---

36 김동규 외, '터널의 변상과 조사', 한국터널공학회지, Vol.9, No.1, 2007, pp.6-27.

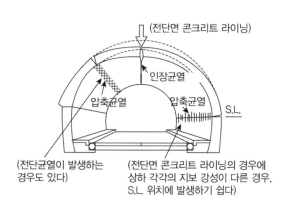

(전단면 콘크리트 라이닝)

인장균열

압축균열   압축균열

S.L.

(전단균열이 발생하는   (전단면 콘크리트 라이닝의 경우에
경우도 있다)   상하 각각의 지보 강성이 다른 경우,
                          S.L. 위치에 발생하기 쉽다)

(a) 일반적인 변상 형태

상부암괴의 낙하

개구 균열
(방사상 균열)

콘크리트 라이닝 배면에 공동이 남아 있는 경우
상부의 암괴가 퇴적하여 콘크리트 라이닝에
국소적인 하중이 작용한다. 경우에 따라서는
콘크리트 라이닝이 돌발적으로 붕괴하는 경우 있다.

(b) 국부적인 느슨한 토압이 작용하는 경우

그림 6.45 이완토압에 의한 변상 형태 모식도

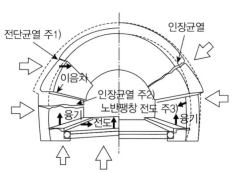

전단균열 주1)   인장균열

이음차

인장균열 주2)
노반팽창 전도 주3)

융기   전도   융기

주1) 라이닝 두께가 얇으며 또는 콜드죠인트가
    있는 경우는 발생하기 쉽다.
주2) 직접 벽에 발생하기 쉽다.
주3) 압축부에 충전이 불충분한 경우 발생하기 쉽다.

(a) 일반적인 변상 형태

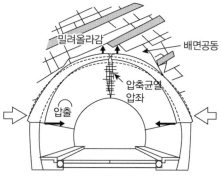

밀려올라감   배면공동

압축균열
압좌

압출

콘크리트 라이닝에 공동이 존재하고 지반반력이
확보되지 못하는 경우에 콘크리트 라이닝 아치가
밀려 올라간다.

(b) 콘크리트 라이닝 천단부에 공동이 있는 경우

그림 6.46 소성토압에 의한 변상 형태 모식도

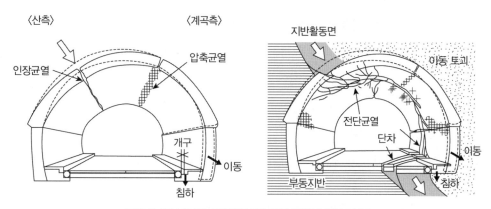

〈산측〉   〈계곡측〉

압축균열

인장균열

개구

이동

침하

지반활동면

이동 토괴

전단균열

단차   이동

부동지반   침하

그림 6.47 편토압, 지반활동에 의한 변상 형태 모식도

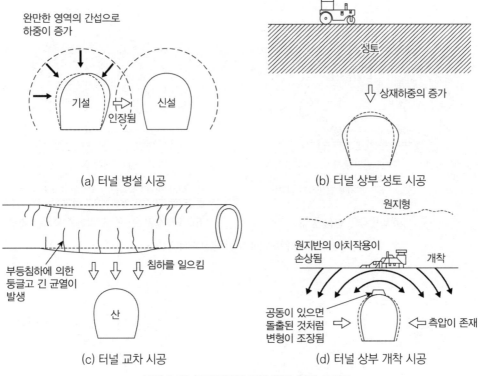

완만한 영역의 간섭으로
하중이 증가

기설　　신설
인장됨

(a) 터널 병설 시공

성토

상재하중의 증가

(b) 터널 상부 성토 시공

부등침하에 의한
둥글고 긴 균열이
발생

침하를 일으킴

산

(c) 터널 교차 시공

원지형

원지반의 아치작용이
손상됨　　개착

공동이 있으면
돌출된 것처럼
변형이 조장됨

측압이 존재

(d) 터널 상부 개착 시공

그림 6.48 근접시공에 의한 변상 형태 모식도

경상계 백악기 퇴적암 지대에서 굴착된 터널(연장 7,543m)이 공사가 진행된 이후 내공변위와 천단침하가 크게 발생하여 숏크리트와 강지보재가 파단되는 등의 변상이 발생하였다.[37] 부분적으로 단층점토가 협재된 지반 불량 구간에서 하반굴착으로 상반에 보강된 지보재의 지보력이 저하되고 주변 지반의 아칭효과가 감소한 것이 주요 원인으로 파악되었다. 또한 토피고가 300m에 달하고 있지만 터널 방향과 평행한 고각의 경사절리에 가우지가 포함되어 발파 영향을 받아 터널 상부 암반층이 미끄러지는 결과가 있었다.

변상이 발생한 구간의 지보 패턴의 적정성과 변상 원인을 파악하기 위해 역해석을 실시하였다. 고각 절리에 의한 거동이 지배적인 구간은 불연속체 해석, 풍화대와 같이 절리 특성이 변상 원인이 아닌 구간은 연속체 해석을 시행하여 굴착 시 이완하중을 산정하였다. 내공변위를 목적함수로 하여 지보재의 응력 상태를 분석하였는데, 일부 숏크리트, 록볼트, 격자 지보재는 허용 범위를 넘어서는 결과를 보였기 때문에 보강계획을 수립하였다. 지보패턴을 강화

---

37 고동식 외, '고각의 절리발달 지역에서의 터널변상구간 보강사례', 한국터널지하공간학회지, Vol. 15, No. 5, 2013, pp. 16-28.

시키고 시멘트 주입공법을 적용하는 것으로 계획하였고, 역해석에서 얻은 이완하중을 적용함으로써 보강계획에 적정성을 확인하였다. 이와 같이 변상 원인이 되는 지반 조건을 파악한후 계측자료를 기준으로 지반 물성치와 이완하중을 역해석으로 산정하여 원인에 부합되는보강대책을 수립함으로써 역해석의 가치를 확인할 수 있었던 사례다.

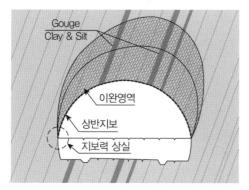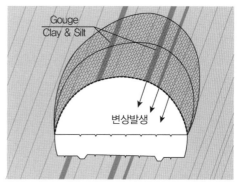

(a) 하반굴착으로 상반지보의 지보력 상실과 이완영역 확대 (b) 상반지보 지보력 상실로 인한 절리 미끄러짐에 의한 변상 발생

그림 6.49 터널변상 형태 모식도

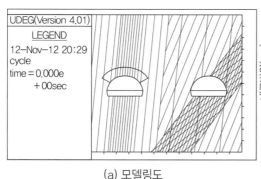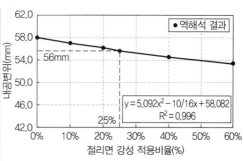

(a) 모델링도 (b) 역해석 결과

그림 6.50 불연속체 해석기법을 적용한 역해석

제7장
지하굴착 사고 조사

지하굴착 사고 조사

7.1 지하굴착 사고 유형

지반을 굴착하면서 발생하는 지반사고는 작용하는 외력과 지지구조의 불평형에 의해 야기된다. 흙막이 벽체에 작용하는 외력으로는 토압, 수압, 상재하중, 장비 진동하중, 교통하중 등을 들 수 있다. 토압은 지반 조건별로 확정된 것이 아니라 흙막이 구조물의 강성과 품질, 공사 속도, 굴착 규모, 인적 요소에 따라 상황별로 변화할 수 있는 것이다. 또한 암반의 경우에는 불연속면에 의해 거동이 발생하므로 토질공학에서 제시하는 토압 분포와 상당한 차이를 보이는 경우가 많다. 흙막이 구조물의 안정성 검토는 벽체와 지지구조, 굴착 바닥면과 주변 지반의 거동에 대한 안정성을 종합적으로 파악하여야 한다.

지하굴착에서 발생하는 사고의 대표적인 유형은 안정성 검토 항목과 연관성이 있다. 외력을 과소하게 평가하거나 부재 단면이 부족한 경우, 설계에서 고려하지 못한 지반 조건과 현장 상황이 반영되지 않았을 때 불확실성이 커지고 이상 거동이 발생하면서 사고에 이르게 된다. 흙막이 구조물의 붕괴 유형을 살펴보면 다음과 같다.[1]

---

1   이중재 외, '지하굴착에 따른 붕괴유형에 대한 고찰', 한국지반공학회 심포지엄, 2009, pp.660-670.

표 7.1 흙막이 붕괴 유형

번호	유형	내용 설명
1	앵커, 버팀보 시스템의 파괴	흙막이 벽체를 지지하는 구조물의 길이·단면 부족, 연결 상세 오류 및 부실시공
2	근입심도 부족에 의한 굴착 바닥면 파괴	근입심도가 짧을 경우 수동토압이 부족하여 굴착부측으로 이동이 발생
3	과도한 휨모멘트에 의한 엄지말뚝 파괴	엄지말뚝의 단면이 부족한 경우로서 토압 산정 시 오류가 있거나 예상하지 못한 과재하중이 배면에 작용하였을 때 발생
4	사면활동에 의한 파괴	배면지반 전체가 연약해서 사면이 굴착부측으로 이동하거나 암반 불연속면에서 전단 활동이 발생하는 경우
5	배면의 과도한 침하에 의한 파괴	흙막이 벽체 후방이 과도하게 침하하여 앵커강선이 원위치를 유지하지 못해 인장력이 감소되는 경우
6	엄지말뚝 처짐에 의한 파괴	천공 후 슬라임이 잔류되거나 지지력이 부족하여 엄지말뚝이 침하됨으로써 불안정을 야기한 경우
7	이질 흙막이 벽체 경계부 불안정에 의한 파괴	상부토사층과 하부 암반층에 서로 다른 흙막이 벽체가 시공될 때 경계부 연결부위가 취약하게 됨
8	엄지말뚝이 굴착 바닥면 하부까지 연장되지 못한 경우	하부 암반층을 숏크리트와 록볼트로 지지하면서 굴착할 때 엄지말뚝을 근입시키지 않는 경우
9	지지구조의 평단면배치가 역학적으로 불리한 경우	굴착부지가 비정형 상태에서 응력집중이 발생할 수 있는 코너부가 다수 형성되거나 지표고 차이에 의해 편토압이 발생할 수 있는 경우
10	보일링에 의한 파괴	지하수위가 높고 지속적으로 지하수가 유입될 수 있는 조건에서 흙막이 벽체나 저부에서 수두차에 의한 과도한 지하수와 토사 유출
11	히빙에 의한 파괴	연약한 점토지반에서 지지력 부족으로 인해 흙막이 벽체 저부를 통과하는 활동 발생
12	과도굴착에 의한 파괴	단계별 굴착 시 지지구조물 설치 전에 하부를 과도하게 굴착하여 수동저항을 기대할 수 없는 경우

재료 상태를 육안으로 확인할 수 있는 버팀보나 슬래브 지지공법은 품질을 조절할 수 있으나 어스앵커와 소일네일링과 같이 배면 지반에 저항부를 형성하는 구조는 상대적으로 불확실성이 더 크다고 볼 수 있다. 토사지반에 앵커를 설치할 때 굴착저면으로부터 45°＋ $\phi/2$만큼 경사진 면을 따라 활동이 발생한다고 가정하고, 여기에서 $0.15H$ 또는 1.5m 후방에 정착부를 형성시켜 불확실성에 대한 안전장치를 두고 있다.[2] 가상 활동면은 굴착으로 인해 활동하려는 토체와 변형이 발생하지 않는 배면지반을 경계 짓는 개념인데, 경계부를 중심으로 점이지대가 형성되는 것을 고려하여 여유공간을 설정하고 영향이 없는 후방에 정착부를 형성시키도록 요구한 것으로 이해할 수 있다. 한계평형을 전제로 제안된 내용으로서 연약지반이나 암반에서는 실제 거동을 예측하여 변경될 필요가 있다.

2　한국지반공학회, 『구조물 기초 설계 기준 해설』, 2018, p. 591.

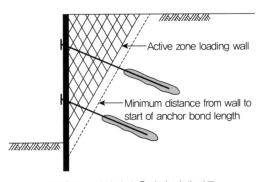

그림 7.1 앵커지지 흙막이 벽체 거동

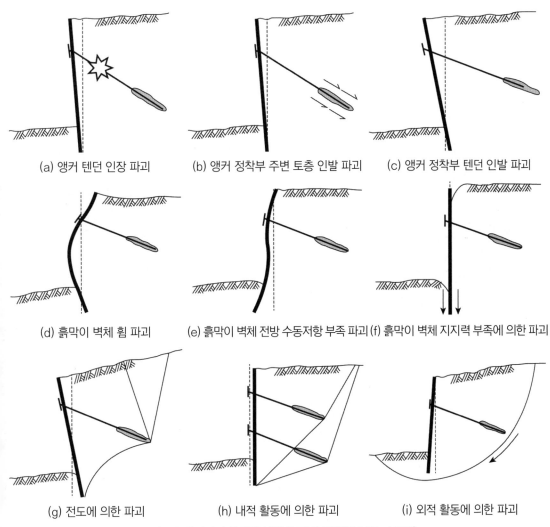

(a) 앵커 텐던 인장 파괴 (b) 앵커 정착부 주변 토층 인발 파괴 (c) 앵커 정착부 텐던 인발 파괴

(d) 흙막이 벽체 휨 파괴 (e) 흙막이 벽체 전방 수동저항 부족 파괴 (f) 흙막이 벽체 지지력 부족에 의한 파괴

(g) 전도에 의한 파괴 (h) 내적 활동에 의한 파괴 (i) 외적 활동에 의한 파괴

그림 7.2 앵커지지 흙막이 벽체의 파괴 형태(FHWA, 1999)

7.2 분당 ○○역 흙막이 구조물 과다 변위 사고[3]

지표에서 약 22~25m 하부까지 굴착하는 중에 최종 계획고를 1m 정도 남겨진 상황에서 어스앵커로 지지되는 H-Pile＋토류판 흙막이 벽체가 크게 변형되고 굴착 깊이의 2배 정도 떨어진 거리까지 활동이 발생하였다. 토류판이 파손되면서 배면 토사가 밀려들었고, 활동 선단부에서는 지반 단차가 1m, 균열 폭은 80cm까지 발생하였다. 어스앵커가 총 10단으로 계획되어 9단까지는 시공이 완료되었고, 최하단은 천공 설치 후 인장을 남겨놓은 상태였다. 사고 직후 인접한 현장에서 토사를 반입하고 어스앵커 8단까지 압성토를 시행하여 추가 활동을 방지한 상태에서 조사 업무가 시작되었다.

(a) 토류판 파손 토사 유출   (b) 배면지반 활동에 의한 단차 및 균열

그림 7.3 ○○역사 배면 지반활동(1992. 12. 27.)

조사 연구원은 현장관계자의 목격사실을 청취하여 어스앵커 9단까지 굴착하면서 특별한 문제점이 없었고, 10단부를 굴착하면서 상부 어스앵커에 과다한 변형과 파손이 발생하며 배면지반 측으로 굴착 깊이 2배에 달하는 범위까지 활동이 발생하였음을 파악하였다. 사고 3일 전까지 특별한 징후 없이 갑자기 활동이 발생하고 일반적인 굴착공사에서 발생하는 균열 위치와 규모를 고려할 때 암반활동에 의한 과다 변위로 추정하였다. 사고가 발생한 지역은 편마암을 기반암으로 상부로부터 매립층, 실트와 자갈이 섞인 모래 퇴적층, 풍화대가 분포하

---

3   한국지반공학회, '○○역사 신축 굴착공사 토류벽 배면의 지반활동 원인분석 및 재굴착공법 검토연구 보고서', 1993.

고 있다. 지하수위면은 인접한 탄천의 영향으로 지표 아래 5.0~7.5m의 퇴적층 중하부에 위치하고 있다. 1991년 10월에 시행된 원 설계의 지반조사는 BX 구경으로 시추되어 암반 불연속면 관련된 정밀 정보를 파악하기 어려울 것으로 판단하였다. 암반활동의 원인이 되는 지반 조건을 조사하기 위해 사고현장 내부와 배면지반 상부에서 NX 규격으로 6개 지점에서 추가로 시추 조사하였다.

사고 지역은 신갈단층이 통과하는 지역이다. 신갈 단층은 한반도 경기 지괴 내 경기도 연천에서 서울, 성남 분당을 지나 평택까지 이어지는 연장 130km의 남북 방향의 주향 이동성 단층이며, 추가령 단층대의 일부다. 정밀 시추 조사 결과, 편마암 파쇄대는 운모류가 녹니석 내지 토상흑연으로 변성하여 단층점토, 단층각력이 다량 포함하고 있는 것으로 나타났다. 단면으로 볼 때 15~27° 정도의 경사를 보이는 동서 방향 파쇄대가 분포하며 흙막이 벽체와 굴착 바닥면 부근에서 교차하는 것으로 분석되었다. 부지 내에서 시행한 시추 조사에서는 단층 파쇄대의 존재 여부를 파악하기 어려웠을 것이다.

단층대가 존재하지 않는다고 파악하고 수행한 흙막이 구조해석에서는 배면지반을 완전 탄성체로 가정하기 때문에 통상적인 계산상에는 구조물의 단면, 어스앵커 정착장에서 문제점이 나타나지 않았다. 이는 9단 어스앵커 설치 시점까지 특별한 문제점이 나타나지 않은 관찰 결과를 볼 때 안정을 유지하는 데 지장이 없었을 것으로 판단하였다.

활동이 발생한 시점의 안정성을 파악하기 위해 단층점토의 지반물성치를 채취된 점토층을 관찰하여 점착력, $c = 3t/m^2$, 내부마찰각, $\phi = 20°$로 추정하였다. 한계평형 해석법으로 사고 전 9단 어스앵커가 설치되었을 시점의 활동에 대한 안정성을 분석한 결과, 최소 안전율은 1.03으로서 위험한 상태에 도달하고 있다고 보았다. 10단 어스앵커를 설치하기 위해 단층파쇄대 부분을 굴착하였을 때는 0.966으로 저하되어 활동 파괴가 발생하였음을 지시하고 있다.

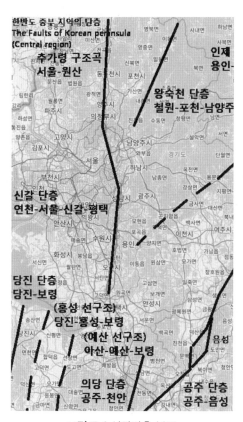

그림 7.4 신갈단층 분포

지반조사는 소유하는 부지 내에서 진행되기 때문에 외곽의 지질적인 변화를 인지하기 어려운 경우가 있다. 편마암 분포 지역에서 단층 영향은 치명적인 사고로 이어질 수 있기 때문에 지질공학적인 측면에서 사전 검토가 중요하다. 외곽에서 시추 조사가 어려울 경우 인접한 유사 현장 사례를 참고하는 것이 바람직하다.

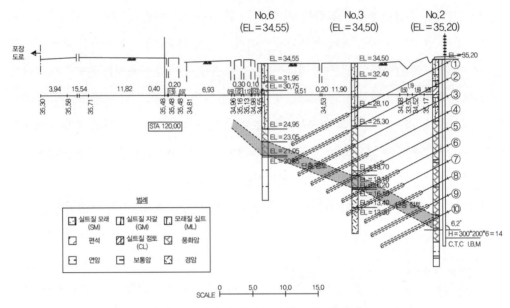

그림 7.5 추가지반조사로 파악된 점토가 협재된 단층 파쇄대 분포

7.3 연천군 ○○현장 지하굴착공사 흙막이 붕괴 사고[4]

어스앵커와 록볼트로 지지하는 흙막이 구조물이 굴착공사 도중 나흘에 걸쳐 붕괴되는 사고가 일어났다(2011. 2. 25.~28.). 특히 붕괴 당시 상황을 촬영한 동영상이 입수되어 붕괴 메커니즘을 파악하는 데 활용되었다. 하천과 접한 면은 가물막이를 설치하였고 나머지 세 면은 흙막이 벽체를 설치하였는데, 하천 반대 측의 흙막이 구조물은 붕괴되었고, 하천과 직교하는 양 측면은 피해를 입지 않았다. 지표로부터 25m를 굴착할 계획으로 15m 정도까지 암반 발파작업이 진행 중이었는데, 1차 붕괴 직전의 사진자료에서 록볼트로 지지되는 구간의 엄지

---

4 한국지반공학회, '연천군 ○○ 현장 건설공사 가시설 안정성 검토 연구보고서', 2011.

말뚝이 휘어지고 암석이 이탈하는 상황을 볼 수 있다. 경사진 배면지반의 약 10m 지점에 인장균열이 관찰되었다. 이와 같은 정황으로 볼 때 어스앵커와 록볼트의 지지능력을 초과하는 암반불연속면에서 활동이 일어난 것으로 인식되었다.

(a) 1차 붕괴(좌측)　　　　　(b) 2차 붕괴(우측)　　　　　(c) 3차 붕괴(중앙부)

그림 7.6 연천군 ○○ 현장 붕괴사고 현황

　지층 구성 상태는 상부로부터 매립층, 연암층 하부에 다시 풍화대와 연암층과 경암층으로 구성되었다. 노두 관찰 결과와 종합하면, 지표면 부근에서 현무암이 3.5~9.5m 두께로 분포하며 하부에는 모래, 자갈로 구성된 고기 하성층, 풍화토층, 풍화암층이 분포하는 것으로 조사되었다. 이는 인근의 한탄강 지역과 추가령지구대 등에서 나타나는 분출용암과 관련된 현무암이 덮인 것이고 지질종단면도의 지층분류상에 연암으로 분류되어 있다. 지표 부분에 발달한 현무암 아래로 오래전에 하상이었던 것을 알 수 있는 모래층과 자갈층이 발달하고 그 아래로 기반암으로 이어지는 현상을 확인할 수 있다. 기반암은 변성 사질암과 천매암질 운모편암 등으로 구성되어 있으며, 이러한 암반들은 비교적 낮은 온도와 압력의 영향으로 형성된 세립질의 광역퇴적기원 변성암류으로서 운모류 등의 판상광물의 평행배열에 의한 벽개면 cleavage surface, 엽리면을 가진다. 이러한 엽리면은 입자의 크기가 작고 평탄하여 전단강도가 매우 낮은 연약특성을 가지므로 무결암의 역학적 특성에 비해 분리된 엽리면의 전단강도가 현저히 저하될 가능성이 있는 이방성이 매우 큰 암반에 속한다.

　굴착공사가 진행된 세 면 중 중앙부만 붕괴된 상황을 세밀하게 조사하기 위해 두 측면에 대해 정밀지표지질조사를 수행하였다. 불연속면의 방향성과 연장성을 현장에서 조사하고 슈미트해머를 사용하여 불연속면의 강도를 측정하였다. 획득된 자료를 평사투영법에 의해 안정성을 분석한 결과, 중앙부 B구간은 평면, 전도, 쐐기파괴의 가능성이 큰 것으로 파악되었

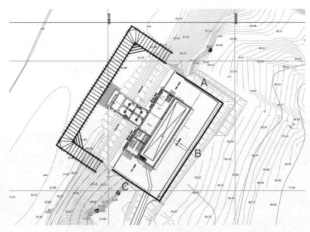

(a) 암반 구간 불연속면 정밀조사 구간

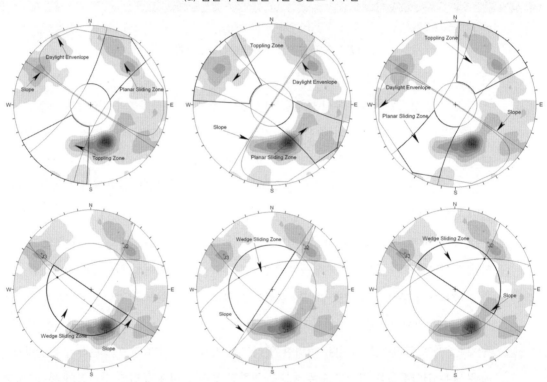

(b) A구간 평사투영해석(평면파괴 불안 (c) B구간 평사투영해석(평면파괴 불안 (d) C구간 평사투영해석(평면파괴 불안
정, 전도파괴 부분적 불안정, 쐐기파   정, 전도파괴 불안정, 쐐기파괴 불안정)   정, 전도파괴 부분적 불안정, 쐐기파
괴 불안정)   괴 불안정)

그림 7.7 연천군 ○○ 현장 암반불연속면 조사 결과

고, 양 측면인 A, C구간은 상대적으로 부분적인 불안정으로 분석되었다. 3차원 절리망을 구성

하여 불연속면의 방향성을 파악하였을 때, 가시설 벽체 내의 불연속면의 방향성은 좌측 벽체

부(A구간)에서 불연속면의 발달이 현저하고, 절개지 방향(임진강)으로 경사진 절리망이 우세하게 발달하고 있으며, 준 수직의 절리들이 좁은 간격으로 형성된 것으로 파악하였다. 이와 같은 분석 결과는 하천 측으로 발달한 절리군에 의해 굴착공사 시 무결함 암반보다 더 큰 하중이 작용될 수 있는 개연성을 지시하고 있다.

사고가 일어나기 전날까지 흙막이 벽체 전방 6m 지점에서 발파 공사가 진행되었다. 발파 작업 일지에는 일반 발파 표준 장약량 7.5kg보다 적은 5.7kg를 사용하여 진동영향을 줄인 것으로 기록되었다. 흙막이 벽체에 미치는 진동영향을 살펴보기 위해 $K=200$, $n=-1.60$을 사용하여 분석하였다. 45.8kine이 흙막이 벽체에 작용한 것으로 검토되었다. 허용진동 기준 5kine을 적용하여 발파 이격 거리를 산정한 결과 최소 20m 이격하여 발파작업을 실시하여야 허용진동 기준을 만족하는 것으로 검토되었다. 따라서 일반발파에 의한 진동치는 흙막이 구조물의 안정을 해칠 수 있고 암반 불연속면을 따라 변위를 유발할 가능성을 확인하였다.

붕괴사고 전에 측정된 계측 결과를 살펴보았다. 각 구간별로 지중경사계와 지하수위계, 어스앵커 하중계가 설치되었다. 지중경사계 I-2는 붕괴 구간에 설치된 것이어서 사고 시점인 2월 중순 이후의 자료를 활용할 수 없다. 수평변위 양상은 굴착 바닥면 부근을 기준으로 상부는 대체로 캔틸레버 거동을 보이고, 하부는 변형이 억제되고 있음을 볼 수 있다. 측면에 설치된 I-1과 I-3은 발파가 진행되는 것과 함께 수평변위가 증가하였다. I-1의 경우, 2011년 2월 15일, 22일, 25일 실시된 발파작업 후의 최대 변위값이 7.67mm에서 14.37mm, 29.06mm, 44.47mm로 크게 증가하였다. 또한 붕괴 발생 후부터 4월 25일 현재까지의 변위는 49.48mm에서 55.08mm로 1차 관리 기준인 48.00mm를 상회하는 것으로 분석되었으나 변위 증가량은 미미한 수준이며, 대체로 수렴하는 양상을 보이고 있다. I-3에서 측정된 수평변위는 2011년 2월 15일부터 실시된 발파작업 직후 15.45mm, 20.81mm, 33.58mm로 증가하는 것으로 분석되었다. 또한 공사가 중지된 이후인 4월 18일 계측값이 48.75mm로 1차 관리 기준인 48mm를 상회하는 것으로 나타났으나. 대체로 수렴하는 양상을 보이고 있다. 따라서 사고 현장의 수평변위 양상은 발파공정과 매우 밀접한 관계에 있을 것으로 판단하였다.

붕괴된 구간의 경사계 I-2의 경우 2월 9일 이후에는 경사계관이 크게 휘어져 탐침봉이 관입되지 않아서 측량된 자료로 최대 수평변위 양상을 살펴보았다. 2월 22일 발파로 인해 최대 수평변위는 63.7mm, 2월 25일은 77.7mm까지 증가하였다. 이때의 굴착심도는 약 14m 정도로서 약 0.56%H로 분석된다. 일반적인 연성 흙막이 벽체의 최대 수평변위는 0.5~1.0%H 까지로 보고되고 있다. 사고 직전에 발생한 수평변위량은 불안정에 이르고 있지만 붕괴

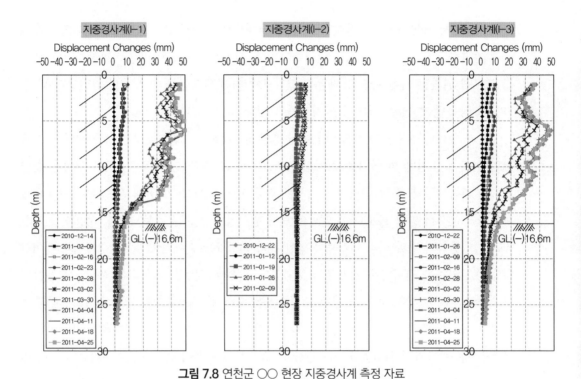

그림 7.8 연천군 ○○ 현장 지중경사계 측정 자료

수준은 아닐 것으로 보였다. 설계 오류에 대한 가능성을 파악하기 위해 구조계산서를 살펴보았다.

붕괴가 발생한 구간은 구조계산서상 해석 깊이는 G.L(-)25.1m이며, 근입장은 1.5m로 설계되었다. 흙막이 가시설 벽체는 엄지말뚝(H-300×200×9×14)을 1.6m 간격으로 배치하고, 굴착면 상부로부터 풍화암까지 동일한 두께의 토류판(T=110mm)을 설치하였고 연암 및 경암 구간인 하부는 숏크리트(T=100mm)로 설계되었다. 또한 흙막이 벽체를 지지하는 지지체는 지표로부터 굴착면 하부까지 어스앵커(P.C strand ϕ12.7mm×4ea) 6단, 록볼트 5단으로 계획되어 있다. 원설계에서는 지표면을 평탄하게 보고 통상적인 공사하중을 상재하중으로 적용하여 안정성을 분석하였다. 실제는 배면이 경사진 상태로서 원설계보다 크게 상재하중이 작용된다. 이를 고려하여 재해석한 결과 록볼트의 길이가 부족하고 H-Pile, 토류판이 허용응력을 초과하는 것으로 나타났다.

암반불연속면이 하천 방향으로 형성되어 있는 상태에서 지표면 상재하중을 실제 하중보다 작게 고려하여 구조 저항능력이 낮은 흙막이 구조물로 시공되었다. 흙막이 벽체에 근접하여 일반발파가 진행되어 불안정성을 가중시켰고, 어느 한계에 이르러서 붕괴가 빠르게 진행되었다. 암반불연속면과 교차하는 좌우측의 흙막이 구조물은 발파영향을 받았으나 붕괴에 이르지 않았고, 복구공사 시에도 그대로 활용되어 최종 굴착 시점까지 안정을 유지하였다.

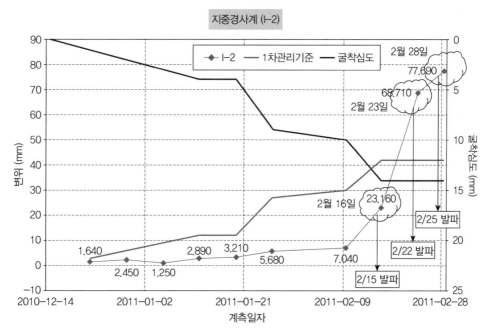

그림 7.9 연천군 ○○ 현장 붕괴 구간 지중경사계 측정 자료

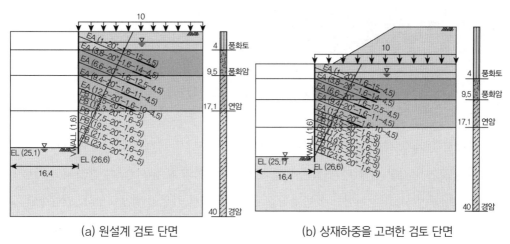

(a) 원설계 검토 단면   (b) 상재하중을 고려한 검토 단면

그림 7.10 연천군 ○○ 현장 붕괴 구간 구조해석 단면

7.4 구미 ○○타워 지하굴착공사 흙막이 붕괴 사고[5]

버팀보로 지지되는 흙막이 벽체가 2015년 5월 20일부터 28일까지 부재 간 연결재 파손, 중간말뚝과 띠장 휨, 숏크리트 배부름, 배면지반 균열과 침하가 발생하면서 붕괴되었다. 균열이 발생한 후면 주차장부지를 굴착하여 주동토압을 감소시키고 전방에 압성토로 추가 붕괴를 막았다. 주변 버팀보 부재를 브레이싱으로 보강하고 띠장 홈메우기를 보수하였다. 매립층, 토사층, 풍화대와 연암층으로 이루어진 지반을 CIP를 설치하고 7단 버팀보로 지지한 상태였다. 연암층은 H-Pile 사이를 숏크리트를 시공하여 흙막이판으로 삼았다. 사고 징후가 관찰된 시점은 최종 버팀보를 설치한 직후이며 총 20.7m 굴착 예정인 상태에서 18.5~20.05m를 굴착 중이었다. 나대지로 주차장으로 활용된 배면지반은 흙막이 벽체에서 최대 16.5m 떨어진 거리까지 균열이 발생하였다.

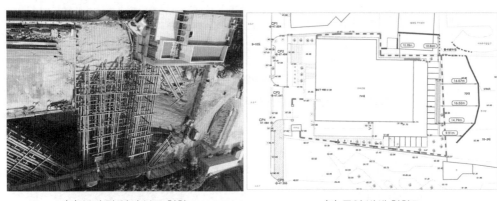

(a) 붕괴 및 임시 복구 현황   (b) 균열 발생 현황도

그림 7.11 구미 ○○타워 지반사고 현황

현장에서 관찰된 사항과 관계자의 증언 사실을 토대로 사고 진행 과정을 재구성하였다. 흙막이 구조에서 가장 힘을 먼저 받는 띠장과 H-Pile 사이의 홈메우기부가 손상되고 띠장이 변형되었다. 이어서 코너 버팀보가 변형되고 중간말뚝에서 좌굴이 발생하였다. 연암층에 시공된 숏크리트가 터지는 현상에 이어 주차장 부지의 균열과 침하가 발생하였다. 압성토 이후 변형 상태는 중지되었으나 인접한 건물에 균열이 발생하고 잔여 버팀보도 변형이 발생하였다.

버팀보가 지지구조인 경우에서 붕괴사고가 일어날 때 서로 연결된 구조이므로 짧은 시간

---

5   한국지반공학회, '구미 ○○타워 신축공사 굴착사고 원인 연구보고서', 2015.

에 변형이 발생하는 것이 일반적이다. 이때 불평형을 야기할 수 있는 요소로서는 과굴착, 지질구조, 평면상 하중 집중이 발생할 수 있는 취약구조, 부재 간 연결 불량 등을 들 수 있다. 특히 코너 버팀보가 비대칭적으로 배치되거나 돌출된 코너부가 연속적으로 형성된 경우, 또한 띠장이 단차가 형성되어 횡 방향으로 토압이 전달되는 경우와 같이 평면적인 취약부가 형성될 때 하중 전달 과정에서 불평형이 발생하는 경우가 많다. 사고 현장의 경우 코너 버팀 보가 대칭을 유지하고 있으나 예술회관 측으로 코너부가 2개소 형성되어 하중 집중이 발생할 수 있는 조건이다. 평면상 취약구조에 따른 문제점을 확인하기 위해 3차원 수치해석을 통해 안정성을 파악하였다. 코너부에서 굴착심도가 깊어짐에 따라 최대 수평변위는 25.2mm 정도 가 발생하고 띠장의 전단응력이 증가하는 것으로 해석되었는데, 허용응력 범위에 있으므로 평면구조에 따른 문제점은 없는 것으로 판단하였다. 또한 부지 상부 측 ○○동 주민센터 구간은 직각 버팀보와 경사버팀보가 돌출부에 설치되어 양방향 토압을 지지하는 상태인데, 지반사고 당시에는 시차를 두고 부가적인 거동에 의해 주민센터 건물이 영향을 받았다. 따라 서 평면계획상 취약부에 의해 발생한 지반사고는 아니라고 추정되었다.

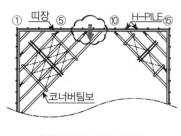

(a) 비대칭 버팀보 배치

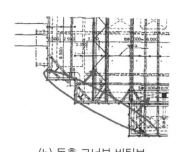

(b) 돌출 코너부 버팀보

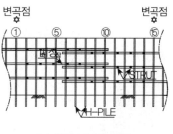

(c) 단차 버팀보 배치

그림 7.12 버팀보 구조 취약부

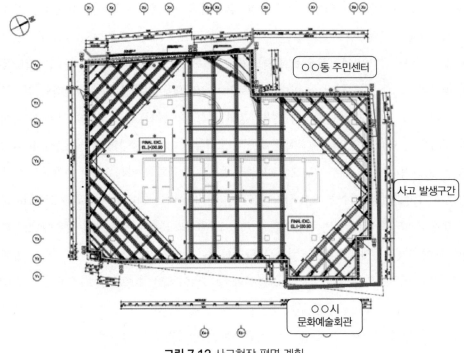

그림 7.13 사고현장 평면 계획

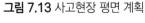

(a) 코너부 수평변위 해석 결과 (b) 코너부 띠장 응력 해석 결과

그림 7.14 버팀보 구조 취약부 3차원 거동해석

사고가 발생한 구간에는 지중경사계(I-1)와 지하수위계, 변형률계가 설치되어 5월 20일 사고 직전까지 거동자료를 살펴볼 수 있었다. 측정 자료에서 보면 4월말부터 사고가 발생한 시점까지 수평변위는 지표면에서 최대 2.6cm 정도로서 이 당시 굴착 깊이(H)가 20m임을 감안할 때 0.13%H 정도로 안정적인 거동이라고 볼 수 있다. 21일 이후 급격한 수평변위가 발생하여 더 이상 측정하기 어려운 상태이나, 그 전일까지의 거동자료에서는 특별한 문제점 은 발생하지 않는 것으로 보인다. 지하수위면도 굴착 진행 정도에 따라 완만한 하강을 보이고

있으므로 지하수 유출에 따른 침하문제가 발생할 가능성이 미소하다. 따라서 해당 심도까지 굴착할 때까지 급작스러운 거동을 야기할 만한 지반 조건은 아니나, 이후 과다변위를 유발할 수 있는 암반 조건에 대한 분석이 필요하다고 판단하였다.

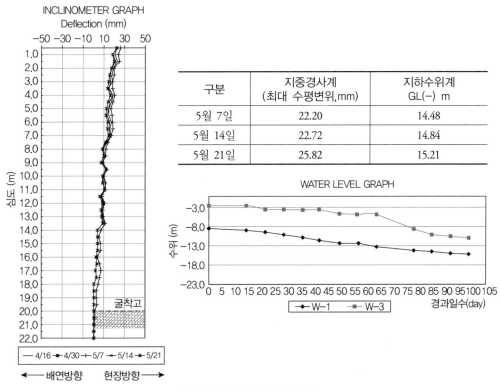

구분	지중경사계 (최대 수평변위,mm)	지하수위계 GL(−) m
5월 7일	22.20	14.48
5월 14일	22.72	14.84
5월 21일	25.82	15.21

그림 7.15 사고 지점 계측자료

광역지질 현황은 선캄브리아기의 변성암류를 기저로 쥐라기의 흑운모화강암 및 백악기의 암맥류가 이들 암석을 관입하였으며, 최상부층으로 제4기의 충적층이 구미천 주변을 따라 광역적으로 분포하고 있다. 지반조사 보고서에 따르면 3개(NX 1공, BX 2공) 지점에 대해 시추 조사한 결과, 매립층, 퇴적층, 풍화대, 기반암층으로 지층이 구성되어 있다. 일정 깊이 이하를 굴착할 때 변형이 크게 증가하였고 변성암을 관입한 지질 현황으로 볼 때 BX 시추공으로 파악할 수 없는 암반 불연속면의 존재를 확인할 필요가 있다. 사고 구간 후방의 나대지에서 흙막이 벽체와 직교하는 방향으로 2개소에서 시추 조사를 추가할 계획을 수립하였는데, 이때 트리플 코아배럴을 사용하여 암석코아를 전량 회수하고, 내부에 투명 아크릴 원통을 넣어 시추공 영상촬영을 시행하기로 하였다. 시추 후 영상촬영을 위해 기기를 넣으려고 할 때 1개 공에 설치된 아크릴관이 변형되어 조사할 수 없었다. 이는 압성토에 의해 수동토압을 증가시켰으나 배면 지반 거동은 지속되고 있는 것으로 판단하였고, 1개소를 추가로 시추하여 불연속면 발달 상황을 조사하였다.

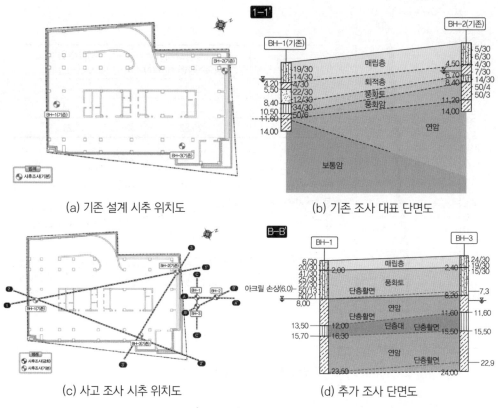

(a) 기존 설계 시추 위치도　　　(b) 기존 조사 대표 단면도

(c) 사고 조사 시추 위치도　　　(d) 추가 조사 단면도

그림 7.16 지반조사 결과 비교

사고 구간 후방에서는 퇴적층이 존재하지 않는 것으로 나타났고, 풍화대와 연암층 사이의 단층활면과 연암층 내부에 단층대가 있는 것으로 조사되었다. 상부 연암층은 황갈색 내지 백갈색을 띠며, 심한 내지 보통 풍화의 풍화도와 약함 내지 보통 강함의 강도를 지니고 있다. 코아회수율TCR은 50~100%, 암질지수RQD는 0~18% 범위로 불량한 상태다. 중간에 협재한 단층대는 흙막이 벽체와 근접한 BH-3의 심도 14.8m 지점에서 60° 경사의 단층활면이 관찰되며, 15.15m 지점에서는 폭 1.0cm의 암회색 단층점토가 협재되어 있다. 하부 연암층은 TCR은 70~100%, RQD는 0~19% 범위로 불량한 상태다. 특히 시추공 BH-3은 전반적으로 불규칙한

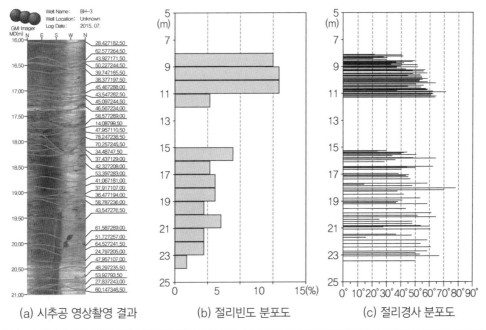

(a) 시추공 영상촬영 결과

(b) 절리빈도 분포도

(c) 절리경사 분포도

| 공번 | BH-01 | 심도(m) | 0.0m~16.1m | Box No. | 1/3 |

아크릴 손상

단층대

단층대

(d) 정밀시추로 회수된 암석 코아

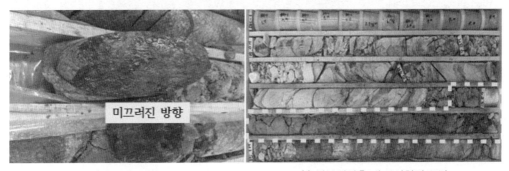

미끄러진 방향

(e) 단층 활면

(f) 하부연암층 내 토사화된 구간

그림 7.17 추가 지반조사 결과

경사를 가진 단층활면이 발달하고 있으며, 단층으로 인한 미세균열로 파쇄대가 발달하였다. 심도 21.6m 지점에서 60° 경사의 단층활면에 폭 0.5cm의 점토가 충전되어 있다. 심도 22.6~24.0m 구간은 단층파쇄대 구간으로 45~60° 경사의 단층활면이 발달하고 토사화된 상태다.

시추공 영상촬영 기법으로 파악한 암반 불연속면 상황은 8.2~23.4m 구간에서 다수의 파쇄 절리open joint와 미세절리hair or close crack들이 분포한다. 절리 빈도 분포도에서 보면 전 구간에 절리들이 고루 분포하며, 특히 상부 8~11m, 15m 이하 심도에서 집중적인 분포를 나타낸다. 11.4~15.2m 구간에는 암반분연속면 발달 현황을 영상으로 촬영할 수 없는 파쇄 연약대weak zone가 나타난다. 절리경사 분포도 분석 결과, 50~60°의 우세 경사각이 전 구간에 고루 분포하는 것으로 조사되었다. 기반암에 대해 D-3 코어 배럴core barrel과 다이아몬드 비트diamond bit를 사용하여 암반코어를 회수하였다. 회수된 암반시료와 시추공 영상자료를 종합하여 분석한 결과, 흙막이 벽체면과 교차하는 고각의 단층 점토대가 존재하며 하부는 토사화된 상태로 나타났다.

단층점토대가 협재한 견고한 암반 지역을 굴착할 때 전단강도를 기대할 수 없는 점토로 인해 매우 빠르게 변형이 크게 발생한다. 이 지역에는 두텁게 발달한 토사화된 단층 파쇄대가 분포하기 때문에 9일간에 걸쳐 완만한 속도로 변형이 발생하였고, 사고 조사를 위한 시추 조사 당시에도 변형이 지속되었음을 볼 수 있다.

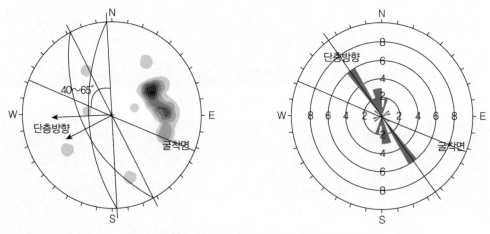

그림 7.18 굴착면과 단층대의 방향성

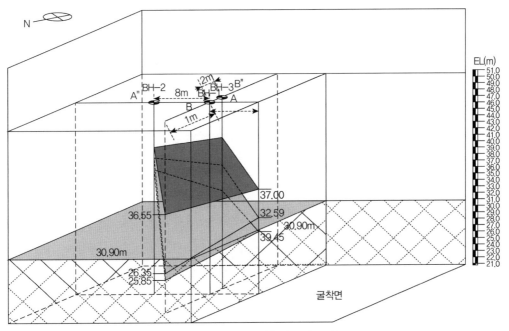

그림 7.19 굴착면과 단층대 교차 모식도

　단층파쇄대를 고려하는 여부에 따라 안정성이 크게 달라진다. 수치해석을 통해 안정성이 어떻게 변화하는지 살펴보았다. 단층 점토대는 실트질 점토가 협재하며, 주로 모래질 실트로 구성되어 있다. 지반 물성치는 사질토와 점성토가 혼재된 상태이므로 점착력 성분은 없는 것으로 가정하고 내부마찰각은 역해석을 통해 20°로 설정하였다. 추가 시추 조사 자료를 근거로 버팀보 5단 하부부터 7단 하부까지 단층대가 존재하는 것으로 모델링하였다. 버팀보는 대체로 축응력 상태는 허용 범위에 있으나 띠장의 경우 5~7단이 모두 전단응력이 허용응력을 초과하는 것으로 나타났다. 따라서 사고 당시 관찰된 띠장의 변형으로부터 불안정성이 초래된 것을 확인할 수 있다. 3차원 유한 요소해석에서는 단층대가 존재하지 않는 기존 지반 조사 결과를 적용하여 해석한 결과는 버팀보 및 띠장의 발생응력은 모두 허용응력 이내의 값으로서 구조적으로 안정한 것으로 나타났다. 그러나 단층파쇄대가 버팀보 5단부터 출현한 경우에는 버팀보는 허용응력 범위 내에 있으나 띠장의 경우 휨응력과 전단응력 모두 5단 이하부터 허용응력을 초과하며 단층대 존재에 의한 구조안정성 저하 및 사고의 원인으로 확인되었다.

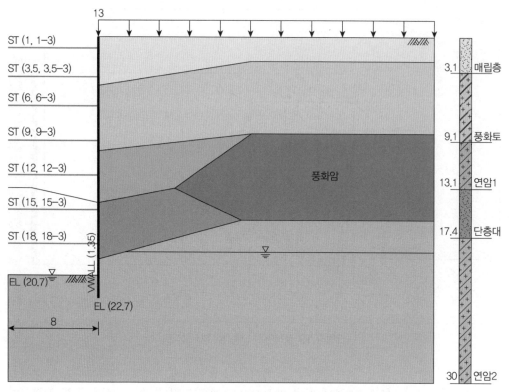

그림 7.20 단층대를 고려한 시공 상황 수치해석 모델링

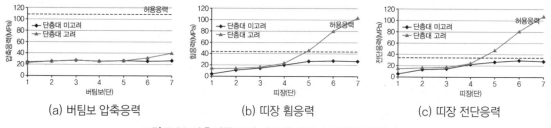

(a) 버팀보 압축응력 (b) 띠장 휨응력 (c) 띠장 전단응력

그림 7.21 단층대를 고려 여부에 따른 수치해석 결과 비교

사고가 발생한 현장 조건을 조사하여 평면계획상 취약부가 형성된 상태에서 비교적 느린 속도로 지반거동이 발생하였으며, 계측 결과로 볼 때 특별한 징후가 없었던 점에 주목하였다. 구조검토를 통해 코너부가 돌출된 취약부는 사고 원인의 가능성이 낮았음을 확인하였다. 원설계 지반조사가 지반 조건을 파악하기에는 부족하다고 판단하였고, 붕괴 구간 배면지반 후방까지 균열이 발생하였던 조건을 정밀 시추 조사를 통해 확인하였다. 버팀보 5단 이하에서 흙막이 벽체면과 교차하는 단층 파쇄대의 존재를 확인하였는데, 하부 연암층은 토사화된

상태로서 굴착에 따른 지반거동이 천천히 발생할 수 있는 조건으로 판단하였다. 탄소성 해석과 수치해석을 통해 띠장이 먼저 허용응력을 초과하였고 부분적으로 파단에 이르면서 전체적인 불평형이 초래된 것으로 원인을 밝혔다.

7.5 용인 물류센터 외벽붕괴 사고[6]

지반을 굴착할 때 변형을 제어하기 위해 흙막이 구조물을 시공하여 안정을 유지한다. 흙막이 구조물은 기본적으로 외적 안정 형태와 내적 안정 형태로 구분한다.[7] 굴착으로 인해 발생하는 토압을 어스앵커, 버팀보, 레이커, 철근콘크리트 옹벽과 같은 구조물이 자체적으로 외력을 담당하는 형태가 외적 안정externally stabilized 흙막이 구조다. 내적 안정 구조는 굴착 시 활동 파괴면을 교차하는 지지구조물을 사용하는 보강토 옹벽, 소일네일링 등이 해당한다. 내적 안정 구조물은 지반과 구조물 사이의 상대거동을 최소화시켜 하나의 중력식 흙 구조물 형태로 토압에 저항하는 구조로서 마찰저항을 어떻게 발휘시키느냐가 중요한 고려사항이다. 외적 안정 구조는 벽체와 지지구조물의 강성을 효과적으로 조합하여 안정을 유지하는 방식인데, 어스앵커의 경우 정착부 주변 지반과 마찰저항에 의해 지지되므로 지반특성과 함께 소요 기간 동안 초기 인장력을 발휘시키는 문제를 생각하여야 한다.

어스앵커는 강연선 1가닥에 10톤 이상으로 인장하여 정착부에서 주변 토층과 마찰력을 발휘시켜 흙막이 벽체를 지지하는 구조다. 일정 간격으로 여러 개가 설치되므로 각 앵커는 필요 기간 동안에 기능을 유지하여야 하며 만약 한 개가 파단된다면 아칭현상에 의해 주변의 앵커는 하중이 재배치된다. 어스앵커가 파단될 수 있는 원인으로는 강선의 부식, 물리적인 손상, 정착구head 재료 부실, 정착부 마찰과 부착 저항 감소, 지반의 팽창과 건조에 의한 체적 변화 등을 들 수 있다. 지중 연속 벽체를 지지하는 앵커가 파단될 때 주변 앵커에 미치는 영향에 대해 연구한 Stille[8]의 분석에 따르면, 벽체에서 전단저항이 증가하고 손상된 앵커의 주변으로 종횡 방향 아칭현상이 발생하여 손상되지 않는 앵커에 하중이 전이된다. 만약 주변

6 국토교통부 건설사고조사위원회, '용인 물류센타 외벽붕괴 사고조사보고서', 2018.

7 T. D. O'Rouke et al., 'Overview of earth retention system: 1970-1990)', ASCE Geotechnical Special Publication, No. 25, 1990.

8 Stille, T, and B. B. Broms, 'Load redistribution caused be anchor failures in sheet pile walls', Procd. 6th European Conf. on Soil Mechanics and Foundation Engineering, Vienna, Vol. 1. 2, 1976, pp. 285-290.

앵커가 이미 극한 상태에 있다면 추가된 하중에 의해 전체 앵커 지지구조가 위험해질 수 있다.

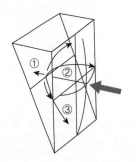

① Increase in shear resistance
② Arching in the horizontal direction
③ Arching in the horizontal direction

그림 7.22 앵커 파단 시 변형 상태(Stille, 1976)

도심지 굴착공사에서 제한된 부지를 넘어 앵커가 설치되는 경우가 많다. 부득이하게 앵커를 설치해야 하는 경우에는 강선을 제거하는 것을 전제로 인접 부지 소유자의 동의를 받고 공사한 후 강선을 제거한다. 굴착공사 시 평형을 유지하고 있는 앵커 시스템이 해체로 인해 손상되지 않도록 보강한 후 순차적으로 해체하는데, 일시에 과도한 하중 전이가 일어날 경우 흙막이 벽체가 과도하게 변형되거나 심할 경우 붕괴에 이르기도 한다. 총 10단 어스앵커로 지지된 흙막이 벽체를 3개 단 어스앵커를 3일 동안 해체함으로써 평형이 손상되었다. 이로 인해 벽체가 붕괴되고 전방의 콘크리트 외벽이 전도되면서 작업관계자 1명이 사망하는 사고가 있었다.

지반조사보고서에 따르면 기반암은 중생대 쥐라기에 속하는 흑운모 화강암으로서 굴착지반의 대부분을 차지하는 풍화암과 연암층은 균열과 절리가 발달한 상태다. 연암층의 TCR은 26%, RQD는 0%로 나타났다. 붕괴사고 후 노출된 암반의 불연속면은 흙막이 벽체측으로 형성된 판상절리면 형태로 경사는 20~50° 정도고 절리면 사이는 점토가 협재되어 있는 것으로 관찰되었다. 평사투영 해석 결과에서 보면 평면파괴의 가능성이 높은 취약한 구조가 잔존하고 있는 상태에서 어스앵커를 사용하여 굴착이 완료된 상태였다. 자유장부의 강연선이 파단된 상태고, 일부분은 두부가 이탈한 모습도 관찰되었다. 흙막이 벽체 측과 교차하는 암반 불연속면이 분포하는 경우 일반적인 탄소성 구조해석은 불안 측에서 검토될 수 있는 조건이다. 토사 굴착의 경우에서 발생하는 토압보다 훨씬 큰 하중이 가해질 수 있기 때문에 불연속면 분포 상황과 절리면의 전단강도를 고려하여 거동을 해석하는 것이 필수적이다.

그림 7.23 용인 물류센터 외벽 붕괴 사고현장(2017. 10. 23.)

(a) 암반불연속면 경사(약 50°)　　　　(b) 불연속면 협재 점토층

그림 7.24 용인 물류센터 사고현장 암반불연속면

　굴착공사 중에 계측된 거동자료를 살펴보자. 붕괴 구간에 설치된 계측기는 지중경사계 3개소(INC-1, 2, 3), 지하수위계 1개소(W-1), 하중계(LC) 22개소다. 지중경사계와 지하수위계의 초기측정은 2016년 6월 1일, 하중계는 시공단계에 따라 LC1단은 2016월 6월 1일, LC10단

은 2017년 2월 22일에 초기측정이 이루어졌다. 흙막이 벽체의 수평변위를 측정하는 지중경사계의 경우 남쪽에 설치한 INC-1에서는 2017년 10월 11일까지 최대 수평변위는 31.53mm로서 굴착깊이 26m 대비 1/729를 유지하고 있다. 중간부에 설치한 INC-2의 경우 최대 수평변위 37.8mm(1/687), INC-3의 경우 38.44mm(1/676) 정도의 거동을 보였다. 흙막이 하단부에서 미소한 수평 방향의 거동을 보이고 있으나, 붕괴의 징후로 판단될 만큼의 거동변화는 확인되지 않았다.

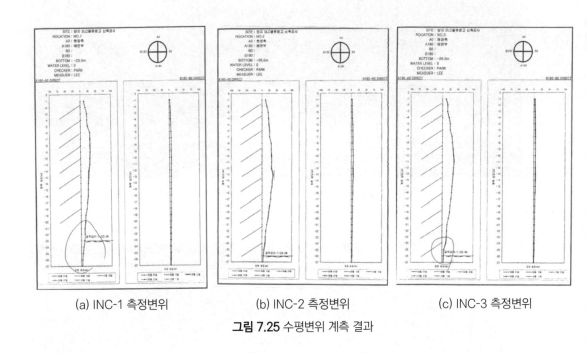

(a) INC-1 측정변위   (b) INC-2 측정변위   (c) INC-3 측정변위

그림 7.25 수평변위 계측 결과

굴착에 따른 배면지반의 지하수위 변화를 파악하는 지하수위계 W-1의 경우 지표면 아래 10.53m에 분포하고 굴착 완료 추정 시점인 2017년 2월 지표 아래 22m 정도까지 하강하였다. 2017년 5월 10일을 기점으로 상승세로 전환하여 최종 측정일이 2017년 10월 11일에는 19.14m 까지 회복하였다.

어스앵커의 축력 상태를 파악하는 하중계의 경우, 당초 21개소가 설치 운용되었는데, 최종 월간보고서상에서 가용한 측정자료는 INC-1구간의 3, 4, 5, 6, 7, 8단과 INC-3번 측의 1~8단 까지 총 14개다. 앵커축력이 시간이 경과하면서 꾸준하게 증가하여 40ton 전후의 값을 보이다 가 해체 작업이 개시되기 전 최종 측정일인 2017년 10월 18일에 INC1-7단에서 최대치 45.848ton, INC3-6단에서 최대치 42.863ton의 결과를 보였다. 전반적으로 증가 상태에 있고,

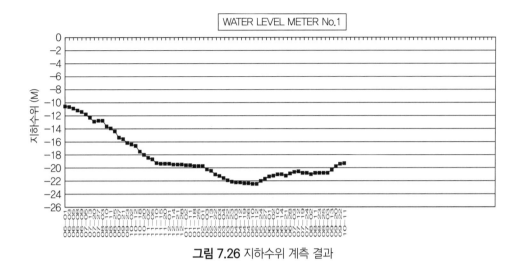

그림 7.26 지하수위 계측 결과

일부 앵커의 경우 설계상 허용응력인 48.64ton에 근접하여 흙막이 벽체 하부에서는 상당한 토압이 작용하고 있다고 보인다.

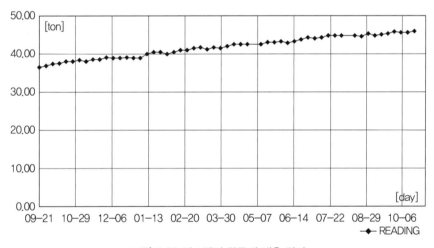

그림 7.27 어스앵커 하중계 계측 결과

해체작업 중에는 계측관리가 이루어지지 않았다. 굴착공사 완료 시점까지의 수평변위는 0.15%H 정도로서 일반적인 연성 흙막이 벽체에서 발생할 수 있는 수평변위 0.5%H보다 안정된 상태였다. 굴착 완료 후 지하수위가 상승하여 하부에서는 수압이 증가할 수 있는 조건이고, 어스앵커 축력계는 허용값에 근접하고 있는 상태에서 전체적인 흙막이 구조는 상한 임계critical state upper bound에 있다고 판단된다. 이와 같은 조건 아래에서 해체 작업이 시작되었다.

총 10단의 어스앵커로 지지되는 흙막이 벽체를 시공하여 최종 계획고까지 굴착을 완료한 후 물류센터 건물을 신축하고 있었다. 아래 9, 10단은 부분은 건물과 합벽으로 시공되어 순차적으로 해체되었다. 합벽부 상부 6, 7, 8단 앵커는 건물외벽과 흙막이 벽체 사이를 토사로 다져서 되메운 후에 단계적으로 해체하는 것으로 계획되었다. 2017년 10월 19일부터 3일에 걸쳐 두부를 해체하고 지표면에서 토사를 투하하여 공간을 메웠다. 폭이 약 1.5m에 불과한 되메우기 공간이었기 때문에 다짐기계를 운용하기 어려웠다. 따라서 앵커가 제거됨에 따라 발생하는 하중을 되메워진 공간과 건물 외벽까지 연계한 수동저항으로 기대할 수 없는 구조가 되었다. 또한 3일에 걸쳐 급속하게 앵커가 제거됨에 따라 응력 재분배 과정이 순차적으로 이루어지지 않아 해체되지 않은 상부의 앵커에 허용 범위를 넘는 하중이 작용되었다.

탄소성해석에 의해 사고를 유발한 해체 공정 중 발생한 흙막이 구조물의 응력 상태를 비교분석하였다. 8단 앵커를 해체하고 되메운 경우(CASE 1), 7, 8단 앵커를 동시에 해체하고 되메운 경우(CASE 2), 6~8단을 해체한 후 되메운 경우(CASE 3)로 구분하여 안정성을 확인하였다. CASE 1의 결과에서는 7단 앵커의 정착장이 부족한 것으로 나타났으나 흙막이 벽체를 구성하는 H-Pile은 허용 응력 범위에 있어서 큰 문제점은 없는 것으로 분석되었다. 두 단 앵커를 동시에 제거하였을 때는 정착장의 길이 부족과 H-Pile의 휨응력이 허용 범위를 초과하였고, 실제 공사가 진행된 상황을 모사한 CASE 3의 결과는 아직 제거되지 않은 상부 앵커의 정착장이 부족하고 H-Pile은 휨, 전단응력이 모두 허용응력을 넘어서 붕괴에 이르렀을 것으로 해석되었다. 탄소성 해석은 배면지반의 암반이 굴착면 쪽으로 불리하게 발달해 있는 불연속면 특성을 직접 반영할 수 없기 때문에 위 분석 내용은 불안전 측에서 검토된 것이다. 탄소성 해석 결과에서 7, 8단 앵커를 해체하였을 때 흙막이 구조물은 평형이 훼손되기 시작하여 6단까지 해체된 직후에는 붕괴에 이르렀다고 추정할 수 있다.

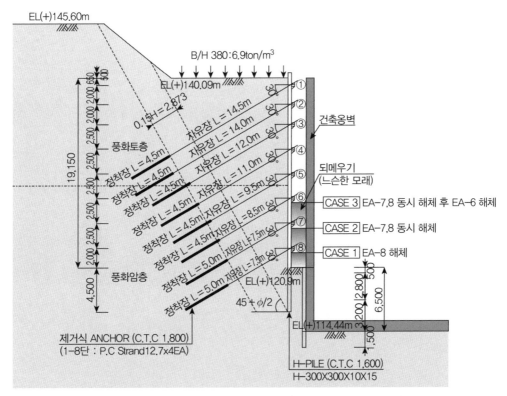

그림 7.28 사고 구간 가시설 계획과 해체공정 탄소성 해석 모델

제8장
사면 사고 조사

제8장

사면 사고 조사

8.1 사면 활동파괴 요인

사면의 활동파괴는 활동을 일으키는 힘이 활동에 저항하는 힘보다 클 때 발생한다. 활동력은 활동 파괴체에 불리하게 작용하는 외력, 활동 파괴체와 보강구조물의 상대적 거동, 지표수 침투력이나 지하수에 의한 정수압, 지반진동에 의해 생겨난다. 활동 저항력은 활동 파괴면에서 작용하는 전단 저항력, 활동파괴면을 교차하는 지보재의 저항력, 활동 영역 외부에서 작용하는 저항력으로 인해 발휘된다.

사면 활동을 야기할 수 있는 요인으로는 원래의 사면보다 급하게 절취하여 안정성이 저하된 경우, 사면 정상부에 외력이 작용하여 활동력이 커지는 경우, 선단부 굴착으로 인해 저항력이 작아지는 경우, 사면 전방에서 세굴이 발생하는 경우, 균열부를 따라 지표수가 침투하는 경우, 지질학적인 취약면이 내재되었다가 활동력을 제공하는 경우, 지진에 의해 활동 모멘트가 커지는 경우로 구분할 수 있다. 또한 제방에서 동물에 의해 파이핑 경로가 형성되거나 나무의 뿌리압에 의해 전도, 낙석이 발생하기도 한다. 사면 사고 조사에서 먼저 살펴야 할 것은 활동이 발생한 형태를 구분하고, 활동이 발생한 시점의 상황을 추적하여 가장 가능성이 있는 요인을 추려내는 일이다.

행정안전부 재해연보에 따르면 집중호우가 자주 발생하여 2010년부터 2019년까지 피해면적은 연평균 226ha, 복구비는 연평균 436억 원에 이르고 있다. 대형 산사태에 의한 피해 규모

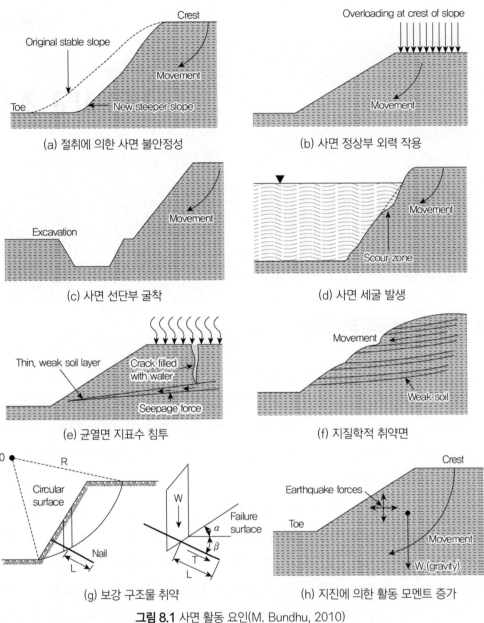

(a) 절취에 의한 사면 불안정성

(b) 사면 정상부 외력 작용

(c) 사면 선단부 굴착

(d) 사면 세굴 발생

(e) 균열면 지표수 침투

(f) 지질학적 취약면

(g) 보강 구조물 취약

(h) 지진에 의한 활동 모멘트 증가

그림 8.1 사면 활동 요인(M. Bundhu, 2010)

는 다음과 같다. 2008년부터 2013년까지 4년간 사면재해 현장을 조사하여 유발인자를 분석한 연구 결과[1]에 따르면 변성암 지역에서 가장 많은 재해가 발생하였고, 사면재해 중에서는 토석류가 가장 큰 횟수를 보였다. 대부분의 사면재해는 최대시간강우량이 내린 후 일정한

---

1   전경재 외, '최근 4년간 국내 사면재해 현장조사를 통한 유발인자 분석', 한국지반공학회 논문집, 제31권, 제5호, 2015, pp. 47-58.

시간이 지나고 나서 발생한 것으로 나타나 발생 시점의 강우량도 중요하지만 발생 이전의 선행강우도 중요한 것으로 인식된다.

표 8.1 최근 10년간 산사태 피해(산림청 산사태정보시스템)

유발 집중호우	일자	산사태 면적(ha)	인명피해(명)	복구액(억 원)
2002년 태풍 루사	2002. 8. 31.~9. 1.	2,705	35	2,994
2003년 태풍 매미	2003. 9. 11.~13.	1,330	10	2,278
2006년 태풍 에위니아	2006. 7. 10.~11.	1,597	9	3,192
2011년 국지성 집중호우	2011. 7. 26.~28.	824	43	1,580
2012년 태풍 산바	2012. 9. 16.~17.	491	1	971
2013년 국지성 집중호우	2013. 7. 11.~23.	312	3	545
2017년 국지성 집중호우	2017. 7. 23.~24.	94	2	183
2019년 태풍 미탁	2019. 10. 2.~3.	156	3	429

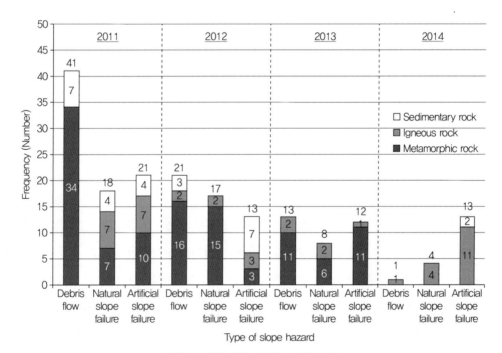

그림 8.2 사면재해 종류별 기반암 종류

토석류, 자연사면 재해, 인공사면 재해가 발생한 지역의 지질도를 토대로 분석한 결과에서 2014년도를 제외하고 대부분 변성암 지역에서 사면재해가 빈발하였음을 볼 수 있다. 「자연재해대책법」에서 규정한 재해경감대책협의회의 2009년부터 2011년까지의 사면재해 조사활동

보고에 따르면 사면 활동 원인으로는 집중호우와 배수불량을 지적하였고, 대표적인 변성암인 편마암 지역에서 산사태가 집중적으로 발생하였다. 편마암은 구성 광물입자가 미립질이고 편리 상태로서 층상배열 절리밀도가 높은 편이다. 풍화에 의해 생성된 장석계열의 미립물질이 불투수층을 형성하여 얕은 심도에서 풍화가 진전되지 못하는 지질학적 특성을 보인다. 편마암지대는 대체로 노두가 적고 50~150cm로 토심이 형성되어 강우 시 지표유출과 함께 이른 시간에 토심이 포화되어 풍화토층과 암반을 경계로 활동이 발생할 가능성이 높다.

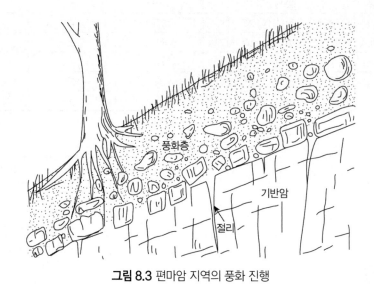

그림 8.3 편마암 지역의 풍화 진행

　우면산과 춘천 소양강댐 하류 우안에서 사면재해가 발생했던 2011년 7월은 전국적으로 사망 26명, 부상 34명 등의 인명 피해가 속출했다. 26일부터 29일간 집중호우로 경기도, 강원도 지역 일대의 급경사지(인공비탈면, 자연비탈면, 산지)가 붕괴되어 48명의 인명과 재산 피해가 발생하였다. 피해 지역과 붕괴 지역에 대한 현지조사, 붕괴 원인 분석, 급경사지 관리 기준 적용 등에 대한 종합적인 조사·분석을 수행하였다.[2] 2011년 7월 26~29일간의 집중호우로 발생된 급경사지 붕괴 및 산사태 피해 지역 중 서울 우면산 지역을 제외한 인명 피해 지역을 중심으로 총 7개 지구[경기도(6개 지구), 강원도(1개 지구)] 급경사지를 조사 대상으로 하였다. 이 기간의 재해는 장마기간 내린 장기강우 이후의 집중호우에 기인하며, 급경사지 붕괴와 산사태는 2011년 7월 6~10일의 최대시우량 발생 직후 및 7월 1~10일의 장기강우와

2　안전행정부,『사전재해영향성검토협의』, 2014, pp. 635-639.

급경사지 붕괴 직전의 최대시우량이 직접적인 원인이다. 장기적으로 비가 오면서 습윤화된 사면지반에 집중호우로 인해 사면재해가 유발된 것으로 보인다. 조사 지역 주변에는 인위적으로 만들어진 임도와 묘지와 같이 사면 내 일시적인 저류가 발생할 수 있는 조건이 만들어진 것도 주목된다.

표 8.2 2011년 집중호우에 의한 사면 붕괴 지역 주요 현황

지구명		유형	급경사지 붕괴 L-H-S	붕괴 이력	붕괴 형태	기반암	토질	배수 상태	붕괴 원인
경상 남도	밀양 상동	산지	800-300-60/10	-	토석류	화강암	붕적층	불량	집중호우 계곡소류력, 임도 붕괴
	하동 옥종	자연	50-25-40	-	비탈면 붕괴	편마암	풍화토	불량	집중호우 표토층 붕괴
전라 남도	순천 황전	자연	100-35-50	30년 전	비탈면 붕괴	편마암	풍화토	불량	집중호우 토층 블록 활동
	순천 해룡	자연	50-25-40	2009년	비탈면 붕괴	편마암	풍화토	불량	집중호우 표토층 붕괴
	보성 회천	자연+ 석축	20-15-60	-	석축 붕괴	편마암	풍화토	불량	집중호우 석축 붕괴
전라 북도	군산 옥도	자연	50-6.7-36	20년 전	비탈면 붕괴	화강 편마암	풍화토	불량	집중호우 표토층 붕괴
		보강토	50-4.1-90	-	보강토 붕괴		풍화토	불량	집중호우 보강토 붕괴
충청 남도	서천 장항	자연	50-10-52	-	비탈면 붕괴	편암	풍화토	불량	집중호우 포토층 붕괴
계: 7지구		자연: 6개 비탈면 산지: 1개 비탈면			붕괴: 6 토석류: 1	기반암	변성암: 6개소 화성암: 1개소		• 집중호우 • 배수 불량, 급경사 • 계곡부 소류력 급증 • 임도, 묘지 조성 • 지반풍화, 지반포화 • 부적절한 복구공법 • 수목무성
						표토+ 토사	풍화토 기반암경계면		

2020년 8월 초에 집중호우가 내려 산사태가 발생한 지역 중 경북 봉화군, 청도군, 전북 장수군, 전남 함평군의 산지 태양광 시설부지는 기존 산지를 평탄화하면서 인위적으로 만들어진 곳이다. 상부 자연사면의 지형을 고려하지 않고 평탄지를 조성하였기 때문에 부지 내로 지표수가 유입되었고, 일부 지역은 하부 민가까지 토석류를 유발시키는 피해가 있었다. 2021년 7월 6일 일본 시즈오카현 아타미시에서 산사태가 발생하여 가옥 130여 채가 매몰되는 사고가 있었다. 이틀 동안 400~500mm의 비가 내렸고, 화산재 퇴적지형 산 중턱부에서 벌목

사업과 함께 택지가 만들어진 것이 대규모 산사태를 유발한 것으로 알려졌다. 2021년 9월 일본 정부는 급경사지에 태양광 시설 등을 계획할 때는 주민의 동의를 받은 토사 붕괴 위험이 없는 지역으로 제한하는 정책을 시사했다. 사면이 붕괴되는 원인은 일차적으로 집중강우가 되겠지만 산지를 개발하는 과정에서 평형이 훼손되는 것이 중요한 원인으로 나타나고 있다. 보전과 개발의 수레바퀴가 엇갈리지 않도록 균형 잡을 필요가 있다.

(a) 봉화군 산사태(2020. 8. 6.)   (b) 장수군 산사태(2020. 8. 24.)

(c) 함평군 산사태(2020. 8. 11.)   (d) 아타미시 산사태(2021. 7. 3.)

그림 8.4 인위적 개발에 의한 산사태

우리나라 도로법상의 도로 연장은 1970년 40,245km에서 2018년 110,715km로 증가했다.[3] 산지가 많은 지형적 특성상 「시설물의 안전 유지관리에 대한 특별법」으로 관리되는 시설물인 도로 사면은 약 4,100개소에 달한다. 2000년도에 조사된 고속도로의 5m 이상 되는 절토사면은 3,528개소이며 이중 중앙고속도로가 33.2%, 경부고속도로가 12.9%, 영동고속도로가 11.9%의 순으로 나타났다.[4] 사면 붕괴가 발생한 빈도수로 보면 서울외곽순환고속도로(현

---

3   국회입법조사처, 『도로 유지관리 현황 및 과제 입법·정책보고서』, 2019.

4   유병옥 외, '고속도로 절토사면 분포 현황 및 붕괴특성', 한국지반공학회 학술대회 논문집, 2000, pp. 199-209.

수도권 제1순환고속도로)가 10km당 4.13개로 가장 높은 붕괴수를 보이고 서해안 고속도로가 3.49개, 중앙고속도로 3.08개로 나타났다. 한국지체구조도에 따라 구분하면 경기육괴의 편마암 지대에서 46.7%, 퇴적변성암에서는 10.6%, 영남육괴를 이루는 암층에서는 8%의 붕괴비율을 보이는 것으로 조사되었다. 암종을 기준으로 붕괴빈도를 보면 변성암이 44%로 가장 높고, 퇴적암이 32%, 화강암이 24%의 비율이다. 변성암 중에서 편마암이 천매암, 규암, 편암에 비해 압도적으로 높은 비율을 차지하고 있어서 토석류가 빈번한 지역의 기반암 조건과 동일한 특성을 보인다.

표 8.3 암석종류에 따른 고속도로 절토사면 붕괴빈도

암종		발생 지점	백분율(%)
화성암(42개소)	화강반암	3	1.7
	섬록암	1	0.6
	안산암	1	0.6
	화강암	7	21.1
퇴적암(56개소)	각력암	1	0.6
	사암	1	0.6
	사암+셰일	54	30.9
변성암(77개소)	천매암	1	0.6
	편마암	69	39.4
	규암	1	0.6
	편암	6	3.4
합계		175	100

　전국을 연결하는 고속도로의 절토사면 붕괴 현황을 볼 때 구성암반과 밀접한 관계를 보이고 있으며 특히 편마암과 백악기 퇴적암에서 붕괴빈도가 높게 나타난다. 사면붕괴 90% 이상이 50~100mm 정도의 강우 시에 발생하며 장마철과 같이 연속강우를 보일 때 붕괴율이 높게 나타났다. 지형상 배후 사면 계곡부와 연결되는 凹형에서 위험도가 높은 것으로 분석되었다. 또한 퇴적암은 평면파괴, 화성암은 낙석, 토층유실, 원호파괴 형태를 보이는 반면 변성암은 암질 불량으로 인한 원형, 쐐기, 평면파괴 양상이 모두 나타난 것으로 보고되고 있다.

8.2 사면 붕괴에 관련된 암반의 공학적 특성

　장구한 시간에 걸쳐 지중 또는 지표면에서 만들어지는 암석은 성인에 따라 퇴적암, 화성암, 변성암으로 구분한다. 지속적인 지각운동은 지각을 연속적으로 변화하게 만들고 암석도 같이 변한다. 암석은 풍화, 분해, 재결정 등의 과정을 거쳐 윤회한다. 암석윤회는 풍화와 침식, 퇴적작용, 속성작용, 융기, 변성작용, 용융, 냉각의 과정을 포함한다.

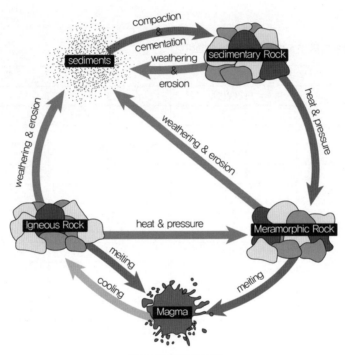

그림 8.5 암석의 윤회

　변성암은 변성작용의 유형에 따라 파쇄암, 광역변성암, 접촉변성암으로 나뉜다. 파쇄암은 기존의 암석이 심한 압력이나 힘을 받아 파쇄되거나 분쇄되면서 형성된 암석이고, 광역변성암은 넓은 지역에 걸친 온도와 압력의 영향으로 그 성질이 변한 암석이며, 접촉변성암은 기존의 암석이 화성암의 관입으로 인한 열에 의해 그 성질이 변한 암석을 지칭하는 것이다. 변성암은 퇴적암의 층리와 유사하게 엽리와 편마구조가 발달한다. 엽리와 편마구조는 층리와 같이 연속성을 갖는 불연속면으로서 이방성의 원인이며, 풍화되면 파괴면과 누수통로 역할을 한다.

엽리는 암석이 압력을 받아 재결정되면 조암광물이 판형으로 재배치되면서 형성된다. 더 큰 압력을 받으면 벽개cleavage가 만들어진다. 엽리는 구성광물의 입자 크기에 따라 편리와 편마구조로 구분한다. 열이 작용하는 변성작용인 접촉변성암에서는 엽리가 나타나지 않는다. 변성 과정 동안 광물의 크기가 변화하는 것을 재결정작용이라고 한다. 예를 들면, 석회암 안에 들어 있는 작은 방해석의 결정은 대리암으로 변성되면서 크게 자라게 된다. 재결정작용에는 온도와 압력 모두 영향을 준다. 온도가 높으면 광물 안의 원소와 이온이 이동할 수 있게 되고, 압력을 크게 받을 경우 광물 간의 접촉점에서 용융이 시작될 수 있다.

그림 8.6 암석의 변성작용

표 8.4 변성암의 공학적 특성

구분	공학적 특성
변성암	• 지질연대가 가장 오래된 암석으로서 복합한 지질구조와 변형을 받음 • 이방성의 비균질한 암석으로서 재하 방향에 따라 강도, 변형성, 공학적 성질이 다름 • 엽리를 따라 슬라이딩이 발생하고 투수성이 증가하고 풍화가 진행됨 • 주요 구성광물인 운모류는 강도정수의 저하원인 광물이며, 팽윤성을 보임

화성암은 크게 관입암과 분출암으로 나눈다. 관입암은 마그마가 고결된 위치에 따라 심성암, 반심성암, 화산암으로 구분한다. 심성암은 지하 깊은 곳에서 고결되어 결정질로 형성된 화성암을 말하며, 화강암이 대표적이다. 분출암은 용암과 화산쇄설암으로 분류한다. 마그마가 육지나 바다에서 지표면 바깥으로 나오게 되면 용암이라고 부른다. 화산에서 분출된 마그마는 온도와 SiO_2의 함유량에 따른 점성에 따라 성질이 달라진다. 파호이호이용암은 온도가

높고 SiO$_2$의 함유량이 50% 이하인 마그마를 지칭하는데, 대체로 흑색의 현무암질인 경우가 많다. 안산암질의 용암은 화산재, 응회암, 용암이 뒤섞여 분석구噴石丘, cinder cone를 형성하며, 유문암과 같은 규장질 용암은 일반적으로 낮은 온도에서 분화할 뿐만 아니라 현무암질 용암에 비하여 점성이 매우 높다. 아아용암이라고 불리는 조면암 또는 유문암질 마그마를 동반한 화산은 일반적으로 폭발적인 분화를 보이며, 용암의 분출은 제한적이나 점성이 높기 때문에 그 가장자리는 급한 경사를 보인다. 한라산 백록담 주변에서 급경사지가 형성된 이유다.

(a) 파호이호이(Pahoehoe) 용암   (b) 아아(Aa) 용암

그림 8.7 용암의 종류(컬러 523쪽 참조)

유문암질이나 안산암질 마그마는 종종 매우 격렬한 분화를 보인다. 이것은 마그마에 녹아 있던 휘발성 기체 성분이 빠져나가기 때문이다. 주로 수증기와 이산화탄소다. 분출될 때 함께 나오는 물질들을 테프라라고 부르는데, 응회암, 집괴암agglomerate 등이 포함된다. 입자 형태의 화산 물질이 분출하여 넓은 범위에 걸쳐 화산재층을 형성하기도 하는데, 제주도에서 볼 수 있는 송이층이 이에 해당한다. 용암은 빨리 식기 때문에 화산암은 세립질이다. 냉각속도가 더 빨라 결정이 생기지 못할 경우에는 흑요석과 같은 유리질 암석을 만들게 된다. 결정의 크기가 작은 관계로 화산암의 분류는 심성암의 분류에 비하여 더 어려운 경우가 많다. 화산암의 정확한 광물조성은 박편현미경 관찰을 통해서만 알 수 있기 때문에 야외에서는 근사적인 분류를 하게 된다.

표 8.5 화성암의 공학적 특성

구분	공학적 특성
관입암	• 화강암, 섬록암, 반려암 등이 있으며, 이 중 화강암의 분포가 가장 우세하며, 국토면적의 35%가 화강암 및 화강섬록암임 • 암석을 구성하는 광물이 맞물려 있어 강도가 크고 공극률이 낮으며, 하중이 가해지면 탄성 변형 • 암반은 상대적으로 균질하고 터널, 대형 댐의 기초로서 최상의 암반으로서 발파효율이 높고 석재와 골재의 주 공급원 • 풍화토 및 풍화암은 점착력, 내부마찰각이 높고 지반지지력이 우수. 투수성이 낮고 다짐효율이 양호하여 필댐의 이상적인 성토재로 활용됨
분출암	• 유문암질암 및 안산암질암은 치밀하고 풍화산물은 점토와 실트임 • 현무암은 기공이 발달하여 강도는 상대적으로 낮음. 아아용암은 각력화된 블록으로 분리되어 있어 투수성이 크며, 기초지반으로 부적합하며 주요한 대수층 및 지하수 함양 통로임 • 풍화에 대한 저항도는 현무암 > 안산암 > 유문암임

　풍화되거나 침식에 의해 생성된 토사가 이동하여 침전된 상태에서 암석화되는 쇄설성clastic 퇴적암은 평행구조의 층리^{層理}가 있는 것이 특징이다. 고생대의 쇄설성 퇴적암지층은 평안남도·황해도·강원도 등지에 분포한 조선계, 강원도 남동부에서부터 충청북도 북동부와 전라남도 남서부에 이르는 지역 등지에 분포한 평안계가 대표적이다. 중생대의 쇄설성 퇴적암은 소규모로 분포하는 대동계지층과 경상남북도에 넓게 분포하는 경상계지층을 들 수 있다. 신생대의 쇄설성 퇴적암 중 제3기 지층은 포항, 울산, 제주도 등지에 소규모로 분포하며, 신생대 제4기 쇄설성 퇴적암은 제주도 성산포의 신양리층뿐이다. 한반도의 화학적 퇴적암은 석회암이다. 석회암은 고생대 초 조선계 지층인 강원도와 충청북도·경상북도에 걸쳐서 비교적 큰 분포를 보이고 있다. 유기적 퇴적암으로는 석탄이 대표적이며 한반도에서 산출되는 무연탄은 고생대 말 평안계에서 주로 산출된다.

표 8.6 퇴적암의 공학적 특성

구분	공학적 특성
사암	• 교결물질(cementing material)의 종류와 정도에 따라 암반 강도, 변형계수 등 공학적 성질 변화 • 교결물질이 지하수와의 반응에 의해 분해(decementation)되는 경우 암반이 약화되거나 층 간 점토가 형성됨 • 다른 암석에 비하여 상대적으로 투수성이 큼
셰일 이암	• 암석이 건조와 습윤이 반복되는 경우 암석에 균열이 발생하거나 잘게 부서지는 현상인 슬레이킹(slaking)에 취약 • 암석이 포화되거나 침수 시 암석을 구성하는 광물의 결정구조 내에 물이 결합되어 암석의 부피가 증가하는 팽윤(swelling) 현상이 발생할 수 있으며, 슬레이킹이나 팽윤 시 암석 강도 저하 • 셰일 및 이암이 풍화되어 흙으로 분해되는 경우 점토 또는 실트화됨
석회암	기초지반으로의 지지력은 어느 정도 발휘되나 석회암 지반에서 공동이 있는 경우 지반 붕락, 누수통로의 역할

8.3 변성암 지역 사면 재해

한반도 변성암의 대부분인 편마암은 퇴적 기원과 화성 기원의 편마암으로 나눌 수 있다. 편마암 분포지에서는 산지라 하더라도 표면 풍화에 의해 암괴의 노출이 드물고 풍화대가 얕고 비교적 일정한 두께로 발달한다. 불연속면을 따라 지표에서 쉽게 풍화가 일정한 깊이까지 진전되면 장석류와 같은 세립물질이 지표수의 침투를 막기 때문에 심층풍화는 일어나지 않는다.

편마암의 불연속면은 생성 원인에 따라 복잡한 양상을 보인다. 엽리는 변성이나 변형작용으로 형성된 반복적인 면구조의 조직을 가리킨다. 광범위한 범위에서 변성작용을 받아 형성되고 엽리가 존재하는 이방성 구조 때문에 지질구조가 복잡하다. 단층을 따라 파쇄대가 형성되어 강도가 현저히 낮고 투수통로가 되며 절토로 인해 대기 중에 노출되면 경사면을 따라 급격하게 거동이 발생할 수 있다. 편마암의 대표적인 불연속면인 편리와 엽리는 이방성을 주도하며 절리와 단층은 암반거동을 촉발하는 원인이 된다. 또한 토심이 얕아 식생 분포가 침엽수 위주로 발달하는 특징을 보이며 토석류와 같은 사면재해가 발생할 가능성이 높다.

가. 엽리면을 따라 발생한 사면 붕괴

전라북도 군산시 일대는 구조운동이 활발했던 옥천변성대에 속한다. 파쇄대가 발달하고 풍화침식으로 저지대 구릉이 형성된 지질 지형 조건을 갖는다. 사면을 형성하기 위한 절취하는 과정에서 3개 사면이 부분적으로 파괴되었다.[5] 단층, 엽리와 습곡이 관찰되고 암맥이 관입한 발파암 구간의 10~20m 길이로 평면파괴 2개소, 리핑암 구간에서 원호파괴가 발생하였다. 활동이 발생한 2002년 7월, 8월 중 70~110mm/일 정도를 보인 강우특성은 사면붕괴 시기와 집중강우 시점이 겹치고 있어서 직접 상관성이 있는 것으로 조사되었다. 그러나 2001년 12월의 암반 평면파괴가 발생한 1개 구간은 강우보다는 암반에 내재된 지질공학적 특성과 연관성이 있는 것으로 보인다.

지표지질조사 결과, 절개면 주변의 엽리면의 방향이 교란된 상태를 보여 대상 지역은 2회 이상의 습곡작용이 발생한 것으로 파악하였다. 불연속면 경사는 40~85°로 비교적 고각으로 형성된 상태고, 노출된 사면은 심도에 따라 풍화등급이 일정하지 않고 취약한 엽리면을 따라 풍화가 집중적으로 진행되어 사면붕괴의 불연속면 조건으로 볼 수 있다. 심도별 시추코아를

---

5 민경남 외, '엽리가 발달한 편마암사면의 파괴활동 사례연구', 한국암반공학회 춘계발표회, 2004, pp. 173-184.

분석해보면, 풍화의 영향이 작은 연암 이상은 코아회수율이 높으나 엽리면과 교차되는 절리군은 파쇄된 상태고 일부는 점토가 협재되었다.

편마암의 파쇄대에 흔히 협재되는 점토는 팽창 정도에 따라 활동 파괴의 주요한 원인이 된다. 점토광물은 지질환경에 따라 화학성분이 다르다. 팽창성 점토는 수분 함량 증가에 따라 150%까지 체적이 증가한다. 팽창성 점토광물은 카올리나이트, 일라이트 및 스멕타이트로 주요 세 가지 그룹으로 존재하며 이들은 점토광물의 팽창성을 파악하는 현장시험은 X-선 회절분석이다. 붕괴 구간에서 채취된 점토시료에 대해 X-선 회절분석을 시행하였는데, 주로 팽창성이 낮은 일라이트가 분포하는 것으로 나타나서 팽창에 의한 응력보다는 전단강도를 감소시키는 요인으로 작용하였고 풍화가 빠르게 진행되는 사장석류가 두텁게 분포하여 붕괴 원인을 제공한 것으로 추정되었다.

동절기에 발생한 사면구간은 안구상 편마암과 화강편마암의 경계 영역으로서 주된 불연속면을 따라 풍화가 진행되어 15cm 정도의 두께로 점토가 충전된 상태다. 엽리면을 따라 평면 파괴가 발생하였는데, 3일 전에 8mm 강우가 불연속면을 따라 침투하여 동결된 후 해빙되는 과정에서 붕괴가 촉발된 것으로 추정하였다. 여름철에 발생한 2개소 중 암반사면은 엽리면을 따라 풍화가 진행된 상태에서 지표수가 유입되어 평면활동이 발생한 것으로 판단하였다. 리핑암 구간에서 원호파괴가 발생한 구간은 암체의 경계부를 따라 풍화와 파쇄가 진행된 상태다. 엽리면과 사면 방향이 일치하지 않은 조건이지만 점토화가 진행 중인 사장석이 고르게 분포하고 있고 집중강우 시 침투에 의해 전반적으로 전단강도가 저하될 수 있는 환경이었다.

엽리와 같이 이방성 지질 구조가 특징인 편마암 지역은 지질활동에 의해 형성된 파쇄구간의 공학적인 특성에 따라 안정성이 좌우된다. 특히 이질암의 경계나 암맥이 관입된 부분은 파쇄대가 발달하므로 신선한 구간에 비해 차별적인 풍화가 진행되어 전단강도가 낮은 점토가 협재되거나 지표수가 유입될 수 있는 통로가 형성되어 취약구간이라고 볼 수 있다.

나. 단층대에서 발생한 사면 붕괴

지질활동이나 지진에 의해 지층이 어긋나 상대변위가 발생한 상태를 단층이라고 한다. 규모에 따라 수 cm에서 수천 km의 연장성을 보인다. 상대거동을 일으킬 때 경계면은 전단작용에 의해 부서져서 각진 자갈 형태로 분해된다. 이를 단층파쇄대라고 하는데, 작용력에 따라 수 센티미터에서 수십 미터까지 관찰된다. 투수성이 커서 지하수 흐름이 집중됨으로써 풍화가 촉진됨에 따라 점토가 함께 존재하는 경우가 많다. 중생대부터 신생대초까지 한반도에서는 조산운동에 의해 주요 구조선이 형성되었다. 특히 트라이아스기 말부터 신생대 제4기까지 수도권을 남북 방향에 근접한 주향으로 관통하는 추가령 단층대와 북북동－남남서 방향에서 약간 기울어진 인제, 금왕단층이 만들어졌다.

(a) San Andreas 단층(L = 1,200km)　　　　　(b) 경기육괴 변성암 단층 파쇄대

그림 8.8 단층과 단층 파쇄대

홍천 지역 일대는 남북 방향의 주향을 보이는 단층과 고각으로 교차하는 방향으로 고속도로가 건설되는 중에 사면이 붕괴된 사례가 있었다.[6] 사면붕괴가 발생한 배경으로는 편마암이 갖는 엽리에 의한 이방성을 따라 소규모 활동이 발생하거나 단층파쇄대를 따라 대규모 붕괴가 발생하는 경우로 구분할 수 있다. 선캄브리아기의 용두암 편마암 복합체와 이를 부정합으로 피복하는 의암층군, 화성암류가 관입된 것으로 지질특성을 설명할 수 있다. 편마암의 엽리는 경사 방향으로 270～290°, 200～210° 방향이 우세하고, 경사는 30～50° 정도로 기울어져 있는 것이 많았다. 고속도로는 동서 방향으로 건설되고 있었는데, 붕괴가 발생한 터널 갱구부 사면의 경사 방향은 260°으로서 불연속면의 경사 방향과 유사했다. 활동면은 하부 35/219, 상부 35/202로 형성되었고, 사이에 점토층이 두껍게 충전된 상태였다. 역해석을 통해 불연속면의 내부마찰각은 15～20°로 추정되었고, 단층면을 경계로 상부층이 평면 형태의 붕괴가 발생하는 것으로 파악하였다. 일부 상부사면을 완화하고 적극적으로 활동을 억제할 수 있는 어스앵커를 적용하여 안전율을 증가시키는 대책을 수립하여 적용한 바 있다. 이보다 큰 규모

6　유병옥 외, '홍천 지역의 편마암 절토사면 붕괴유형 및 대책사례', 한국지반공학회 가을 학술발표회, 2006, pp. 35-45.

그림 8.9 한반도 중부 지역 주요 단층대
(출처: 지질자원연구원)(컬러 524쪽 참조)

로 사면이 붕괴된 경우에는 억지말뚝을 추가하였으며 규모가 작은 활동에 대해서는 사면완화와 소일네일링을 적용하여 안정화시켰다.

국토교통부는 2021년 9월에 제2차 국가도로망종합계획(2021~2030)을 통해 남북 방향 10개축과 동서 방향 10개축, 6개의 방사형 순환망(10×10＋6R²) 체계로 재정비했다. 국가철도공단은 제4차 국가철도구축계획에서 1,448km를 신설할 것을 발표했다. 거시적으로 볼 때 지질구조의 영향을 크게 받았던 변성암 지역을 통과하는 건설공사는 노선을 설정할 때부터 불연속면의 특성과 방향성을 고려하는 것이 필요하다. 불가피한 경우라면 정밀한 지반조사를 통해 영향요인을 사전에 파악하여 보강계획을 수립하여 예산과 공기에 반영하는 것이 바람직하다.

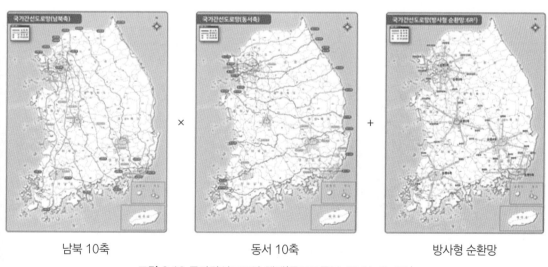

남북 10축　　　　　　동서 10축　　　　　　방사형 순환망

그림 8.10 국가간선도로망 체계(국토교통부, 2021. 9. 15.)

8.4 퇴적암 지역 사면 재해

쇄설성 퇴적암에서 가장 중요한 불연속면은 층리이며 경계면을 따라 사면파괴, 터널붕괴 등 공학적 문제점을 야기한다. 층리의 공학적 특성으로는 ① 주요한 불연속면, ② 사면, 터널 굴착 시의 파괴면, ③ 공학적 이방성의 원인, ④ 지하수의 누수통로 및 수압이 형성되는 주요 장소, ⑤ 층리면에 점토 협재 시 강도정수의 저하를 들 수 있다. 경상계 퇴적층은 사암과 셰일이 교대로 나타나는 호층구조가 특징이다. 퇴적 기원의 차이에 의해 발생한 것으로서 상대적으로 강도가 차이가 나는 호층구조에서는 경계면이 주요 취약면이 된다. 층리가 사면과 같은 방향으로 경사진 경우에는 대규모 활동파괴 또는 단기적으로 낙석 등의 사면재해로 이어지는 경우가 많다.

우리나라의 대표적인 화학적 퇴적암인 석회암은 용식작용에 의해 형성된 석회공동과 싱크홀 등 다양한 용식 구조와 차별풍화에 의해 불규칙한 기반암선을 보인다. 석회암에서 사면 안정문제는 경사 방향 및 급경사 각도를 형성하는 층리면에 의한 붕괴발생 문제와 공동형성과 공동구간에 점토층이 충전되어 굴착 후 사면에 노출되어 불안정한 사면을 형성하는 경우로 구분할 수 있다.

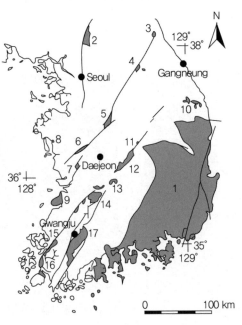

1. 경상분지
2. 철원분지
3. 미시령분지
4. 풍암분지
5. 음성분지
6. 공주분지
7. 부여분지
8. 천수만분지
9. 격포분지
10. 통리분지
11. 중소리분지
12. 영동분지
13. 무주분지
14. 진안분지
15. 함평분지
16. 해남분지
17. 능주분지

그림 8.11 한반도 남부에 분포하는 백악기 퇴적분지

중생대 백악기에 한반도 내에는 여러 곳에서 퇴적분지가 발달하였다. 경상남북도 지방을 중심으로 분포하는 경상분지 퇴적층을 경상누층군이라고 하며 위로부터 유천층군, 하양층군, 신동층군으로 구분된다. 신동층군과 하양층군은 주로 쇄설성 퇴적암으로 구성되었으나 하양층군 북부로부터 화산쇄설물이 증가하여 유천층군에는 화산암과 화산 쇄설암인 응회암, 안산암, 유문암이 주를 이룬다. 신동층군에는 진주층, 하산산동층, 낙동층이 속하며, 하양층군은 칠곡층, 함안층(대구층), 진동층으로 구분된다.[7] 점토 쇄설물로 만들어진 셰일은 지역마다 붉은색, 녹색, 회색의 암색을 보인다.

가. 층리면을 따라 발생한 사면 활동

경상분지를 통과하는 고속도로는 건설 당시 노선명으로 중앙고속도로, 구마고속도로, 경부고속도로(구미－부산), 남해고속도로가 있다. 노선상에서 퇴적암이 신설된 고속도로 사면에서 거동을 일으켜 붕괴되는 사례가 56건으로 보고되었다.[8] 절취 중 5건, 절취된 후 2년 이내 30건, 개통 후 21건인데, 54%가 대기 중에 노출된 후 2년 이내에 발생하였다. 퇴적암의 특성상 노출되면 풍화작용이 빠르게 진행되고 강우 시 활동면의 강도가 저하되어 사면이 불안정해진 것으로 설명되었다. 퇴적암 사면의 붕괴 양상은 주로 층리면을 따라 평면파괴 형태이며 사암과 셰일의 차별풍화에 의한 붕락과 낙석도 흔히 발생한다. 또한 단층 작용이 있는 곳에서는 파쇄대의 영향을 받아 대규모 평면활동이나 평행한 층리가 교란되어 원호파괴 양상도 보였다.

중앙고속도로의 칠곡 부근에서 층리면을 따라 대규모 평면활동이 발생하였다.[9] 절취된 사면은 N40-50E 방향으로 형성되었는데, 1992년 4월과 1994년 7월에 25～30mm/일 강우 후에 평면파괴 형태로 약 200m 후방까지 붕괴되었다. 셰일과 사암이 교호하는 사면 내에 분포하는 층리면은 15～20° 경사를 이루고 있고, 수직절리가 발달한 상태로서 평면파괴 시 분리면 역할을 하였다. 도로 사면이 신설되는 곳에 단층활동으로 인한 암맥이 관입된 상태였다. 사면이 굴착되면서 사면과 교차하는 암맥이 제거되고 수직 절리면을 따라 지표수가 유입되면서 수압이 작용하여 층리면을 따라 1차 붕괴가 발생하였다. 붕괴된 암반부는 제거되었고 일시적

---

7 이병주, '땅_지반을 알게 하는 지질학 - 남한은 어떤 암석으로 구성되어 있나II', 한국지반공학회지, 제36권, 제3호, 2020, pp. 22-31.

8 유병옥 외, '경상분지 퇴적암 절취사면의 붕괴특성', 한국지반공학회 봄학술대회, 1999, pp. 339-346.

9 정형식 외, '한반도 경상분지 퇴적암의 절취사면활동에 대한 사례연구', 한국지반공학회 봄학술대회, 1996, pp. 87-96.

인 안정 상태를 유지했다. 2차 붕괴는 2년 3개월이 경과한 시점에서 1차 붕괴 지점보다 10m 정도 하부의 층리면을 따라 일어났는데, 층리면에는 3~7cm 두께로 점토가 협재된 상태였다. 산 정상부 건너편에서 시작된 활동면을 연장하면 고속도로 계획고의 하부를 통과했다.

그림 8.12 평면파괴가 발생한 퇴적암 사면

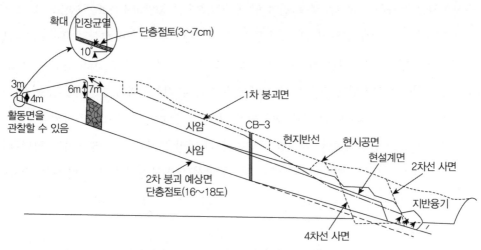

그림 8.13 대표 단면의 활동 예상면 추정도

붕괴가 발생한 후 지표지질조사, 시추 조사, 전기비저항탐사를 통해 지층 구조를 파악하였고, 협재된 단층점토 시료를 채취하여 직접전단시험으로 전단강도를 구해 안정해석에 활용했다. 활동된 암반부는 산 정상부부터 제거한 후 안정을 확보할 수 있는 토공단면을 형성하였다. 장기적인 안정을 확보하기 위해 토공부에 콘크리트 내부 채움 강관으로 억지말뚝을 설치하고 도로와 만나는 사면 선단부는 개비온 옹벽으로 지지하는 것으로 보강 계획을 수립하였다.

사면과 같은 방향으로 형성된 층리면에 점토가 협재되거나 수직 절리가 층리면과 교차한 상태에서 전면을 굴착하게 되면 일시에 평면파괴가 발생하는 사례가 많다. 그러나 퇴적암 지역에서 지질활동으로 인해 층리면이 교란되거나 토사화된 탄질층이 포함되는 경우에는 시간차를 두고 느리게 사면활동이 발생하기도 한다.

2017년 11월 5일 오후 2시경에 포항에서 규모 5.4의 지진이 발생하였다. 같은 해 7월에 준공되고 진앙에서 약 60km 떨어진 ○○고속도로의 대규모 절토사면은 어스앵커로 지지되는 옹벽이 세워져 있다. 지진 영향을 점검하는 중 앵커 두부가 파손된 것과 사면을 덮은 숏크리트 일부에서 균열이 관찰되었다. 광파측량을 통해 준공 전보다 수평변위가 증가한 것을 알았고, 산마루 측구가 밀리고 용지 외 구간의 사면 상부에서 약 30m 길이로 균열이 발견되었다. 해당 구간은 2016년 공사 당시에 탄질층이 수평거리로 6~15m로 분포하여 소일네일링을 어스앵커로 변경하였는데, 준공 때까지 수평변위가 지속적으로 증가하였다. 문제점이 발생한 상태에서 사면 하단부에 3단에 걸쳐 후방까지 길게 연장된 어스앵커를 추가 보강하였다.

그림 8.14 사면 내 탄질층(coal bed) 분포 현황

진행성 변위가 발생하고 있는 구간은 육성 퇴적기원의 경상누층군에 속하며 셰일과 사암이 우세하게 분포한다. 사암과 셰일이 번갈아 나타나는 경계면인 층리를 따라 점토와 미고결층이 협재하여 사면이 절취될 때 급격하게 활동이 일어나는 사례가 많았다. 공사 당시부터 수년에 걸쳐 지속적으로 변형이 발생하여 포항 지진을 계기로 문제점이 노출된 구간을 중심으로 원인 조사가 이루어졌다. 활동이 발생한 구간과 외부에 연직시추 2개소, 경사시추 1개소를 시행하여 기존의 조사 자료와 함께 분석하였다. 층리면은 심하게 교란된 상태에서 시추코

어가 유실되는 파쇄대와 점토가 최대 10cm까지 충전된 면이 매우 불규칙하게 분포하였다. 시추공 영상자료를 분석한 결과 층리는 대체로 10/130(DIP/DIR) 방향 우세하며, 총 4조의 절리가 분포하고 있는 것으로 파악되었다. 절리면 전개도 분석 결과 저각 및 고각의 불연속면이 다양하게 분포하는 것으로 나타나며, 저각의 불연속면은 퇴적암의 층리로 보인다.

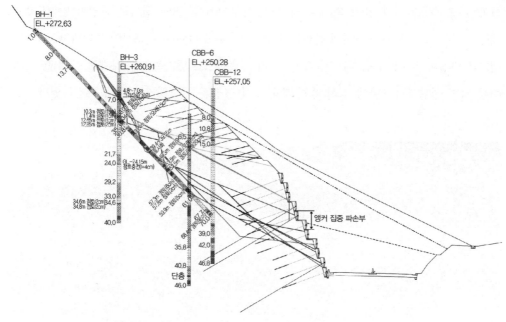

그림 8.15 시추 조사를 통한 사면 내 지층 분포와 파괴포락선 추출

탄질층이 분포하는 절취사면은 풍화에 의해 퇴적 당시의 불연속면 특성이 변화한 결과를 볼 수 있다. 일반적으로 이러한 경우에는 평면파괴가 주로 발생하는 원인인 규칙적인 층리면을 보이는 지역과 달리 원호파괴가 발생할 가능성이 크며, 실제 사고현장의 파괴포락선도 구역 외 지역부터 시작되어 사면 하단부를 통과하는 원호 형태의 활동을 보였다. 사면 안정성을 분석하기 위해 시추 조사와 시추공 영상을 분석하여 활동면을 유추하였다. 층리면을 따라 협재된 점토는 사면이 노출될 때 활동을 야기할 수 있는 잔류강도의 특성을 보이므로 직접전단시험을 실시하여 점착력은 7.3~11.9kPa, 내부마찰각은 23.9~26.2°로 전단강도를 파악하였다. 한계평형 해석을 통해 긴급 보강된 안정성을 분석한 결과, 안전율은 1.4669로 산정되었다. 최소 안전율 1.5보다 작은 상태로서 진행성 활동이 발생하고 있는 사면의 장기 안정을 확보하기 위해 사면 정상부를 절취하여 작용하중을 감소시킬 것을 제안하였다.

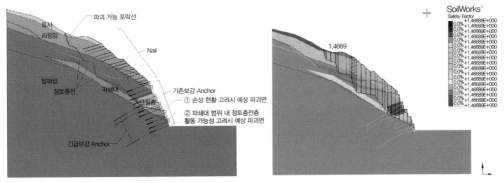

(a) 긴급 보강된 활동 사면 단면   (b) 파쇄대와 점토충전을 고려한 안정성 분석
(F.S = 1.467 ＜ 1.5)

그림 8.16 긴급 보강된 상태의 사면 안정 해석

나. 변성 퇴적암의 사면 사고

옥천대Okcheon belt는 선캄브리아기 변성암복합체를 기반암으로 하여 시대 미상의 옥천누층군, 전기 고생대의 조선누층군, 후기 고생대의 평안누층군, 전기 중생대의 대동층군이 분포하고 중생대 화성암류에 의해 관입되어 있다.[10] 변성암 복합체로 구성된 경기육괴와 영남육괴 사이에 한반도 중부를 북동부에서 남동부로 가로지르면서 위치한다. 지질학적으로 저변성 퇴적암류에 속하는 점판암, 천매암, 편암과 석회암 등이 분포한다. 과거에 여러 차례에 걸쳐 변성작용을 받아 습곡과 단층이 발달하고 엽리와 벽개면이 불규칙하게 분포하고 있어 공학적으로 불안정하다.[11] 임의의 방향으로 교차하는 불연속면을 따라 차별풍화가 발생하고 지점마다 암석의 강도가 차이가 나며 노출될 때 풍화속도가 다른 특징을 보인다. 기존에 평형을 이루고 있는 자연사면을 절토하여 사면을 형성하거나 터널을 굴착할 때 설계 조사 시에 예측하지 못하는 불확실성으로 인해 사고가 발생하는 사례가 많다.

강릉시 옥계면에서 고속도로를 건설할 때 길이 520m, 최대 절취고 122m, 최대 사면길이 212m의 암반사면이 형성되는 계획이 있었다.[12] 이 지역은 옥천대 최상부에 해당하며 고생대 석탄기에서 페름기에 걸쳐 퇴적된 평안누층군의 하부지층인 만항층으로 불린다. 담녹색 셰

10 강지훈 외, '중부 옥천대의 지구조 발달 과정', 암석학회지, 21(2), 2012, pp.129-150.

11 정해근 외, '저변성퇴적암 사면에서 지질특성이 차별풍화에 미치는 영향', 한국터널지하공학회지, 15(4), 2013, pp.375-385.

12 박부성 외, '변성퇴적암류로 구성된 대규모 암반사면의 붕괴 원인 분석에 관한 사례 연구', 한국암반공학회지, 16(6), 2006, pp.506-525.

일이 우세하며 석회암이 렌즈상으로 협재된 암회색 셰일과 세립질 사암이 분포한다. 광역 변성작용에 의해 기존의 층리 외에 엽리가 발달한 상태다. 2000년 3월에 착공된 이래로 6차례에 걸쳐 사면이 활동하여 조사작업이 수행된 후 원 설계 내용이 변경되었다. 특히 2003년 10월에는 교차된 형태의 단층부가 복합 형태로 약 21,000m³ 정도의 토괴가 활동된 바 있다. 활동 원인과 대책을 세우기 위해 지표지질조사, 수직과 경사시추 조사, 전기비저항 탐사, 공내 영상 촬영, 공내 전단·재하시험, 절리면 전단시험, 강도시험이 실시되었다.[13]

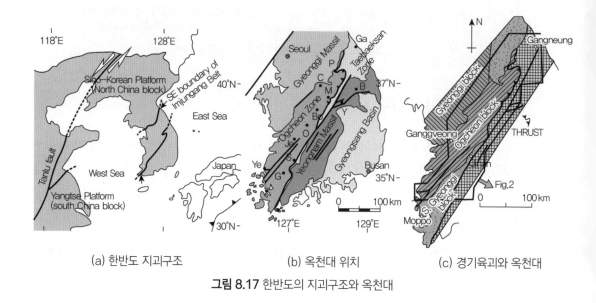

(a) 한반도 지괴구조   (b) 옥천대 위치   (c) 경기육괴와 옥천대

그림 8.17 한반도의 지괴구조와 옥천대

다양한 암종으로 구성된 사면에서 여러 차례에 걸쳐 활동이 일어남으로써 원설계 사면 형상이 대폭 완화되었다. 발파암 구간은 1:0.7인 경사를 1:1.0, 상부는 1:1.2~1.8로 낮췄고 사면높이 5m마다 폭 3.0m의 소단을 두어 안정을 도모했다. 장기적으로 안정을 확보하기 위해 상부는 압력식 보강주입, 하부는 영구앵커을 설치하고 일부는 억지말뚝으로 활동에 저항하도록 변경하였다.

주요한 사고 원인으로는 먼저 복잡한 지질구조를 생각할 수 있다. 사면은 저변성 셰일, 탄질 셰일, 천매암 변성사암으로 구성된 상태에서 파쇄대화 불규칙한 풍화대가 형성된 상태였다. 지질구조 변동에 의해 사면 내에 향사, 배사, 횡와 습곡 구조가 관찰되었고 단층이

---

13 박부성 외, '변성퇴적암류로 구성된 대규모 암반사면의 붕괴 원인 및 대책에 관한 사례 연구(I)', 한국암반공학회 춘계학술발표회 논문집, 2005, pp. 193-216.

존재하고 있다. 사면이 활동된 구간은 불량한 암질대가 깊게 분포하는 향사습곡 지대로서 불투수성 점토로 인해 수압이 가중되었을 가능성이 있다. 폭 2~3m 정도의 단층 파쇄대가 교차하여 활동 토괴가 형성될 수 있는 조건이다. 50~70°의 고각으로 형성된 층리는 교란된 상태에서 10~30°로 저경사를 이루는 엽리면과 교차하면서 따라 평면파괴가 주도된 것으로 보인다. 절리면은 철과 망간 산화물이 피복되어 있고 실트와 점토가 협재된 상태로서 직접전단 시험에서 협재물질의 전단강도는 $c = 0.8 \sim 2.0 \text{tonf/m}^2$, $\phi = 27.4 \sim 33.4°$ 정도로 분석되었다.

대상 사면 지역의 지형과 기하학적 특성을 살펴보면 일부 구간은 소규모 계곡부가 있던 곳으로서 비가 오면 계곡부를 통해 우수가 침투하여 수압이 증가할 수 있는 조건이다. 2002년 8월 태풍 루사가 내습한 8월 31일 강릉지방의 강수량은 870.5mm, 2003년 9월 12, 13일 사이에 태풍 매미는 307.5mm의 비를 뿌렸다. 사면에 침투한 비는 지하수위를 상승시키고 지반의 강도를 저하시킴으로써 활동력이 증가할 수 있는 요인을 제공하였다.

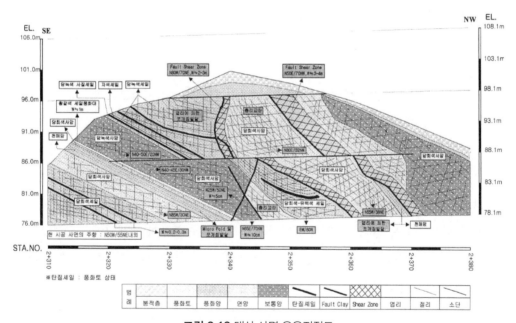

그림 8.18 대상 사면 응용지질도

다. 석회암 분포 지역의 사면 사고

(1) 알바니아 베라티 지역 석회암 사면 활동

석회암으로 구성된 암반사면의 상부에서 낙석과 전도파괴가 일어나고 중간부는 토사활동

earth slide, 하부는 중력 사면이동mass movement이 발생하여 건물과 도로가 손상되는 사례가 있다.[14] 베라티는 알바니아 중부에 위치한 오래된 도시로서 유네스코의 보호를 받고 있다. 1851년 10월 지진이 발생하면서 도시 배후사면에서 낙석이 발생하여 피해를 입힌 기록이 있고 1990년대 도시가 개발되면서 사면이 불안정해졌다. 2005년부터 사면 불안정으로부터 도시를 보호하기 위한 공학적인 노력이 본격화되었다.

그림 8.19 베라티 지역　　　　　　　　**그림 8.20** 대상 지역 지형과 지질

조사 지역은 오수미강을 중심으로 U자형 계곡지형을 보이며 퇴적부는 평탄한 지형이다. 중간부는 10~35°의 경사를 보이지만 그 이후 상부까지는 65~87°로 매우 급한 경사가 이어 지고 중세 시대 성이 위치하는 최상부는 평탄한 상태다. 지질구성은 약 4,000만 년 전 신생대 제3기 시신세의 석회암을 기반암으로 하여 지형에 따라 부분적으로 올리고세의 셰일과 사암 이 교호하는 퇴적암flysch rock이 피복되었으며 하천을 따라 토사가 충적된 상태다.

제3기 퇴적암이 분포하는 사면에서 완만한 속도로 토사활동이 진행되어 건물과 도로가 손상되면서 시민 생활을 위협했다. 강도가 낮은 퇴적암과 절리가 발달한 석회암이 혼재하는 지질학적 조건에 부가하여 규모 4.6~6.3의 지진이 발생하고 매년 1,200~1,300mm 정도의 강수량을 보이면서 토사활동을 야기하였다. 퇴적암 지대의 토사활동은 50년 전부터 관찰되 었으며 20년 전부터는 개발행위로 인해 더욱 현저해졌다. 시추 조사, 지구물리탐사와 실내 및 현장시험을 통해 활동면은 풍화된 퇴적암층과 비교적 신선한 퇴적암의 경계면을 따라 형성된 것으로 밝혀졌다. 토사활동의 규모는 길이 50~90m, 폭 70~120m, 깊이 4.5~8.1m

---

14 Muceku et al., 'Geotechnnical Analysis of Hill's Slopes Area in Heritage Town of Berati, Albania', Periodica Polytechnica Civil Engineering, 60(1), 2016, pp.61-73.

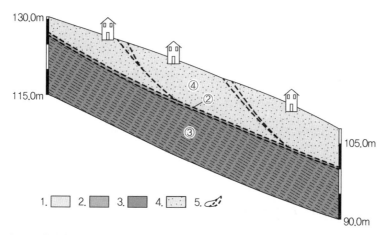

1. 실트 점토층, 2. 퇴적암의 풍화대, 3. 박층의 이암과 미사암이 협재된 사암 교호층, 4. 토사 활동부,
5. 활동면

그림 8.21 퇴적암 사면 지층 분류

정도이며, 조사 당시에도 진행성이고 집중강우 시에 두드러지게 발생함을 확인했다. 사면
안정 해석을 통해 보강이 필요한 것으로 판단하여 풍화대층 하부까지 연결되는 심정deep well
을 설치하여 집중강우 시 수압을 경감시키고, 강널말뚝을 억지말뚝 형태로 보강하였다.

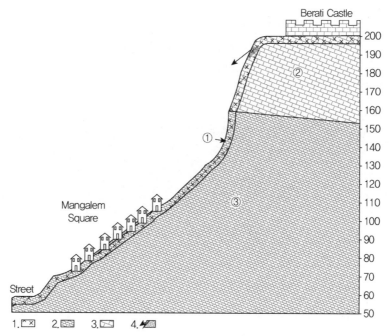

1. 석회암 풍화대, 2. 절리간격이 큰 석회암층, 3. 절리 간격이 작은 석회암층, 4. 낙석 구간

그림 8.22 석회암 사면 지층 분류

낙석과 전도파괴가 빈번한 석회암 지역은 습곡의 배사구조에서 65° 이상의 급경사지가 형성된 상태다. 상부에 비해 하부 절리간격이 작아서 주택가가 형성된 지역에는 상대적으로 완만하게 지형이 형성되었으나 사면 정상부는 배사구조의 상부층에 해당하여 절리간격이 커서 절벽 형태를 이루게 되었다. 지진과 집중강우 때마다 절리에 의해 분리된 암괴가 하부의 주택가로 빠르게 이동하여 피해를 야기하고 있다. 뜬 돌을 제거하고 록볼트와 와이어 메시를 설치하여 낙석을 방지하고 있다.

(2) 석회광산의 대규모 사면 활동

강릉에 소재한 석회석 광산에서 2012년 8월 사면활동이 발생했다.[15] 붕괴된 면적은 178m², 상단 폭은 269m, 하단 폭은 310m, 사면길이는 182m 정도다. 원인을 파악하기 위해 과거에 채광한 이력과 강우자료를 수집하고 지표지질조사, 선구조분석, 시추 조사 등의 현장 조사와 채취시료에 대한 실내시험을 시행하였다. 평사투영해석과 SMR분석, 한계평형 해석과 수치 해석을 수행하였다. 또한 붕괴 지역 주변의 식생 상태를 조사하여 수목의 휨 상태 자료를 통해 활동 이력을 살피고 지질구조와의 연관성을 분석하였다.

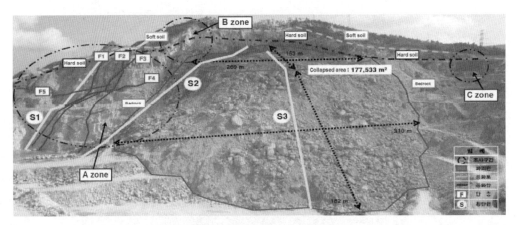

그림 8.23 석회광산 사면 현황

사고 지역은 고생대 조선계 지층을 화강암이 관입하고 지질구조적 변동에 따라 풍화되기 쉬운 염기성 암맥과 단층이 발달한 상태다. 지반조사 결과, 단층에 의해 깊은 심도까지 풍화

---

15 이상은 외, '석회석 광산에서 발생한 대규모 암반사면의 붕괴 원인 분석에 관한 연구', 한국터널지하공간학회지, 24(4), 2014, pp. 255-274.

된 부분과 사면 배후에 위치한 계곡부측으로 배수통로가 형성된 것으로 파악하였다. 하부에는 조선계 석회암 내부에 불규칙하게 공동이 분포하고 있어서 사면활동의 원인 중 하나였을 것으로 추정하였다. 화강암 관입과 지질구조 운동으로 인해 층리, 엽리, 편리, 절리, 단층과 같이 불연속면이 복잡하게 형성된 상태다. 사면을 3구역을 구분하여 살펴보면 A구역은 3조의 절리군과 단층이 교차하며 석회암 층리면을 따라 평면파괴와 교차된 절리면을 따라 쐐기파괴의 가능성이 있다. B, C구역은 상대적으로 사면 붕괴의 위험성은 적은 것으로 분석되었다.

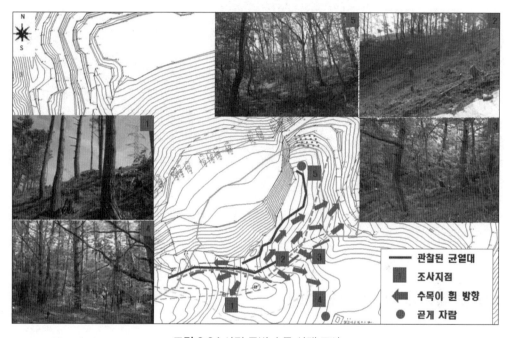

그림 8.24 사면 주변 수목 상태 조사

　이미 붕괴된 사면의 배후는 경계면을 따라 균열과 단차가 관찰되었다. 식재된 수목의 식생 상태, 기울음, 뿌리 뽑힘 등과 균열면의 이물질 충전 상태를 관찰하면 활동 규모와 발생 시기와 이력을 짐작할 수 있다. 수령 30~60년 정도의 소나무와 신갈나무가 주로 분포하고 나무높이는 평균 12m 정도였다. 수목이 변형된 방향은 균열대와 경사 방향과 대체로 일치하여 변형이 없는 지점 사이가 활동 한계였을 것으로 추정된다. 또한 나무가 휘어져서 생장하고 있는 높이가 지표면에서 약 0.7~1.2m 정도였는데, 나무의 생장 시점을 고려하고 균열부에 낙엽이나 흙이 덮인 흔적을 볼 때 3~5년 정도 전부터 땅밀림 현상이 있었을 것으로 추정하였다. 따라서 대규모 단층대에서 풍화가 깊은 심도까지 진행된 상태였고 석회암 공동이 불규칙하게 발달된 상태에서 느린 속도로 땅이 굴착면 쪽으로 밀리다가 어느 한계를 넘어서는 활동력이 작용할 때 붕괴된 것으로 이해하였다. 수치해석에서 석회암 공동을 고려하지 않은 경우의 안전율은 1.1 정도이지만 공동 존재를 고려한 해석에서는 0.66으로 저하되어 지질구조상 단층대와 석회암 공동이 연계된 사면 사고로 볼 수 있다.

그림 8.25 붕괴 전 사면 내에서 관찰된 석회암 공동과 단층대

8.5 토석류에 의한 사면재해

토석류debris flow는 주로 자연사면에서 강우 시에 물과 함께 토사, 암괴와 함께 식물이 경사면을 따라 빠르게 흐르는 현상이다. 산지가 많은 우리나라의 대표적인 사면재해다. 흐름의 형태를 지배하는 구성 물질, 속도, 함수 상태에 따라 다양한 명칭을 갖는다. 토석류 구성 물질은 지층구성과 식생 상태에 따라 달라지는데, 미세 토립자부터 암괴까지 다양하며 지표면에 식생하거나 고사된 식물을 포함한다. 속도는 구성 물질과 지형 조건에 따라 1년에 수 밀리미터부터 초당 수 미터를 흐르게 된다. 토석debris과 토사earth는 입도 분포에 따라 구분하는데, 세립자가 우세한 산사태를 토사류earth flow로 부른다. 흐름의 형태로 볼 때 좁은 계곡지형을 따라 흐르는 수로형channelized과 비교적 넓은 면적으로 흐름이 발생하는 사면형open slope으로 나눈다. 인공적인 장애물이 없으면 수로형은 수 킬로미터~수십 킬로미터까지 흐르나 사면형은 이동거리가 작고 흐름을 지배하는 에너지는 사면의 경사도라고 볼 수 있다. 토석류

보다 규모가 현저히 작지만 흐름에 의해 중력 방향으로 토사가 물과 함께 이동하는 침식은 세류rill침식, 구곡gully침식으로 구분한다.

토석류는 경사도가 큰 산지 정상부에서 소규모로 토사유출 형태의 활동이 시작되어 경사가 낮아지는 이송부를 지나면서 지표수와 유송물질이 섞이면서 규모가 확장된다. 이때 유사 흐름 운동을 나타내고 이동 중에 체적과 함수비가 증가하면서 바닥면과 마찰저항이 감소하여 유동성이 커짐으로써 먼 거리까지 이동할 수 있는 동력을 얻게 된다. 토석류의 최전면부는 함수비가 적고 입경이 큰 물질이 파도 형태의 선단파가 형성된다. 수목이 포함되면서 일시적으로 이동 경로상에 임시댐이 형성되기도 한다. 지형 조건에 따라 형성된 임시댐은 흐름에너지를 축적할 수 있는 공간이 되어 임계점을 넘을 때 임시댐이 붕괴되면서 하류측으로 더 큰 에너지가 전달된다. 선단파보다 선행해서 전조파가 나타나고 선단파 후방에는 입경이 작은 액상화된 토석으로 이루어진 본체, 최후방은 후속류가 흐르게 된다. 일반적으로 본체는 층류, 선단파는 난류 형태를 보인다. 중력 방향의 토석류 흐름은 최하류에서 평면적으로 퍼지거나 장애물에 의해 막히면서 퇴적되어 멈추게 된다.

표 8.7 흐름의 형태를 보이는 산사태 분류법(Hungr 외, 2001)

구성 물질	함수비	특징	속도	명칭
실트, 모래, 자갈, 토석	건조, 습함, 포화	과잉간극수압이 발생하지 않고 발생 부피가 한정됨	다양	비액상화 모래(실트, 자갈, 토석)흐름
실트, 모래, 토석, 연암	파괴표면 건조	액상화 가능 물질 일정한 함수비	극히 빠름	모래(실트, 토석, 암석)흐름 활동
예민 점토	액성한계 이상	원위치 액상화 일정한 함수비	극히 빠름	점토흐름 활동
토탄, 이탄	포화	과잉간극수압 발생	느림~ 매우 빠름	토탄(이탄류)
점토나 토	소성한계 근처	느린 이동 (plug flow)	빠르지 않음	토사류
토석	포화	이미 형성된 수로 흐름 함수비 증가	극히 빠름	토석류
진흙	액성한계 이상	미립자 토석류	매우 빠름	이류
토석	자유수면 존재	홍수	극히 빠름	토석 홍수
토석	부분 또는 완전 포화	수로형성 없음, 상대적으로 얇고 가파른 근원지	극히 빠름	토석 사태
암편	다양, 대체로 건조	신선암, 체적이 큼	극히 빠름	암석 사태

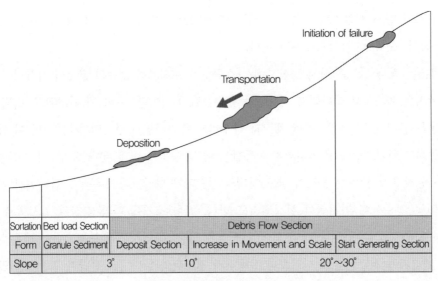

그림 8.26 토석류 시작, 이동 퇴적

토석류가 발생하는 외적 요인은 강우다. 선행강우가 있는 상태에서 집중호우가 내릴 경우 발생 가능성이 매우 크다. 비가 내리면 일부는 지표면을 따라 유출되면서 침식을 유발한다. 지중으로 침투된 물은 포화도를 높이며 간극수압을 증가시킨다. 내적 요인으로는 수계면적 크기와 지표유출 특성, 식생과 지질 조건과 같은 토석류 또는 침식 특성, 토석류 이동 특성을 지배하는 구성물질의 유동성과 임시댐을 형성할 수 있는 조건, 계곡의 규모와 상하류 지형 특성을 들 수 있다. 피해규모를 좌우하는 퇴적부의 시설물 유무와 중요도, 인가, 거주 인구 등도 발생 가능성을 평가하는 데 중요하다.

가. 우면산 산사태

편마암이 기반암인 우면산은 토심이 불규칙하며 침엽수가 우세한 식생 조건이다. 지형적으로 볼 때 남북 방향으로 계곡부가 형성된 산지이고 북쪽에는 남부순환로와 주택가가 밀집된 상태다. 2010년 9월 1일부터 3일까지 태풍 곤파스의 영향을 받아 북쪽 사면 2개소에서 산사태와 토석류가 발생한 바 있다. 2011년 태풍 메아리가 6월 22일부터 27일까지 한반도를 통과하였다. 7월 26일 오후 4시경부터 시작된 집중호우는 27일에 오후 4시까지 24시간 강수량 364.5~387.0mm를 기록하였다. 우면산 중 12개소에서 산사태가 발발한 오전 7시경의 1시간 강수량은 85.5~112.5mm에 달했다. 남쪽 사면은 계곡부를 따라 흐르는 수로형 토석류였으며, 북쪽은 수로를 벗어나 사면을 따라 빠른 속도로 흐르는 사면형 특성을 보였다.

서울시는 사고 조사를 한국지반공학회에 의뢰하여 2011년 11월에 결과를 발표했다. 연평균 강우량의 4분의 1 내지 3분의 1이 24시간 만에 내린 집중호우가 주요 원인으로 지목하였다. 조사 범위가 12개소 중 4개소만 조사되었고 산 상부에 위치한 공군부대와 생태연못 등 인공구조물에 의한 영향이 있을 거라는 주장으로 2012년 5월에 대한토목학회가 2차 조사를 시작하여 2014년 2월에 최종 보고하였다. 2차 조사에서는 전 지역에 대해 현황을 측량하고 디지털 위치정보를 얻을 수 있는 지상 LiDAR을 활용하여 현황 파악의 정확성을 기했다. 강우특성과 지질학적 특성을 분석하여 자연사면의 지질 위험도를 분석하였다. 우면산의 임상특성을 조사하고 지반공학적인 사면 안정성을 파악하였다.

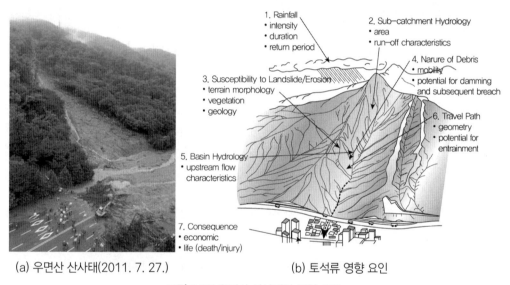

(a) 우면산 산사태(2011. 7. 27.)　　　　(b) 토석류 영향 요인

그림 8.27 우면산 산사태와 영향 요인

대한토목학회가 제출한 최종보고서[16]에 따르면 최대 20년에서 120년 빈도로 관측된 집중강우로 인해 산사태와 토석류가 발생한 것으로 보고 이에 대한 대비 부족을 피해 발생 이유로 제시했다. 우면산 일대 13개 지구 31개 유역에 대해 산사태 및 토석류 위험도를 평가한 결과 모두 위험 또는 매우 위험 지역으로 파악되었다. 공군부대 인근에서 발생한 산사태는 하류부의 피해를 가중시켰다고 판단하였으며, 영향을 미칠 수 있었던 유역은 우면산 전체의 약 10%

---

16 서울특별시, 『우면산 산사태 원인 추가·보완 조사 최종보고서』, 2014.

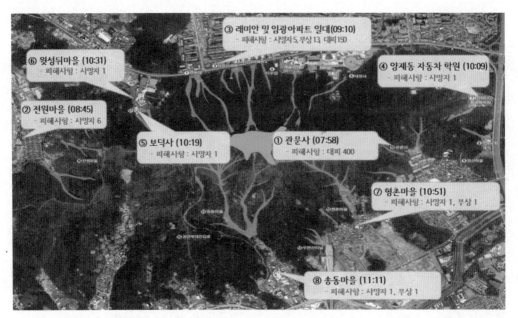

그림 8.28 우면산 산사태 주요 발생 현황(출처: 서울시 작성 자료)

정도로 분석하였다. 형촌마을의 생태저수지는 둑이 붕괴되면서 하류부 주택의 침수를 야기하였으나 피해 발생을 억지하는 역할을 한 것으로 평가하였다.

우면산 산사태로 피해를 본 유가족이 서울특별시와 서초구를 상대로 손해배상을 청구했다.[17] 서울특별시와 서초구를 상대로 손해배상을 구한 사안에서, 재판부는 서초구의 산사태 위험지 관리 시스템 담당공무원 등은 산사태 발생 당시 즉시 산사태 경보를 발령하고 우면산 일대에 거주하는 주민들에게 가능한 방법을 모두 동원해 대피를 지시할 의무가 있었는데도 그와 같은 조치를 취하지 아니한 과실이 있으므로 서초구의 손해배상책임을 인정하되, 전례를 찾아보기 어려울 정도의 국지성 집중호우가 서초구의 과실과 경합하여 甲이 사망에 이르게 된 점 등에 비추어, 서초구가 배상해야 할 손해배상의 범위를 50%로 제한하여 판결하였다.

판결문 중 토석류를 "물과 비교적 높은 농도로 섞인 암석, 자갈, 모래, 흙의 혼합물이 경사면을 따라 빠르게 흐르는 현상"으로 정의하였다. 기초사실 중 2011년 7월 26일 16시 20분경부터 다음 날까지 서울 관악구, 서초구, 강남구 일대에 시간당 최대 112.5mm(남현관측소 기준)의 집중호우가 내렸고, 이로 인하여 2011년 7월 27일 7시 40분경부터 8시 40분경까지 1시간 동안 우면산 내 13개 지구(면적 합계 690,000m²)에서 약 150회의 산사태가 발생하여 31개

---

17 국가법령정보센터 급경사지법 판례, '서울중앙지법 2016. 6. 3., 선고, 2011가합97466, 2015가합24121'.

유역에서 토석류가 발생하였다(이하 '이 사건 산사태'라 한다)고 적시하였다. 원고가 소송을 제기한 관련법으로는 「사방사업법」과 「재난관리법」으로서 서울시와 서초구의 관리 태만에 대한 판단을 요청하였다. 재판부는 피고가 법적으로 게을리하였다고 보기 어렵다고 보았으나 산사태 주의 경보를 발령하고 주민을 대피시키는 등의 대응체계를 갖추지 못했다고 보고 손해 발생에 대한 자연력과 과실행위 중 자연력이 기여한 50%는 공제한다는 판결을 내렸다.

우면산 산사태는 집중강우라는 산사태 외적 요인에 의해 일어난 자연재해다. 판례에서는 자연력에 의한 손해배상은 제외하는 판결을 내려 공학적인 판단과 같은 견해를 보였다. 다만 피해를 줄일 수 있는 예방과 대응체계가 완비되지 못했던 점은 교훈으로 삼을 수 있는 점이다. 산사태 이듬해인 2012년에 우면산에서 사방댐과 침사지 신설, 수로정비 등의 산사태 예방 사업을 총 210개 지역을 대상으로 시행하여 산사태를 예방하였다. 최종보고서의 후반부에는 조사 결과에 대한 전문가의 검토와 공청회, 간담회, 주민 설명회의 진행 내용이 수록되었다. 이미 일어난 산사태라는 현상을 바라보는 시각이 매우 다양하다. 논란이 있는 것은 가정과 추정에 대한 반론이다. 조사 방법의 한계가 빚어내는 일이고 판단 기준이 될 수 있는 사고 이전 자료가 없기 때문일 것이다.

나. 일본의 토석류

(1) 가고시마 이즈미(出水)시 토석류 재해

1997년 7월 11일 가고시마현 북부 이즈미시에서 20만m³ 정도의 대규모 토석류가 발생하여 건설 중이던 사방댐을 월류하여 하류 마을을 덮침으로써 21명 사망, 13명이 부상을 당한 사고가 있었다. 토석류는 인접한 하리하라鉤原천 상류 우안 사면이 붕괴된 지점부터 시작하여 길이 200m, 폭 80m, 깊이 20~30m 정도로 진행되었다.[18]

현장의 지질은 일반적으로 토사재해 발생 가능성이 큰 화산퇴적토シラス는 아니었고 제3기 안산암으로 형성되었다. 이즈미시에는 토석류 발생 전 날 태풍 19호가 내습하면서 275mm 정도 비가 왔었고, 당일 오전 10시대와 오후 4시대에는 시간당 50mm 강우량을 기록하여 지반이 포화된 상태였다. 상류 우안 사면이 붕괴되면서 하천으로 토사가 유입되면서 토석류화되었고, 좌안 돌출 능선과 충돌하여 사방댐 일부를 파괴시킨 후 마을에 도달하였다. 유출된 토석류량이 20만m³에 이르지만 사방댐의 계획저류량은 2만 2,000m³ 정도였기 때문에 5만m³

---

18 日經コンストラクション編, '建設中の砂防ダムを乗り越えるふもとの集落を襲い21人が死亡', pp. 156-159.

를 저류하는 데 그쳐 토석류가 사방댐을 월류하는 것이 불가피했다.

사고 후 (사)사방학회는 재해조사위원회를 구성하였다. 조사보고서의 내용을 요약하면 다음과 같다. 붕괴가 발생한 지역은 안산암을 기반암으로 한 화산분출물로 조성되었다. 가고시마현에 두루 분포하는 화산퇴적토와 비교하여 볼 때 토사재해가 쉽게 발생하는 조건은 아니다. 그러나 기반암에서 풍화가 상당히 진행되어 지표면이 쓸려 내리는 형태의 산사태가 아니라 풍화대에서 시작된 이른바 심층붕괴로 보인다. 집중강우에 의해 지반이 포화된 상태에서 지하수에 의한 압력이 지반을 일시에 유동화시켰을 가능성이 크다. 사방댐의 저류용량으로 볼 때 전체 토석류를 저지시키는 것은 불가능했다. 이번 토사재해는 당초 상정한 규모를 훨씬 뛰어넘는 토석류가 발생한 것으로서 사방댐과 같은 구조적 대책으로는 막기 어렵고 피난과 같은 비구조적 대책으로 피해를 최소화시키는 것이 필요했다.

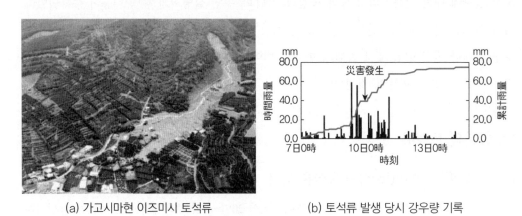

(a) 가고시마현 이즈미시 토석류   (b) 토석류 발생 당시 강우량 기록

그림 8.29 일본 가고시마현 토석류 발생(1997. 7. 11.)

건설성 하천국 사방과장이 밝힌 바에 따르면 사방댐은 일반적으로 대규모 산사태로 인해 유입되는 토사를 직접 막는 것은 상정하지 않고, 산사태 발생장소를 미리 안정화시키는 것을 선행시켜야 하지만 사전에 파악하는 것은 어렵다고 말했다. 이번 토석류와 같이 주변 산에서 시작하는 대규모 토석류를 상정하여 사방댐을 시공하는 것은 가능하지만 계곡 전체를 메우는 거대한 규모가 되기 때문에 과연 현실적인가는 고민해볼 필요가 있다는 견해다. 결국 재해를 대비하는 정책 수준을 결정하는 합의가 있어야 하고, 구조적 대책과 함께 비구조적 대책을 조합하는 것이 바람직하다는 인식이다.

(2) 구마모토 미나마타시(水俣市) 토석류 재해

2003년 7월 20일 오전 1시경부터 6시까지 약 265mm의 집중호우가 내리는 중 오전 4시 20분에 길이 100m, 폭 70~80m, 심도 10m 정도의 산사태가 발생하여 타카라카와치카와宝川內川 지류를 따라 1.5km를 유하한 후 하천과 합류하였다. 가옥 14채가 피해를 입고 15명이 사망하는 토석류 재해가 발생하였다.[19] 이전에 구마모토현에서 발생한 토석류는 주로 1~2m 정도의 표층이 포화되면서 활동하는 형태였으나 이 경우에는 산허리에서 시작된 사면활동이 하류로 전파되는 중에 토량이 증가하여 장거리를 이동한 사례다. 토석류가 발생한 후에 LiDAR를 통해 디지털 위치정보를 얻어 조감도를 제작하였고, 시추 조사를 통해 사면은 토사층 하부에 풍화된 안산암질 용암과 응회각력암으로 구성된 것으로 파악하였다.

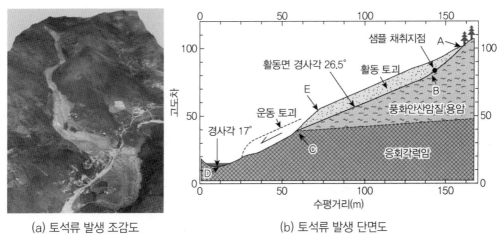

|(a) 토석류 발생 조감도|(b) 토석류 발생 단면도|

그림 8.30 일본 구마모토현 토석류 발생(2003. 7. 20.)

붕괴된 안산암질 용암은 투수성이 크고 강도가 낮으나 같은 안산암질 화산퇴적암 계열인 하부 응회각력암은 투수성이 작고 균열이 없다. 따라서 두 암종의 경계면을 따라 지하수위면이 형성되어 집중강우 시 지하수위를 상승시키는 요인이 되었다. 불포화 상태에서 안산암질 용암의 내부마찰은 30° 이상이지만 지하수위가 상승하여 포화된 상태에서는 파괴 시 7.2°, 잔류강도가 11.3°까지 저하됨을 실내시험을 통해 확인할 수 있었다. 전단저항도 파괴가 일어나면서 급격히 감소하여 매우 빠른 시간에 사면이 활동할 수 있는 개연성이 있다고 추정된다.

---

19 佐々木恭二 외, '平成15年7月20日水俣市宝川內地区の土砂災害', 교토대학방재연구소 뉴스레터, 2003.

집중호우가 산사태를 유발한 직접 원인이지만 산지를 형성하는 지층 조건에 따라 수압이 급격히 증가하고 지반의 강도가 저하함으로써 활동력이 단시간 내에 증가함을 사례를 통해 알 수 있다. 이종 암반이 분포하거나 단시간 내에 침투가 발생할 수 있는 투수성 암반 지역에서는 포화영역이 활동되어 산사태와 토석류를 유발할 수 있는 점에 유의할 필요가 있다.

제9장
연약지반 사고 조사

연약지반 사고 조사

9.1 연약지반 분포와 특성

국내 연약지반은 내륙 지역의 충적층과 해안 지역의 해성층으로 존재하며, 하천 주변, 해안 인접 지역, 자연제방과 하천의 배후습지, 인공 매립지 등에 분포한다. 강도가 낮고 압축성이 큰 세립토로 구성된 지반으로서 일정 하중을 가진 상부 구조물을 지지할 수 없는 지반을 연약지반soft ground이라고 한다. 우리나라 서해안 연약지반은 주로 실트질 점성토층으로 구성되고 남해안은 점성토층이 우세하다. 강원도 동해안 지역은 하상을 중심으로 퇴적층이 분포하며 일부 구간에는 유기질 연약지반이 문제를 야기한다. 연약지반을 구성하는 점토광물을 판별하기 위해 X-Ray 회절법으로 분석한 연구 결과[1]에 따르면 서해안의 배후 지질은 선캄브리아기의 변성퇴적암류, 변성암류로 구성되어 장석 기원의 고령석kaolinite이 우세한 것으로 나타났다. 남해안과 서해안에서 나타나는 견운모illite는 주로 중생대 셰일과 사암의 풍화산물로 분석되었고 팽윤성으로 인해 압축성을 보이는 몬모릴로나이트는 부분적으로 존재한다.

흙의 정의할 때 사용하는 '연약하다'라는 형용사는 공학적인 정의가 필요하다. 지반 상태, 구조물의 종류와 규모, 작용하중에 따른 상대적인 개념이다. 갯벌 위에 사는 망둥어에게는 전혀 연약하지 않지만 사람은 발이 빠진다. 1969년 경인고속도로가 건설된 이래로 전국을 1일 생활권으로 연결하는 한국도로공사의 판정 기준은 연약하여 처리가 필요한 지층의 두께

---

1 김상규 외, '한국 해안에 퇴적된 연약지반의 점토광물의 종류와 분포', 한국지반공학회지, 14(6), 1998, pp. 73-80.

를 10m 기준으로 표준관입 저항 N값과 콘관입저항지수 q_c, 일축압축강도 q_u를 사용하여 점성토, 유기질토, 사질토의 분류 기준을 제시하였다. 일본의 경우에는 구조물별로 판단을 달리하고 있는데, 함수비를 추가로 고려하였다.[2]

표 9.1 연약지반 판단 기준(출처: 한국도로공사, 1992)

구분	연약층 두께(m)	N값	q_c(kgf/cm^2)	q_u(kgf/cm^2)
점성토	D<10	4/30 이하	8 이하	0.6 이하
유기질토	D>10	6/30 이하	12 이하	1.0 이하
사질토	-	10/30 이하		

표 9.2 일본의 연약지반 판단 기준

	고속도로			철도		건축	필댐
	함수비 w_n(%)	일축압축 강도 q_u (kgf/cm^2)	N값	N값	층 두께(m)	장기허용 지내력 (tf/m^2)	N값
유기질토층	100 이상	0.5 이하	4/30 이하	0/30	2 이상	10 이하 N값 약 10/30 이하	20/30 이하
점성토층	50 이상	0.5 이하	4/30 이하	2/30	5 이상		
사질토층	30 이상	≒0	10/30 이하	4/30	10 이상		

한강의 배후습지 지역에 신도시로 조성된 일산은 지반굴착과 관련한 사고가 자주 발생하는 지역이다. 과거 해안 지역이었던 안산시에서 건물을 짓기 위해 굴착하던 중 2021년 1월에 붕괴사고가 발생했다. 지표로부터 15m까지 연약한 점성토로 구성되었는데, 흙막이 벽체의 강성이 부족하여 토압을 견뎌내지 못한 것으로 분석되었다. 당진시는 해안에 인접한 지역을 매립하여 공장부지로 활용하고 있는데, 터널공사 중에 지하수가 유출되어 주변 지반이 침하되었다고 입주자들이 주장하며 배상을 요구하고 있다. 지표면에서 60여 미터까지 퇴적층이 분포하는 양산시는 굴착공사 도중에 주변 수백 미터까지 범위까지 지반이 침하하여 건물이 손상되는 일이 있었다. 이 외에도 연약지반으로 분류되는 지역에서 지반사고 사례가 다수 보고되고 있다. 육상과 해양을 연결하는 전이대인 연안 퇴적지반은 대표적인 국토 확장의 무대이며, 양호한 지반에 비해 상대적으로 지반공학적인 연구가 필요한 지역이다. 인천과 시화 지역 해안, 군산 새만금, 부산 명지지구 등에서 국책사업이 진행되었고 앞으로도 조성된

---

2   稲田倍穂, 『軟弱地盤の調査から設計・施工まで』, 鹿児出版会, 1970, pp. 1-47.

간척 매립지를 배경으로 사업이 진행될 전망이다. 안전한 공사를 위해서 강이 바다와 만나는 지역의 퇴적환경과 공학적인 의미를 파악해보는 것이 필요하다. 지반공학적인 측면에서 층서와 입도 분포, 압축과 강도특성 외에도 점토광물의 특성, 운반된 토사의 지질학적인 기원과 지형 조건, 퇴적층 상부의 과거 흐름 흔적 등도 함께 연구할 대상이다.

가. 삼각주

삼각주river delta는 발원이 되는 하천이 호수·바다·저수지와 같은 넓은 수원지를 만나면서 함유한 침전물이 퇴적되면서 형성된다. 洲는 지구 대륙을 크게 가른 단위이기도 하지만 강을 따라 흘러 내려온 흙이나 모래가 두툼하게 쌓여서 물위로 나타난 땅을 의미한다. 비옥한 농경지로 활용되기 때문에 나일강이나 황하가 바다와 만나는 곳이 문명의 발상지가 된 것은 자연스러운 일이다. 삼각주가 형성되려면 파도나 해류로 퇴적물이 흩어지는 양이 쌓이는 양보다 많아지는 일이 없도록 조수간만의 차가 적어야 한다. 흐르는 물이 정지하고 있는 수원으로 흘러들어가면 흐름이 물길의 방향을 벗어나 넓게 흩어진다. 흘러들어간 물이 여러 방향으로 흩어지면서 자연스럽게 유속은 줄어들고, 그에 따라 함유하고 있던 하상河床 침전물을 운반하는 힘이 약해진다. 그래서 휩쓸려가던 침전물은 추진력을 잃고 유수와 수원이 만나는 자리에 충적층을 형성하고 규모가 점차 확장되어 대규모 삼각주가 생겨나는 것이다.

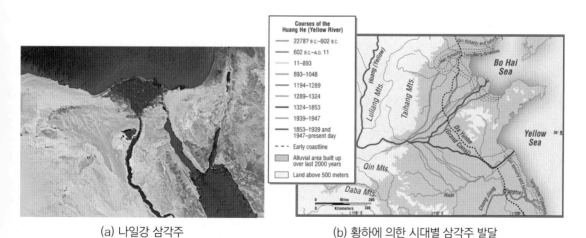

(a) 나일강 삼각주   (b) 황하에 의한 시대별 삼각주 발달

그림 9.1 나일강 황하 삼각주(Google Earth, 2021)

시간이 점차 흐르면서 수원에 유수가 흘러들어가는 지형 부분이 좀 더 뚜렷한 삼각형의 모습을 띠게 되며, 이 세모꼴 지형의 규모가 커질수록 기울기가 점차 완만해진다. 우리나라에는 낙동강 하구의 김해평야가 대표적인 삼각주다. 서해안과 인접한 하구는 조수간만의 차가 크기 때문에 하천 퇴적물이 바다 쪽으로 쓸려가서 삼각주가 잘 형성되지 않고 간석지가 넓게 형성되어 있다.

나. 낙동강 삼각주

녹산, 명지지구, 부산 신항만 등이 위치하는 낙동강 삼각주는 연약지반의 두께가 70m에 이를 정도로 깊게 분포하여 연약지반 문제를 해결하는 연구가 꾸준한 지역이다. 낙동강 삼각주 지역은 1987년 11월 낙동강 하구둑 건설로 삼각주 말단부의 간석지와 연안사주 지형이 크게 변화되었다. 이후 산업단지 및 도로 개설 그리고 도심 형성으로 인하여 매립층의 두께가 두꺼워지고 원형이 변화된 상태다. 해수의 영향이 차단되므로 하성퇴적층과 해성층이 교호하여 퇴적층이 깊게 분포하는 것으로 분석되었다.[3]

김해 지역의 지질구조 진화 역사를 살펴보면 백악기 후기 화산활동에 의해 안산암 복합체가 형성되었고, 화성활동으로 화강섬록암과 흑운모 화강암이 관입되었다. 이후 산성암맥이 관입되고 침식에 의해 지표가 노출되면서 현재의 지형을 가지게 되었다.[4] 낙동강 삼각주 퇴적층은 마지막 빙하기 이후 형성된 네 개의 퇴적단위(하성퇴적층, 하구퇴적층, 해침사질퇴적층, 삼각주퇴적층)로 구성된다. 기반암 위에 놓이는 퇴적단위 IV는 낙동강 하구역에 분포하는 퇴적단위 중 최하위에 속하며, 자갈을 포함한 사질퇴적상 무질서한 형태의 자갈층으로서 직경은 수 mm~10cm 이상으로 조사된다. 퇴적단위 III은 회갈색의 사질점토 또는 점토질 사질토로 구성된다. 수직적 퇴적상 변화는 다양하여 평행층리, 사층리 퇴적구조를 포함하며 사질점토 또는 니질사 퇴적물에서는 렌즈상lenticular 엽층리, 우상flaser 엽층리, 파상wavy 엽층리, 교호엽층리 구조가 우세하게 나타나며, 경사엽층리 구조와 생흔혈burrows이 부분적으로 발달해 있다. 퇴적단위 II는 사질퇴적물이 우세하며 퇴적물의 색상은 대체로 암녹회색을 띤다. 사질퇴적물 함량이 최대 70% 이상에 달하며 상향 세립화하는 층리구조를 갖는다. 최상부층에 위치하는 퇴적단위 I은 하구역에 발달하는 퇴적층의 대부분을 구성하고 있다.

---

3   스마트레일주식회사, '부전 - 마산 복선전철 민간투자시설 사업 실시설계 지반조사보고서', 2014.
4   1장 참고문헌 31)과 동일.

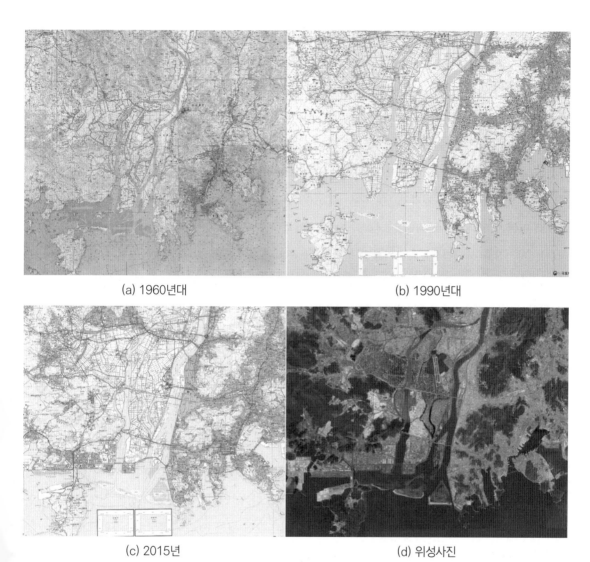

(a) 1960년대

(b) 1990년대

(c) 2015년

(d) 위성사진

그림 9.2 낙동강 삼각주 지형 변화

기존 연구에 의하면 대한해협 대륙붕은 지난 마지막 빙하기 동안 해수면이 현재 대비약 120~130m 하강한 것으로 알려지고 있다. 현 해안선에서 남동쪽으로 약 60km 정도 이동한상태에서 낙동강과 연계된 하천침식을 포함하는 광범위한 침식작용이 진행되었을 것으로추정된다. 이러한 환경하에서 육상에서 운반되는 퇴적물 중 자갈을 포함하는 사질 퇴적물이고 수로를 중심으로 퇴적된 것으로 해석된다. 주로 하구곡 중앙부를 중심으로 두껍게 분포하는 경향을 보여주며 퇴적단위 IV는 주로 지난 마지막 빙하기 동안 하천환경에서 퇴적된 저해수면 퇴적층에 해당되는 것으로 보인다.

마지막 빙하기가 끝나고 해침이 시작되면서 대륙붕단 부근에 위치고 있던 낙동강과 연계된 고하구는 점차 북서 방향으로 후퇴하기 시작하였다. 퇴적공간은 고하구를 중심으로 우선적으로 형성되었고, 낙동강으로부터 유입되는 퇴적물이 고 하구를 중심으로 집적되기 시작하였으며, 퇴적단위 III을 형성하게 되었다. 해침이 좀 더 진행되면서 표층 근처의 퇴적물은 파랑에 의해 침식되어 해침식면이 형성되었으며, 침식면 위에는 다시 퇴적물이 집적되어 박층의 사질 퇴적단위 II를 형성한 것으로 분석된다. 대한해협은 지난 7,000년에 접어들면서 해수면의 상승 속도가 둔화되었으며, 지난 약 6,000년경에 이르러 현 해수면 수준에 도달한 것으로 알려져 있다. 약 6,000년을 전후로 낙동강 삼각주를 구성하고 있는 퇴적단위 I을 집적시키는 퇴적작용이 시작된 것으로 보고되고 있다. 해침이 종료되고 고해수면 환경이 시작되면서 낙동강으로부터 유입되는 세립 퇴적물의 집적이 시작되었으며 삼각주의 대부분을 구성하고 있는 퇴적단위 I을 형성하기 시작하였다. 낙동강 하구와 대륙붕에 분포하는 낙동강 삼각주를 구성하고 있는 퇴적층은 하부로부터 하성퇴적층fluvial deposits, 하구퇴적층estuarine deposits, 해침사질퇴적층transgressive sand deposits, 삼각주퇴적층delta deposits 등으로 구성된 것으로 요약할 수 있다.

낙동강 하구 삼각주 지역의 점토층 두께는 20～40m 두께로 분포하며 No.200체 통과량은 평균 84% 정도로서 CH, ML, CL로 분류된다. 자연함수비는 세립분의 함량과 점토광물의 종류에 따라 달라지는데, 배후 지질 조건이 퇴적암과 화산암으로 분포하는 특성에 따라 서해안보다 높은 평균 47.8%이며 소성지수는 평균 28.7% 정도다. 연약지반의 변형 특성을 설명하는 압축지수는 자연함수비가 상대적으로 큰 특성을 반영하여 평균 0.62, 과압밀비는 0.95으로 나타났다. 한편 강도특성은 지시하는 비배수 전단강도는 퇴적환경에 따라 상하부가 차이를 보이는데, $0.33～0.62kg/cm^2$ 범위로 분석되었다.[5]

---

5   오서현 외, '국내 연약 점성토 지반의 지반공학적 특성', 한국지반공학회 봄학술발표회, 2009, pp. 922-929.

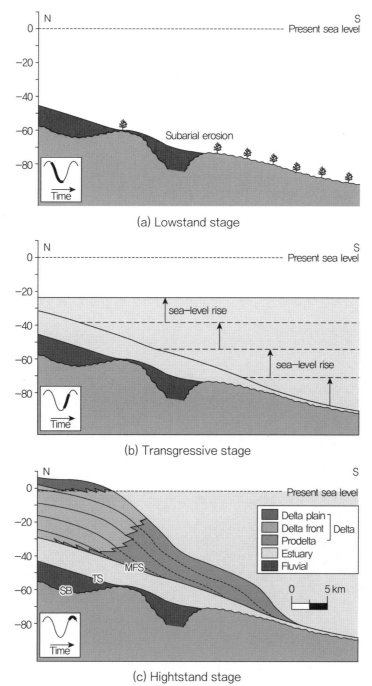

(a) Lowstand stage

(b) Transgressive stage

(c) Hightstand stage

그림 9.3 낙동강 하구 퇴적층서 모식도

다. 인천 경기 지역의 연약지반

문헌상으로 고려 시대부터 간척사업이 시작된 강화도는 주로 군량미를 얻으려는 농경지역이었다. 인천 도심은 19세기 말엽, 일부는 20세기 중엽까지 바다와 갯벌인 곳이 많았다. 현재 청라국제도시는 1980년대 김포지구 간척사업이 배경이다. 1970년 후반 중동경기의 침체로 인해 중동에 진출한 건설업체의 인력과 장비가 철수하게 되자 정부는 국내 건설업체에 미치는 영향을 최소화하고 국가안보차원의 식량증산을 목적으로 해외 진출 기업의 중장비를 면세로 도입하도록 했다. 이에 민간기업이 참여하는 간척사업 방침을 정하고 1978년 8월 16일 동아건설은 김포간척지를, 현대건설은 서산간척지를 맡았다. 김포지구는 청라도를 포함한 7개 섬을 연결하는 방조제 6개를 시공하여 내측 연약지반 3,800ha를 국토화하였다.[6] 서남해안 간척사업의 일환으로 1980년도부터 시작하여 1991년에 완공하였다. N값이 0~3/30 정도인 연약지반이 최대 17m까지 분포하는 지역을 매립하여 농경지와 수도권 쓰레기 매립지 부지를 확보하였다.

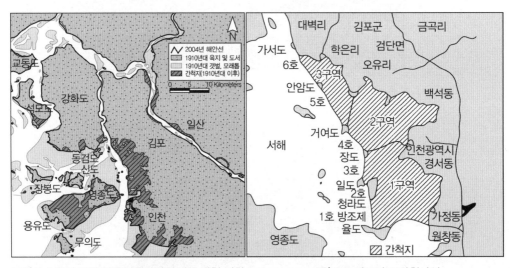

그림 9.4 인천 지역 해안 간척사업에 따른 지형 변화　　　**그림 9.5** 김포지구 간척사업

송도국제도시는 1996년대부터 매립이 시작되어 2005년에 완료하였다. 인천국제공항을 건설하기 위한 부지로서 영종도와 용유도 사이 갯벌을 매립했다. 인천국제공항 건설을 위해

6　6장 참고문헌 38)과 동일.

대표 지점에 대한 연약지반 처리 시험시공이 시행되었다.[7] 지층은 상부해성층(ML, CL), 상부충적층(SM, CL), 하부퇴적층(CL, ML, SM), 풍화잔류토층으로 구성되어 있다. 상부해성층은 두께가 8.0~10.0m 정도이고 자연함수비는 25~38% 범위에 있으며 중간에 샌드심이 발달한 양상이다. 매우 연약 내지 연약한 연경도를 보이며 연약지반 처리 대상인 지반이다. 상부충적층과 하부퇴적층은 N값이 15/30 이상으로 나타났다. 송도지구는 표고 EL+7~8m까지 매립되었는데, 하부는 20~30m까지 실트질 점토층이 분포한다. 청라지구 연약지반은 해성과 육성 환경에서 교대로 퇴적된 지층으로서 원지형을 따라 퇴적되어 연약지반 깊이가 불규칙하다. 시화지구는 내륙에서 해안으로 향하는 완경사지에 퇴적된 지층구조를 보이며 상부 해성퇴적토층이 평균 10m, 하부 퇴적토층이 15 정도의 두께로 분포한다.

인천해안 지역의 점토층 두께는 11~25m 두께로 분포하며 No.200체 통과량은 81.4% 정도로서 주로 ML, CL로 분류된다. 고령석과 견운모로 구성되는 점토광물 특성상 자연함수비는 평균 33.4%이며 소성지수는 평균 15.4% 정도다. 압축지수는 평균 0.25, 과압밀비는 0.9, 비배수 전단강도는 0.3kg/cm^{2}으로 분석된다. 견운모[illite]가 우세하게 분포하는 시화지구의 지반공학적 특성을 연구한 결과[8]에 따르면, 자연함수비는 20~50%, 액성한계는 30~40%, 소성한계는 15~25% 사이로 나타나며 압축지수는 0.2~0.4인 것으로 분석되었다.

연약지반을 형성시키는 주요 동력인 하천 유수는 지형적인 특징과 지질환경에 따라 퇴적물의 종류와 공학적 특성을 변화시킨다. 특히 지반공학적인 처리대책이 필요한 점토 종류와 함량은 연구자들의 관심 대상이다. 한강, 금강, 영산강, 섬진강, 낙동강은 각각의 하구에 연약지반을 형성시켰기 때문에 지역별 특성을 연구한 결과[9]에 따르면, 한강과 금강, 영산강 하구의 퇴적물은 견운모의 함량이 평균 52% 정도로 가장 높고 다음으로 카올리나이트의 함량이 평균 13%, 스멕타이트가 평균 4% 정도를 차지하는 것으로 나타나서 상대적으로 공학적 특성이 나은 것으로 분석되었다. 광양만을 형성하는 섬진강 하구는 조수간만의 차이보다는 하천 퇴적 특성이 우세하고 배후에 퇴적암이 분포하여 몬모릴로나이트 성분이 다른 지역에 비해 많이 분포되어 낙동강 하구 삼각주와 같이 지반공학적으로 유의 대상 지역이라고 볼 수 있다.

---

7   박기순 외, '인천국제공항 연약지반개량 시험시공 결과 및 적용', 한국지반공학회지, 15(4), 1999, pp.17-25.

8   김낙경 외, '시화지구 연약점토의 광물학적 특성과 공학적 특성의 상관관계', 한국지반공학회 논문집, 20(9), 2004, pp.155-166.

9   이준대 외, '주요 강하구 연약지반의 압밀 특성 평가', 한국지반환경공학회 논문집, 20(2), 2019, pp.69-79.

9.2 연약지반 지반사고 유형

앞에서 설명한 연약지반 판단 기준에는 강도 개념과 변형 관점이 혼합되어 있다. 연약지반에서 발생할 수 있는 지반공학적인 문제는 크게 안정, 침하, 액상화, 투수성으로 구분할 수 있다. 가해지는 하중을 지지할 수 없는 강도특성 때문에 성토부가 측면으로 활동을 일으키고 과도하게 침하가 발생하여 상부 구조물이 변형되거나 손상된다. 굴착으로 인해 배면지반이 안정을 유지하지 못하고 함몰되거나 교대가 활동하여 교량에 피해가 발생한다. 연약지반을 처리하기 위해 장비가 접근할 때 하부지반으로 잠기거나 전도되는 사례도 있으며 장기 압밀 침하로 인해 구조물의 기능이 떨어진다. 선단부가 고정된 말뚝기초 주변 지반이 침하하면서 기초에 하중으로 작용하면서 설계 때 예상했던 하중보다 크게 작용하는 부마찰력이 발생할 수 있다. 지진이 발생하면 진동에 의해 느슨한 사질토 지반에 간극수압이 증가하여 유효응력이 감소됨으로써 지지력이 현저히 낮아져서 구조물이 전도되는 액상화 현상이 발생한다. 포항에서 2017년 11월 15일 규모 5.4의 지진이 발생하여 북구의 진앙지를 중심으로 2~3km 내 농경지, 공원 100여 곳에서 액상화 흔적이 관찰된 바 있다. 정적하중에 의해 과잉간극수압이 발생하여 강도가 감소하는 현상은 분사라고 한다. 지하수위가 분포하는 사질토 계열의 지반은 수두 차이로 인해 지하수가 유출되면서 토사가 함께 빠져나와 파이프처럼 형성되는 현상도 생긴다.

표 9.3 연약지반의 지반공학적 문제

구분	발생 현상
안정	사면과 성토부 활동, 기초지지력, 흙막이 구조물 토압, 말뚝기초의 횡 방향 거동, 교대 측방 유동, 장비 주행성 불량, 히빙 현상
침하	압밀침하, 말뚝기초의 부마찰력
액상화	지진동에 의한 간극수압 증가에 따른 지지력 감소
투수성	파이핑 현상, 분사 현상(quick sand)

(a) 성토사면 활동　　(b) 흙막이 변형　　(c) 교대측방 유동　　(d) 액상화　　(e) 파이핑

그림 9.6 연약지반에 발생하는 지반공학적 문제 현상

해안 지역의 간척사업은 방조제 공사가 주축이며 양쪽에서 진행된 방조제가 체결되는 끝막이 공사가 매우 중요하다. 서산간척지를 만들 때 총 6,400m의 A지구 방조제 공사 중 최종 270m 구간은 유속이 8m/sec에 달했다. 울산에 정박해있던 폭 45m, 길이 322m, 23만 톤급 유조선을 이동시켜 물줄기를 막고 1984년 2월 25일에 최종 체결하였다.[10] 1966년 9월에 동진강 제2호 방조제를 체결할 때 내외부 수위차가 3.28m였고 4.0m/sec로 흐르는 조류를 막지 못해 이미 쌓은 방조제 중 162m가 유실되는 사고가 있었다. 1972년 남양만 제1호 방조제, 1978년 삽교천 방조제, 1987년 해남 방조제, 1988년 남포방조제, 1993년 시화 제2호 방조제 등 크고 작은 방조제 유실사고가 있었다. 문제점 발생 원인과 대책을 정리하면 다음과 같다.[11]

표 9.4 간척사업 문제점 발생 사례 유형

원인별	발생 방조제	대책
가. 방조제		
① 바다다짐공 및 사석제의 유출입 월류 속에 의한 상하류 지반의 세굴로 붕괴	동진강, 남양, 삽교천	기초지반의 지질, 유속, 수심, 유량 등에 따른 바다다짐고 구조변경 및 연장 확보
② 사석제 투수유속에 의한 지반 토립자의 유실로 유로 확대	동진강, 남양	사석제 기초에 매트리스 부설
③ 무리한 공정계획 수립	남양	실행 가능한 공정계획 수립
④ 바다다짐공 표면석의 조류속에 대한 사석재 개당 중량 부족으로 사석재 유실	삽교천, 남양	조류속에 적용하는 개당 중량을 갖는 재료로 시공
⑤ 선박에 의한 점고식 사석제 표면의 기복으로 인한 유심의 집중 유속 증대, 재료 유실	삽교천	선박에 의한 점고방식은 최대 유속 발생 표고는 피할 것이며 투하사석 고르기 작업 시행
⑥ 바깥쪽 피복공을 통한 성토 토립자의 유출	대천, 미면	피복공과 성토층 사이에 필터공 설치
⑦ 바깥쪽 소단 끝부위 피복석의 개당 중량 부족	대천	소단을 곡선으로 상하비탈면 연결
⑧ 성토 시공 시 유출입 조류 속에 의하여 세립자는 유실되고 성토층 표면에 조립층 형성	대천, 석포 2호	강한 유속에 노출방지 및 조립재 제거
⑨ 반투수성 및 투수성 재료에 의한 성토시공	석포 2호	축조재료의 시험 및 선택
나. 배수(갑)문		
① 배수(갑)문 에이프런 바깥쪽 배수로 피복석의 개당 중량 부족	아산	최대유속에 견디는 개당 중량 및 감세구조 도입
② 투수로 길이 부족	경포천	충분한 투수길이 확보
③ 준공 후 외해의 조류 변동과 퇴사공급원 조사 미비	미면 3호, 대천 2호	유속, 표사에 대한 다각적인 검토 실시

---

10 정주영, 『이 땅에 태어나서』, 1998, pp. 297-299.

11 농어촌진흥공사, 『한국의 간척』, 1995, p. 211.

연약지반 위에 시공된 도로는 운용 중에 주행에 문제를 일으키지 않는 범위 내에서 침하를 허용한다. 아스팔트 콘크리트로 포장된 도로는 10cm를 기준으로 하고 있다. 영일만항 배후도로 남송IC 주변에서 10cm 이상 침하가 발생하여 대형 트레일러의 전복 위험이 있는 것으로 보도되었다. 영산강 강변도로는 개통 후 지반침하로 인해 도로면에 요철이 발생하였다. 허용할 수 있는 침하량이란 공사 도중에 압밀침하량을 90% 이상 발생시키고 나머지 통행 안전에 문제가 없

그림 9.7 서산 A지구 간척지 방조제 끝막이 공사

는 침하량을 공용 중에 유도하겠다는 의미다. 하부 연약지반의 분포 심도와 지반물성치를 정확하게 파악할 수 있다면 가능한 일이다. 한강의 배후습지인 일산 지역의 도로 침하는 굴착공사를 위한 흙막이 벽체의 누수 문제점 때문에 발생한 사고다. 이미 안정되어 있는 도로에 외력이 가해져서 발생한 사고 유형이다.

(a) 영일만 배후도로(2011. 6.) (b) 고양시 백석동 도로침하 (2019. 12.) (c) 영산강 강변도로 부등침하 (2020. 8.)

그림 9.8 연약지반상 도로 침하 사례

바다를 메워 땅을 얻는 간척사업의 경우 먼저 방조제 호안을 시공한 후 내부를 토사로 채우고 하부의 연약지반을 개량하는 순서로 진행되는 것이 일반적이다. 육지의 토사가 부족할 경우에는 인근 바다에서 준설한 토사를 내부에 채우기도 한다. 토사로 매립할 경우에는

매립토가 어느 정도의 지지력을 발휘할 수 있으나 준설토는 함수비가 높고 세립질 토사로 구성되어 지지력이 충분하지 않아 공법과 장비 선정에 준설토의 지반공학적 성질을 고려하는 것이 필수적이다. 준설토를 사용하는 연약지반 개량공사에서 발생할 수 있는 문제점은 준설토 투기장 지역에서 매립(복토) 시행 중, 샌드매트와 같은 수평배수층 시공 중, 드레인 타입중으로 구분할 수 있다. 이 외에도 안벽, 토제부에서 활동 불안정이나 지지력 부족에 따른 문제점이 발생하기도 한다.[12]

표 9.5 연약지반 개량공사의 시공 문제점 유형

발생 구역	발생 시기	문제점 발생 상황
준설토 투기장 구역	복토 시행 중	토목섬유 매트 파단과 복토층 파괴로 인한 준설토 분출
	수평배수층 시공 중	토목섬유 매트 파단과 복토층, 모래층 파손으로 인한 준설토 분출
	드레인 타입 중	복토층 파괴로 준설토 분출과 함께 드레인 타입장비, 토사이동 장비의 전도·함몰·고립
안벽구역	드레인 타입 중	수평배수층 시공 후 드레인 타입장비 전도
토제부	경계부 굴토 중	점토지반 외곽 경계 토제부 굴토 중 사면 파괴
이질기초	시공, 사용 시	도로 및 부지 사용 시 부등침하와 변형 발생

한국의 피사의 사탑이라고 불렸던 건물이 철거되었다. 2014년 5월에 아산테크노밸리가 위치한 석곡리에서 신축 중이던 지상 7층의 오피스텔 건물이 20° 정도 기울어진 사고다. 경찰

그림 9.9 아산 석곡리 오피스텔 철거

조사에 따르면 원 설계도면에 비해 말뚝기초가 20~30% 적고 매트기초는 20~30cm 얇게 시공되어 부실공사로 지목되었다. 둔포라는 포구가 있었던 안성천의 지천 부근에 위치한 석곡리石谷里는 1930년대 지도에서는 물길을 의미하는 도곡리道谷里로 병기되어 있고, 얕은 구릉지와 논이 산재해 있다. 1980년대 지도에서는 주변에 저수지가 만들어진 상태이며 현재는 매립되어 아산테크노밸리로 조성된 상태다. 지형상으로 볼 때 안성천의 영향으로 지하수가 풍부하여 1980년대 이전에 저수지가 존재하였고, 구릉 지역에 하성퇴적되어 기반암

---

12 한국지반공학회, 『지반재해와 저감기술』, 2007, pp. 129-132. 문제점 발생사례와 설계기법에 대해 자세하게 설명된 역서다(지은이 주).

심도가 지점마다 달랐을 것이다. 인위적으로 매립된 부지를 주거와 산업단지로 활용하는 과정을 거치면서 연약지반 특성을 지닌 과거 지형이 매몰된 상태로 변한 것이다. 땅을 대상으로 하는 공사는 과거 역사를 살펴봐야 할 이유를 교훈하고 있다.

| (a) 1930년대 지도 | (b) 1980년대 지도 | (c) 현재 영상 지도 |

그림 9.10 둔포면 석곡리 일대 지형 변화

9.3 연약지반 지반사고 조사

제한된 범위 내에서 시행되는 지반조사 결과를 활용하여 설계가 진행되기 때문에 지반설계는 불확실성을 얼마나 근사하게 추정하느냐에 따라 수준이 달라진다. 대규모 단지나 공항과 같이 평면적으로 넓은 범위를 다루는 연약지반을 처리하는 공사는 설계가 수행된 후 시험시공을 통해 설계 가정값을 확인하고 본 공사에 들어가는 것이 일반적이다. 오사카만 해상에 건설된 간사이국제공항 공사는 완료된 후에도 설계 시 예측하지 못한 침하가 지속되고 있다. 이러한 불확실성을 극복하기 위해 실물재하시험full scale test을 통해 연약지반의 공학적 특성과 해석 방법의 신뢰도를 확인한 사례가 있다.

말레이시아 도로공사 주관으로 1989년에 연약지반의 두께가 10~20m 정도인 말레이반도 서쪽 해안 무라르평원에서 사전에 지반조사 결과를 제공한 후 지반변형, 활동파괴면, 한계성토고를 예측하도록 요청하였다.[13] 제공된 지반조사 자료로서는 지층구성, 입도 분포, 수평투수계수, 압축비, 선행압밀압력, 심도별 함수비, 베인시험과 콘관입시험 결과, 삼축압축시험 결과 등 당시 사용할 수 있는 지반공학적 특성치를 망라했다. 지층은 상부 약 2m 정도는

---

13 B. Indraratna et al., Performance of Test Embankment Constructed to Failure on Soft Marine Clay', ASCE Jr. of Geotechnical Engineering, Vol. 118, No. 1, 1992, pp. 12-33. 7장에서 인용한 동일한 프로젝트의 Poulos 분석과 수치상 약간의 차이가 있다(저자 주).

대기 중에서 고화된 층이고 하부는 연약한 점토가 16.5m 하부까지 이어져 있으며 지표면 아래 22m 지점은 조밀한 모래층으로 나타난다. 성토 전에 연약지반 내부에 간극수압계, 지중 경사계, 침하판을 설치하여 거동을 살펴보도록 하였다.

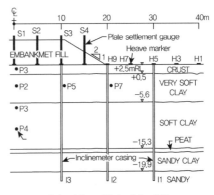

(a) 성토체 활동파괴   (b) 지층 구성과 계측 계획

그림 9.11 말레이시아 실물재하 시험

약 5.5m를 성토하였을 때 성토체 상부에서 인장 균열이 발생하면서 원호파괴가 발생하였다. 지표면 아래 8.5m 지점을 통과하는 활동면은 지표면까지 연장되어 부풀어 올랐다. 예측을 요청받은 전문가들은 한계평형 해석과 수치해석적 방법을 사용하여 활동파괴면, 단계별 성토 시 간극수압과 변위 발생량, 한계성토고를 예측하였다. 수정 Cam Clay 모델, 쌍곡선 응력-변형률 모델 등과 이를 구현한 소프트웨어를 사용하였는데, 한계성토고는 3.0~5.0m로 예측하여 실제 5.5m와는 차이를 보였다. 예측한 활동면 양상도 계측자료와는 차이를 보였는데, 지하수위가 높은 연약지반의 거동을 예측하는 것에는 불확실성이 크다는 것을 보여주고 있다. 압밀과 전단변형을 동시에 고려하여야 하고, 수치해석에서 활용되는 입력데이터는 가정이 개입되기 때문에 불확실성이 크다고 분석되었다.

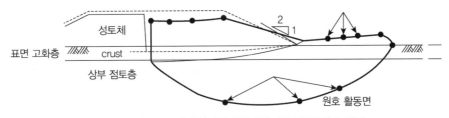

그림 9.12 말레이시아 실물재하 시험 활동파괴 양상

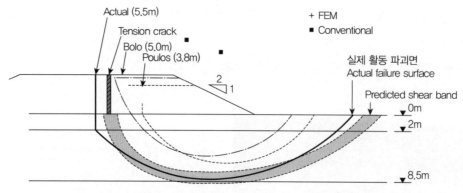

그림 9.13 말레이시아 실물재하 시험 활동파괴 양상과 예측 상황

2009년에는 핀란드 교통국 주관으로 폐철도부지에서 실물재하시험을 시행하였다.[14] 표면 고화층dry crust 아래에 점토층이 분포하는 연약지반 위에서 길이가 12m인 강재틀 내부를 모래로 채운 컨테이너를 2일에 걸쳐 단계적으로 쌓았을 때 파괴가 발생하는 양상을 살펴보았다. 간극수압계, 지중경사계, 광파측정, 토압계, 침하판, 활동면 관찰튜브 등의 계측기기를 설치하였다. 파괴 시 하중은 87kPa이었으며 선형적으로 간극수압이 증가하다가 파괴 2.5시간 전부터 급증하는 양상을 보였다. 활동은 얕은기초저면에서 발생하는 쐐기 형태로 50m 떨어진 곳에 주 활동면의 선단부가 형성되었다. 계측 결과에서 보면 활동면은 뚜렷한 면 형태가 아닌 띠모양으로 파괴부zone failure를 형성하였던 것이 특징이다. 파괴부 내의 점토층은 완전히 교란되었고 주 파괴면과 수반되는 부 파괴면이 파괴 전에 관찰되었다.

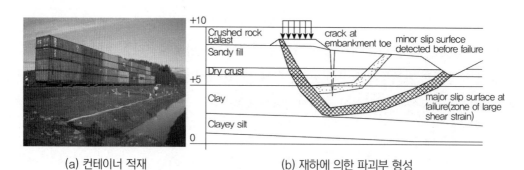

(a) 컨테이너 적재   (b) 재하에 의한 파괴부 형성

그림 9.14 핀란드 실물재하시험

---

14 Finnish Transport Agency, 『Instrumentation and analysis of a railway embankment failure experiment』, 2011.

가. 안산 지역 철도사면 성토부 활동 사례[15]

해성퇴적층으로 구성된 안산 지역에서 철도공사 중 최종 성토고 6m에 못 미치는 4.5m를 쌓았을 때 150m 구간에서 원호 활동파괴가 발생하고 인근 논바닥이 융기되었다. 지반조사 결과 지층은 지표면으로부터 매립층, 2.5~5.9m 두께의 연약점토층, 풍화대로 구성되어 있는데, 성토부를 중심으로 하천 측으로 연약층의 두께가 깊은 것을 볼 수 있다. 조사 지역의 과압밀비는 7 이상의 값을 보이는데, 응력−변형률 특성상 불교란 시료의 거동과 유사하다. 성토 중에 갑자기 활동이 일어난 것은 연약 점토층이 불교란 시료의 전단거동과 같이 최댓값까지 저항하였다가 일시에 잔류강도로 저하되는 과정에서 발생한 것으로 판단하였다.

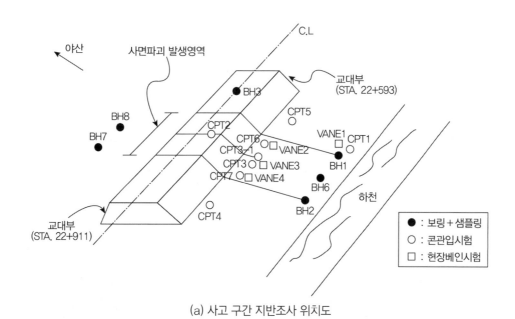

(a) 사고 구간 지반조사 위치도

보링공	BH1	BH2	BH3	BH4	BH5	BH6
매립층 두께(m)	0.5	0.3	0.5	0.5	0.5	0.5
연약층 두께(m)	5.0	5.9	2.5	5.5	2.5	3.9

(b) 시추공별 매립층과 연약층 두께

그림 9.15 안산 지역 철도 성토사면 사고 조사

---

15 이승현 외, '철도사면파괴 원인 및 대책공법 적용을 위한 강도정수 결정', 한국방재학회 논문집, 4(3), 2004, pp. 25-31.

안산과 같이 평탄 지역에서 과압밀 상태로 연약층이 분포할 수 있는 경우는 과거 해안이 형성되는 과정에서 해수면 상승과 하강이 반복되면서 하중이 변화된 것으로 볼 수 있다. 특히 자연하천과 인접한 지역의 연약지반은 수십 년 전까지도 해수의 출입이 있었던 곳이기 때문에 퇴적환경이 자주 변하였을 가능성을 염두에 두고 지층을 분석하는 것이 바람직하다. 연약층의 콘저항 전단강도는 $1 \sim 4\text{tf/m}^2$, 베인시험에 의한 C_u값은 평균 2.0tf/m^2 정도로 분석되었다. UU 삼축압축시험에서 얻은 비배수 전당강도는 $1.1 \sim 6.9\text{tf/m}^2$로 나타났는데, 역해석 결과에 따라 연약층을 2개로 구분하여 상부는 1.5tf/m^2, 하부는 1.88tf/m^2로 적용하여 Bishop의 간편법으로 안정성을 분석하였다.

나. 목포 지역 단지조성 공사 중 활동 사례[16]

목포시 오룡산을 뒤로 한 전라남도 도청이 위치하는 남악신도시는 해안과 인접한 연약지반을 대상으로 조성된 곳이다. 2008년 2월경 서쪽에 위치한 남창천에 인접한 곳에서 도로를 만들기 위해 성토공사가 진행되던 중 활동파괴가 발생하였다. 도로부 32m 구간이 파괴되었으며, 제외치 측 고수부지가 2.5m가량 융기하였고 활동 범위는 남창천까지 80m에 달했다. 고지형도와 지역주민 탐문 결과, 활동이 발생한 구간은 과거 조수간만의 영향 지역으로 물길이 존재하여 인접 지역에 비해 연약한 특성을 보일 것으로 예측되었다.

시추 조사 결과에서 매립층 하부의 퇴적점토층은 N값이 $0 \sim 4/30$ 정도로 매우 연약하고 더치콘으로 파악된 활동부의 비배수 전단강도, s_u는 평균 2tf/m^2 정도이며 UU 삼축시험에서 얻은 점착력은 $0.16 \sim 0.22\text{tf/m}^2$의 범위 내에 있는 것으로 조사되었다. 200번체 통과량은 98% 이상이고 예민비는 $7.2 \sim 11.8$ 범위 내에 있어서 매우 예민한 점토로 분류되어 교란 시 강도저하가 컸을 것으로 분석되었다. 활동파괴면을 추정하기 위해 원 설계 시와 사고 원인을 위한 지반조사 자료를 비교·분석하였다. 도로 중앙부에서 실시된 시추 조사 B-1 지점의 결과에서 보면 특별한 강도저하가 보이지 않기 때문에 활동의 개시점으로 생각할 수 있다. B-2는 El.(-)$6.5 \sim 8.0$m 지점이 교란되어 전단에 의해 강도가 저하된 활동면 통과 지점으로 볼 수 있으며, 남창천 고수부지 끝에서 시행된 B-3의 결과에서는 심도별로 강도변화 경향이 불규칙하여 측방이동에 따른 교란이 발생한 것으로 판단된다. 따라서 1차 파괴는 도로 중앙에서

---

16 고화빈 외, '연약지반 성토지반에서의 활동 원인 및 복구 사례', 한국 토질 및 기초 기술사회지 지반과 기술, 2010년 봄호, 2010, pp. 4-14.

시작된 원호활동, 2차 파괴는 강도가 저하된 부분을 따라 원호와 평면 형태가 결합된 활동으로 추정하였다.

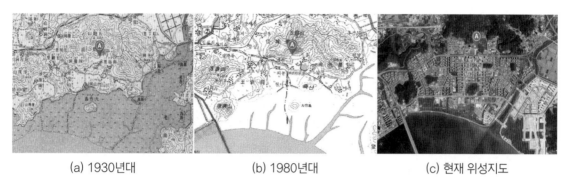

(a) 1930년대   (b) 1980년대   (c) 현재 위성지도

그림 9.16 남악신도시 지형 변천

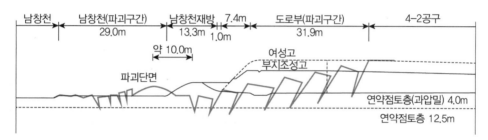

그림 9.17 남악신도시 도로공사 중 활동파괴 양상

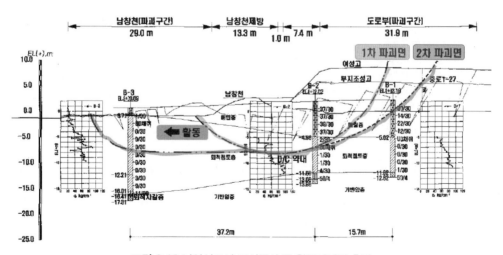

그림 9.18 남악신도시 조성공사 중 활동파괴면 추정

다. 연약지반 측방유동

연약지반 위에 성토하중이 가해지면 하부에 침하와 전단거동이 발생하여 성토부 외곽이 부풀어 오르게 된다. 연약지반을 연직 방향 단면에서 보면 수평변위 형태로 지반이 거동하게 되는데, 이를 측방유동lateral flow이라고 한다. 일반적으로 성토에 의해 발생하는 침하량은 수평변형량보다 크며 성토 높이가 증가함에 따라 침하량은 선형적으로 증가하다가 어느 한계를 넘으면 급격하게 침하와 수평변위, 히빙이 발생한다. 교량을 시공할 때 교대 후방으로부터 과도하게 수평변위가 발생하면 기초가 변형되어 구조물이 손상되고 주변에 매설된 관로나 구조물은 피해를 입게 된다. 측방유동은 하중재하부터 한계하중까지의 공사 중 거동, 한계하중부터 극한하중까지의 거동, 극한하중 이후 장기배수 거동의 3단계로 구분하여 설명된다. 연약지반의 비배수 전단강도를 각 단계별로 추정한 후 Marche(1974)나 Tschebotarioff(1972) 제안식으로 측방유동 발생 가능성을 검토한다.

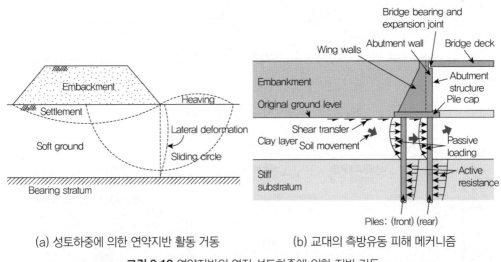

(a) 성토하중에 의한 연약지반 활동 거동   (b) 교대의 측방유동 피해 메커니즘

그림 9.19 연약지반의 연직 성토하중에 의한 지반 거동

경상북도 영덕군 강구면에서 상주–영덕 간 고속도로를 건설하던 중에 연약지반 위에 놓이는 교대에서 수평변위의 한계 기준인 15mm를 초과하는 변위가 발생하여 원인 조사가 수행되었다.[17] 7번국도와 연결되는 영덕IC는 강구항에 이르는 오십천변에 위치하며 들온산

---

17 정연권 외, '고속도로 교량 측방유동 보강사례', 한국지반공학회지, 32(2), 2016, pp. 11-18.

서쪽에 위치한다. 구지도상에서 영덕IC는 과거 하천 내 충적층에 위치하며 1960년대 이전에 매립으로 만들어진 부지를 활용한 것으로 추정된다. 하천 유수부에 놓여서 반대편에 비해 연약지반 심도는 얕으나 원 지형을 따라 기반암선과 연약지반 두께가 급격하게 변하는 조건을 갖는다. 기반암은 중생대 백악기 이후에 형성된 오천동층으로 분류되며 자색의 셰일과 사암으로 구성되어 있다.

| (a) 영덕IC 인근 구지도(1930년대) | (b) 영덕IC 인근 구지도(1960년대) | (a) 영덕IC 인근 지질도 |

그림 9.20 영덕IC 부근 지형변화와 지질도

교대의 양측에서 시행된 지반조사 결과에서 보면 지층은 매립층이 5.5~6.4m, 실트질 점토를 포함한 퇴적층이 7.1~20.0m까지 분포하며 하부는 연암층이다. 산 쪽에 가깝게 위치하여 기반암선이 경사지게 발달한 교대 A2에서 문제점이 발생하였는데, 교대 상단은 최대 15cm까지 이동하여 인접한 보강토옹벽과 분리면이 생기고 측구에 균열이 발생하였다. 시추 조사와 실내시험을 통해 사면 안정 해석을 위한 지반정수를 구하였다. 원설계에서 파악한 기반암선

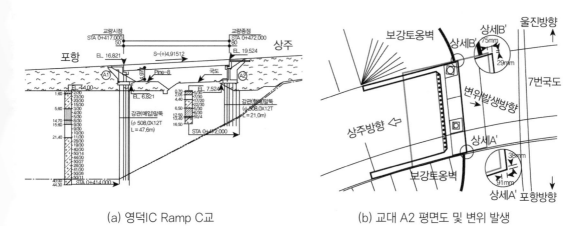

| (a) 영덕IC Ramp C교 | (b) 교대 A2 평면도 및 변위 발생 |

그림 9.21 교대 측방유동 발생 사례

의 경사는 26°였지만 실제는 이보다 더 급한 46°로 파악되었다. 성토로 인해 연약지반이 급한 기반암선을 따라 전단거동되어 말뚝기초에 작용하는 수평력이 설계값에 비해 더 크게 작용하였던 것이 원인으로 분석되었다. 시추 조사는 점조사이며 평면적인 지층변화는 유추에 의하는 경우가 많다. 특히 침하에 의해 횡 방향 거동이 발생할 수 있는 연약지반상 교대의 거동은 보다 세밀하게 지층 조건을 파악하는 것이 필요하다는 교훈을 준 사례다.

제10장
터널 사고 조사

터널 사고 조사

10.1 터널 지반사고 유형

터널을 굴착할 때 안정상태이던 지반은 응력 상태가 변하고 변형이 발생한다. 지반 조건, 막장 상태, 굴착 방법, 지하수 유입 상태, 시공 수준에 따라 변화 형태와 크기가 달라진다. 터널에서 지반사고가 발생하여 조사하게 되는 경우 거동과 관련된 요인을 체계적으로 살펴볼 필요가 있다. 터널이 붕괴될 때 거동 영향 범위는 이완영역 범위에 따라 지표면까지 연장되거나 굴착된 부위 주변으로 머무는 경우로 구분된다. 토사나 풍화대 지반을 굴착하는 경우나 터널 단면(D)과 비교하여 지표면이 2D 이내인 저토피 터널과 같은 경우에는 지표면까지 붕괴가 확대될 수 있다. 또한 해저 또는 하저터널인 경우에는 굴착면 쪽으로 지하수 유로가 형성됨으로써 토사가 유출되어 붕괴로 이어지기도 한다. 터널붕괴사고의 유형은 다음과 같이 정리된다.[1]

---

1   (사)한국터널공학회, 『터널 붕괴 사례집』, 2010. 이 역저(力著)에는 터널 붕괴 양상, 유형, 메커니즘, 안정성 평가법, 복구 방법과 다양한 붕괴사례가 수록되어 터널 관련 지반사고를 이해하는 데 큰 도움을 주고 있다.

표 10.1 터널붕괴 사고 유형

구분	특징
여굴 (overbreak)	설계된 터널 굴착 단면보다 크게 굴착된 것을 총칭하며, 시공상 불가피하게 발생하는 시공 허용오차와 지반의 변형을 반영한 지반 허용변형량을 고려한 설계상의 허용 굴착한계선으로 표현한다.
과대 여굴 (excessive overbreak)	설계에서 허용하는 굴착한계선을 초과하여 굴착한 경우를 일컬으며 터널의 안정성에 심각한 영향을 미칠 수 있으며, 통상 0.5~1.0m³ 정도의 굴착면 주변 지반이 유실된 경우를 말한다.
붕락 (fall)	터널 측벽이나 천장이 과도하게 떨어져 내린 것을 말하며 통상 0.5~1.0m³ 이상의 낙반이 발생하는 경우를 말한다.
대규모 붕락 (massive fall)	터널 주변지반이 매우 과도하게 떨어져 내린 것을 말하며, 통상 5.0m³ 이상의 대규모 낙반이 발생하는 경우를 말한다.
함몰 붕괴 (daylight collapse)	터널 내부에서 발생한 과대여굴이나 붕락이 지표면까지 연장되어 지표면에 과대한 함몰을 초래한 경우를 일컬으며, 터널의 구조적 기능이 완전히 상실된 상태에 해당한다.
유로 형성 붕괴 (piping failure)	터널 굴착면 부근에 지하수가 유출되어 방치 시 유로가 확대됨으로써 토사가 유출되어 공간이 함몰되는 경우를 말한다.

NATM은 굴착 후 원지반의 강도를 유지할 수 있는 지보재를 설치하여 안정을 유지하는 공법이다. 굴착 직후 숏크리트와 록볼트가 설치되기 전 상태를 무지보 상태라고 한다. 이때 굴착면은 막장면과 터널 상하부로 구분되는데, 막장면이 불안정하거나 천장부 또는 상부지반이 불안할 때 붕괴가 발생할 수 있다.

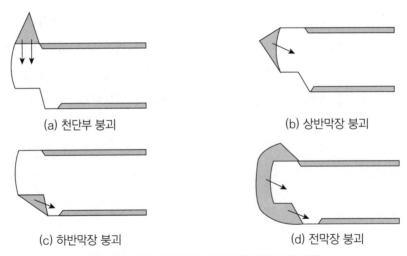

(a) 천단부 붕괴

(b) 상반막장 붕괴

(c) 하반막장 붕괴

(d) 전막장 붕괴

그림 10.1 터널 막장면이 불안정한 경우 붕괴 유형

터널 상부인 천장부가 불안정할 수 있는 요인으로는 연약대나 공동이 있는 경우, 지하수가 막장면으로 유입되어 토사가 유출될 때, 토피가 부족하여 막장면에서 아칭효과가 발휘되지 못하는 경우로 분류할 수 있다.

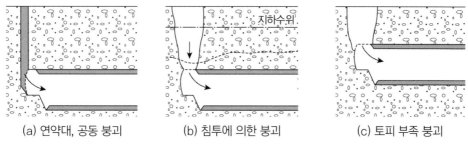

(a) 연약대, 공동 붕괴   (b) 침투에 의한 붕괴   (c) 토피 부족 붕괴

그림 10.2 터널 천장부와 상부지반 불안정에 의한 붕괴 유형

지보재가 설치된 이후에도 불안정한 요인이 있는 경우 붕괴사고가 일어난다. 지보재는 순차적으로 설치되므로 시간적인 지체가 불가피하다. 지보재가 폐합되기 전에 발생할 수 있는 붕괴 요인으로는 지지력 부족, 측압 증가, 가지보재 파괴 등이 있다.

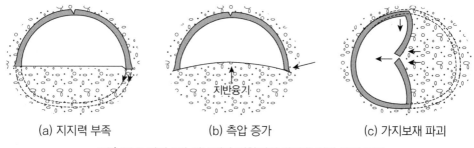

(a) 지지력 부족   (b) 측압 증가   (c) 가지보재 파괴

그림 10.3 터널 1차 지보재가 폐합되지 않았을 때의 붕괴 유형

지보재가 폐합된 후 응력 재배치 과정 중 압력이 가해지면서 지보재의 강도를 초과할 때 붕괴가 발생할 수 있다. 전단, 압축파괴와 국부적인 펀칭파괴, 인버트부에서 휨파괴, 원지반과 지보재가 완전히 밀착되지 못하여 밀림현상이 일어나는 파괴로 구분된다. 지반이 이완되면서 작용하는 하중은 지반 조건과 매우 밀접한 관련이 있으므로 설계 시 조사 과정에서 얻은 지반정보와 막장면 노출 상태에서 조사된 내용을 토대로 검토되어야 한다.

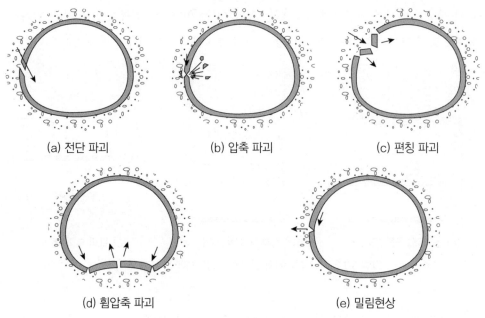

(a) 전단 파괴   (b) 압축 파괴   (c) 펀칭 파괴

(d) 휨압축 파괴   (e) 밀림현상

그림 10.4 라이닝 설치 후 발생하는 붕괴 유형

사단법인 한국터널공학회가 2010년에 편찬한 터널붕괴 사례집에 수록된 46개소의 붕괴사고는 44개소가 NATM 현장으로서 지역별로 서울과 경기도의 도시철도 현장에서 37%로 가장 많이 발생했다. 강원도와 부산 경남 지방에 15.2%, 13.0%로 뒤를 잇고 있다. 지형별로 볼 때는 산악터널에서 67.4%가 발생하였고 도심과 하저 또는 해저 터널 순이다. 붕괴 사고가 발생한 지역의 암종을 보면 편마암 27.21%, 화강암 24.3%, 편암 18.9%, 석회암이 10.8%를 기록하고 있다. 붕괴 유형으로 분석하면 낙반사고가 43%, 지표 함몰이 30.4% 그 외 막장 내 토사유출, 지하수 유출, 과대변위의 순이다. 붕괴 원인으로는 용수 21.3%, 파쇄대 20.2%, 강우 18.0%, 심한 풍화가 16.9%이며 절리면이 교차하고 석회암 공동에 의한 것으로 분석되었다.

터널 사고의 3분의 1을 차지하는 산악 지역은 굴착에 불리하게 작용할 수 있는 단층파쇄대, 천정부 쐐기파괴에 의한 붕락과 낙반, 국부적인 취약대와 팽창성 암반, 수직형 연약대의 굴뚝형 붕괴와 같은 자연적 요인과 숏크리트가 굴착면에 밀착되지 않아 지보효과를 상실하고 수압이 작용하는 시공 불량에 기인한 것도 있다. 상대적으로 강도가 낮고 풍화가 진행되어 자립도가 떨어지는 갱구부는 취약지반이 교차하고 지하수가 유출되며 집중강우 시 세굴이 발생하여 단면을 유지 못하는 사례가 있다. 지형상 저토피 구간에 시공되는 터널은 지질구조상 연약대를 형성하여 절리면이 활동되거나 지하수가 과다하게 유입될 가능성이 높다. 막장 부분은 불안정성이 가장 크지만 굴진이 완료된 후 후방에 위치한 단층파쇄대가 강도를 잃어 함몰되거나 이 층을 따라 지하수가 유입됨으로써 수개월이 지난 후에 붕괴된 사례도 있었다. 석회암 지역은 불규칙한 기반암선이 형성되고 지하수가 충전된 공동이 분포하여 터널을 굴 착할 때 부분적으로 아칭현상을 기대하기 어렵거나 공동에 포함된 지하수와 함께 토립자가 유출되면서 지표까지 함몰되는 경우도 있다. 도심지 터널은 토피가 상대적으로 얕고 충적층 을 통과하는 경우가 많다. 충적층이 분포하는 지역은 지질구조 운동에 의해 암반등급 편차가 심하고 구조선이 복잡하다. 지하수위가 높고 미고결 상태로 토사가 분포하여 굴착 시 지하수 가 많이 유입되고 변형도 심하게 발생한다. 또한 굴착지점과 인접하여 시설물과 건물이 분포 하여 발파에 의해 지반이 이완됨으로써 진동피해가 발생하기 쉽다.

터널 굴착 대상인 암반을 공학적인 목적에 맞게 분류하는 것은 문제해결을 위한 기준을 설정하는 일이다. 터널 굴착 시 작용하는 암반하중을 구하는 Terzaghi(1946)는 불연속면이 굴착에 영향을 미치지 않는 경암부터 몬모릴로나이트를 포함한 팽창성 암반까지 8가지로 구분하였다. 지질강도지수GSI 개념을 도입하여 Hoek와 Barton(1980)은 괴상, 블록, 파쇄, 전단 암반등으로 분류하였고 2001년에는 불연속면 발달 상태와 상호 간의 영향을 미칠 수 있는 가능성을 5가지로 분류하였다. 이 외에도 여러 가지 분류법이 있으나 우리나라의 지질 특성 을 고려하여 암반공학적인 측면에서 암석특성, 불연속면 상태, 지질작용 등을 고려하여 문제 를 일으킬 수 있는 암반을 크게 3개로 구분하고 거동특성에 따라 10개로 세분할 수 있다.[2] 괴상, 블록상, 층상과 같이 불연속면의 형상과 강도특성에 따라 거동이 지배되는 대분류I, 파쇄와 풍화, 미고결 상태에서 토사와 같이 연속체 거동을 보이는 대분류 II, 지하수, 현지암 반응력, 암석과 광물특성에 의해 용해성, 과지압, 팽창성을 보이는 대분류 III으로 나눴다. 우리나라의 경우에는 화성암, 퇴적암, 변성암이 고루 분포하는 지질특성을 보이고 있어서 다양한 암반공학적 문제점[3]을 보인다.

2 김영근, 『응용지질 암반공학』, 도서출판 씨아이알, 2013, pp. 170-171.
3 김영근 박사는 이를 '지오리스크(GeoRisk)'라는 용어를 사용했다.

표 10.2 암반구분에 따른 특성

구분				암반특성
Category I	Massive 괴상암반			매우 넓은 절리간격을 가지며 절리나 균열을 부분적으로 포함한 괴상의 암반으로, 블록은 부분적으로 형성되어 있고 잘 맞물려 있어서 매우 안정한 상태를 유지하는 경우가 많다.
	Blocky 블록성 암반			다수의 절리군에 의해 블록이 형성되고, 불교란 상태로 완전 분리된 암석으로 구성된다. 블록은 불완전하게 맞물려 있거나 부분적으로 교란되기도 한다. 블록의 크기가 안정성을 좌우하게 된다.
	Stratified 층상암반			층리, 편리, 벽개, 층구조에 의한 매우 얇은 층상으로 층경계에서 저항력이 거의 없는 층으로 형성되며, 층 내에 수직절리가 다수 존재한다. 급속한 풍화와 열화가 진행되기 쉽다.
Category II	Crushed 파쇄암반			완전히 파쇄되어 암편은 모래입자처럼 작고, 재결합이 거의 없는 암반으로, 강하게 파쇄된 균열과 부스러진 이완구조를 형성한다. 단층파쇄와 전단대와 연관되어 형성된다.
	Weathered 풍화암반			지표에 노출되어 풍화가 오랫동안 지속되어 조직은 느슨해지고 강도가 약해지는 암반으로, 광물입자가 결합력이 약해지고, 지하수와 불연속면을 따라 풍화가 차별적으로 진행된다.
	Uncemented 미고결암반			속성작용이 중단되어 충분한 고결작용을 받지않아 미고결 또는 반고결 상태의 연약한 암반으로 암석과 퇴적물의 특성을 동시에 보이며 풍화변질이 쉽게 진행된다.
Category III	Soluble 용해성 암반			석회암과 같은 용해성 암석으로 구성된 암반으로 용식작용으로 형성된 석회공동과 싱크홀 등의 용식구조와 차별풍화에 의한 불규칙한 기반암선이 발달하는 특징을 보인다.
	Overstressed 과지압 암반			깊은 심도에서 암반 응력이 크게 발생하거나 암반강도와 지압과 비교할 때 상대적으로 강도가 작은 암반은 굴착할 때 취성파괴(spalling)와 압착(squeezing)과 같은 지질 리스크가 발생하기 쉽다.
	Swelling 팽창성 암반			점토광물 중 높은 팽창성을 가진 팽창성 광물을 포함한 암반으로 물과 작용하여 급격히 팽창하여 팽창압을 일으켜 구조물에 심각한 손상을 준다.
	Complex 복합암반			매우 근접하여 전혀 다른 암반구조가 불규칙적으로 형성된 암반으로 차별풍화가 발생하기 쉬우며, 암반특성을 판단하기 어려운 지질 리스크가 상대적으로 크다.

표 10.3 암반구분과 지오리스크

구분		암반			Geo-Risk
암석		암석	불연속면	지질작용	
대분류 I	Massive 괴상암반	화성암	임의 절리	마그마 냉각	부분 낙석 Partial Falling
	Blocky 블록성 암반	화성암 변성암	절리 절리군(3개 이상)	마그마 냉각 변성작용	key block 낙석
	Stratified 층상암반	사암/셰일 등	층리	퇴적작용	Sliding/Failure Anisotropy Slaking
		천매암/편암 등	엽리/편리	변성작용	
대분류 II	Crushed 파쇄암반	셰일 편암	절단대 단층(파쇄대)	지각운동	Gouge Groundwater Large deformation
	Weathered 풍화암반	화강암 편암	절리 층리	지하수	Weak core stone
	Uncemented 미고결암반	미고결 퇴적암	층리	제3기 지층	Weak soil collapse
대분류 III	Soluble 용해성 암반	석회암	층리 절리	용식작용 (공동형성)	Cavity Sinkhole
	Overstressed 과지압암반	심성암	대심도	현지암반응력 지각운동	Squeezing/slabbing Rock burst
		변성암	단층/습곡		
	Swelling 팽창성 암반	셰일	층리	팽창성 광물	Swelling (capacity/pressure)
	Complex 복합암반	화산암	층리 절리	화산활동 (클링커/송이)	Overhang Contrast(hard/soft)

10.2 암반 지질구조에 의한 터널 지반사고

굴진되는 터널의 노출면이 불안정하여 붕괴됨으로써 지표면까지 범위가 확대되어 함몰되는 현상을 붕락이라고 한다. 국내외 터널 붕락의 지반공학적 특징을 연구한 보고[4]에 따르면 NATM으로 시공되는 터널 중 전단강도가 취약한 파쇄대나 복수의 불연속면이 존재할 때 발파나 굴착에 의해 붕락이 발생하는 것이 일반적이나 RQD가 50%인 양호한 암반에서도 발생한 사례가 있다. 영국의 Heath and Safety Executive가 발간한 NATM의 안정성에 관한 보고서[5]에 수록된 45개 사고현장 기록을 분석하여 터널 사고 유형을 A, B, C로 크게 나누었다.

4　서경원 외, '국내외 터널 붕락의 지반공학적 특징에 관한 연구', 한국재난표준학회 논문집, 제2권, 제4호, 2009, pp. 78-81.

5　HSE, 'Safety of New Austrian Tunnelling Methods(NATM) Tunnels', 1996, pp. 26-45.

접두어 A는 굴착 직후 1차 지보재가 설치된 상태이며, B는 전단면에서 숏크리트가 폐합 시공되고 1차 라이닝이 시공된 후 붕괴가 일어난 것을 의미한다. 나머지 경우는 C로 구분하였고 원인에 따라 숫자를 붙였다.

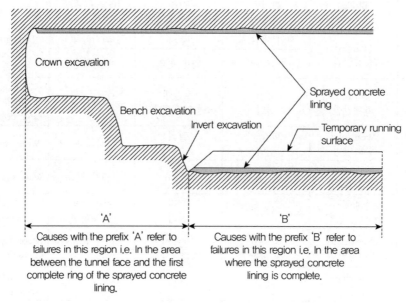

그림 10.5 터널 붕괴사고 발생 위치(HSE, 1996)

B의 경우에는 B1 외에도 설계 시에 예상하지 못한 하중이 추가되어 국부적인 과응력 상태가 될 때(B2), 재료 부적절이나 중요 시공 결함으로 대규모로 붕락이 발생하는 경우(B3), 기존 터널과 연결되는 과정에서 발생하는 시간 지체(B4), 미숙한 보수나 1차 라이닝의 계획이 변경될 때 발생하는 붕락(B5)으로 세분하였다. 전체의 92%를 차지하는 사고가 A type으로서 막장이 불안하거나 천단부 침하에 의한 붕락이 반을 차지하고 있다. 국내 터널 현장에서 발생한 붕락사고 중 막장에서 관찰되는 불연속면 수가 3조 이상일 때 발생 가능성이 높았고 불연속면이 막장면과 불리하게 형성된 경우가 대부분을 차지했다. RMR은 4~5등급일 때가 80% 이상이며 RQD는 25.5% 이하인 경우에 사고가 빈번했다. 불량한 암반이 형성되는 경우는 동일한 암반에서 지질 구조운동에 의해 형성되거나 다른 종류의 암반이 관입되어 경계부가 취약해지는 경우다.

표 10.4 터널 붕락 원인 구분(HSE, 1996)

구분	붕락 원인	개소	비율(%)
A type	터널 막장과 1차 지보가 시공된 상태에서 발생한 경우	45	92
A1	굴착된 막장에서 불안정한 지반의 붕락	18	36
A2	시추공, 우물과 같은 인위적으로 만들어진 결함부위에서 발생하는 경우	1	2
A3	과도한 천단침하로 인한 라이닝의 부분적인 붕락	8	16
A4	터널 종 방향으로 형성된 벤치의 붕괴	1	2
A5	굴착 중 터널 중심 방향으로 존재하는 벤치의 붕락	2	4
A6	1차 숏크리트 타설 부분의 터널 진행 방향 캔틸레버 형태의 붕락	2	4
A7	숏크리트 폐합부위와 먼 곳의 천단부 붕괴	3	7
A8	천단부 가인버트부 붕괴	1	2
A9	천단부 지지력 부족에 의한 천단부 붕괴(elephant's feet)	1	2
A10	국부적 응력집중이나 암반 절리면 거동에 의해 2차 라이닝의 구조적 파괴	3	6
A11	폐합전 시간 지체에 의한 붕괴	1	2
A12	시공결함에 의한 붕괴	4	8
B type	1차 라이닝이 완료된 후에 발생한 경우	1	2
B1	과도 침하에 의한 터널 붕락	1	2
C type	기타 위치에서 발생한 붕락	3	7
C1	풍화 또는 이완된 암반의 갱구부 붕락	2	4
C2	지하수 유출 지점, 연약대에 의한 수직갱의 붕락	1	2

가. 습곡 구조 암반을 통과하는 터널 붕락 사고[6]

일반적인 암반은 굴착 후 1차 지보재를 설치한 다음 대체로 3개월 이내에 변위가 수렴하여 안정을 유지한다. 대부분의 터널 붕락 사고는 HSE의 A type과 같이 1차 지보재 시공 직후에 과도하게 지반이 변형되어 발생하나 터널 굴착 후 14개월이 경과한 시점에서 붕락사고가 발생한 사례가 있다. 소양강댐 보조여수로 설치공사는 계획홍수위와 설계홍수량에 근접하여 극한 홍수에 대비하는 목적으로 2004년 8월에 착공되었다. 비상 여수로는 완경사 터널식으로 서 직경 14m인 원형 구조물을 2열로 시공하는 계획이었다. 2006년 9월 12일에 낙반이 발생한 1터널의 입구에서 70m 떨어진 곳에서 상부 65m까지 이르는 구간에서 붕락사고가 발생하였으며 인접한 2터널 숏크리트가 균열되었다.

---

6 한국수자원공사 감사실, 「특별감사 결과 보고서(소양강댐 보조여수로 하부터널 낙반사고)」, 2007.

그림 10.6 소양강댐 보조여수로 시공 계획

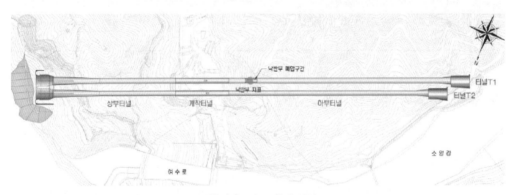

그림 10.7 사고 발생 위치

그림 10.8 낙반 현황   **그림 10.9** 지표 함몰부

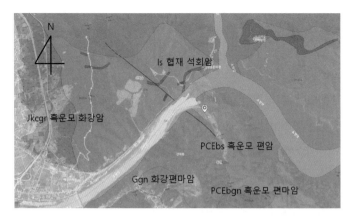

그림 10.10 소양강댐 부근 1:50000 지질도(지오빅데이터 오픈 플랫폼)

사고가 발생한 지역은 흑운모 편암을 기반암으로 편마암, 화강암이 분포하며 일부 석회암이 협재되어 있다. 개착터널이 위치하는 가마골 계곡을 축으로 습곡구조가 형성되어 있으며 계곡의 동쪽은 흑운모 편암, 서쪽은 석영편암이 우세하게 분포한다.[7] 가장 광범위하게 분포되어 있는 흑운모 편암은 이 지역 변성암층의 기반을 이루고 있으며, 이질퇴적물과 석회질퇴적물의 박층이 변성된 암류이다. 흑운모편암 중에는 각섬석편암, 녹니석편암 등과 교호하는 것이 일부 노두에서 많이 관찰되며, 하부 경계부근에서는 수 미터 내지 10여 미터의 두께를 갖는 석회규산염암층이 협재되어 있다. 변성퇴적암인 흑운모 편암은 일반적으로 편리에 따른 벽개가 심하여 매우 취약한 편이며, 편리, 단층, 파쇄대를 따라 풍화가 심화하여 침투유로를 형성하고 이에 따라 현저한 불균질성과 이방성을 나타낸다. 또한 대기노출 또는 침수와 같은 환경변화에 매우 민감하여 발파 당시에는 견고하던 암질이 단기간에 이완되기도 한다.

터널의 붕락을 유발하는 지질학적 요인으로서는 암상, 지질구조 및 암반의 변형특성 등을 들 수 있다. 이들은 터널 구조물에 대하여 독자적 또는 상호 복합적으로 작용한다. 이 지역에서 터널붕락사고가 일어날 수 있었던 직접적인 배경은 이 지역 일대에 가장 뚜렷하게 발달되어 있는 EW 방향을 축으로 하는 습곡구조와 이를 절단하는 EW계의 단층들이 발달되어 있다는 점이 가장 중요한 요인이라 할 수 있다. 단층을 비롯한 습곡, 층리, 편리 및 절리 등의 지질구조적 불연속면의 방향은 터널의 안정성에 지배적인 영향을 미치게 된다.

습곡은 형성 과정에서 축 부분에 변형이 집중되므로 작게는 벽개 또는 편리를 따라 균열이 분포되고 크게는 단층 및 파쇄대가 형성되는 경향이 있다. 터널이 습곡을 따라 굴착되는 경우에는 터널의 측벽에 횡압이 크게 작용하여 측벽지보에 어려움이 있을 뿐 아니라 지하수가 집중되어 용수량이 많고 편압이 크게 작용하게 된다. 습곡구조는 배사구조와 향사구조의 형태로 나타나는데, 배사구조에 터널이 위치하는 경우 인장응력의 영향으로 균열이 발달하

7   김영근, 『응용지질 암반공학』, 도서출판 씨아이알, 2013, pp.310-335.

여 암반하중이 줄어들고 상반이 붕락되는 경우가 많다. 향사구조에 위치하는 경우, 응력이 증가하고 지하수 흐름이 집중되는 현상이 현저하게 발생한다. 단층은 대부분의 경우 단층대 내 암반이 심하게 전단, 파쇄되어 불안정한 현상을 초래한다는 점이 터널과 연관하여 중요하게 고려되어야 한다. 단층의 주향이 터널의 주향과 평행할수록 위험하며, 주향과 상관없이 단층의 경사가 직각으로 터널과 교차할 때 위험성이 크다. 따라서 단층의 존재는 터널구조물의 안정성에 가장 불리한 요인으로 작용하기 때문에 단층의 분포, 폭, 구성물질, 영향 범위 등을 세밀하게 조사하여 규명하는 것이 필수적이다.

사고 원인을 파악하기 위해 지반조사가 시행되었다. 수직, 수평과 경사시추와 3차원 전기 비저항탐사, 자연전위탐사, 갱내 탄성파 굴절법 탐사가 수행되었다. 시추공 내에서 공내재하 시험, 레이더탐사와 영상촬영을 통해 지반의 강도특성과 불연속면 발달 상황을 조사하였다. 회수된 암석코아에 대해서는 일축과 삼축압축강도시험, 인장강도시험, 절리면 전단시험과 같은 강도시험과 시간에 따라 암석의 성질이 변화하는 것을 파악하기 위해 풍화민감도 시험, Creep 시험, 팽윤swelling시험과 슬레이킹Slaking 시험이 실시되었다.

시추 조사를 통해 암반 내 균열이 발달된 운모편암 지역에서 습곡에 의해 형성된 65~80° 정도의 고각 단층 2개(AF9, AF10)와 저각(36°) 단층(AF1)이 서로 교차하여 있는 것으로 조사되었다. 단층에는 점토가 협재된 가우지가 10cm 정도의 두께로 분포하며 특히 저각 단층은 점토와 각진 자갈이 혼재된 가우지가 최대 폭 5m 정도이며 전체 파쇄대의 폭은 10m에 달했다. 고각의 단층 2개조 사이에는 기반암 중에 분포한 엽리면이 지질구조활동으로 인해 약화되면서 투수통로가 되었던 것으로 파악된다. 저각의 층상단층대가 고각 단층과 교차하는 조건에서 터널이 굴착됨으로써 터널 상부에서 쐐기 형태의 붕락이 발생할 수 있는 암반 불연속면 조건이 만들어졌다. 지표수가 침투될 수 있었던 파쇄대를 따라 협재된 점토의 경계면에서 암괴가 이완될 수 있는 가능성이 있다.

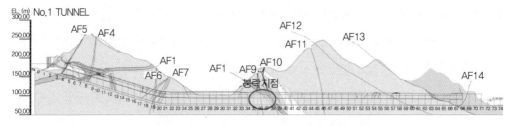

그림 10.11 소양강댐 비상여수로 단층 발달 상황

사고가 발생한 터널은 직경이 15m인 대규모 터널단면이어서 상중하반 3단계 분할굴착 형식으로 굴착되었다. 사고 구간은 2004년 11월부터 12월까지 하부터널, 2005년 4월 중반부, 하반부는 2005년 7월에 굴착되었다. 낙반부 지보재는 숏크리트 15cm, 1.2m 간격의 격자지보, 록볼트 5.0m(C.T.C 1.2m), 대구경 강관다단 2열, 5m 길이의 휘폴링을 적용하였다.

사고가 발생한 2006년 9월은 하반 굴착이 완료되고 14개월이 경과한 시점으로서 굴착 이후의 안정 조건을 훼손할 수 있는 원인을 조사할 필요가 있다. 터널이 굴착되기 전 상부의 지하수위면은 지표면 부근에 형성되어 있었다. 굴착으로 인해 지하수위가 굴착 바닥면까지 저하된 상태에서 터널 상부는 지보재와 함께 아칭현상을 기대할 수 있는 상황이었다. 계측자료에 의하면 2006년 7월에 400mm 이상의 강수량을 보였고 지하수위면은 강우 시기에 따라 천단부까지 상승하였다. 이는 해당지점이 투수성이 매우 큰 지반임을 지시하는 것이다. 지하수위 변동폭이 큰 조건에서 풍화에 민감한 운모편암은 서서히 강도를 잃게 되며 단층에 협재된 점토는 소성거동을 일으키게 된다. 팽윤과 슬레이킹 시험에서 불과 수일 만에 물에 담근 운모편암 시료가 분해되는 것을 확인하였다. 집중강우 시에 지표수가 유입되어 파쇄대층의 전단강도가 저하됨으로써 이완하중이 증가하여 안정을 유지하던 지보재의 강도를 초과하게 되어 낙반사고로 이어지게 되었다.

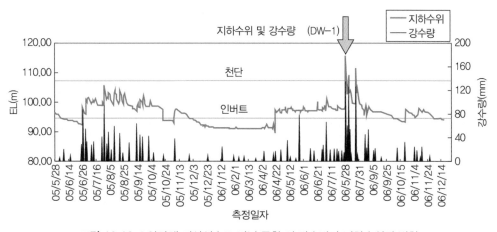

그림 10.12 소양강댐 비상여수로 터널 굴착 시 강수량과 지하수위면 변화

나. 옥천대 지역의 지오리스크

강릉에서 문경 지역을 지나 전남북까지 북동-남서 방향으로 형성된 옥천대는 고생대

지층이 연성변형작용을 받아 습곡이 발달하고 취성변형작용에 의해 단층과 절리가 형성된 복잡한 지질구조를 가지고 있다. 70% 정도가 점판암, 천매암, 편암류의 변성퇴적암으로 분포하며, 점토가 함유됨에 따라 풍화 시 급격하게 강도가 저하되는 특성을 보인다. 변성퇴적암은 몇 차례의 변성작용과 변형작용을 겪으면서 엽리면, 벽개면, 습곡축면, 절리면, 단층면 등의 면구조와 광물신장 선구조, 습곡축 등의 선구조가 발달하여 이들 불연속면과 선구조는 사면이나 터널의 안정성에 영향을 미친다. 단층작용이나 파쇄작용이 일어난 곳에서는 다른 암석에 비해 더 심한 파쇄양상을 보이고, 암석이 갈리면서 점토광물clay mineral이 생성되는데, 지하수나 강우 시 빗물이 스며들어 팽창하면 불안정성을 초래한다.

충청 지역은 한반도에서 가장 복잡한 지질 구조를 보이고 학자들 간에 논란이 있어서 지질 운동이 명확하게 정립되지 않은 곳이다. 연구 결과에 따르면 중부 옥천대의 신생대 이전까지 지체 구조는 적어도 5번의 지구조운동과 3번의 변성작용에 의해 형성되었다고 하며,[8] 수차례의 중복 변형 작용에 의해 지층이 교란되었다.

충주시를 통과하는 철도건설 사업 중 구간의 대부분은 옥천대의 화강암과 편암을 기반암으로 하여 다양한 암반이 분포하는 지역을 통과하게 되었다. 암종 경계면을 따라 안정성을 저해할 수 있는 불연속면이 존재할 것으로 예상되어 지표지질조사를 정밀하게 수행하여 기존 지질도를 보완하였다. 시추 조사와 물리탐사를 통해 노선상 9개의 단층 위치와 규모를 확인하였다. 또한 대부분의 터널은 습곡구조를 통과하는 것으로 파악되었다.[9] 이로 인해 예상되는 터널공사 구간의 지질 리스크로서는 편암 내에 분포하는 편리의 방향성에 따라 계획된 면으로 굴착되기 어려울 수 있고 습곡구간은 배사의 편토압, 향사의 응력집중과 지하수 유출이 우려됐다. 또한 단층 파쇄대를 교차하며 통과할 때 파쇄대 규모에 따라 변형 정도가 다르게 되므로 보강 계획을 규모에 따라 달리 수립하였다. 지질구조가 복잡하고 탐사 결과가 현장 조건과 일치하지 않는 경우도 있으므로 일부 취약한 지층을 통과할 때나 암종 경계구간에 도달하기 전에 막장면을 맵핑하고 막장 전방으로 선진수평보링과 TSP 탐사를 포함한 지반조사를 수행하도록 계획하였고 선행 경사계를 설치하여 응력 해방에 따른 거동을 살펴보도록 하였다.

---

8 8장의 참고문헌 10) 참조.

9 서영욱 외, '옥천대 터널통과구간에 대한 지질리스크 극복방안', 자연, 터널 그리고 지하공간, 19(4), 2017, pp. 17-24.

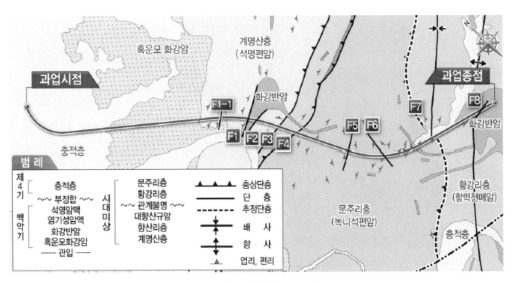

그림 10.13 충주시 달천동 일대 지질도

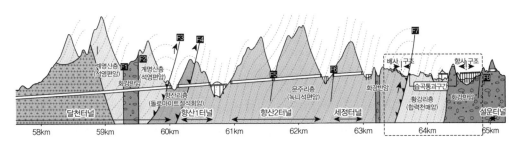

그림 10.14 노선상 습곡구조와 터널 계획

대전 지방을 지나는 경부고속철도 식장터널 시점부는 연약복합지반으로 구성되어 보강공법으로 적용된 강관이 원지반에서 탈락하고 지하수가 용출되면서 소규모로 붕락이 발생하였다.[10] 굴착될 예정인 전방의 지반 조건을 선진수평보링조사로 확인하고 선진수평경사계로 거동 양상을 살펴본 후 0.8m 굴진장 링컷공법과 대구경 강관다단 그라우팅공법으로 변경 시공하였다. 상반부 아치가 하부로 하중이 전달되는 과정에서 안정성을 높이기 위해 측벽부와 바닥부에 레그파일과 측벽파일을 추가하였다.

---

10 노승환 외, '연약복합지반 터널의 굴착 및 보강사례', 자연, 터널 그리고 지하공간, 13(3), 2011, pp. 47-59.

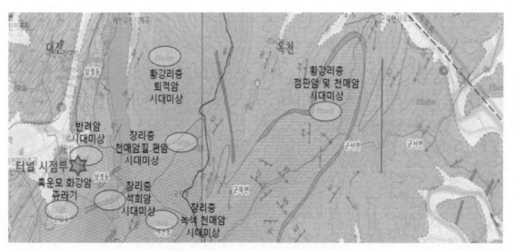

그림 10.15 식장터널 통과구간 지질도

옥천대 중부 지방에 해당하는 현장 지질 조건은 창리층의 편암대와 황강리층의 함역석회질 천매암이고 화강암이 관입된 상태다. 시점부 천매암질 편암은 편리 구조가 발달하였고 파쇄대의 영향으로 암질이 불량하였다. 터널 시점부는 지형 경사가 완만하고 노두가 발견되지 않아 표토층이 두껍게 분포하고 있는 것으로 추정되었다. 고생대에 형성된 습곡과 단층이 분포하고 있는 상태에서 쥐라기 화강암이 관입될 때 편암과 천매암층의 지질구조가 열화되었을 가능성이 있다. 또한 석회암 구간을 통과하면서 지하수가 용출될 수 있는 조건을 가지고 있다.

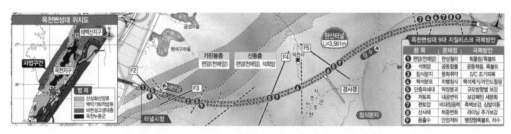

그림 10.16 완산터널 계획과 옥천대 통과 지질 리스크

새만금과 전주를 잇는 고속도로 6공구는 전주 부근에서 옥천 변성대를 통과하는 것으로 계획되었다. 화강암과 편암을 기반암으로 하는 산악 지역에 길이가 3.6km인 완산터널을 계획하면서 지질 특성에서 기인하는 층상단층과 파쇄대, 편암구간의 판상절리, 일부 구간의 석회

암 통과, 침식분지와 차별 풍화에 의한 핵석에 대한 대책을 수립하였다.[11]

판상절리로 인해 이방성이 큰 천매암 지역을 통과하는 터널은 아칭효과가 저하되므로 붕락을 억제하기 위해 록볼트 간격을 줄여서 상하부 판상 암반을 봉합하였고 휘폴링으로 종단 방향 지반강성을 증가시켰다. 터널이 굴착된 면을 따라 편토압이 작용되어 비대칭응력 상태가 될 수 있으므로 측벽을 보강하도록 하였다. 백악기 신동층은 천매암뿐만 아니라 석회암이 혼재된 상태이므로 공동 형성에 따른 지하수 용출문제를 설계에 고려하였다. 터널 굴착 지점에 관입된 화강암으로 인해 상부에는 침식분지가 형성된 상태고 관입 경계부를 따라 지표수가 유입될 수 있는 점을 고려하여 라이닝의 두께를 증가시키고 차수대책을 수립하였다.

지질구조가 복잡한 옥천대는 변성퇴적암을 위주로 다양한 암종이 분포한다. 점토광물이 함유된 변성퇴적암에서 단층과 파쇄대가 형성된 부분은 지하수와 접촉하면서 팽창할 가능성이 크고, 대기 중에 노출되는 터널이나 사면을 형성할 때 급격히 풍화되는 양상을 보인다. 특히 옥천대에 흔히 분포하는 천매암은 변성과 변형작용을 받으면 팽창성 점토광물인 스멕타이트가 증가하는 경향을 보인다.

다. 퇴적암 지역의 터널 안정성 확보

퇴적암은 쇄설성clastic 혹은 비쇄설성 퇴적물이 수중에 쌓일 때 퇴적 흔적인 층리bedding plane를 가지게 되며 강도와 투수성면에서 층리면을 따라 이방성을 보인다. 같은 점토 퇴적암이라 할지라도 이암과 셰일은 파열성fissility 유무에 따라 공학적 성질이 다르다. 사암과 셰일이 호층을 이루는 지반에서 터널을 굴착할 때 굴착 해방면과 불리하게 형성된 층리면을 따라 과다하게 변형이 발생하는 경우가 많다. 우리나라에 주로 분포하는 퇴적암은 셰일, 사암, 역암, 석회암이며, 평남 분지, 태백산 분지와 경상 분지에 주로 분포한다. 경상분지의 경상누층군 중 신동층군과 화양층군에 분포하는 퇴적암은 층리로 인해 터널과 사면 공사에서 붕괴 사례가 자주 보고된다. 특히 퇴적암이 형성된 이후 화강암이 관입되면서 열변성을 받아 혼펠스화되거나 신생대 제4기 단층활동으로 인해 파쇄작용이 심한 특징을 보이는 지역도 있다.

경상분지 지역의 단층은 규모가 커서 대상 단층대가 형성되는 특성을 보인다. 대상 구조는 단층대의 중심부에서 외곽으로 갈수록 단층이 생성될 당시 가장 크게 힘과 압력을 받아 단층

---

11 정상준 외, '옥천변성대 터널통과구간에 대한 지질 및 지형리스크 극복방안', 자연, 터널 그리고 지하공간, 20(3), 2018, pp. 46-52.

중심부에서 발달하게 되는 비지대gouge zone, 원암이 파쇄되어 생겨나는 각력대breccia zone 그리고 원암에 부수적인 단층과 미약한 단열이 흔하게 발달하는 손상대damage zone로 구분된다. 단층대를 따라 풍화가 진행되고 충전물이 주입됨으로써 강도가 현저히 낮아지는 특성을 보인다. 혼펠스hornfels는 접촉변성작용에 의해서 형성되며, 조직에 방향성이 없이 모자이크 구조를 띠는 세립질 변성암을 말한다. 경상남북도 일대의 경상누층군의 퇴적암 중에서 화강암류 접촉부에 있는 셰일과 이암이 열변질과 열변성을 받아 혼펠스화된 암석이 자주 관찰된다.

셰일은 퇴적 환경에 따라 색조를 달리한다. 적색 셰일은 퇴적분지인 호수 얕은 곳은 산화환경에서 퇴적되어 퇴적물에 포함된 유기질 성분과 철 성분이 산화됨으로써 적색을 띠는 경우가 많다. 흑색 셰일은 호수 깊은 곳의 환원환경에서 퇴적되어 퇴적물에 포함된 유기물이 산화되지 않은 채로 암석에 포함되어 비적색(회색 혹은 흑색)을 띠는 것으로 알려져 있다.[12] 흑색 셰일은 상대적으로 깊은 곳에서 퇴적되었기 때문에 적색 셰일에 비해 간극률과 흡수율이 작은 편이나 이방성은 더 큰 것으로 알려져 있다.

상주와 영덕을 잇는 고속도로 건설 공사 중 지품6터널은 기반암이 도계동층 사암과 적색셰일으로서 과거에 발생한 소단층 활동으로 인해 종점부에 지반에 수직 방향으로 5~30cm 간격으로 균열이 터널 예정위치 부근까지 발생한 상태였다.[13] 시추 조사 결과 일부 구간에 층리면을 따라 점토가 충전되어 있어서 터널을 굴착할 때 천단부가 블록형으로 붕괴될 수 있는 조건이었다. 전기비저항 탐사를 시행한 결과 충전물의 유무에 따라 고비저항대와 저비저항대가 반복하여 나타나고 있어서 터널 상부에 수직절리가 다수 잠재된 것으로 판단하였다. 시추공 영상촬영에서 보이는 (21~26)/(209~215) 층리면을 따라 형성된 인장균열이 활동이 발생한 사면과 유사한 방향성을 보였다. 지형상으로 볼 때 계곡부 측면을 통과하는 터널 상부의 사면은 지속적으로 완만한 속도로 사면활동이 발생할 가능성이 있어서 터널 굴착에 대한 보강뿐만 아니라 사면을 함께 보강하는 것이 필수적이라고 판단했다. 특히 소단층활동으로 인해 사면 내 점토가 충전된 층리면은 잔류강도 상태일 것으로 예상되어 굴착 시 일시에 붕괴될 가능성이 있다고 보았다.

12 곽성민 외, '대구 지역 적색 셰일과 흑색 셰일의 공학적 특성', 대한지질공학회지, 23(4), 2013, pp. 341-352.
13 이명훈 외, '단층활동 이력지반의 터널 통과구간 보강사례', 지반, 30(2), 2014, pp. 8-20.

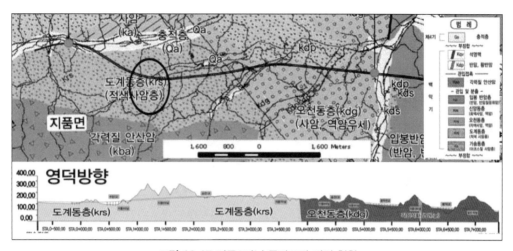

그림 10.17 지품6터널 통과구간 지질 현황

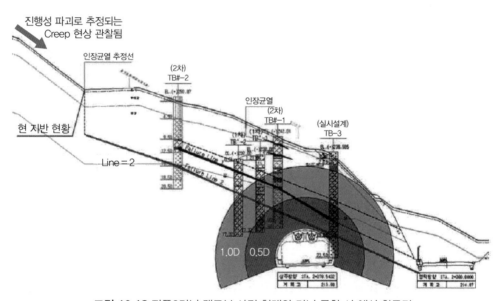

그림 10.18 지품6터널 갱구부 사면 형태와 터널 굴착 시 예상 활동면

터널 직상부의 수직절리를 보강하기 위해 상부에서 선지보 네일공법을 적용하였고, 터널 좌우측부 사면은 예상 활동면을 통과하는 압력식 네일을 설치하여 층리면 간 결합력을 높이고 불연속면을 압력 주입함으로써 사면 안정을 도모했다. 터널을 굴착할 때는 강지보재를 결속하여 강성을 높여 초기 변형을 적극적으로 억제함으로써 응력해방에 따른 이완하중이 상부 사면 측으로 전이되는 것을 방지했다.

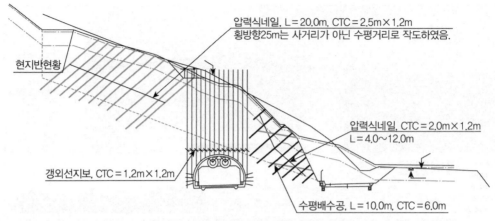

그림 10.19 지품6터널 갱구부 사면 보강 방안

라. 탄질 셰일층 터널 공사

셰일 중 탄질물이 미세한 알갱이로 다량 함유되어 나타나는 것을 탄질 셰일coaly shale이라고 한다. 탄소성분인 유기물이 완전 부패되지 않고 탄화되어 검게 남아 흑색 또는 암회색을 띤다. 세립질 결정으로 구성되어 있어 육안으로는 입자를 구별할 수 없으나, 층리가 발달하여 이 면을 따라 쪼개지는 성질을 갖는다. 그 외에도 탄소성분이 많아 반짝이는 광택을 볼 수 있다. 석탄층의 공학적 특성과 유사한 거동을 보이는 탄질 셰일은 지하수와 접촉할 때 강도저 하가 발생하여 굴착면의 안정성이 저하된다. 건조 상태에서도 절리면을 따라 쉽게 미끄러지 고 대기 중에 노출되어 물과 만나게 되면 수 시간 만에 곤죽 상태로 변하기도 한다.[14] 굴착된 후 급속하게 강도가 저하된 탄질 셰일층이 통과하는 구간은 상반부에서 아칭현상을 기대하 기 어려우므로 붕락사고가 발생하기 쉬운 조건이다.

상주와 안동을 연결하는 고속도로 건설사업 중 의성부근의 단밀4터널은 중생대 백악기 퇴적암인 사암과 셰일이 교호하고 탄질셰일이 분포하는 지역을 통과한다. 탄질셰일층에 협 재된 미고결물질이 급속히 풍화되고 용출수의 영향으로 갱구부 비탈면이 활동하는 사고가 있었다.[15] 실시설계 지반조사 당시에는 파악되지 않았으나 갱구부 사면의 지표지질조사에서 폭 1m가량으로 분포하는 탄질 셰일 파쇄대가 관찰되었다. 터널 진행 방향으로 15~20° 상향 경사를 보이면서 터널 통과지점에서 조우할 것으로 예상되었다. 탄질셰일 파쇄대 규모를

---

14 김낙영 외, '탄질 셰일 파쇄구간에서 터널 붕락부 거동 및 보강 연구', 한국지반환경공학회 논문집, 8(6), 2007, pp. 85-95.
15 김일환 외, '탄질셰일 지역 내 터널 천단 및 갱구비탈면 보강 사례', 지반, 29(11), 2013, pp. 12-26.

파악하기 위해 시추 조사와 전기비저항 탐사, 공내영상촬영을 시행하였다.

　시추 조사 천공수에 의해 탄질층이 소실되는 것을 방지하면서 최대한 층간물질을 회수하고 전기비저항 탐사의 결과와 함께 분석하였다. 연속적으로 저각의 탄질 셰일 파쇄대가 터널 진행 방향으로 분포함에 따라 지반아치를 형성시키기 위해 지표면에서 연직 방향으로 갱구부를 주변에 선지보네일을 1.2m 간격으로 시공하고 수평 방향으로 강관다단 그라우팅을 시행하여 안정성을 확보하였다. 갱외 네일링이 일정 간격으로 설치되므로 터널 굴착 시 네일 사이의 토사거동을 조기에 억제하기 위하여 강지보재와 체결하는 보강조치를 병행하였다. 아울러 갱구부 사면의 활동을 앵커로 억제하면서 터널 굴착 시 편토압이 작용하지 않도록 조치하여 탄질 셰일층을 통과할 수 있었다.

(a) 채취된 직후 탄층 셰일 시편　　　　(b) 12시간 용수에 접한 후 시편 상태

그림 10.20 전북 임실군 ○○터널 탄질 셰일 시편에 대한 용수 노출 시험

(a) 갱구비탈면 탄질 셰일 파쇄대　　　(b) 탄질 셰일 파쇄대가 통과하는 갱구부 활동

그림 10.21 단밀4터널 갱구부에 분포하는 탄질 셰일

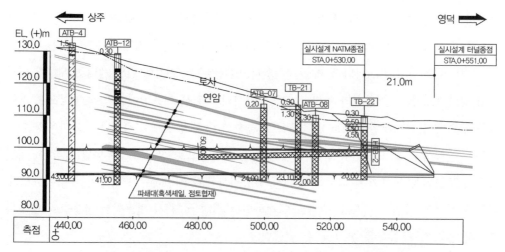

그림 10.22 단밀4터널 상주 방향 지반조사 결과와 탄질 셰일층 분포

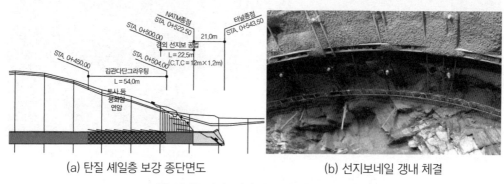

(a) 탄질 셰일층 보강 종단면도   (b) 선지보네일 갱내 체결

그림 10.23 단밀4터널 탄질 셰일층 구간 보강

10.3 석회암 지대 터널 지반사고

암석 종류별로 풍화대가 형태가 다르다. 화강암과 같이 깊은 심도에서 형성된 심성암은 절리면을 중심으로 풍화가 진행되어 암괴, 사질토, 실트, 점토 순으로 연속적인 풍화대가 형성된다. 변성암은 암편이 암괴상으로 남기 어려워서 암반에서 사질토를 거쳐 점토로 이르는 변화를 보인다. 석회암은 모암이 물에 용해되기 때문에 중간의 사질토, 자갈 부분이 적고 암반에서 직접 점토로 변하며 수직절리가 발달한 지층은 깊은 심도까지 점토층이 분포하며 풍화 정도가 지점마다 달라 기반암선이 불규칙한 경우가 많다.[16]

방해석calcite의 용해특성에 의해 형성되는 석회암 공동은 절리와 층리와 같은 불연속면을 따라

폭이 좁게 망상 형태를 보이는 것과 망상형의 공동이 지하수가 흐름에 따라 확장되는 석회동굴과 같은 대규모 공동 형태로 구분된다. 망상형이 분포하는 지역에서 굴착공사가 진행되어 공동과 만나게 되면 토립자가 지하수와 함께 유출되면서 연결된 공동을 따라 지표면이 침하되는 사고로 이어진다. 대규모 공동의 경우에는 굴착면의 안정성은 물론 지표면이 함몰되는 사고가 발생할 가능성이 높다. 카르스트 지형에서 공동의 형태는 폭이 0.5m 이상인 것은 케이브cave, 0.5m 이하인 것은 튜브tube로 구분하고 폭이 0.5m 이하이면서 2차원적으로 연장성이 있는 것을 카르트스 슬롯 karstic slot, 5cm 이하이며 절리와 층리면을 따라 초기 용해 형태인 것을 카르스트 솔루션karstic solution이라고 한다. 터널 구조물과 연계하여 공동이 존재하는 위치별로 6가지로 구분한다.[17]

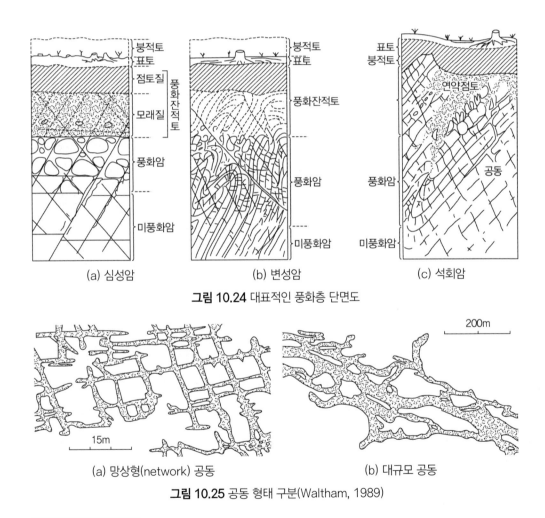

(a) 심성암   (b) 변성암   (c) 석회암

그림 10.24 대표적인 풍화층 단면도

(a) 망상형(network) 공동   (b) 대규모 공동

그림 10.25 공동 형태 구분(Waltham, 1989)

16 이병주 외, 『토목기술자를 위한 한국의 암석과 지질구조』, 도서출판 씨아이알, 2010, pp. 196-197

17 김상환 외, '석회암 공동발달 지역의 터널 지보패턴개발에 대한 연구', 한국지반공학회 봄 학술발표회, 2003, pp. 281-288.

표 10.5 터널면에 인접한 카르스트 형태 구분

카르스트 형태	내용
KT1	공동이 터널 크라운부에 존재하는 경우
KT2	공동이 터널 측벽에 존재하는 경우
KT3	공동이 터널 인버트에 존재하는 경우
KT4	Enlarged joints, tubes, slots(절리면을 따라 용해)
KT5	공동이 터널보다 큰 규모인 경우
KT6	붕괴되어 입구가 막힌 돌리네 또는 cave

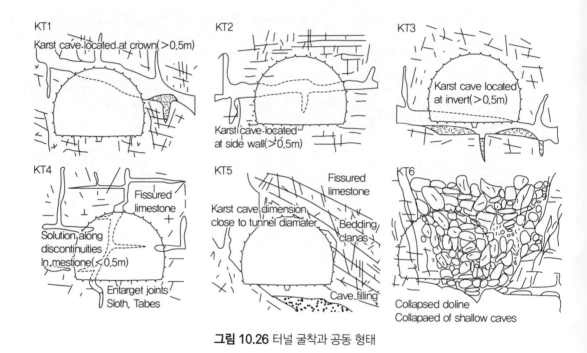

그림 10.26 터널 굴착과 공동 형태

석회암 공동은 폭과 크기, 토피고에 따라 위험도가 다르다. 경험적인 자료에 의하면 자연적인 석회암 공동의 상부 암반 두께가 10m 이상이면 자연적인 붕괴 위험성은 없고, 터널굴착의 경우에는 공동까지의 거리가 30m 이상이면 영향이 거의 미치지 않는 것으로 알려져 있다. 또한 공동 상부 암반의 두께가 폭보다 클 경우에는 붕괴 위험성은 없는 것으로 본다. 터널 굴착공사가 진행될 때 인접한 석회암 공동의 규모에 따라 보강영역을 I~IV영역으로 구분하여 기본 보강 개념을 정리하였다. 여기서는 직경의 1.5배가 넘는 곳에 위치한 공동은 영향이 크지 않다고 판단하였다. 또한 석회암이 분포하는 독일 일라힐Irlahüll 터널 공사에서 터널 굴착 부분과 석회암 공동이 인접하는 형태에 따라 보강 기준을 구체적으로 설정하였다.[18]

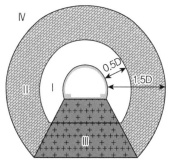

대규모 공동 출현 시
I영역: 0.5D 이내는 1:2 몰탈 충전
II영역: 0.5D~1.5D 구간은 Air-mortar 충전
III영역: 발파 버력 채운 후 채움 그라우팅 시행

소규모 공동 산재 시
굴착면 0.5D~1.0D 이내 그라우팅

I영역: 집중보강(0.5D 이내)
II영역: 선택보강(0.5D~1.5D)
III영역: 하부보강
IV영역: 영향 미소

그림 10.27 영역별 석회암 공동 보강 기본 개념

표 10.6 석회암 공동 보강 기준(독일 Irlahüll 터널)

구분	석회암 공동이 터널과 접할 경우		석회암 공동이 터널과 이격될 경우
	최대 크기<R 체적<$R3$	최대 크기<$2R$ 체적<$8R3$	최대 크기<$2R$ 체적<$8R3$
공동이 상부에 위치	모래＋자갈 $t1≥0.5m$ 경량콘크리트 $t2=0.5~1.0m$	모래＋자갈 $t2≥0.5m$ 경량콘크리트 $t1=0.5~1.0m$	경량콘크리트 $t1>1.5m$ 모래＋자갈 $t2≥0.5m$
보강 계획	모래＋자갈로 채운 후 터널과 접촉된 구간은 경량콘크리트 타설 최대 타설두께 1.0m 이하	모래＋자갈로 채운 후 터널과 접촉된 구간은 경량콘크리트 타설 최대 타설두께 1.0m 이상	모래＋자갈로 채운 후 하부에 경량콘크리트 최대 1.5m 타설
측벽 또는 하부	경량콘크리트 $t=0.25m$ S $S<t<3.0m$ 그라우팅 모래채움	경량콘크리트 $t=0.25m$ S $S<t<3.0m$ 그라우팅 모래채움	$t=3.0m$ 그라우팅 모래채움
보강 계획	모래로 채운 후 그라우팅 인버트 하부 경량 콘크리트 타설 ($d=25cm$)	모래로 채운 후 그라우팅 인버트 하부 경량 콘크리트 타설 ($d=25cm$)	모래로 채운 후 그라우팅

주) 1) R은 터널 반경
2) $t1$: 공동 내 충전(모래, 모래＋자갈) 두께, $t2$: 경량콘크리트 타설 두께, s: 터널과 공동과의 거리

---

18 김기림 외, '석회암 공동에 근접한 철도터널 설계사례 연구', 유신기술회보, 24호, 2017, pp. 82-92.

가. 태백시 솔안터널 지표침하[19]

영동선 동백산역과 도계역을 잇는 길이 16.2km의 솔안터널은 구간의 표고차 387m를 극복하기 위해 해발 1,171m인 연화산을 감아도는 나선형 터널 형태로 시공되었다. 2001년 7월에 착공하여 2006년 12월에 관통하였고 2012년 6월에 개통되었다. 총공사비는 5,368억 원이 투입되었다.

그림 10.28 솔안터널

NATM으로 터널을 굴착하던 중 2006년 4월 24일에 약 235m 상부에 있는 가마터샘 부근에서 직경 1.5m, 깊이 5m 정도로 지표면이 함몰되면서 터널 내로 지하수가 유입되었다. 또한 2주 후 인접한 철암천 하천수가 측벽 공동을 통해 유입되어 터널 하반 강지보와 숏크리트가 손상되었으며 하천의 돌망태 호안구조물이 유실되고 비닐하우스 골조가 변형되는 침하가 발생하였다. 터널 내에서 차수주입을 시행하여 5월 15일에 용출수를 차단하였고 23일에는 샘터 주변의 지하수위도 회복되었다. 그러나 하천에서 유입되는 용출수는 위치를 바꿔가면서 터널 내부로 유입되었기 때문에 쉽게 차수하기 어려웠다. 이와 같은 용출 현황과 대책 결과로 살펴볼 때 가마샘터 하부 지반은 망상 형태의 수직·수평공동이 발달하고, 철암천 하부는 대규모 용식동굴이 존재할 것으로 예상하였다.

지하수 용출에 대한 원인과 미굴착된 부분의 안정성을 파악하기 위해 지표지질조사, 전기비저항탐사, 시추 조사, 지하수 모니터링조사가 시행되었다. 지질도상 사고 지역은 고생대 조선누층군과 평안누층군, 중생대 백악기 경상누층군에 화산암류가 분출·관입되어 석회암,

---

19 김용일 외, '석회암층 터널관통사례', 한국암반공학회 춘계학술발표회 논문집, 2007, pp. 64-80; 장석부 외, '석회암지대 장대터널의 싱크홀 및 과다용출수 대책', 유신회보, 2008, pp. 343-355.

사암, 셰일, 함탄층이 분포한다. 대석회암층군의 막골 석회암층은 파쇄된 상태고 망상 형태의 공동이 발달하였다. 동서 방향으로 층상단층이 반복된 상태에서 오십천단층과 같은 남북 방향의 주향이동단층에 의해 단절되어 복잡한 지질구조를 보인다. 음영기복도 선구조 분석에서 조사 지역을 통과하는 선구조는 4개이며 이 중 2개는 석회암층의 주향 방향과 동일하게 발달하고 있음을 확인하였다.

(a) 가마샘터 함몰   (b) 하천 돌망태 유실

(c) 인접 비닐하우스 골조 변형   (d) 터널 내 석회암공동

그림 10.29 솔안터널 공사구간 석회암지대 지반함몰 현상 발생

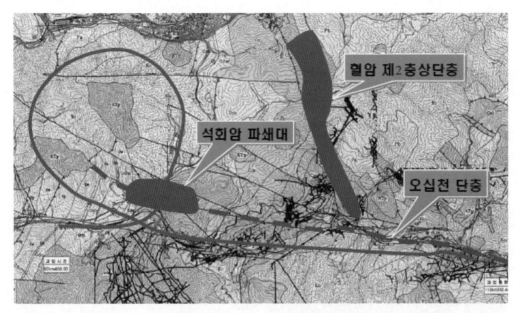

그림 10.30 솔안터널 부근 지질 구조도

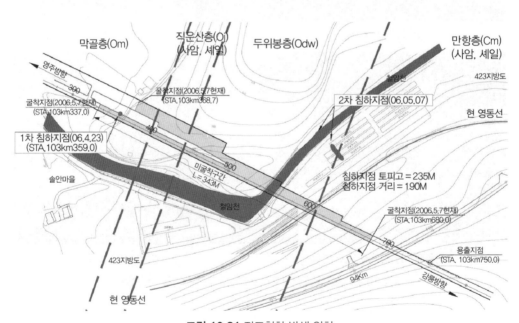

그림 10.31 지표침하 발생 위치

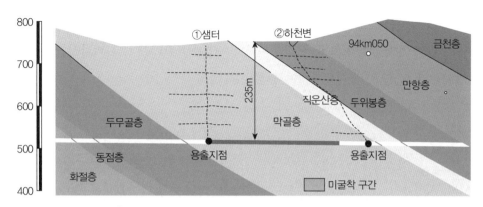

그림 10.32 지질종단상 지표침하 및 터널 내 용출수 발생 위치

전기비저항 탐사 결과를 통해 구조선의 존재 여부를 확인하였으며, 석회암 막골층 내에 형성된 F4 구조선을 따라 분포하는 불규칙한 수직 공동이 샘터 부근의 지반침하와 관련이 있는 것으로 조사되었다. 또한 하천변의 싱크홀은 F1 구조선을 따라 발달된 단층파쇄대와 관련이 있는 것으로 분석되었고 연장성으로 볼 때 미굴착 구간에도 영향을 미칠 것으로 예상되었다.

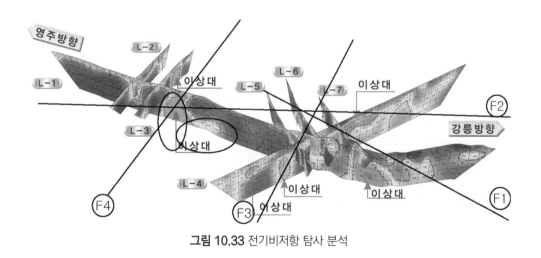

그림 10.33 전기비저항 탐사 분석

샘터 부근에서 시추 조사한 결과를 보면 2m 하부에 석회암 기반암층이 나타나는데, 하천변의 하부에는 파쇄가 심하고 부분적으로 공동이 있는 것으로 파악되었다. 경사시추에서는 석회암이 셰일, 사암, 역암과 같은 쇄설성 퇴적암층으로 변화하는 암종 경계 지역인 샘터와 하천변 부근에 있음을 확인하였다. 갱내 탄성파탐사^{TSP} 분석 결과에서 향후에 굴착할 부분에

파쇄대가 있어서 보강대책을 수립하는 데 참고하였다. 샘터부근의 지하수는 F4 구조선을 따라 229~276° 방향으로 흐르고 하천변 부근의 유향은 189~347°로 나타나서 지형에 따른 동수경사와 지질구조선의 투수특성이 반영된 상태다.

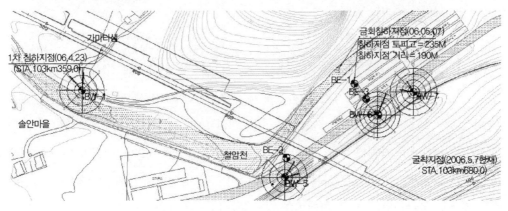

그림 10.34 지하수위 모니터링 조사

다양한 지질 시대를 거쳐 형성된 암반은 지질구조운동의 영향으로 취약한 지반 조건을 형성하게 된다. 특히 고생대 조선누층군의 석회암 지역을 통과하는 터널공사에서는 설계 시에 파악되지 않은 공동으로 인해 갑자기 토사와 함께 지하수가 용출되고 지표면까지 함몰되는 사례가 많다. 솔안터널 사례는 망상형과 대규모 공동이 혼재함으로써 지하수 용출 상황과 대책 효과가 다른 경우다. 지역별로 석회암이 존재하는 것이 인지되고 예상되었던 용출수량보다 갑자기 증가하면 관찰 범위를 지표면까지 확대하여 영향 정도를 파악하는 것이 필수적이다.

나. 석회석 광산의 지반침하

석회암이 분포하는 지역은 대체로 급경사 사면이 발달하고 지표면의 수목은 수직에 가까운 경사를 보이면서 생장한다. 이는 하부 석회암의 카르스트 지형의 발달과 연관성이 있다. 강우가 암반 내부의 수직으로 발달한 절리면을 따라 침투할 때 풍화가 촉진되어 수목의 주근이 연직 방향으로 뻗어나기 때문이다. 풍화된 불연속면 틈새에 토사와 함께 지하수가 충전되며 지점별로 매우 불규칙한 기반암선 분포를 보이게 된다. 또한 공동은 용해 동선을 따라 연속성을 보이므로 하부에서 굴착되는 터널공사나 석회원석을 얻기 위한 채굴적이 분리면과 교차할 경우 급속하게 토사와 지하수가 유출되면서 지표면이 침하 또는 함몰되는 현상이 발생한다. 석회석 채굴은 터널굴착과는 달리 석회석의 분포에 따라 심도와 방향이 달라진다. 우리나라의 석회석 광산은 고생대 지층을 따라 강원도 중남부와 충청북도 북부쪽에 분포한다. 석회석 채굴로 인해 발생한 지표면 침하 현상을 조사한 내용을 살펴보기로 하자.

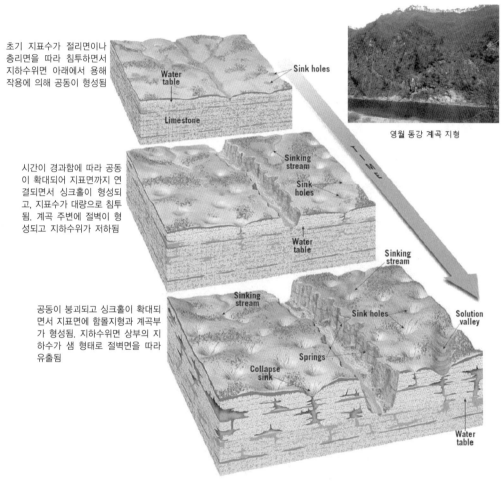

그림 10.35 석회암 지대의 카르스트 지형 형성 과정

충청북도 청원군에 위치한 ○○ 석회석 광산은 1978년부터 노천채굴 방식으로 개발이 시작되었고 2005년 이후에는 갱내채광 방식으로 전환되었다. 갱도의 총연장은 약 650m, 평면도상 면적은 6,770m² 정도다. 2010년까지 약 16만 톤의 석회석을 생산한 것으로 추정되는데, 2007년 9월에 갱내채굴 지역의 상부에서 논의 일부가 함몰되었다. 2010년 6월에는 인접한

소류지의 물이 전량 누수되면서 주변 가옥, 도로에 균열이 발생하였고, 2012년에는 2007년에 발생한 함몰지 주변이 추가로 침하되었다.[20] 지반이 침하된 원인과 안정성을 파악하기 위해 채굴 지역과 미채굴 지역으로 구분하여 지표지질조사, 전기비저항탐사, 시추 조사, 현장시험, 공내영상촬영, 탄성파 토모그래피, 실내 암석시험 등의 조사가 시행되었다.

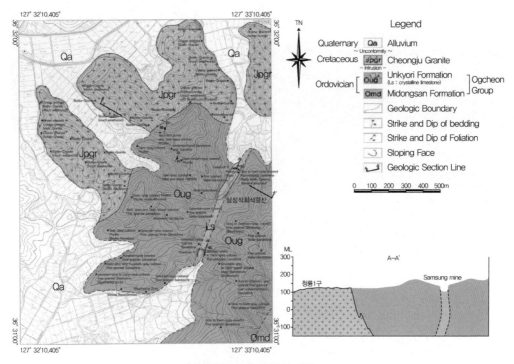

그림 10.36 조사 지역 지질도

조사 지역은 고생대 옥천누층군에 속하며 천매암 계열의 미동산층, 사암, 이질암, 규암과 석회암으로 구성된 운교리층과 중생대 쥐라기에 관입한 청주화강암으로 구성된다. 운교리층에 협재된 결정질 석회암이 개발 대상이었다. 전기비저항 탐사를 토대로 석회암의 분포 경계를 파악하고 시추 조사 위치를 결정하였다. 채굴 지역의 전기비저항탐사에서 강도와 풍화 정도 차이에 따라 비저항 정도가 큰 석회암과 사암의 경계부가 분명하게 나타났고 지반침하가 발생한 지역의 이상 징후가 확인되었다. 20개 지점에서 시행된 시추 조사 결과에서 지층은 붕적층, 풍화대로 구분되며 각 지층의 분포 심도가 크게 차이가 나서 수직적인 불연속면이

---

20 최우석 외, '지하수로 포화된 석회석광산의 지반침하 사례연구', 대한지질공학회지, 25(4), 2015, pp. 511-524.

발달한 것으로 보인다. 석회암층에서 조사된 11개 시추공에서 자연 용식동굴이 분포하는 것을 파악했는데, 공동규모는 최대 직경 5.2m까지 이른다. 시추공영상 촬영 결과, 채굴적 공동은 대부분 원형을 유지하나 자연 용식공동은 세립질 토사로 충전된 상태이며 일부 충전되지 않은 자연공동도 확인되었다.

채굴적 상부지반은 석회암의 풍화특성상 불규칙한 용식작용으로 인해 상당한 기복을 보이고, 충전되지 않은 공동의 파단면은 불규칙한 상태를 보이는 것이 특징이었다. 채굴로 인해 응력이 재분배되는 과정에서 채굴 방향으로 지반거동이 발생하면서 채굴공동에 평행한 방향으로 고각의 인장균열이 발생한 것으로 파악하였다. 토사층에서 측정된 표준관입시험 결과에서 심도가 깊어지더라도 N값이 오히려 감소하는 것도 하부 석회암반층의 함몰로 인해 붕적층 입자가 재배치되는 과정에서 발생한 지반강도 변화 현상으로 보였다.

채굴구역에서 발생한 지반함몰은 상반을 지지하는 석회암층의 두께가 4m 정도였는데, 집중강우 시에 토사층의 단위중량이 증가하면서 천단부가 붕괴되어 발생한 것으로 추정되었다. 채굴되지 않은 곳의 지반침하는 채굴적 방향으로 지하수가 유출되면서 지하수위가 하강함으로써 상대적으로 넓은 범위에 걸쳐 침하가 발생하여 소류지 부근의 가옥과 도로에 피해를 유발한 것으로 보인다. 조사 결과를 토사 토피고, 암반층 두께, 지하수 유동 등의 요소로 구분하여 분석해보면, 채굴 지역은 기반암층의 두께가 얇아서 아칭효과를 기대하기 어렵기 때문에 취약 지역 상부가 붕괴형collapse 싱크홀 형태로 함몰되었고, 미채굴 지역은 지하수 유동에 따라 광역침하subsidence 형태의 침하가 유발된 것으로 판단된다.

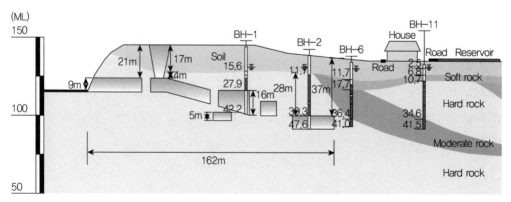

그림 10.37 석회광산 시추 조사 결과와 함몰 발생 상황

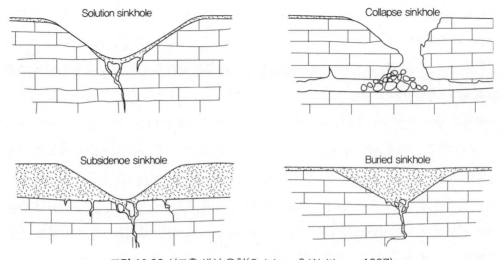

그림 10.38 싱크홀 생성 유형(Culshaw & Waltham, 1987)

다. 석회암반을 통과하는 TBM 터널공사와 지반침하

　○○시 △△역 인근에서 실드 TBM을 이용하여 지표 아래 약 60m 지점에서 전력구 터널을 개방형open mode으로 굴착하던 중 2016년 10월 19일 석회암 공동구간을 만나면서 수직구 펌핑량이 약 300ton/day 수준에서 670~780ton/day 수준으로 급격하게 증가하였다. 이후 지하수 유입량이 감소하지 않고 유지되면서 지하수위가 터널굴착 전 GL-16m에서 최저 GL-32m(2016년 11월 20일)로 급강하하였고 4~23mm의 지표침하가 관찰되었다. 실드 TBM을 밀폐형으로 전환하고 주입공법을 시행하여 막장면을 통한 지하수 유입을 차단하였다. 지하수 펌핑량은 316ton/day로 감소하였고 원래의 지하수위면으로 상승하였다.

　사고 지점은 습곡운동의 영향으로 형성된 배사형 구릉지에 위치하고 있으며 주로 경기편마암 복합체라 불리는 선캄브리아기의 편마암류(안상편마암, 흑운모괴상편마암, 규암, 백운모편암, 석회암 및 석회규산염암, 흑운모편암, 흑운모 호상편마암 등)와 후기에 이들을 관입한 화성암류(쥐라기의 대보화강암, 백악기의 규장암, 안산암 및 암맥류)를 제4기의 충적층이 부정합으로 피복하고 있다.

그림 10.39 TBM 굴착에 따른 도로 침하 발생구간

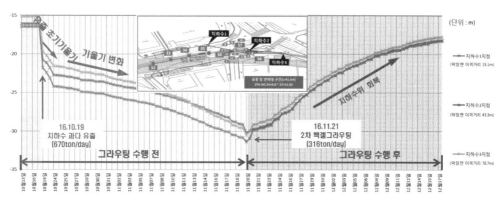

그림 10.40 사고 지점의 지하수위 변화

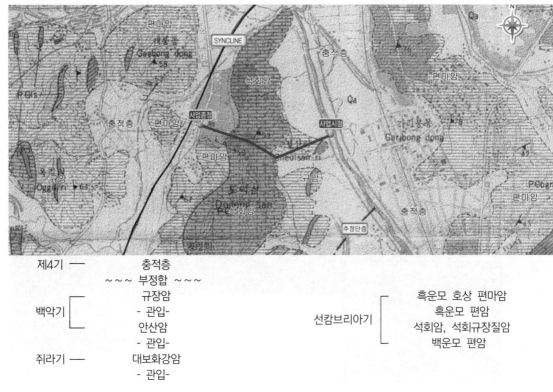

제4기 ─────── 충적층

~~~ 부정합 ~~~

백악기
┌─ 규장암
│   - 관입-
│   안산암
│   - 관입-
쥐라기 ─── 대보화강암
     - 관입-

선캄브리아기
┌─ 흑운모 호상 편마암
│   흑운모 편암
│   석회암, 석회규장질암
└─ 백운모 편암

그림 10.41 사고 구간 지질도

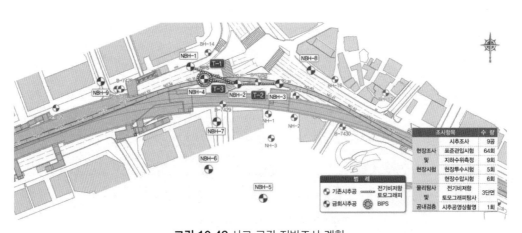

조사항목		수 량
시추조사		9공
현장조사 및 현장시험	표준관입시험	64회
	지하수위측정	9회
	현장투수시험	5회
	현장수압시험	6회
물리탐사 및 공내검층	전기비저항 토모그래피탐사	3단면
	시추공영상촬영	1회

그림 10.42 사고 구간 지반조사 계획

　　실드 TBM 구간에 대해 석회암 공동이 분포하는 것으로 추정하여 시추 조사와 전기비저항 토모그래피 및 GPR 탐사 등 추가지반조사를 수행하였다. 석회암 공동은 지표하 19m 이하 지점에서 불규칙하게 분포하며 공동에는 실트 또는 실트질 모래가 충전되어 있었고 표준관입시험 결과 N값은 8/30~50/10로 느슨~매우 조밀 정도의 상대밀도를 보인다. 시추 조사, 전기비저항 토모그래피탐사 및 시추공영상촬영 결과를 바탕으로 석회공동을 모식해본 결과, 석회암 내의 불연속면을 따라서 유동하는 지하수의 용식작용으로 확장되는 망상형network 공동과 지하수 유동으로 확장되어 형성된 동굴 형태의 공동이 분포하는 것으로 확인되었다.

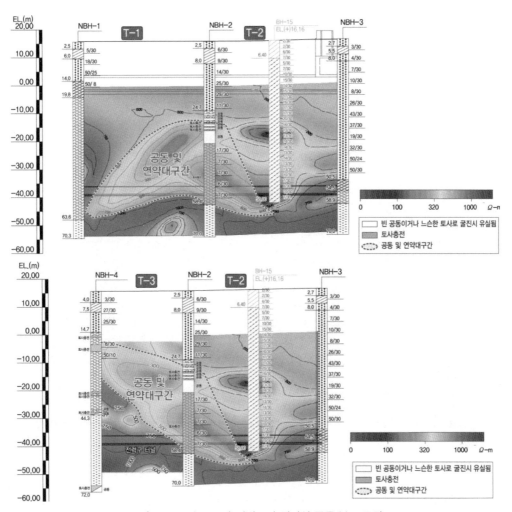

그림 10.43 사고 구간 지반조사 결과와 공동 분포 구간

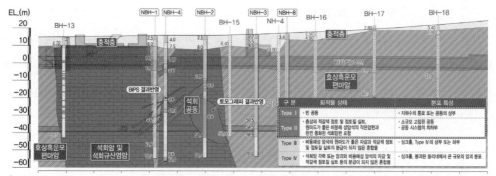

그림 10.44 조사 결과를 종합한 지층 종단면도와 석회암 분포 현황

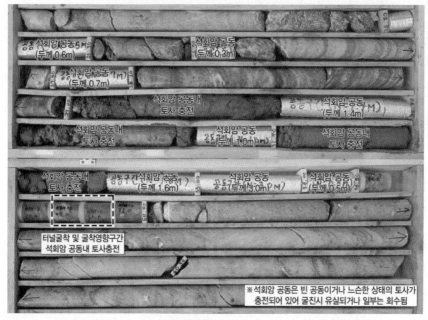

그림 10.45 석회암 분포 구간 시추 코아

실드 TBM이 석회암지반을 통과하면서 망상형과 대규모 공동 부분을 굴착할 때 공동 내에 충전된 토사가 지하수와 함께 유출되면서 지표면까지 지반거동이 발생하였다. 막장면을 폐합하여 유출을 막으면서 지하수위는 원상으로 회복되었다. 지하수 유동과 지반거동을 동시에 모사하기 위해 수치해석 기법으로 분석하였다. 막장면 폐합과 동시에 지하수위가 회복됨을 감안하여 석회암 공동 구간은 투수성이 10^{-3} cm/sec 정도로 매우 크다고 보았다. 지표침하와 지하수위면 계측 결과, 지하수 유출량 기록을 토대로 막장면이 굴착으로 인해 개방되었을

때의 지하수위 변화와 폐합되었을 때의 회복현상을 모사하여 토사층의 체적감소와 연계된 지반침하량을 산출하였다. 주변에 인접한 기존 지하철과 건물의 안정성을 파악하는 데 활용되었고 보수보강 방법을 제시하였다. 또한 망상 형태의 공동 부분은 실리카 계열의 재료로 주입하여 충전하도록 하였다.

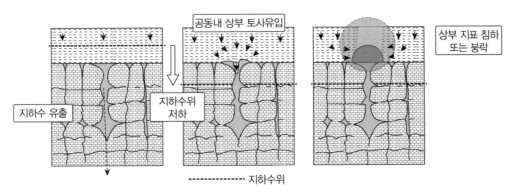

그림 10.46 망상형 공동이 분포하는 석회암 지역의 지하수위 변동과 지반거동

10.4 피난갱 터널 지반사고

본선 터널이 시공되고 상하행 터널을 연결하는 피난갱은 양방향으로 노출면이 형성되어 교차점은 응력이 집중될 수 있는 조건이다. 지하수위가 높은 지역은 틈새를 따라 피압 지하수가 배수되어 방치할 때 토립자까지 유출됨으로써 파이핑 현상이 발생할 수 있다. 실드터널로 본선을 시공한 후 NATM이나 기계굴착에 의해 피난갱을 설치할 때 이미 시공되어 안정을 유지하는 부분이 손상되므로 취약부가 형성될 수 있다. 지중 장애물이 많은 도심지에서 굴착 전에 주입공법으로 보강할 때 미처 처리되지 않는 지반은 굴착할 때 변형이 크고 지하수 유출통로가 되기도 한다. 이와 같이 복잡한 조건에서 터널이 굴착되면서 노출면이 불안정해져서 지반침하가 발생하거나 지표면이 함몰된 사례를 분석해보고자 한다. 터널과 터널 사이의 피난갱cross passage; corridor을 굴착하면서 발생한 사고를 중심으로 살펴보기로 한다.

가. 중국 상하이 지하철 현장 사고

상하이 지하철 4호선 공사는 푸동로 끝인 난푸교부터 시작하여 상선 1,997m, 하선 1,981m

로 병설 실드터널(외경 6,200mm, 내경 5,500mm, 세그먼트 t=350mm)로 시공되었다. 사고 지점으로부터 200m 떨어진 지점의 정거장 구조물 공사가 완료된 후 동지아두 지역에서 상하선간 연결갱cross passage을 굴착하기 위해 주변지반을 동결공법으로 보강한 후 굴착할 때 점진적인 붕괴가 발생하기 시작하였고 주변 건물에 피해가 관찰되었다.[21] 터널 본선 상부 약 10m 에는 직사각형 환기구(24×14m)가 위치하고 수직갱이 터널 천단부와 연결되었다. 본선 간 연결갱은 2.8×2.0m 마제형으로 계획하였다.

사고 현장의 지반은 지층은 실트와 점성토로 구성된 해성퇴적지반으로 각 지층은 수평을 이루고 있다. 하부에는 실트섞인 모래로 구성된 대수층이 위치하며 지하수위는 지표면 하부 1m에 위치하는데, 계절별, 조차 조건에 따라 달라지는 것으로 조사되었다. 밀집된 도심지 사고 현장 주변에는 5~22층의 대형 건물과 매설관로가 인접하고 있다. 2003년 7월 1일에 연결갱 굴착 도중 토사와

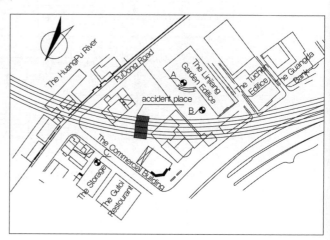

그림 10.47 상하이 지하철 4호선 사고 지점

함께 지하수가 본선 터널로 밀려들어 오면서 세그먼트가 연쇄적으로 붕괴되어 274m 구간에서 피해가 발생하였다. 주변 건물에 심각한 피해를 입혔으나 인명 손실은 없었다.

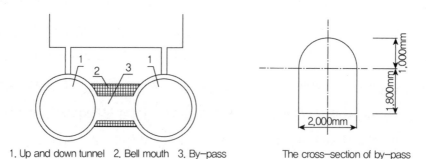

1. Up and down tunnel 2. Bell mouth 3. By-pass   The cross-section of by-pass

그림 10.48 상하이 지하철 4호선 구조물 계획

---

21 B. Liu et al., 'Numerical modeling of a subway construction accident: case history and analysis', 2006. http://www.paper.edu.cn.

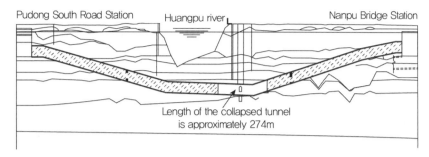

(a) 사고 발생 현장 종단면도

(b) 주변 건물 피해와 도로 함몰 현황

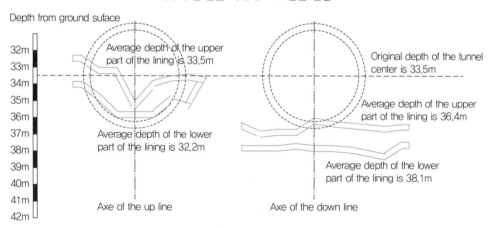

(c) 사고 지점 본선 단면도

그림 10.49 상하이 지하철 4호선 사고 현황

나. 대만 카오슝 MRT 현장 사고

2005년 12월 4일 15시 30분경 대만 카오슝 충쳉 지하차도 하부에서 시행되는 지하철 오렌지선 건설공사에서 피난갱 하부의 집수정 굴착 시 파이핑에 의해 지하수가 유출되기 시작하

였다. 유출 규모가 커지면서 토사가 유출되어 주변 지반이 침하되었다. 상부의 지하차도 구조물이 손상되고 주변에 매설된 상수도관이 파열되면서 상수가 지반으로 유입되었다. 굴진길이 837m인 토압식 실드(직경 6.24m)가 통과하고, 상하행선 사이의 직경 3.3m의 피난갱corridor을 NATM식으로 굴착한 후, 지표 아래 32.6m 지점에서 집수정을 시공하던 중 지반거동이 발생하여 상부 지하차도와 지표면이 붕괴된 사고가 발생하였다.[22]

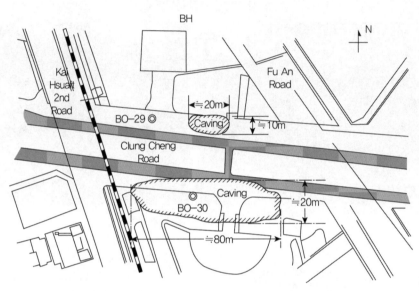

그림 10.50 타이완 카오슝 지하철 오렌지선 사고 현황

사고 지점의 지반 조건은 실트질 모래가 우세한 하성퇴적층으로 구성되어 있고, 중간에 소성이 낮은 점토층이 지표 아래 40m까지 협재되었다. 표준관입저항 N치는 20~30/30 정도이며, 지하수위는 지표 아래 약 5m 부근에 형성된 상태다. 협재된 점토층의 비배수 전단강도는 30~120kPa로 조사되었고, 모래층의 내부마찰각은 평균 32.5°로 보이고 있다. 피난갱 공사가 개시되기 전에 직경 3.2~3.5m 제트 그라우팅을 시공하여 집수정 부근의 지반을 고화시켰다. 사고 후 조사된 바에 따르면 상부에 위치한 지하차도로 인해 경사로 시공된 제트 그라우팅이 충분히 중첩되지 않은 상태였고, 이 틈새로 피압 지하수가 유출되는 파이핑 현상이 사고의 원인이었다. 약 9,000m³ 규모의 지반함몰이 발생하자 12,000m³ 분량의 토사와 콘크리

---

22 Wei F. Lee et al., 'Piping Failure of a Metro Tunnel Construction', Procd. of Intl Sym on Backward Problems in Geotechnical Eng TC302-Osaka, 2011.

트로 되메우고 본선 내부는 모래백과 콘크리트 옹벽을 설치하였다. 함몰 주변은 커튼그라우팅을 실시하여 함몰이 확대되지 않도록 조치하였다.

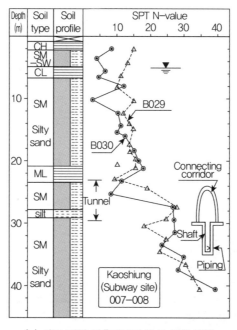

(a) 사고 지점 지층단면과 공사 진행 현황

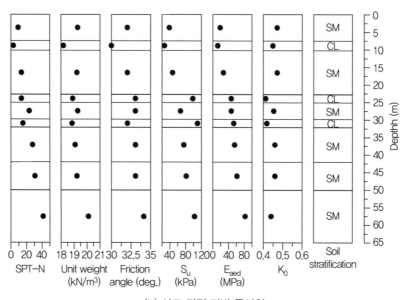

(b) 사고 지점 지반 물성치

그림 10.51 사고 지점 지반 조건

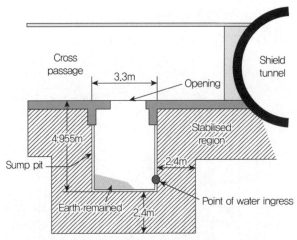

그림 10.52 사고 지점 단면과 집수정 파이핑 발생 현황

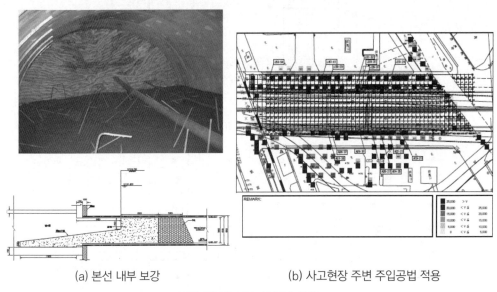

(a) 본선 내부 보강   (b) 사고현장 주변 주입공법 적용

그림 10.53 사고 후 조치 상황

집수정 하부에서 발생한 파이핑으로 인해 토사와 지하수가 유출되는 것을 막기 위해 모래백과 함께 강지보를 설치하였다. 최초 관찰 후 2시간 후에 세그먼트 간 마찰로 인한 소음이 들리기 시작하여 터널 본선 구조물이 침하된 것으로 보인다. 22시 20분경 지하차도 구조물이 손상되는 것이 관찰되었고 직경 300mm, 600mm 상수관이 파열되어 침하지반에 대량의 물이 공급된 상태가 되었다. 지하차도 구조물이 침하된 것은 다음 날 15시경이었다. 집수정부터 터널본선, 지하차도, 상수관이 순차적으로 손상된 것을 단면상으로 구성하였다.

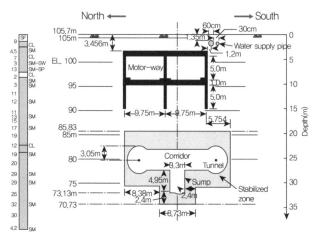

(a) 2005년 12월 4일 15:30 현재

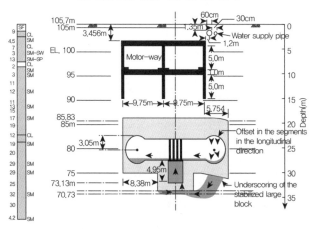

(b) 2005년 12월 4일 17:30 현재

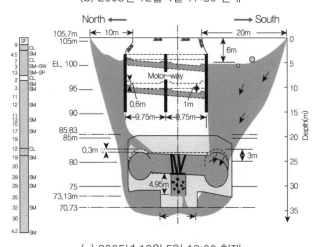

(c) 2005년 12월 5일 13:00 현재

그림 10.54 파이핑 사고 후 횡단면상 손상 전개 현황

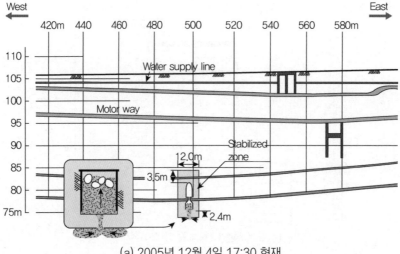

(a) 2005년 12월 4일 17:30 현재

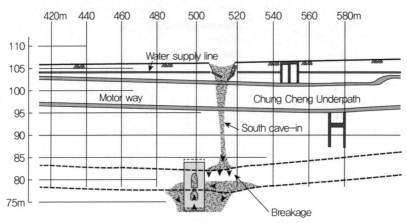

(b) 2005년 12월 4일 22:20 현재

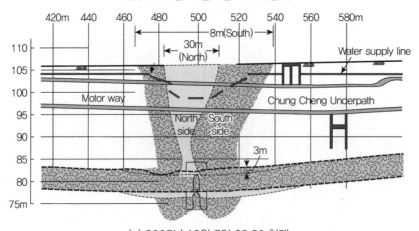

(c) 2005년 12월 5일 22:20 현재

그림 10.55 파이핑 사고 후 종단면상 손상 전개 현황

터널 종단 방향으로 사고가 전개된 상황은 남쪽 터널의 집수정 부근이 침하에 의해 세그먼트가 손상되면서 상부의 토사가 본선 내부로 유입되기 시작하였다. 유동화된 토사가 계속 유출되면서 지표면 함몰을 야기하였고, 상수 유입으로 유동화가 급격히 진행되면서 유출규모 확대와 함께 북쪽 터널의 손상 및 지반함몰이 연이어 발생하였다. 집수정 위치를 중심으로 서쪽으로 130m, 동쪽으로 80m 구간의 본선 구조물이 손상되었다. 파열된 상수관에서 약 18시간 동안 2,000m³의 상수가 유입됨으로써 총 14,000m³ 정도의 유동화된 토사가 터널 내로 유입되었을 것으로 추정되었다.

다. 사고 사례 시사점

상하이와 카오슝 지하철 공사 중 발생한 사고사례를 통해 공학적인 시사점을 분석해보자. 두 현장 모두 해성 또는 하성 퇴적층을 통과하는 터널공사로서 본선 실드터널이 완성된 후 상·하행선을 연결하는 피난갱을 굴착하던 중에 발생한 사고다. 지하수위가 지표면에 근접하여 있고, 본선이 위치한 사질지반을 굴착하면서 상부 점토질 지반이 이완됨으로써 매우 빠른 시간에 지표면이 함몰된 상황을 볼 수 있다.

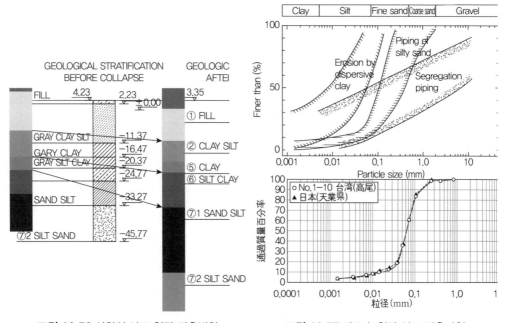

그림 10.56 상하이 사고 현장 지층변화   그림 10.57 카오슝 현장 실트 핀홀시험

지하수위면이 높게 형성된 상태에서 방수 개념의 실드터널이 시공된 다음 피난갱을 굴착할 때 수압이 굴착 해방면으로 집중될 수 있는 조건이 형성됨으로써 파이핑이 발생하여 지하수와 함께 토사가 유출되었다. 상하이 사고의 경우 피난갱을 안전하게 굴착하기 위해 동결공법을 적용하였으나 융해에 의해 이완 또는 균열부가 형성되었다. 카오슝 사고는 터널 상부의 지하차도로 인해 피난갱 예정 위치 주변에 시공된 제트 그라우팅이 중첩되지 않은 구간이 있었다. 수두차가 해소되는 과정에서 높은 수압이 약간의 틈으로 집중되면서 지하수가 토사와 함께 유출되어 사고가 야기된 것으로 분석되었다.

상하이 사고 후에 동일한 지점에서 실시한 시추 조사 결과에 따르면 상부 점토질 지층이 원래의 심도보다 하향으로 이동한 것을 볼 수 있다. 이는 소성을 보이는 점토의 특성을 반영한 것으로 분석된다. 카오슝 사고의 경우에는 핀홀pinhole 시험을 통해 사질토에 혼합된 실트질 흙이 파이핑이 발생하기 쉬워서 내부 침식을 촉발시킨 것으로 조사되었다. 두 개의 사고가 최초 문제점이 발생한 후에 매우 빠르게 지반함몰까지 진전된 것은 조기에 파이핑을 방지하지 못했고, 지반 조건상 지하수와 함께 유동화가 용이했던 지층구성이 원인이었던 것으로 파악되었다.

제11장
기타 지반사고 조사

제11장

기타 지반사고 조사

11.1 얕은기초 침하

가. 피사의 사탑

기초가 부등침하하는 경우는 기초가 놓이는 부분에서 지점별로 지지력과 하중 조건이 크게 차이나는 경우다. 같은 지역에서 세워진 큰 건물은 침하가 발생하지 않았는데, 하중이 훨씬 작은 종탑이 기울어져서 세계적인 관광명소가 되고 있다. 이탈리아 토스카나 주의 피사는 중세 시대 강력한 공국으로 11세기에서 13세기에 상업의 중심지였으나 13세기에 들어서 정치가 불안하고 전쟁에 패하여 제노바와 플로렌스에 의해 정복되었다. 르네상스 시대의 대표적인 과학자인 갈릴레이 갈릴레오(1564~1642)의 출생지이기도 하지만 로마네스크 양식의 피사의 사탑으로 유명한 도시다. 전성기인 1063년 사라센과의 해전에서 거둔 전리품을 자금으로 하여 교회와 공국의 권위를 과시하기 위해 대성당을 세웠다. 대성당이 완공된 10년 후인 1173년부터 종탑을 건설하기 시작하였는데, 높이가 56m인 사탑은 기층부 위에 6층의 갤러리가 있고, 맨 위는 종이 보관되는 공간으로 내부가 비어 있는 실린더 형태다. 외경과 내경은 각각 15.5, 7.4m이고, 내외측 표면은 대리석으로 마감하고 내부는 자갈과 몰탈로 채워졌다. 탑의 기초는 링기초 형태이고 외경은 19.6m, 폭은 7.5m다. 세 단계로 차례에 걸쳐 시공된 종탑은 1272년부터 1278년의 2단계 공사 때부터 기울기 시작하였다. 3단계는 1360년부터 시공하여 1370년에 최종 완공되었다.

그림 11.1 토스카나 피사 대성당과 종탑

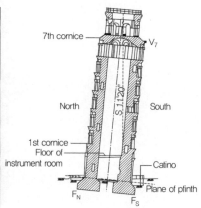

그림 11.2 피사의 사탑 단면도
(Burland et al., 1998)

기울어진 상태를 수직처럼 만들기 위해 남북쪽의 계단수를 달리하고 낮은 쪽에 석재 쐐기를 설치하였으나 1360년경에는 1.6°로 기울어졌다. 1817년에 측정된 바에 따르면 기울기가 4.8°가 되었고 1990년에는 5.5° 정도 기울면서 위험해졌다. 1989년 파비아 종탑이 붕괴되면서 4명이 사망한 사고를 계기로 피사의 사탑도 일반 대중에게 공개가 금지되었다. 기울어지는 것을 방지하기 위해 노력한 결과 1844년의 상태를 유지하게 되었고, 2001년 12월에 다시 개방되었다.

종탑의 기초지반은 모래층과 점토층이 교대로 분포하고 지하수위면은 지표면에서 1.2m 부근에 위치한다. 종탑이 기울어지게 된 원인으로는 매우 완만한 기울음, 기초지반 직하부 점토층의 두께 차이에 의한 압밀침하량 차이 등을 들 수 있는데, 기초 자체는 파괴되지 않았고 주변 지반이 부풀어 오르는 히빙현상이 없었던 점을 고려할 때 1단계 축조 이후 갑자기 기울어진 상황은 기울음 불안정성leaning instability으로 설명할 수 있다.[1]

피사의 사탑과 같이 구조물의 높이와 폭의 비율이 어느 한계값에 근접하여 기초에서 발휘되는 저항 모멘트가 기울음을 유발할 수 있는 전도 모멘트를 감당하지 못할 때 기울음 불안정성이 초래된다는 개념이다. 기울음 불안정성은 지반 강도가 낮을 때가 아니라 압축성이 클 때 생긴다. 지반을 탄성스프링으로 모델링하고 종탑을 강성체로 가정하였을 때 기초 지점별로 탄성스프링 값이 다르면 무게 중심이 내려가고 전도모멘트가 발생한다. 지반이 압축성이 클 경우에는 점차적으로 저항모멘트가 감소하여 건물은 기울고 점진적으로 기울기가 커져서

---

1 Puzrin 외, 『파괴사례로 본 지반역학(Geomechanics of Failures)』, 조성하 외 역, 도서출판 씨아이알, 2021.

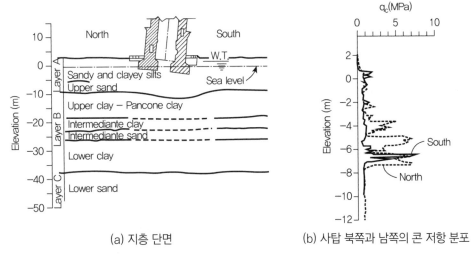

(a) 지층 단면   (b) 사탑 북쪽과 남쪽의 콘 저항 분포

그림 11.3 피사의 사탑 지반 조건(Burland et al., 1998)

한계값을 넘으면 붕괴에 이르게 된다는 접근 방법이다.[2] 대성당은 사탑에 비해 건물의 높이가 폭보다 높이가 매우 낮다. 높이가 56m인 종탑의 직경은 15.5m로서 높이직경비가 3.6인데, 3 이상이므로 기울음 불안정성에 대한 검토가 필요하다. 종탑을 더 이상 기울어지지 않게 적용한 방법은 기울음 안정성을 확보하는 것이었다. 기울어진 남쪽 종탑 내부를 구조보강하여 강체거동을 유도하고 전도모멘트를 줄이기 위해 북쪽 기초 부근에 링 보와 690t 정도의 납괴를 두었다. 안정을 찾은 상태에서 땅을 굴착하여 기울기를 바로 잡고 기초지반을 주입공법으로 강성을 높였다. 1997년 보강 공사가 완료된 후에는 더 이상 기울어진다는 뉴스는 없었다.

나. 트랜스코나 곡물 저장고 지지력 파괴

1900년대 초 미국과 캐나다는 철도망을 대대적으로 확충하면서 물류 분야에 새 장을 열었다. 1913년 9월, 캐나다 태평양 철도회사는 위니펙Winnipeg에서 북동쪽으로 11km 떨어진 곳에 100만 부쉘(36,400m³) 규모의 곡물 저장 창고를 지었다. 역 부근에 창고를 두어 전국으로 곡물을 배급할 목적이었다. 저장고는 철근 콘크리트 작업동과 원통형 저장고로 구성되어 있는데, 직경 4.4m, 높이 28m인 원통을 5열, 13줄로 연결한 형태다. 평면적으로 볼 때 가로 59.5m, 세로 23.5m 정도고, 작업동은 21.5×29.3m의 크기다. 건물은 철근 콘크리트 뜬기초로

---

2 자세한 내용은 인용 문헌을 참고한다.

지지되었다. 구조물이 완공된 후 내부를 채우기 시작하였고 곡물하중이 등분포로 작용하게 되었다. 1913년 10월 18일에 저장용량 87.5%에 이르렀을 때 원통형 저장고 쪽에서 침하가 관찰되었다. 한 시간 후 균등침하가 30cm 정도 발생하다가 서쪽으로 기울게 되었고 24시간이 경과한 시점에는 경사도가 27° 정도가 되었다(Allaire, 1916).

기초지반은 지표면에서 아래로 1.5m까지는 연약한 점토이고, 하부는 견고한 청색 점토로서 'blue gumbo'라는 이 지역 특유의 지반이다. 목재틀을 사용하여 지지력 시험을 수행하였는데, 기초지반은 적어도 400kPa 정도의 분포하중을 감당할 수 있을 것이라고 분석되었다. 곡물창고에 작용하는 하중이 300kPa 정도이므로 주변에서 시공된 경험으로 볼 때 뜬기초로 시공하면 문제가 없을 것으로 판단하였다. 사고가 발생한 날에 주변 지반이 부풀어 오르면서 창고가 침하되고 작업동과 연결된 교량부가 분리되었다. 위니펙은 호상 퇴적층 위에 형성된 지역으로서 고생대 오르도비스기의 석회암층 위에 9~17m 정도의 퇴적층이 층상으로 분포하고 있다. 평판재하

그림 11.4 트랜스코나 곡물창고 붕괴(Engineering News, 1913)

시험에서는 최소 안전율 1.3 이상임을 확인하였고, 기초지반이 균질한 점토층이었는데, 어떻게 기초가 파괴된 것일까.

1951년에 히빙이 발생한 지점의 외곽에서 시추 조사를 통해 일축압축강도를 조사하였다(Peck, Bryant, 1953). 상부 7.5m 정도는 $q_u = 108kPa(c_u = q_u/2 = 54kPa)$인 견고한 점토층이 하부 $q_u = 62kPa(c_u = q_u/2 = 31kPa)$인 연약한 점토층 위에 분포한다. 대형 저장고가 곡물을 채우기 시작하였을 때 지지력이 유지되려면 하부 연약한 지층이 활동에 대해 안전해야 한다. 압밀이나 2차 압축은 기초 하부의 체적이 감소하는 것이 원인이다. 비교적 천천히 침하되고 구조물이 가라앉으면서 주변 지반도 함께 침하한다. 지지력이 부족하여 파괴가 일어나는 것은 구조물 기초 하부의 파괴 메커니즘에 의한다. 흙의 체적이 감소하는 것보다 매우 빠르게 침하가 발생하여 흙의 이동을 통해 주변 지반이 히빙되는 현상을 수반한다. 트랜스코나 곡물창고 붕괴의 특징은 빠른 시간 내에 히빙을 수반하면서 발생한 점과 3m 옆에 인접한 작업동은 문제점이 없었던 점이다. 두 건물은 접지면적이 달라서 재하될 때 활동면이 상대적으로

더 연약한 지층을 통과하는 여부가 안정성 차이를 보인 것이다. 사고 후 곡물창고의 밀을 3주에 걸쳐 반출했고 침하가 발생한 부분에 피어를 시공한 다음에 반대 측을 굴착하여 건물을 바로 잡았다. 잭킹 스크류로 건물을 들어 올린 공간을 콘크리트로 채웠다.

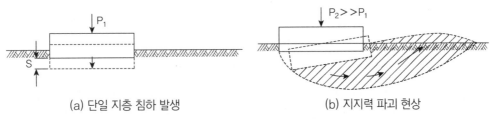

(a) 단일 지층 침하 발생   (b) 지지력 파괴 현상

그림 11.5 구조물의 침하와 지지력 파괴

11.2 깊은 기초 파괴 사례

중국 상하이 딩푸강 남쪽의 로터스 리버사이드Lotus Riverside 주택단지에 13층짜리 아파트 11개 동이 건설되고 있었다. 2009년 6월 27일 오전 5시 30분경 건물 7번 동이 북에서 남쪽으로 전도되었다. 아직 입주 전이었기 때문에 주민 피해는 없었고 20대 공사인부 1명이 압사하였다. 말뚝기초가 일정 깊이에서 파단되면서 마치 강체 거동하듯이 넘어졌다. 건물은 33m 길이의 PHC 말뚝(직경 400mm, 두께 80mm)으로 지지되었다. 말뚝기초의 선단부는 조밀한 실트질 모래층에 위치하였다. 전도된 건물 남쪽에는 지하주차장을 시공하기 위해 지표면에서 4.6m 까지 굴착공사가 진행되었는데, 이때 흙막이 구조물은 원지반의 흙과 시멘트를 섞은 SMW Soil Mixed Wall를 소일네일링으로 지지 하였다. 굴착된 토사를 건물 북쪽과 딩푸강 과 사이의 공간에 임시로 적재하였다. 이 부지는 나중에 녹지공간으로 조성될 계획이었다. 사고 직전에 약 5시간 동안에 비가 내렸고, 전날에는 건물 10, 11동 북쪽의 호안옹벽이 손상되는 사고가 있었다.

그림 11.6 상하이 건물 붕괴사고(2009. 6. 27.)

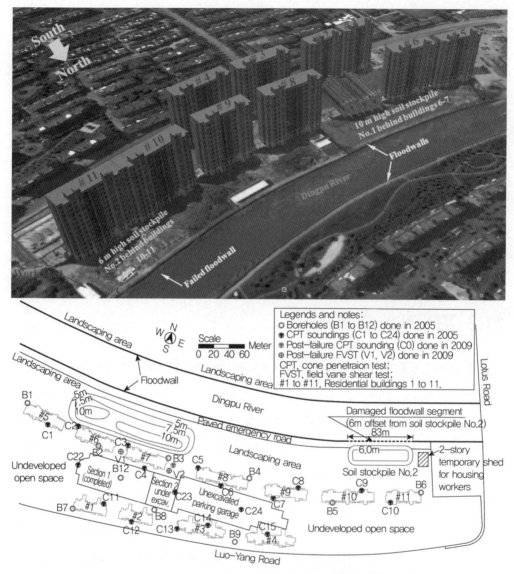

그림 11.7 전도 사고 발생 지역 공사 조감도와 평면도(Yong Tan et al., 2020)

사고가 발생한 직후 구성된 조사위원회에서 발표된 사고 원인은 건물 남쪽에서 굴착공사로 인해 수동저항이 감소됨과 동시에 북쪽에 성토된 흙의 무게로 인해 말뚝기초가 파단되었다는 것이다. 말뚝기초는 중국 설계 기준과 재료 기준은 모두 만족하는 것으로 밝혀졌으나 굴착된 토사를 외부로 반출하지 않고 건물 후방 부지에 임시로 적재하여 설계 때 고려하지 못한 하중 조건이 발생한 것이라고 발표했다. 시공사는 토사 반출 거리를 최소화함으로써 약 500에서 600만 위안을 절감하는 대신에 법적 처벌을 받았다. 중국에서 시공감리제도는 1980년

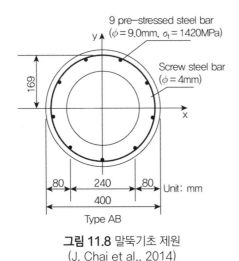

그림 11.8 말뚝기초 제원
(J. Chai et al., 2014)

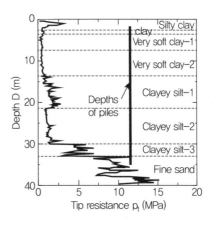

그림 11.9 지층 단면과 콘관입저항치
(J. Chai et al., 2013)

대부터 도입되었는데, 주로 시행사와 계약하여 발주자에서 불리한 지적이 어려운 상황이었다.

사고현장의 지층 조건은 지표면에서 3.3~3.6m까지는 견고한 건조 점토로 구성된 매립층이고 지표면에서 13.0~13.5m까지 매우 연약한 실트질 점토로 구성되었다. 이 아래는 실트질 점토와 점토질 실트층이 혼재한 상태에서 지표 아래 27.5~29.5m까지 분포한다. 말뚝기초의 선단부가 위치하는 조밀한 실트질 또는 모래질 지층이 상당한 깊이까지 퇴적되었고, 지하수위면은 지표하 1.0~1.5m에 위치한다.

사고가 발생한 후 현장 관찰 결과와 전문가의 직관적인 분석을 통해 붕괴 전에 내린 비에 의한 영향을 고려하여 북쪽 지반의 지하수위가 상승하고 굴착 부분에서 침식이 발생하면서 불균형 토압에 의해 말뚝이 절단되고 건물이 전도되었다고 분석하였다(China Daily, 2009). 보도기사 정도의 원인 분석이기 때문에 토압의 불균형이 수치적으로 얼마 정도인지, 강수에 의하여 상승된 지하수위와 수압 변화 정도, 세굴현상 발생 여부, 건물을 무너뜨릴 수 있는 하중과 말뚝기초의 강성 관계 등을 설명하기 어려웠다. 뒤에 수행된 연구[3]에서는 전도된 건물 남북 측에서 굴착과 성토가 진행되어 양측의 토압불균형에 의해 말뚝기초에서 휨응력이 발생하고 PHC 말뚝 재료가 인장과 휨에 저항하지 못하고 파단된 상황에 대하여 현장 조사와 수치해석을 통해 붕괴되는 메커니즘에 설명하였다. 가용한 증거자료를 통해 붕괴가 일어날 수 있는 일차 원인을 굴착 부분의 흙막이 구조물 붕괴와 말뚝기초의 파괴로 상정하였다.

---

3   J. Chai et al., 'Numerical investigation of the hailure of a building in Shanghai, China', Computer and Geotechnics 55, 2014, pp. 482-493.

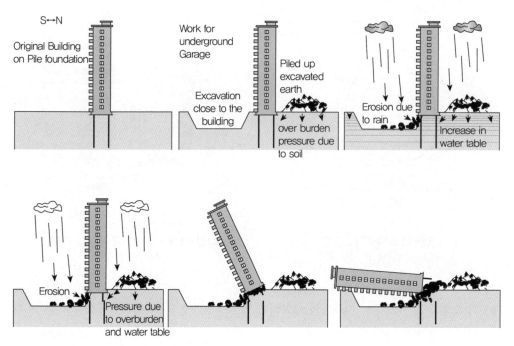

그림 11.10 건물 붕괴 순서(China Daily, 2009. 7. 3.)

　J. Chai et al(2014)는 2차원 수치해석을 통해 ① 굴착부에 인접한 말뚝에서 휨파괴가 일어났고, ② 건물이 남쪽으로 전도되면서, ③ 북쪽의 성토부와 인접한 말뚝에서 인장파괴로 이어졌다고 분석했다. 이를 입증하기 위해 점토질 지반을 수정 캠클레이MCC로 모델링하였는데, 적용된 지반물성치는 상하이에서 조사된 유사 사례의 결과를 인용하였다. 중공 원형인 말뚝기초는 동일한 2차 모멘트를 갖는 직사각형 형태로 등가치환하였다. 총 114개의 PHC 말뚝기초가 실제와는 달리 일정 간격으로 배치된 것으로 설정하였는데, 2차원 평면 변형률 해석이기 때문에 개별 말뚝이 아닌 연속된 말뚝벽체로 가정되었다.

　붕괴 메커니즘에서 보면 건물 남쪽의 굴착 부분이 과도하게 변형이 발생하면서 인접한 말뚝의 휨변형이 야기된 것으로 분석되었다. 이때 3가지 경우로 구분하였는데, 굴착토사를 북쪽에 성토한 경우와 하지 않은 경우 또한 4.6m를 굴착할 때 지지구조물인 소일네일링이 말뚝과 연결된 유무로 설정하였다. 성토 유무를 구분하는 것은 의미가 있지만 말뚝기초에 소일네일링이 연결되는 것은 상정하기 어려운 조건이므로 무의미하다. 전도 사고가 발생한 최초의 원인이 굴착에 의해 건물 남쪽에 과다한 변형이 발생한 것으로 상정하였기 때문에 흙막이 구조물의 변형 상태를 보면 굴착 직후 지표면 부근에 약 150mm 정도의 수평변위가 생겼다가 15일이 경과한 후 추가로 25mm 정도가 증가한 것으로 해석되었다. 또한 성토가 수평변위 발생에 미치는 영향이 지대한 것으로 나타나서 붕괴와 직접적인 관련이 있는 것으로 판단하였다.

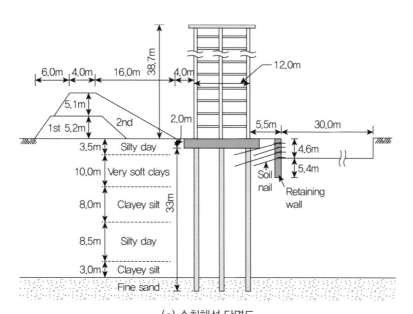

(a) 수치해석 단면도

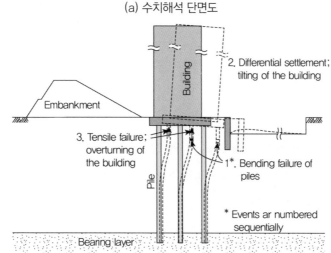

(b) 붕괴 사고 메커니즘

그림 11.11 건물 전도사고 수치해석(J. Chai et al., 2014)

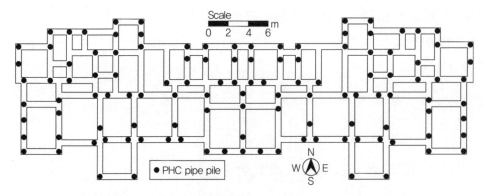

그림 11.12 전도된 7동 건물의 말뚝기초 배치(Yong Tan et al., 2020)

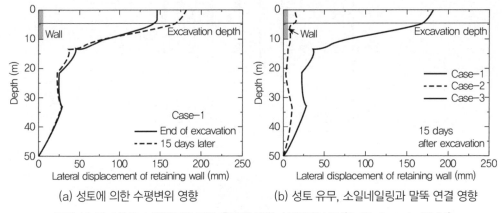

(a) 성토에 의한 수평변위 영향   (b) 성토 유무, 소일네일링과 말뚝 연결 영향

그림 11.13 2차원 수치해석에 의한 흙막이 벽체 수평변위 분석(J. Chai et al., 2014)

점성토층으로 구성된 지반 조건상 변위를 크게 허용할 수 있고, 프리스트레스prestress를 가하지 않는 소일네일링 공법일 경우에는 분석 결과와 같이 상부에서 수평변위가 크게 발생하는 캔틸레버 거동을 보일 수 있다. 최대 수평변위가 175mm 정도 발생하였다면 4.6m인 굴착 깊이 대비 3.26%H 정도로 분석되는데, 이는 일반적인 점토지반에서 발생할 수 있는 경험적 기준인 1%H보다 크기 때문에 굴착 완료 후 과다변위에 따른 흙막이 벽체와 배면지반 균열과 침하 등의 문제점이 육안으로 관찰하였을 것으로 추정된다. 증거자료 중에 흙막이 구조물에 대한 계측자료가 포함되어 있지 않아서 해석 결과의 정당성, 나아가서는 건물이 붕괴될 수 있었던 최초 원인으로서의 흙막이 벽체 거동검증이 불가능하다. 또한 2차원 평면 변형률 조건에서 해석되어 말뚝기초가 벽체pile wall로 거동하였기 때문에 실제 거동을 정확하게 모사하기가 어려웠을 것이다.

남쪽을 굴착한 토사를 북쪽에 성토한 후 15일이 경과한 시점에서 추가 변위가 발생되었을 것으로 예측하였다. 성토로 인해 과잉 간극수압이 발생하고 점차 소산되는 과정을 고려한 것이다. 건물 북쪽 제방 형태로 10m 높이까지 성토된 것을 붕괴 메커니즘에 반영하기 위해서 지반 내로 흐름이 발생하는 투수성 평가가 필요하다. 인근에서 적용된 투수계수인 $\alpha \times 10^{-8} m/sec$ 정도를 해석에 적용하였다. 흙막이 벽체SMW를 관통하여 지하수가 흐르기 어렵기 때문에 하부를 통과하는 유선을 생각할 수 있는데, 투수계수를 고려하여 성토가 시작된 이후 사고가 발생한 날까지 24일 동안 물이 흐를 수 있는 거리는 0.21m 정도로 추정되어 간극수압이 소산되기 어려울 것으로 예상된다.

유한요소법에 의한 수치해석을 통해 붕괴 메커니즘을 분석하였다. 2차원 평면변형률 수치해석 자체가 지니는 한계를 극복하기 위해서는 해석 결과를 검증할 수 있는 관찰데이터가 지원될 필요가 있다. 실제 붕괴 양상에서 관찰된 사항 중에서 J. Chai(2014)의 연구 결과로는 설명되지 않는 몇 가지 의문점이 있다.

① 제방 형태로 성토된 하중에 의해 건물 7동이 전도되었는데, 왜 북쪽의 호안옹벽은 무너지지 않았는가?

② 성토 영향을 받을 수 있었던 서쪽의 건물 6동은 왜 무너지지 않았는가?

③ 6m가 성토된 손상된 동쪽의 호안옹벽과는 달리 10m가 성토된 7동 북쪽의 호안옹벽은 왜 무너지지 않았는가?

④ 성토에 의해 지반거동이 어떻게 발생하였는가?

⑤ 사고 전에 비가 5시간 내렸는데, 건물 전도에 미친 영향은 어느 정도인가?

⑥ 왜 굴착한 후 24일이 경과한 9월 6일에 전도되었는가?

⑦ 2차원 평면변형률 수치해석에서 실제 거동을 설명하지 못한 점은 없는가?

무너진 건물을 사이에 두고 굴착과 성토가 진행되어 양측의 불균형 토압이 작용하였을 가능성이 있다. 지표 아래를 4.6m까지 굴착하는 과정에서 수평변위가 과다하게 발생하여 말뚝기초의 휨응력이 강도를 초과하려면 흙막이 구조물의 계측 결과로 확인되어야 하지만 계측 자료는 활용할 수 없다. 당시 보도자료나 분석자료에 의하면 전도되기 전까지 7동 건물에는 특별한 이상이 없는 것으로 알려져 있으므로 과다변위 발생 가능성을 인정하기 어렵다. 또한 굴착에 의해 점진적으로 말뚝기초가 손상이 되고 전도에 이르렀다면 철근콘크리트 건물에는 굴착이 진행되었던 방향으로 균열이 있어야 하는데, 사후 조사 결과 건물은 특별한 균열 없이 강체 형태로 전도되었다. 그렇다면 건물 후방에서 지반활동을 야기할 수 있는 성토하중 영향이 더 큰 것으로 보는 것이 타당하다. Fellenius(1972), Sy et al.(2011), Moffitt와 Shelly(2015) 등의 연구 결과에서 성토에 의해 인접 건물의 말뚝기초가 파괴된 사례가 보고되고 있다. 목격자들의 진술에 따르면 불과 5~10초 만에 말뚝기초가 파단되었지만 성토하중에 의한 것이라면 북쪽에 배치된 말뚝기초부터 파단되어 건물은 남쪽이 아닌 북쪽으로 전도되는 것이라고 추정하는 것이 합리적이다. 만약 7동 건물의 남쪽 말뚝기초가 먼저 파단되었다면 그렇다면 단순한 수평 방향으로 불균형한 토압에 의한 것이 아닌 다른 거동이 발생한 것이 아닐까.

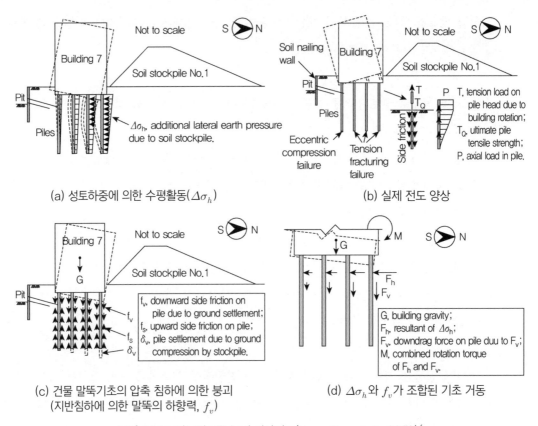

(a) 성토하중에 의한 수평활동($\Delta\sigma_h$)

(b) 실제 전도 양상

(c) 건물 말뚝기초의 압축 침하에 의한 붕괴
(지반침하에 의한 말뚝의 하향력, f_v)

(d) $\Delta\sigma_h$와 f_v가 조합된 기초 거동

그림 11.14 전도된 7동 붕괴 시나리오(Yong Tan et al., 2020)[4]

4   Yong Tan et al., Forensic Geotechnical Analyses on the 2009 Building-Overturning Accident in Shanghai, China: Beyond Common Recognitions, ASCE, J. Geotech. Geoenviron. Eng, 2020.

굴착공사가 진행되면서 24일간 성토가 진행되고 건물지하층과 말뚝기초 유무와 강수효과를 고려하여 지반활동을 한계평형 해석을 시행하였다. 또한 인접하였으나 전도되지 않은 6동 거동도 살펴보았다. 사고 직전 성토가 진행된 상태에서 사면활동의 최소안전율은 1.027이었는데, 24시간 동안 27mm 정도의 강우에 의해 지표면과 성토부의 함수비가 증가하여 비배수 전단 강도가 저하된 경우에는 안전율이 0.562까지 저하됨을 알 수 있다. 즉, 굴착과 성토에 의해 임계 상태에 도달하였으나 바로 붕괴될 여건은 아니었고 강우에 의해 급격히 안전율이 저하되어 건물이 전도된 직접적인 유발요인trigger이었던 것으로 판단하였다. 한편 붕괴되지 않은 6동의 경우에는 성토 규모가 7동보다는 규모면에서 작아 안전율이 1.014로서 지반활동은 발생하지 않은 것으로 분석하였다.

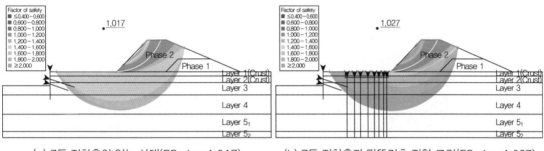

(a) 7동 지하층이 없는 상태(FSmin = 1.017)　(b) 7동 지하층과 말뚝기초 저항 고려(FSmin = 1.027)

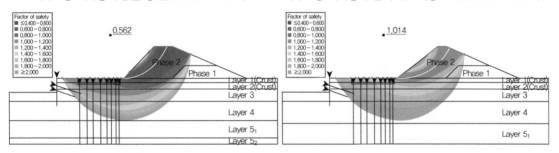

(c) 7동 우기 지하층과 말뚝기초 저항 고려(FSmin = 0.562) (d) 6동 우기 지하층과 말뚝기초 저항 고려(FSmin = 1.0142)

그림 11.15 굴착과 성토를 고려한 한계평형 해석 결과(Yong Tan et al., 2020)

건물이 전도된 후의 상황을 보면 성토부 북쪽 지반에 동서길이 방향으로 인장균열과 측면활동면slip surface이 관찰되어 성토체를 통과하는 일반 전단파괴general shear failure 형태의 지반활동이 발생하였음을 알 수 있다. 사진에서 보면 건물과 강결된 PHC 말뚝기초가 남쪽보다는 북쪽이 더 길게 남아 있기 때문에 인발력에 의한 파괴가 일어났다고 볼 수 있다. 즉, 성토로 인해 남쪽으로 전단 파괴가 발생하여 성토부와 가까운 건물 하부가 들리면서 무게 중심이 남쪽으로 상향 이동되어 남쪽으로 전도된 것이다. 따라서 무너진 건물 앞쪽을 굴착하여 수평변위가 크게 발생하여 7동 전면부터 전도되었다기보다는 후방에 성토된 하중이 건물 북쪽부터 작용된 힘이 주된 원인이었다고 판단할 수 있다. 이를 도해적으로 설명하면 얕은기초가 놓인 지반거동과 매우 유사하다. 성토체를 통과하는 전반 전단파괴면을 따라 주동영역(I)이 형성되고 방사선 형태의 전단 영역(II)을 지나 무너진 건물 하부에 상향력이 작용할 수 있는 수동영역(III)이 형성된 것이다. 사고 후 성토체 북쪽이 남쪽보다 완만한 비대칭 형태여서 7동 북쪽 호안옹벽은 전반전단 거동의 영향을 받지 않았다.

(a) 전도된 7동 건물과 성토부 거동   (b) 전도건물의 말뚝기초 상태

그림 11.16 사고현장 상황(Yong Tan et al., 2020)

한계평형법에 의해 사면 안정 해석을 수행한 결과, 강우 시 굴착보다는 성토하중에 의한 지반활동의 영향이 컸고, 상대적으로 성토 경사가 완만한 6동은 전도되지 않았음이 입증되었다. 수치해석적인 방법으로 이를 입증하고자 미소변형에서 경화hardening 현상을 설명할 수 있는 HSS 모델을 적용하여 3차원 해석을 수행하였다. 실제 시공이 진행된 상황을 반영하여 먼저 건물 6, 7동이 시공하고 북쪽에 높이 4m까지 성토한 후 6개월 동안 압밀이 발생하도록 하였다. 건물 남쪽으로 7m 떨어진 부분을 4.6m 굴착하고 북쪽에 10m까지 성토시킨 후 5시간 강우 조건을 가지게 하였다. 건물과 주변 지반의 침하를 해석한 자료에 의하면 건물 북쪽은 12.6~12.9mm, 남쪽은 0.87mm 부상하는 것으로 나타나 실제 전도 양상을 설명하고 있다. 5시간 강우 후에 건물 7동 북쪽에서 히빙이 발생하여 전반 전단 파괴 형태가 발생하였음을 입증하고 있으며 말뚝기초가 지반활동에 저항하고 있는 현상barrier effect을 보여주고 있다.

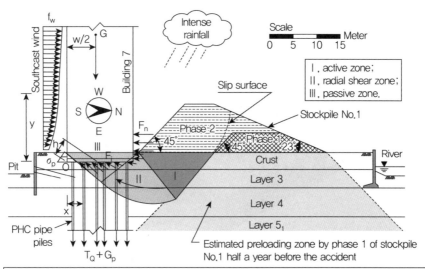

I. active zone;	
II. radial shear zone;	
III. passive zone.	

F_i, driving force against building basement due to general shear failure of the subgrade below stockpile; F_n, impact force against superstructure generated by sliding stockpile; h, leber arm of F_i around point O, G, buoyant weight of building; w, building width; T_Q, tensile force of piles; G_p, buoyant weight of pile; x, lever arms of T_Q and G_p around point O; f_w, wind load coming from the southeast wind; σ_p, lateral earth pressure against the south side of the building basement; y, lever arms of the thrusts of f_w, σ_p and F_n around point O.

그림 11.17 전도 건물의 전도파괴 메커니즘

초기에 전도 원인으로 지적된 굴착과 성토에 의한 불균형 토압이 작용하여 말뚝기초가 파괴되었다는 주장은 현장관찰 결과를 모두 설명하지 못하는 한계가 있어서 정밀해석이 수행되었다. 한계평형 해석 결과로 볼 때 무너진 건물 남쪽에서 7m 떨어진 지점에서 4.6m를 굴착한 것은 전도되는 것에 크게 기여하지 못했다. 건물 북쪽과 1m 떨어진 지점부터 높이 10m 정도로 성토되었고, 전도 직전에 5시간 비가 내려 최상위층 건조점토 부분의 전단강도가 급격히 감소되어 성토체부터 전반 전단파괴가 발생하여 7동 건물 북쪽이 히빙됨으로써 말뚝기초가 인장파괴되고 남쪽으로 전도되는 사고로 이어졌다.

사고가 발생하였을 때 가능한 한 모든 현상을 감안하여 원인을 분석할 필요가 있다. 또한 '왜 그 시간이어야만 했을까'라는 의문을 해소하여야 한다. 다양하게 증거를 수집하고 치밀하게 현장을 관찰하여 발생할 수 있는 시나리오를 상정한 후 관찰 내용과 증거가 모두 설명되는 분석이 뒤따라야 한다. 사고 원인을 입증하기 위한 해석은 현장을 최대한 모사할 수 있는 기법과 지반정수 결정, 해석 모델 선정에 유의하여야 한다. 일반적으로 사용되는 Mohr-Coulomb 모델은 신속하게 해석할 수 있으나 소성변형이 발생할 경우 강성계수 변화에 의한 응력 상태를 효과적으로 설명하지 못한다. Cam Clay 모델의 경우에는 압밀거동을 분석하는 데 탁월하

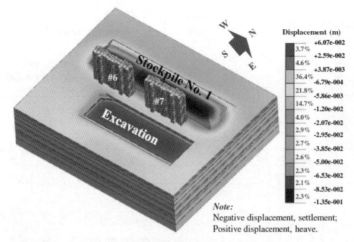

(a) 굴착과 성토를 고려한 3차원 수치해석 결과

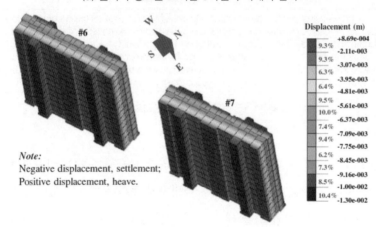

(b) 건물 6, 7동의 3차원 연직 침하 해석 결과

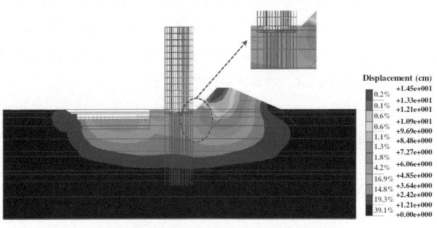

(c) 성토에 의한 전반전단 활동과 말뚝기초의 저항 효과

그림 11.18 3차원 수치해석에 의한 전도 현상 분석

나 굴착문제에는 취약점이 있다. 수치해석을 위한 소프트웨어는 사용자의 수준에 따라 전혀 다른 결과를 줄 수 있음에 유념할 필요가 있다.

11.3 보강토옹벽 지반사고

경사지에 많이 시공되는 보강토옹벽reinforced earth wall, Mechanically Stabilized earth은 쌓을 때 잘 쌓아야 하는 흙구조물이다. 한번 붕괴되면 다시 쌓기가 어렵다. 잘 다져진 층 사이에 보강 재를 넣어 마찰저항에 의해 무너지지 않도록 세워야 한다. 잘 다져질 수 있게 재료를 선정하 고 보강재와 흙 사이에 마찰저항이 발휘될 수 있는 다짐 방법이 안정을 확보할 수 있는 요체 다. 국가건설기준센터 보강토옹벽(KDS 11 80 10: 2020)에 의하면 보강재 길이는 기초부터 벽체높이의 0.7배 이상을 확보하여야 하며 보강재의 수직간격은 0.8m를 초과하지 않도록 명시되었다. 이는 흙구조물이 내적 또는 외적 안정을 유지하기 위해 최소한의 규모를 설정한 것이며 지반사고 사례에서 보강재의 길이가 부족하거나 상하 간격이 지나치게 커서 다짐이 불량하게 되어 불안정한 경우가 많았다.

표 11.1 보강토 뒤채움 흙의 입도(KCS 11 80 10: 2020 2.1.3)

체눈금 크기(mm)(체번호)	통과중량백분율(%)	비고
102	100	
0.425(No.40)	0~60	
0.075(No.200)	0~15	

① No.200 통과율이 15% 이상이더라도 0.015mm 통과율이 10% 이하이거나 또는 0.015mm 통과율이 10~ 20%이고 내부마찰각이 30° 이상이며 소성지수가 6 이하면 사용이 가능하다.
② 뒤채움 재료의 최대 입경은 102mm까지 사용할 수 있으나 시공 시 손상을 입기 쉬운 보강재를 사용하는 경우에는 최대입경을 19mm로 제한하거나, 시공손상 정도를 평가하는 것이 바람직하다.

흙구조물의 중요 요소인 뒤채움 재료는 흙과 보강재 사이의 마찰효과가 큰 재료로서 배수 성이 양호하고 함수비 변화에 따른 강도특성의 변화가 적으며, 소성지수^{PI}가 6 이하인 흙을 사용한다. 세립분이 많이 포함되면 다짐 불량이 발생할 수 있고 보강재와 마찰저항이 감소될 수 있다. 다짐 에너지가 효과적으로 가해지고 과다짐이 발생하지 않도록 블록 한단의 높이인 200~300mm 정도로 한 층의 시공두께를 유지하는 것이 바람직하다. 뒤채움 재료는 전면벽체가 다짐으로 인해 변형되거나 휘어지지 않도록 전면벽체 쪽에서부터 포설하며, 전면벽체와 평행한 방향으로 진행하여야 한다. 또한 보강재 상부에 포설할 경우에는 보강재가 움직이거나 손상을 입지 않도록 주의하여야 한다. 보강토 옹벽은 철근 콘크리트 옹벽에 비해 단면 변환이 쉬워서 우각부나 곡선부가 형성되는 경우가 많다. 응력집중이나 흙구조물 내부에 인장력이 발생하지 않도록 유의하여야 한다.

울산의 한 고등학교 건물 전방에 세워져 있던 높이 20m인 보강토 옹벽이 붕괴되었다. 2010년 6월에 균열이 관찰되었고 9월에 무너지면서 건물의 말뚝기초 15개가 부러졌다. 전문 학회 조사단은 지하수가 용출되면서 불안정성이 초래되었다고 보았지만 시의회 조사특별위원회는 토사에 호박돌이 포함되어 있고 간극에 빗물이 침투되면서 무너진 것이라고 주장했다. 2011년 8월 집중호우에 의해 다른 구간이 붕괴되었다. 운동장에 모인 물이 보강토 옹벽 측으로 넘어가면서 붕괴된 것으로 추정하였다. 건물은 해체 후에 다시 지었고 붕괴된 보강토 옹벽 구간은 토사 성토 사면을 만들어 2013년 2월에 준공되었다. 과실을 따지는 재판에서 시공사는 주어진 설계도서대로 시공하였기 때문에 잔금을 받을 수 있었고, 설계를 책임졌던 건축사는 보강토 옹벽이 건축물이 아니라는 판단으로 무죄를 선고받았다. 보강토 옹벽 설계 도서에 날인했던 기술사는 보강토에 작용하는 하중을 잘못 고려하였다는 이유로 벌금형을 받았다.

(a) 2010년 9월 보강토 옹벽 붕괴(울산매일)   (b) 2011년 8월 보강토 옹벽 붕괴
그림 11.19 울산 ○○고등학교 보강토 옹벽 지반사고

2013년 12월에 시공이 끝난 ○○시 국도대체우회도로 중 보강토 옹벽에서 2014년 3월에 최초로 미세균열이 관찰되었고 점차 균열규모가 확대되어 긴급 보수공사가 진행되었다. 설계 당시 보강토가 놓인 지점의 지반 조건은 교량이 놓일 위치에서 시추한 자료를 활용하였는

데, 보강토 옹벽 시공 지점과 약 40m 떨어진 곳이었고 풍화대가 바로 나타나는 조건을 적용하였다. 실시설계 시 파악되지 않은 붕적토층에 놓인 보강토 옹벽의 안정성 검토에서 압축성이 큰 기초지반에 대한 침하를 고려하지 않았고, 2014년 4월말 강수가 붕적토층에 침투되면서 급격한 압축침하와 사면 불안정이 초래될 수 있는 조건으로 판단하였다. 2020년 8월 집중호우에 의해 국도 46호선 ○○ 지역에 시공된 보강토 옹벽 약 100m 구간이 무너졌다. 오르막 구간 도로이고 북쪽에 있는 계곡부를 통해 빗물이 도로로 유입된 후 보강토 옹벽을 월류하고 보강토 내부로 지표수가 침투됨으로써 흙구조물이 강도를 잃어 붕괴되었을 가능성이 컸다.

보강토 옹벽은 비교적 유연한 구조물이기 때문에 허용할 수 있는 침하량이 패널식의 경우에는 50mm, 블록식은 1/200 정도다. 그렇더라도 붕적층과 같이 압축성이 크거나 지하수 유출로 인해 공간이 형성될 수 있는 조건이 있다면 공사 전에 침하에 대한 안정성을 확보하고 배수시설을 두는 것이 바람직하다. 또한 기초지반 하부가 사면활동에 의해 변형되는 경우에는 흙구조물이 강성을 유지한다고 하더라도 외적 불안정에 의해 붕괴될 수 있다. 지표면을 따라 빗물이 넘치는 경우, 전면의 토사가 유실되면서 내적 안정을 해칠 수가 있고 상재하중이 크게 작용하여 다져서 만들어진 흙구조물이 변형된다면 마찰저항을 기대하기 어렵다. 또한 보강토옹벽이 중력식 구조물로서 역할을 하므로 최소한의 규격을 유지하는 것이 필수다.

11.4 용해성 암반의 싱크홀

석회암 지역의 흙은 붉은색이다. 석회암의 주성분인 탄산칼슘이 제거되면 철과 알루미늄 산화물이 남게 되어 붉은색을 띠며 이를 테라로사라고 부른다. 석회암, 암염, 석고 등은 대기 중에 있는 이산화탄소가 빗물에 용해되어 약산성의 물과 접촉할 때 녹을 수 있는 암반이다. 우리나라에 분포하는 고생대 석회암층은 방해석과 탄산의 반응에 의해 용식된다. 용식구조는 지하수 흐름을 촉진하고 유선을 따라 차별풍화가 진행되어 기반암선이 불규칙해진다. 석회공동이 지표면까지 확대되어 노출되는 것이 싱크홀이다. 대규모 용식지형을 대상으로 댐, 터널, 교량을 건설할 때 함몰, 지하수 과다 유출, 지지력 감소 등의 재해가 발생할 수 있다.

석회암반사면은 내부의 공동이 노출될 때 충전되어 있던 토사와 지하수가 유출되면서 사면이 불안정해지고 지점별로 사면 경사가 다르게 된다. 석회암 지역을 통과하던 터널 천단부에서 낙반이 발생하면서 지표면까지 함몰되는 사례도 많다. 석회암 공동은 서로 연결되어 있으므로 한곳에서 노출면이 형성된다면 연결된 유동경로를 따라 지하수가 유출되어 주변의 우물이 마르게 되는 경우도 있다. 기반암선이 불규칙하여 기초에서 발휘되는 지지력이 지점마다 다르고 공동으로 인해 급격한 침하가 유발될 수 있다.

강원도 영월군에서 지하굴착공사가 진행 중이었다. 암반층까지 굴착이 완료된 후 약 90cm 직경, 깊이 2m 정도의 공동이 발견되었다. 지반조사 보고서에서 기초지반은 TCR=35~98%, RQD=13~51%를 나타내는 연암층이었고 공동에 대한 언급은 없었다. GPR 조사를 통해 기초지반 전체에는 아직 노출되지 않은 공동 1개소가 있는 것으로 파악되었다. 공동은 연속성이 적은 것으로 파악되었으나 전면기초로 시공된 후 국부적으로 응력이 집중되어 기초에 균열이 발생할 가능성이 있으므로 굴착한 후 레미콘으로 충전시켜 안정성을 확보하였다.

(a) 노출 공동   (b) GPR 탐사   (c) 공동부 굴착

그림 11.20 영월 굴착공사 중 싱크홀

석회암을 절취하여 사면을 형성할 때 경사 방향과 급경사 각도를 형성하는 층리면에 의한 붕괴 발생과 점토와 지하수가 충전된 공동구간이 노출될 때 불안정해지는 경우로 구분할 수 있다.[5] 공동이 작을 때는 표면에 물이 침투되거나 표층에서 세굴과 침식이 문제가 될 수 있으므로 콘크리트로 채워주는 방식이 효과적이다. 대규모 공동인 경우에는 파쇄대에 의한 붕괴 가능성을 고려하여 분리된 암반을 제거하거나 사면을 완화시키는 방법, 어스앵커와 같이 프리스트레스를 가할 수 있는 보강구조물을 설치하는 것이 바람직하다.

---

5 김영근, '용해성 암반과 지오리스크', 한국지반공학회 특별테마, 2021.

(a) 불규칙한 암반선이 노출된 사면   (b) 대규모 석회암 사면 보강

그림 11.21 석회암 사면

11.5 지반함몰 지반사고

2014년부터 도로가 꺼지는 현상이 많아졌다. 언론은 이를 싱크홀이라고 이름을 붙였다. 이미 전에도 도로가 꺼지는 현상은 있었지만 석촌호수 일대와 용산역 앞에서 연이어 발생하면서 세인의 관심과 우려를 불렀으며 「지하안전관리에 관한 특별법」이 제정되기에 이르렀다. 함몰이라는 용어는 학술적인 용어로 자리잡고 있었던 '싱크홀'과 구분하기 위하여 재정의된 것이다. 도로함몰은 주로 지하 1.5m 내외 깊이로 매설된 지하시설물이 손상되거나 그 시설을 복구할 당시 지반에 방치된 간극이나 공간 속으로 주변 토사가 유실되면서 생긴 빈 공간이 점차 확장되어 포장층까지 도달되고 포장층 지지력이 한계 상태에 도달되는 순간 도로가 함몰되는 현상이다.[6] 함몰이 발생하는 주요 원인으로는 지하에 매설된 관로가 노후화로 파손되어 위의 흙이 유입되면서 발생한다. 여러 매설관이나 지하구조물이 축조된 후 되메

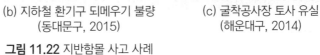

(a) 하수박스 결함부위로 토사 유입   (b) 지하철 환기구 되메우기 불량   (c) 굴착공사장 토사 유실
(종로구, 2015)   (동대문구, 2015)   (해운대구, 2014)

그림 11.22 지반함몰 사고 사례

---

6   최연우, '도심지 도로의 함몰 특성과 위험도 평가에 관한 연구', 세종대학교 박사학위 논문, 2018.

우기가 제대로 되지 않아 지반침하가 일어나며 지하굴착으로 토립자가 유실되거나 지반이 변형되면서 함몰을 야기하기도 한다.

2016년 11월 8일 일본 후쿠오카의 중심가인 하카다 JR역 앞 도로가 가로세로 30m, 깊이 15m 규모로 함몰되었다. 일본 도심에서 발생한 규모 중 최대였다. 인명피해는 없었으나 주변 건물은 일시적으로 폐쇄되고 도로 밑에 설치된 가스, 전기, 상수도 등 생활관로가 파손되어 생활에 불편을 겪은 후 이틀 만에 복구되었다. 도로 아래에는 셰일지반에서 폭 9m, 높이 5m 규모의 지하철 터

그림 11.23 후쿠오카 도로함몰

널을 NATM 공법으로 굴착하고 있었는데, 지하수위가 높은 상태에서 막장면이 불안정하여 붕괴된 것으로 알려졌다. 시멘트와 토사를 혼합하여 함몰부위를 메우고 단절된 관로를 복구한 후 도로를 재포장하였다. 유동화 처리토가 압축침하를 일으킨 것이 원인으로 주장되는 2차 함몰이 약 7cm 정도 11월 26일에 발생하였다.

용산역 앞 보도가 원통형으로 함몰되면서 지나가던 행인 2명이 빠져서 15분 만에 구출되었다. 근처에는 대형 굴착공사가 진행 중이었고 굴착지반은 800m 떨어진 한강으로부터 퇴적된 모래와 자갈층이 분포하고 있었다. 한강물이 대수층으로 지속적으로 유입되는 조건 아래서 흙막이 벽체의 결함부위를 통해 물과 토립자가 유출되었다. 흙이 빠져나간 부분은 그 위의 흙이 내려앉고, 공간이 만들어졌는데, 점토층은 입자 간 결합력이 모래층보다 크기 때문에 어느 정도 가라앉는 힘에 저항하다가 한계를 넘자 보도면까지 일시에 지반이 함몰되었다. 사고 원인을 조사하기 위해 시추 조사를 하는 과정 중에 아직 지표면에서 10m 아래 지점에서 채워지지 않은 공간이 발견되었다.

여의도에서 도로가 함몰되면서 지나가던 공사관계자가 빠졌는데, 20분 만에 구출되었지만 사망하는 사고가 있었다. 2019년 12월 22일 당시 사고 시점 부근의 지하굴착공사는 계획고까지 완료된 후 구조물 공사가 진행 중에 있었다. 인접한 건물에 상수를 공급하는 파이프가 파손되면서 고압의 상수가 주변토사로 유출되었는데, 모래로 구성된 지반이 유동화되면서 보도 하부지반이 느슨해졌다. 아스콘 포장체는 인장력이 약하므로 행인의 몸무게에 의해 함몰된 것이다. 상수관로는 한쪽은 맨홀에 고정되었고 다른 쪽은 가시설 구조물에 매달린 상태였다. 파단된 상수관로는 녹슨 상태로 관찰되었는데, 파단 원인이 흙막이 벽체의 변형에

따른 부등침하였는지 관로 노후화였는지는 분명하지 않다.

용산과 여의도에서 발생한 함몰 사고는 지반 조건에 따라 피해 정도가 달랐다. 하부에 점토층이 분포하는 용산 지역은 하부에서 토립자가 유출될 때 지표면 부근은 원통형으로 함몰되어 짧은 구간이 변형되었지만, 모래층으로 구성된 여의도 사고의 경우에는 물에 의해 유동화되면서 폭이 넓은 모래시계 형태로 지반이 약해졌고 행인이 빠졌을 때 익사에 이르는 사고가 발생했다.

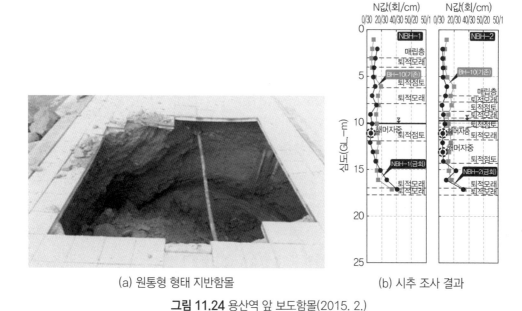

(a) 원통형 형태 지반함몰   (b) 시추 조사 결과

그림 11.24 용산역 앞 보도함몰(2015. 2.)

(a) 사고 현장   (b) 파단된 상수관로 단면

그림 11.25 여의도 보도함몰 사고(2019. 12.)

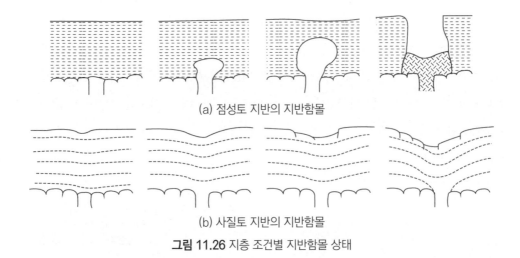

(a) 점성토 지반의 지반함몰

(b) 사질토 지반의 지반함몰

그림 11.26 지층 조건별 지반함몰 상태

일산 지역은 한강의 배후습지다. 과거 이 지역의 한강 이름은 조강祖江이었다. 신도시가 만들어지면서 지하굴착공사가 빈번하였고 지반침하나 흙막이 붕괴 사고가 여러 건 있었다. 백석동에서는 2017년 2월과 4월 총 4차례에 걸쳐 도로 균열과 침하 현상이 발생하고 지하수가 유출되는 사고가 났다. 일산신도시에서는 2005년 이후 10차례에 가까운 크고 작은 도로 침하가 발생했다. 여의도 함몰 사고 전날인 2019년 12월 21일 오후 2시 30분쯤 백석동 오피스텔 신축공사장 인근에서 왕복 4차로 도로와 인도 일부가 침하하는 사고가 발생했다. 하상 퇴적층으로 구성된 지반에서 강성 벽체인 지중연속벽diaphragm wall, slury wall으로 흙막이 벽체를 시공하였으나 하부에 있는 자갈층에서 누수와 함께 토립자가 유실되었다. 제방이 없던 1930년대 백석리는 전답으로 사용되고 있었는데, 한강이 범람될 때 침수되는 배후습지였다.

그림 11.27 일산 백석동 지도
(1930년대, 국토정보플랫폼)

그림 11.28 일산 백석동 지반침하
(2019. 12. 21.)

지반사고를 조사할 때 개발 전 지역의 지형을 살펴보는 것이 중요하다. 현재 지상은 매립되어 과거가 지워졌지만 지중의 지층 조건과 지하수 흐름은 여전하기 때문이다.

11.6 석축 붕괴 사고

높지 않은 절개지에 돌을 쌓아 집터를 만드는 석축은 1950~1960년대 도시에 인구가 빠르게 유입되면서 많이 만들어졌다. 약 200만 명 이상으로 추정되는 해외동포가 귀환하고 전후 출산율이 증가하면서 이 시기 인구성장률은 연 2.9%에 달했다.[7] 서민을 위한 영단주택, 부흥주택, 국민주택, 문화주택 등의 이름으로 정형화된 집을 만들기 위해 야산을 깎고 단단한 돌을 세우고 뒤에 흙을 채워 다졌다. 석축을 구성하는 견칫돌을 콘크리트로 연결시키고 지하수 배수공을 일정한 간격으로 설치하는 것이 일반적이다.

단독주택인 국민주택은 토지 효율을 높이기 위해 1980년대부터 소규모 공동주택 개념의 다세대, 다가구 주택으로 변모하게 되면서 설치된 지 20~30년이 된 석축이 노출되는 경우가 빈번해졌다. 오래된 석축 구조에는 견칫돌 위치가 변형되고 배수공이 막혀서 누수와 함께 토사도 빠져나오

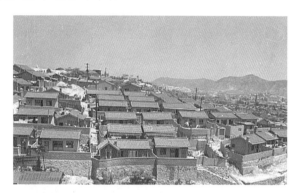

그림 11.29 경사지 국민주택(출처: 서울사진 아카이브)

면서 노후화에 따른 구조적인 문제점이 생기게 되었다. 석축의 틈 사이에 나무가 자라면서 견칫돌이 밀려서 배부름 현상이 발생하고, 내부에는 틈이 만들어졌다. 느슨해진 견칫돌 상부에 담장, 정원 등을 만들면서 하중이 가해져서 침하되기도 한다.

석축은 비교적 견고하여 스스로 무너지지 않는 얕은 사면을 굴착하여 견칫돌을 쌓고 후방에는 다짐이 잘 되는 토사로 다져서 만드는 흙막이 공법이다. 콘크리트 옹벽에 비해 강도가 현저히 낮기 때문에 주동토압에 저항하는 구조물로 생각할 수 없다. 석축으로 지지되는 부지는 콘크리트 몰탈로 연결된 견칫돌의 강도로 저항하는 비탈면으로 보는 것이 합리적이다.[8]

---

7 LH 토지주택연구원, '공동주택 보급에 따른 주거문화 진단 및 발전 방향 연구', 2009.

8 김상규, 『토질역학』, 청문각, 2004, pp. 274-275.

시간이 지나가면 몰탈이 이탈하여 견칫돌 연결이 느슨해지고 후방 토사도 자연 다짐되기 때문에 불안정한 구조가 된다. 여기에 진동이 가해지거나 새로운 하중이 상부에 가해지고, 전방에서 굴착공사가 진행되면 갑자기 붕괴되는 사고가 발생한다. 또한 장마철에 비가 석축 뒤로 유입되면서 취약한 구조가 일시에 무너지고 해빙기에 문제점이 노출되기도 한다. 오래된 하수관에서 누수된 물이 석축 뒤로 유입되어 붕괴되는 사례도 있다.

지은 지 오래된 석축구조는 노후화에 따른 문제점을 많이 내포한다. 내적 요인으로는 견칫돌 사이 줄눈, 석축 상부·측면 콘크리트 재료 열화, 뒤채움재 유실(공동 형성), 배수공 불량에

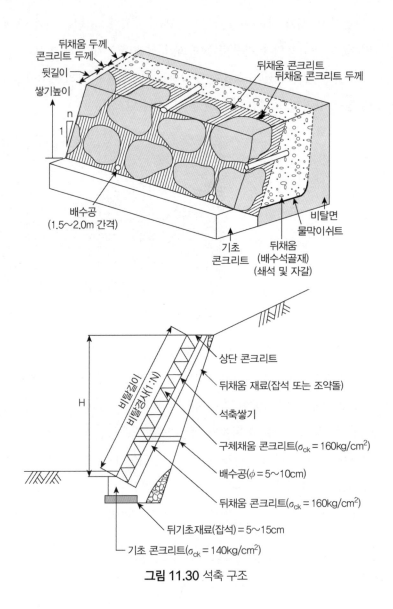

그림 11.30 석축 구조

따른 수압 증가로 들 수 있고, 외적 요인은 진동·충격에 의한 견칫돌 손상 및 이격, 상부 하중재하, 굴착에 따른 수동토압 감소 및 구조물 거동, 초본 및 목본 식재에 따른 구조능력 감소로 구분한다. 석축의 붕괴에 대한 지반사고 조사에 있어서도 내외적 요인에 대한 상황을 파악하고 어느 것이 주된 요인이었는지 판단할 필요가 있다.

서울 북촌과 같이 석축으로 만들어진 풍광은 근대화 과정의 기억을 상기시킨다. 오래 되서 붕괴될 위험이 있는 취약한 석축 구조물에 대한 보강 대책은 노출된 문제점을 극복하고 장기적인 안정을 유지할 수 있는 방향으로 수립되어야 한다. 안전 확보라는 실용적이고 필수적인 목표와 함께 훌륭한 건축 재료인 석재를 그대로 활용하고 과거를 고스란히 보존하여 장소의 기억을 이어야 한다. 구 도심지에 설치된 석축 구조물은 현재 있는 건물과 공간이 매우 협소하여 시공 가능한 소규모 장비로 보강될 수 있는 공법이 필요하다.

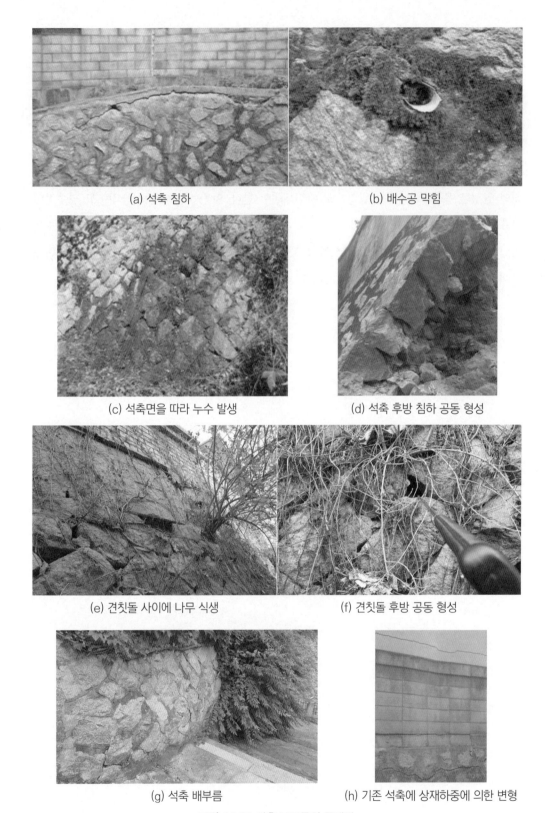

(a) 석축 침하

(b) 배수공 막힘

(c) 석축면을 따라 누수 발생

(d) 석축 후방 침하 공동 형성

(e) 견칫돌 사이에 나무 식생

(f) 견칫돌 후방 공동 형성

(g) 석축 배부름

(h) 기존 석축에 상재하중에 의한 변형

그림 11.31 석축 구조물의 문제점

(a) 용산구 용문동 석축 붕괴(진동 영향) (b) 용산구 효창동 석축 붕괴(굴착 영향)

(c) 강동구 천호동 석축 붕괴(굴착 영향) (d) 강서구 화곡동 석축 붕괴(진동 영향)

(e) 부산시 초량동 석축 붕괴(폭우 영향) (f) 종로구 부암동 석축 붕괴(하수 유입)

그림 11.32 석축 붕괴 사례

<table>
<tr><td>(a) 노후 석축 상태</td><td>(b) 석축 내 보강재 설치</td></tr>
</table>

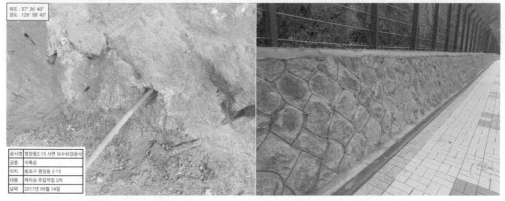

(c) 보강재를 사용한 내부 충전 작업   (d) 석축 보강 완료

그림 11.33 노후 석축 보강 사례

제III편

론

제12장
문제해결을 위한 공학

문제해결을 위한 공학

12.1 과학, 기술과 공학

호모사피엔스는 본능적이든 의도적이든 간에 주어진 생존 문제를 해결하면서 인류세에 도달했다. 30만 년 전 아프리카 대륙에서 등장한 현생 인류는 아종인 네안데르탈인과 25만 년 이상 공존하다가 현재는 현생 인류만 남게 되었다. 인류문화사 연구자는 생존과 번성의 이유를 소통 능력으로 꼽았다.[1] 무리 내 다른 인류, 다른 무리와의 교류능력이 탁월하여 현재까지 이르렀다는 설명이다. 자연 생태계의 약자인 인류는 5만 년에서 10만 년 전에 후두가 발달하면서 단순한 소리가 아닌 현대적 언어를 위한 해부학적 기반을 마련했다.[2] 문명의 핵심 요소 중에 하나이고 소통 수단인 언어를 구축한 것이다. 언어야말로 인간의 창의성을 구현하는 밑바탕이다. 말과 글을 통해 스토리가 만들어지고 경험과 문제해결 방법이 후대에 전해진다. 취약한 생체구조를 가진 인류가 도전과 응전을 통해 새로운 문명을 만들었다. 열린 사회open society를 주창한 철학자 칼 포퍼Karl Popper(1902~1994)는 "모든 삶은 근본적으로 문제 해결이다"라고 인간의 삶을 정의했다. 인간이 어떠한 문제에 접하여 해결하고자 할 때는 사고思考라는 의식 활동이 발동한다. 문제가 무엇인지 분석하는 단계가 선행되고 해결책을 찾는 과정이 뒤따른다. 한 번에 해결되지 않는 문제는 시행착오를 거치면서 해결에 접근해가

---

1 조선일보, 〈마지막까지 살아남은 그들 … 사교성이 비결〉, 2021. 12. 28.
2 제레드 다이아몬드, 『총·균·쇠』, 김진준 옮김, 문학사상사, 1998, p. 54.

고 이 과정 중에 경험과 지식이 축적된다.

과학은 실험과 같이 검증된 방법으로 얻어낸 자연계에 관한 지식체계다. Science라는 단어는 12세기 중반에 들어오면서 문헌상으로 나타나기 시작하는데, 라틴어로 지식을 뜻하는 scientia에서 파생되었다. '서로 분리하여 구분짓는다'라는 skei를 어근으로 본다. 자연과학은 크게 두 부류로 나뉜다. 수학, 물리학, 화학 등과 같이 사물이나 현상의 원리를 인과법칙에 의해 연역적으로 파악하는 설명적 과학과 동물학, 식물학, 광물학과 같이 사물을 폭넓게 수집하고 분류하여 체계화하는 기술記述적 과학으로 구분된다. '세계는 어떤 방법으로 있는 것일까'를 연구하는 분야다. 설명적 과학은 '어떤 원리를 전제하여 어떤 조건 또는 상황이 존재한다면 그 인과관계를 규정하는 법칙이 작용하여 그러한 결과를 얻는다'라는 형식으로 과학행위가 전개된다. 고대 과학은 의뢰인 없이 과학하는 사람의 호기심 또는 지적 탐구심에 의해 수행되고 그 결과는 동료 집단에 의해 평가되었다. 즉, 과학을 위한 과학으로 태동되었다. 중세 이후부터는 실용 목적의 과학으로 발전했으며 현재는 목적과 의뢰처가 분명한 연구 분야로 자리매김했다.

기술은 목적 지향적이다. 특별한 지식이나 재주를 사용하여 통해 무언가를 만들거나 수행하는 것을 말한다. 제작을 요구하는 의뢰자나 사회의 필요성이 있는 것이 보통이다. 의식주에 관계되는 제품 제작뿐만 아니라 의료, 건축, 금융 등 인간이 삶을 영위하는 데 필요한 행위가 모두 넓은 의미의 기술에 포함된다. 기술자는 주어진 문제를 경험과 지식을 통해 해결하는 사람이다. 근대 이전의 기술은 과학적으로 설명될 수 없는 개인의 특수한 능력이 관여되었기 때문에 기술을 가진 사람이 도제를 두고 함께 수행하는 과정 중에 기술이 전승되었다. 도기나 화약을 만들 때 사용한 혼합비율을 기록한 비기가 수제자를 통해 전해졌다. 주변에서 흔히 구할 수 있는 약초의 효능을 적은 동의보감은 경험으로 체득한 의료지식을 일반인에게 전파한 것이다.

기술이란 어느 선각자의 개별적인 행동을 통해서가 아니라 누적된 행동을 통해 발전하고 대개 어떤 필요를 미리 내다보고 발명되는 것이 아니라 발명된 이후에 그 용도가 새로 발견된다. 증기기관을 발명한 기술자는 제임스 와트James Watt(1736~1819)로 알려지고 있다. 그러나 발명이라기보다는 이미 토머스 뉴코먼이 발명한 증기기관에 응축기를 달아서 효율을 높여 기존의 것을 개선한 방식으로 1769년에 특허를 받았다. 최초의 증기기관 특허였다. 활용할 방법을 찾지 못하다가 1776년에 이르러 탄광 밖으로 물을 빼내는 동력펌프의 기관으로 활용되기 시작하였고 1804년에는 증기기관차가 상용화되었다. 제임스 와트는 기존 기관의 문제점에 주목하여 개선하려는 노력을 통해 효율이 높은 기관으로 특허를 얻었으나 이후 방적기계, 기관차 나아가서는 자동차에 이르기까지 활용될 것은 예측하지 못했다. 후대 사람들은 실드터널을 개발한 브루넬과 함께 산업혁명의 2대 영웅으로 평가하고 있다.

과학적으로 설명할 수 없었던 기술원리가 자연과학의 언어로 설명되는 것이 공학이다. 성을 쌓기 위해 옹벽에 가해지는 토압이론이 제시되었고, 연약지반을 간척하기 위해 흙의 공학적 성질이 정의되었다. 르네상스 시대에는 건축과 예술의 경계가 모호했다. 모나리자를 그린 레오나르도 다빈치는 예술가이기도 하면서 유체역학, 지질학을 연구했으며 비행기를 구상하고 해부학에도 관심이 많았다. 메디치가의 후원을 받았던 그는 예술작품뿐만 아니라 축성, 공성전 무기를 만든 군사기술자이기도 했다. 다빈치 외에도 대부분의 기술자는 후원자의 요청에 의해 천재성을 발휘하여 제품을 만들었고 제작기술 집단을 이끌었다. 17세기 후반에 들어오면서 프랑스를 중심으로 기술자를 조직화하고 군사공학military engineering을 근대화하였다. 1716년 루이 14세 치하에서 프랑스 공병대가 창설한 '다리와 도로 기사단Corps des Ingeieurs des Ponts et Chaussées'은 세계 최초로 조직화된 토목 기술자 집단이었다. 1743년 파리에서 세워진 국립공과대학의 '다리와 도로 건설학교L'ecole des Ponts et Chaussées'를 통해 엔지니어 집단이 형성되기 시작하였고, 1794년에 '조국과 과학, 영광을 위해'라는 교훈으로 설립된 에콜 폴리테크니크는 축성, 포술, 군함에 관련된 군사기술과 도로, 교량, 광산 기술을 가르쳤다. 경험으로 전해진 기술이 공학의 틀에 들어오기 시작했다. 교과과목은 군사적인 목표를 가지고 있으나 응용 분야는 민간공학으로 활용될 수 있는 것들이었다. 1771년에 결성된 영국 토목 기술자 협회는 군사공학과 구분하기 위해 민간공학civil engineering으로 부르게 되었다. 점차 기계, 전기, 화학공학 등 다양한 분야로 분화·발전하였다. 이와 같이 발전해온 공학에 대해 미국의 공학교육 인증기관인 ABETAccreditation Board for Engineering and Technology는 공학을 다음과 같이 정의하면서 존재가치를 설명한다.

> "공학이란 연구와 경험, 실제 적용에서 얻은 수학과 자연과학 지식을 통해 인류를 위하여 재료와 자연의 힘을 경제적으로 활용할 수 있는 방법을 찾고 의사결정을 하는 직종이다Engineering is the profession in which a knowledge of the mathematical and natural sciences gained by study, experience, and practice applied with judgement to develop ways to utilize, economically, the materials and forces of nature for the benefit of mankind."

공학은 기술을 자연과학의 이론과 방법으로 체계화한 것이다. 자연과학과 기술은 지식과 경험이라는 상이한 획득체계를 유지하면서 발전해오다가 필요에 의해 접목된 것이다. 과학이 '있는 것들'에 대한 탐구라면 기술은 '있어야 할 것에 대한 탐구'다. 과학은 지적 호기심에 의해 동기가 부여되었으며 기술은 가치창조에 목적을 두고 있다. 과학이 공학에 이론기반을 제공하고 기술은 과학 또는 공학에 새로운 과제를 부여하면서 강력한 협력관계가 형성되었다. 더 이상 과학을 위한 과학은 없고, 사회를 변화시키며 인류의 편익을 위해 공학이 발전하고 있다. 과학과 공학이 강력한 협력관계가 있더라도 태생이 다름으로 인해 사고방식의 차이가 있다. 충돌될 것은 아니지만 차이를 살펴봄으로써 협력관계를 더욱 공고히 할 수 있을 것이다. 귀납과 연역, 여기에 지반이 갖는 불확실성을 어떻게 바라보느냐는 문제해결을 위한 실마리를 제공할 것으로 기대한다.

12.2 과학적 사고 방법과 공학적 사고 방법

언어는 인류의 독특한 특징이자 문명을 일궈낸 원동력이다. 글로써 주장을 펴고 읽는 이가 납득하면서 주장은 힘을 얻게 된다. 모든 글이 논리적일 필요는 없으나 공학, 특히 지반사고 조사 보고서는 사고나 추리가 이치에 맞게 풀어져야 한다. 이를 논리적이라고 한다. 논論은 말씀 언言과 생각할 또는 묶을 륜侖이 합쳐져서 만들어졌다. 어떤 명제를 근거로 다른 명제를 도출하는 것을 추리 또는 추론이라고 한다. 주어진 사실로부터 새로운 사실을 이끌어내는 사고의 과정이라고 정의할 수 있다. 둘 또는 그 이상의 현상 사이에서 기능적 유사성이나 일치하는 내적 관련성을 알아내는 것이다. 근거가 되는 명제를 전제로 도출한 명제를 귀결 또는 결론이라고 한다. 논증argument이란 추론이 주장과 근거를 담아 언어로 표현된 것이다. 논증은 연역 논증과 귀납 논증 두 가지 종류로 구별된다. 연역deduction은 일반적인 사실로부터 개별적이고 구체적인 사실을 이끌어낸다. 논증의 전제 또는 가설은 일반적인 사실이고 결론 또는 귀결은 개별적인 사실이다. 귀납induction은 개별적이고 구체적인 사실로부터 일반적인 사실을 이끌어내는 것이다.

지반사고 조사는 사고事故와 관련된 참인 자료를 수집하고 연관성을 분석하여 원인을 찾는 일이다. 지반의 불확실성을 감안할 때 수집된 증거는 개별적으로 참이지만 명확한 결론을 내리기가 어려운 경우가 많다. 귀납논증은 전제가 참일 때 결론이 개연적으로만 참인 논증이다. 전제로부터 얻어지는 결론은 전제를 넘어서는 새로운 사실이다. 귀납논증은 귀납적 일반화와 통계적 삼단논법, 유비논증, 가설추리로 구분할 수 있다. 사고 원인이 불명확한 단계에서는 수집된 증거자료를 통해 가장 가능성이 큰 것을 중심으로 가설을 설정하게 된다. 가설추리란 어떤 사실이 발생했을 때 그 사실이 왜 발생했는가를 추리하는 것이다. 과학자는 지금까지 보지 못했던 자연현상을 관측하고 여러 가지 법칙이나 과거의 관측 사례를 근거로 그 현상이 발생한 원인을 추론한다. 형사나 탐정은 범죄 현장에서 수집된 자료를 통해서 범죄 동기, 범인 유형을 추론한다.[3] 지반사고 현장에서 발생 형태, 규모와 지반 조건을 관찰하고 설계도서와 공정진행 상황을 분석하며 대표성이 있는 시료를 대상으로 실험하여 가능성이 큰 원인을 찾아낸다. 실규모 재현이 어렵기 때문에 수치해석적인 기법으로 사고 당시 상황을 모사하여 사고전개 과정을 설명하는 귀납적인 가설추리 방식을 취한다.

과학은 '세계는 어떤 것인가'라는 문제의 해결 과정이고 기술행위는 '실용적인 특정 목적을 갖는 것을 어떻게 만들까'라는 문제를 해결하는 과정이다. 두 가지 모두 특정 영역 내의 구체적 사실에 관한 지식과 논리적 사고 과정을 근거로 문제를 해결하는 목적행위라는 점이 공통적이다. 지식은 데이터와 정보로 구성되며 정보와 또 다른 정보의 관계가 맺어질 때 얻어진다. 데이터는 존재하는 사물에 대하여 기록된 사실이고 데이터가 의미를 가질 수 있도록 정리·구성된 것을 정보information라고 한다. 암반사면에 존재하는 지층의 주향과 경사 방향을 측정한 값은 데이터이지만 이를 도면화하고 평사투영법으로 분석할 때 데이터는 정보로 가공된다. 여기서 더 나아가 정보가 암반사면의 안정성 분석과 같은 목적에 맞게 의사결정의 근거가 되고 유사 조건에서 활용될 때 지식knowledge의 자리를 차지하게 된다. 데이터를 수집하고 어떤 수단을 활용하여 정보를 가공하며 이를 실제 현장에서 적용한 사례가 거듭되면서 지식이 확장되고, 경험을 통해 다양한 조건에서 적용이 가능해지면 넓은 의미의 지식인 지혜wisdom를 얻는 단계까지 이른다.

가. 과학적 사고 방법

결과를 예측할 수 없는 상황에서 호기심, 도전정신 같은 자발적 동기만으로 끝까지 몰두해 해답을 얻거나 무언가를 이루어내는 건 세상을 바꾼 사람들이 보이는 가장 강력한 특징이다.[4]

---

3 송하석, 『리더를 위한 논리훈련』, 사피엔스, 2017, p. 133.
4 정재승, 『열두 발자국』, 어크로스, 2018, p. 9.

롯데그룹 창업자는 직원을 뽑을 때 열정을 중요시했다. 지식과 경험이 부족한 것은 가르칠 수 있지만 열정이 없는 사람은 답이 없다는 생각이었다. 과학적이든 공학적이든 두뇌활동에는 무엇보다도 열정이 전제되어야 한다. 확실한 증거를 볼 때까지 모든 것에 의심을 멈추지 않는 것이 과학의 본질이다. 열정이 있으므로 가능한 일이다. 탁월한 성과를 거둔 사람의 다른 특징은 얻을 수 있는 정보를 모을 수 있는 대로 수집하는 것이다. 모을 뿐만 아니라 알게 된 지식을 세상과 연결하는 경험을 즐긴다. 인류는 경제적 이득, 사회적 관계, 과거의 경험, 주의집중, 편견과 선입견, 도덕과 윤리 등의 다양한 요소를 두루 고려하고 판단하면서 최종 의사결정을 한다는 것이 뇌과학자 정재승의 지적이다. 그가 말하는 과학적 태도는 어떤 것도 쉽게 믿지 않으면서 직관에 반하는 증거가 있다면 받아들이는 것이다. 기존 믿음은 증거에 의해 폐기할 수 있다는 용기가 필요하다고 말한다. 과학을 하는 사람들의 기본적인 사고는 어떤 방식으로 진행될까.

과학은 현상에 대해 합리적인 설명과 귀납적인 입증을 무기로 한다. 과학은 '맞다/틀리다'는 진위 판단을 하지만 '옳다/그르다/나쁘다'는 가치 판단은 하지 않는다.[5] 자연과학에서 사물의 객관적 진리를 추구하는 방법은 먼저 실험과 관찰에 의해 획득된 사실과 기존의 정보와 지식에 근거하여 일정한 논리적 순서에 의해 추리하고, 여기에서 본질적이고 공통되는 원리와 법칙에 대하여 가설을 세운다. 세운 가설이 참이라고 가정하고 어떤 결과가 귀결되는지 논리적으로 추리한다. 가설과 가설로부터 추리된 귀결 결과의 진위를 검증한다. 가설이 '참'이라고 검증될 때까지 과정을 반복한다. 과학이 주는 매력은 '사실'을 알려주는 냉철함이라기보다는 '가설'을 세울 줄 아는 모험심이다.[6] 가설이 나오는 과정도 역시 과학적이어야 한다. 이러한 방법을 논리학에서는 가설연역법 또는 가설검증법이라고 한다. 이 과정에서 관찰 또는 수집된 사실이 객관적으로 참이고, 추리가 논리적으로 정당하게 진행되어야 할 것이 요구된다.

그림 12.1 과학적 사고 방법

5   도정일·최재천, 『대담 인문학과 자연과학이 만나다』, 휴머니스트, 2005, p. 591.
6   김상욱, 『김상욱의 과학공부』, 동아시아, 2016, p. 325.

가설법은 실험과 관찰을 통해 얻은 사실과 기존의 정보와 지식을 통해 공통되는 본질로 생각되는 원리와 법칙을 유도하는 가설발상 과정과 하나의 보편적 지식으로 종합synthesis하는 과정이 핵심이다. 과학 분야는 철학과 같이 문자를 통해 관념적으로만 논리를 전개하기 어렵다. 자연스럽게 실험이 동반되고 현장의 관찰 데이터가 중시된다. 실험은 자연에서 채취된 시료를 정당한 방법으로 재현하여 특정 목적에 맞는 기본 자료를 얻는 것이다. 실험이 신뢰도가 높으려면 몇 번이고 동일한 결과를 얻을 수 있어야 한다. 실험에 사용되는 시료는 자연에서 얻어 인공적으로 가공한 상태이므로 시료 채취 위치, 획득과 운반, 가공 방법 등에 오류를 유발할 수 있는 요소가 내포될 수 있다. 실험은 전문가 집단이 동의하는 표준화된 방법으로 수행되어야 상호 간에 이해와 평가가 가능하다. 누구나 인정할 수 있는 실험이 되기 위한 조건을 정리하면 누가 실험해도 같은 결론에 이르러야 한다는 객관성, 반복해도 같은 결과가 나와야 한다는 신뢰성, 측정하고자 하는 것을 제대로 측정했는가의 타당성, 결과를 일반화할 수 있는가의 표준화와 비교 가능성이다.[7]

야외 현장은 관찰 장소의 대표성, 역사성, 일회성을 감안하여 데이터를 취득하고 중요도를 나눌 필요가 있다. 어떤 경우에는 실험과 관찰이 반복되고 가설 설정과 검증의 단계가 수차례 거듭되기도 한다. 현상과 현장을 관찰하여 얻은 정보와 지식을 토대로 다수의 가설을 세우고 문제가 발생한 과정을 추론한다. 동일한 조건이라면 같은 결과를 얻을 수 있는지를 실증하기 위해 실험을 계획하고 적합한 시료를 얻어 실험을 수행한다. 실험에 의해 가설이 정당하다고 입증되면 문제가 해결되는 결론에 도달하게 된다.

그림 12.2 실험과 현장관찰을 수행하는 과학적 사고 방법

나. 공학적 사고 방법

공학은 기술을 자연과학의 원리와 법칙으로 설명하는 분야다. 과학적 사고가 현상을 설명

---

7 김정운, 『에디톨로지』, 21세기북스, 2014, p.68.

한다면 공학적 사고는 철저하고 체계적으로 문제를 해결하는 것을 염두에 두어야 한다. 공학이란 없던 것을 만든다는 측면에서 창조적이며, 관련된 제한 조건을 분석하는 인간의 노력이 들어가기 때문에 예술과 과학이 가진 특성 모두를 지니고 있다. 제작할 제품이나 시스템의 목적이 뚜렷하여야 하고, 목표를 달성하는 데 저해되는 요인들이 무엇인지 이해하여야 한다. 사용 기간 동안 안정성이 보장되도록 설계하여야 한다. 기계나 전자 분야는 하나의 시스템을 구성하는 개별 요소가 저마다의 기능을 유지하여야 하고 전체 시스템이 아무런 문제없이 작동되어야 한다. 주어진 환경에서 입력값이 하나의 시스템을 거쳐 원하는 출력값으로 획득되는 것을 목표로 한다.

유럽의 18세기는 근대공학과 엔지니어의 개념이 성립하던 시기였다. 조선도 국가주도의 한강교량과 신도시 화성 건설 프로젝트를 통해 엔지니어 집단이 형성되고 공학 교육 시스템이 자생적으로 발전하였다.[8] 그 중심에는 정약용(1762~1836)이 있었다. 10년에 불과한 공직 생활 과정 중에 배다리舟橋 공법을 개발하고 화성신도시를 설계하였으며 공사에 필요한 거중기, 녹로 등의 기계를 개선 제작하였다. 정조가 승하한 1800년부터 나머지 기간은 저술가로 활동했지만 28세부터 38세까지는 엔지니어 겸 학자로서 활약했다. 화성을 건설할 당시 착공 1년 전인 1792년에 집필한 성설城說은 일종의 건설지침이다. 여기에는 성의 규모, 재료, 공법, 운반기술 등의 내용이 포함되어 있다. 기초공법을 다룬 축기築基에서 "1보마다 푯말 1개씩을 세우는데, 너비는 약 1장, 깊이는 얼어붙지 않은 4척으로 하며 냇가의 흰 조약돌을 캐어 다져서 만든다"[9]라고 제시하였다. 전국에서 모인 연인원 10만 명의 노임은 성과급 개념으로 지불하였고 비장 또는 장령과 같은 군장교를 활용하여 공사를 감독하도록 하였다.

정약용이 설계한 배다리는 교량공학과 조선공학을 융합한 것으로서 중국의 기술서적을 거의 참조하지 않고 독자적으로 수행했다는 점에서 당시 엔지니어 집단의 수준을 짐작해볼 수 있다. 현재의 교량 건설과 동일한 순서에 의해 계획과 설계, 시방서 작성, 시공, 준공검사 등의 단계를 거쳤다.[10]

---

8   김평원, 『엔지니어 정약용』, 다산초당, 2017, p. 6.
9   김평원, 앞의 책, p. 33.
10 김평원, 앞의 책. p. 210.

표 12.1 1795년 을묘년 주교 가설 과정

단계		과정
계획	시공사 선정	1789년 12월, 주교사 설치 후 공사발주
	계획 및 설계	1789년 『주교절목』 제출
설계	설계 감리	1790년 묘당찬진주교절목논변(廟堂撰進舟橋節目論辨)
	시방서	1790년 7월 정조의 공사 지침 『주교지남』 발표
시공	시방서 확정	1793년 주교사가 수정보완된 『주교사개정절목』 발표
	시공	1795년 2월 13일~2월 24일
	준공 검사	1795년 윤2월 4일 주교도섭습의
	준공 보고서	1795년 『원행을묘정리의궤』의 주교도

유학을 공부했던 다산이 짧은 시간 내에 신도시 화성을 설계하고 배다리를 만들 수 있었던 것은 과제를 분석하고 설계와 검증 과정을 거쳐 문제를 해결하는 공학적인 사고방식이 가능했던 까닭이다. 견고한 축성을 위해 기초지반을 만들며 효율적인 방법으로 돌을 쌓았다. 흔들리는 배를 거더를 엮어서 사용하여 흔들림을 최소화하는 안전한 방법을 고안했다. 설계도와 실무 매뉴얼을 집필하여 통일된 공사법을 제시하였고 준공 후에는 의궤를 제작하여 건설백서로 기록을 남겼다.

공학자는 다양한 종류의 지식을 한데 모아 하나의 아이디어로 결합하는 통합자다. 그러나 지금은 검색만 하면 지식을 쉽게 얻는다. 지식인은 정보를 많이 알고 있는 사람이 아니라 정보와 정보를 연결하여 설득력이 있는 이야기를 만들어내는 사람이다. 필요에 따라서는 이웃 학문과의 융합이 필요하다. 공학자를 양성하기 위한 지침으로서 한국공학교육인증원은 각 학과별로 평가 기준을 제시하고 이에 부합된 교육 과정을 유도한다. 교육 과정 중 필수적인 종합설계capstone design는 기본 지식과 통합, 소통 능력을 교육하게 되는데, 공학적 사고방식을 세분화한 학습목표는 다음과 같다.

① 적용한 수학, 과학, 공학 지식을 분석·평가하여 모델링하고 문제를 해결할 수 있다.
② 설계에 필요한 학습계획을 적극적으로 실천하고 계획을 수정할 수 있음을 보여줄 수 있다.
③ 자료를 분석하고 주어진 사실이나 가설을 통하여 문제해결에 필요한 실험을 계획하고 수행할 수 있다.
④ 주어진 문제들을 인식하여 정의하고 공식화하여 해결할 수 있다.

⑤ 문제해결을 위해 최신 정보, 연구 결과, 소프트웨어를 입수하고 사용할 수 있다.

⑥ 필요한 지식을 이해하고 제한 조건을 반영하여 설계할 수 있다.

⑦ 구성원으로서 자신의 역할을 수행하며 다른 구성원의 역할을 이해하고 협력할 수 있다.

⑧ 자신의 생각을 논리적으로 정리하여 말과 글로 전달할 수 있다.

⑨ 자신이 제시하는 설계 방안이 여러 분야에 미치는 영향을 설명할 수 있다.

⑩ 설계 방안이 다양한 도덕적 요소를 만족시킴을 설명할 수 있다.

토목구조물은 대부분 자연을 대상으로 구축되기 때문에 정확하게 예측하기 어려운 자연현상에 대한 이해와 대응이 필수적이다. 특히 땅을 대상으로 수행되는 지반구조물은 불확실성이 배가 된다. 계획된 목표가 수행될 수 있도록 설계하지만 운용 과정에서 문제점이 발생할 수 있고 자연현상에 의해 구조물이 훼손될 가능성도 있다. 유지관리 측면에서 재료의 열화와 사용성 저하 등의 문제를 효과적으로 해결해야 오랜 기간 문제없이 사용할 수 있는 것이 토목구조물이다. 따라서 목표를 정하고 실제로 작동시켜 결과를 측정한 후 목표와 비교하여 적합성을 검증하고, 다시 목표를 수정하여 성능을 높이는 피드백 과정이 꼭 필요하다. 공학적 사고는 이와 같은 PDCA(Plan → Do → Check → Act) 과정이 반복되는 것을 염두에 둘 필요가 있다. PDCA 방법은 과정을 반복함으로써 편차를 최소화하여 최종 목표에 도달하는 것이다. 측정된 문제점의 경중에 따라 작은 것은 ACT 단계에서 PLAN 단계를 거치지 않고 바로 DO 단계로 갈 수 있다. 일찍이 Terzaghi가 제시한 관찰법observational method은 불확실성을 점진적으로 확실성으로 변모시키는 PDCA 방법의 다른 이름이다.

그림 12.3 PDCA로 표현된 공학적 사고 방법

다. 지반사고 조사의 사고 방법

가설hypothesis이란 어떤 사실을 설명하거나 이론 체계를 연역하기 위하여 설정한 가정이다. 가설로부터 이론적으로 도출된 결과가 관찰이나 실험에 의하여 검증되면, 가설의 위치를

벗어나 일정한 한계 안에서 타당한 진리가 된다. 아직 논지thesis의 아래hypo에 있으니 정당하려면 증거와 논리가 뒷받침되어야 한다. 미국의 분석철학의 선구자이며 한때 연안측량부 기사였던 찰스 S. 피어스Charles S. Peirce(1839~1914)는 '일련의 관찰 사실이 일견 무관하게 존재할 때 여기에 가설을 도입하여 사실을 모순 없이 설명하여 이해되도록 하는 추리를 가설발상 또는 가설생성 추리 또는 유추법abduction'이라고 하였다. '아마도 이럴 것이다'라는 귀납적인 가설발상 추리 사고방식은 직관이나 순간적인 착상만이 아니라 연역, 귀납, 유비 추리방식에 의해 면밀하게 문제를 분석하는 방식이다. 과거의 경험이나 관련 전문지식이 축적되어 있지 않으면 실제에서 벗어난 결론을 얻게 된다. 사고 조사 과정에서 얻은 정보와 시계열적인 거동 관찰, 수치해석적인 재현을 통해 사고 과정을 설명하는 측면에서 가설발상 추리는 지반사고 조사에서 유용하게 사용된다.

연역추리는 '보편에서 특수로', 귀납추리는 '특수에서 보편으로', 유비추리는 '특수에서 특수로' 논리가 전개된다.[11] 피어스는 추리 과정에는 규칙 또는 보편rule, 사례 또는 특수case, 결과 또는 개별result이라는 세 가지 항목이 번갈아 진행된다고 보았다. 규칙은 자연세계에서 당연하다고 인식되는 것이고, 사례는 실제로 존재하는 객관적 사실이며, 결과는 사례에 규칙을 적용하였을 때 예상되는 것이다. 추리 방법에 따라 세 가지 항목은 다음과 같은 순서로 전개된다.

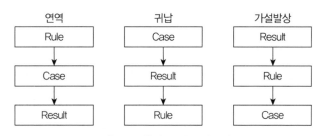

그림 12.4 추리의 세 가지 유형

연역추리는 과학법칙이나 원리를 구체적인 사례에 적용하여 결과를 예측하는 것이다. 그래야만 한다는 것을 설명한다. 이와는 반대로 사례의 다양한 결과로부터 하나의 원리를 유추해내는 것이 귀납추리인데, 실험에 의해 과학적 사실을 도출하는 실험적 연구의 전형적인 형태다. 현상이 그렇다는 것을 설명한다. 지반사고 조사와 같이 어떤 결과를 관찰하여 일반적

---

11 栗原則夫·今村遼平, 『地盤技術論のすすめ』, 鹿島出版会, 2008, pp. 217-219.

인 지반공학적인 원리에 비추어 사례를 설명하는 방식이 가설발상 추리다. 귀납은 관찰된 데이터를 일반화하는 방식이며, 가설발상은 관찰된 데이터를 설명하기 위해 가설을 세워 추리한다. 가설을 세우기 전에 먼저 문제를 명확히 할 필요가 있다. 문제는 현재 목도된 현상, 기대했던 것과 상반된 움직임, 목표했던 것에 유리된 상태라고 볼 수 있다. 다루어야 할 문제가 모호하다면 가설 역시 불분명해지고 본질과 동떨어진 발상이 된다. 훌륭한 가설의 조건은 정확한 문제파악, 적확한 법칙 선정뿐만 아니라 다른 법칙과 모순되지 않으며 유사한 다른 사례에 적용하기에 무리가 없어야 한다. 누구나 쉽게 이해할 수 있도록 단순한 것이 좋으며, 다수의 명제가 논리적으로 관계를 가질 때 일관성을 유지하여야 한다. 아울러 가설은 검증이 가능한 것이어야 타당성을 갖는다. 가설은 결국 시행착오 과정이라고 말해도 좋으며 고도의 사고 과정을 통해 문제 해결에 접근하게 된다.

지반사고result가 일어나면 관찰된 현상의 원인을 지반공학적 원리rule를 따라 발생 배경을 설명case한다. 어느 하나의 원인으로만 발생한 것이라면 하나의 이론으로도 설명이 가능하겠으나 지반의 불확실성, 지지구조의 불안정, 지하수압, 설계 오류, 시공 부실 등이 겹쳐서 발생한 경우라면 각각의 영향을 개별적으로 검토한 후 종합하는 과정을 거친다. 관련이 있다고 인정되는 다수의 원인이 규명되었을 때 최초의 원인 또는 가능성이 큰 원인부터 나열하여 사고 발생의 본질에 접근한다.

영국의 의사이며 소설가인 코난 도일Conan Doyle(1859~1930)이 만들어낸 탐정 셜록 홈즈는 1887년 『주홍색 연구A Study in Scarlet』로 데뷔했다. 아프가니스탄에서 돌아온 의사 왓슨의 관점에서 그의 활약을 그려냈다. 왓슨이 룸메이트인 홈즈를 평가한 바에 따르면 실용적인 지질학에 지식이 많아 한눈에 토양의 차이를 구분할 수 있다고 한다. 산책에서 돌아온 왓슨의 바지에 묻은 진흙의 색과 점성을 토대로 어디를 다녀왔는지 추리할 수 있었다. 하루는 우체국에 전보를 치고 온 왓슨의 행적을 정확하게 맞췄다. 『네 개의 서명The Sign of Four』(1890년 발표)에 나온 일화다. 런던의 하이드파크 부근의 위그모어 스트리드Wigmore street에 있는 우체국을 다녀 온 왓슨의 구두에 붉은 흙이 묻어 있었다. 홈즈는 관찰과 추리를 통해 행적을 맞췄다.

- Result: 왓슨의 구두 끝에 붉은 흙이 묻어 있다.
- Rule: 위그모어Wigmore 부근의 흙은 붉은색 점토다.
- Case: 왓슨은 위그모어 우체국에 다녀왔다.

구두코에 흙이 묻은 채로 집에 온 것으로 보아 점성이 있는 점토인 것은 쉽게 추리된다. 점토는 모암 종류와 퇴적환경에 따라 색이 달라진다. 흑색, 회색, 자주색, 청색, 황색, 베이지색 등으로 나타난다. 신생대 제3기에 퇴적된 런던점토는 주로 견고한 청색으로 관찰되며 햇볕을 쐬면 황색으로 변색되고 산화작용에 의해 붉은색을 띤다. 런던 시내의 일부 지역에서 붉은색 점토가 노출되었고 위그모어 부근에서 붉은 점토를 보았던 경험을 홈즈는 되살렸다. 이는 관찰이고 나머지는 추리다. 왓슨은 갔다 온 시간으로 볼 때 행동반경이 대략 결정되며 우체국에 갔었을 것으로 추리했다. 책상에 우표가 남아 있기 때문에 편지를 붙이러 간 것이 아니라 전보를 쳤을 거라는 말을 했을 때 왓슨은 깜짝 놀랐다. 붉은 점토가 묻어 있다고 해서 왓슨이 우체국을 다녀왔다는 것을 바로 연결할 수 없다. 룰rule이 적용될 수 있는 관찰 내용은 매우 다양하다. 우체국 주변에 붉은 점토가 있다고 해서 반드시 우체국을 다녀왔다고 볼 수는 없다. 오류의 가능성이 큰 조건에서 평소 왓슨의 행동으로 볼 때 전보를 치러 우체국을 다녀왔다고 추리한 것이다. 홈즈는 사소하게 보이는 단서를 가지고 다른 정보를 결합하여 현상을 설명하는 가설발상 추리능력으로 많은 사건을 해결했다.

상도동에서 일어났던 붕괴사고로 인해 인근의 유치원 건물이 무너졌다. 경사지에 15m 정도를 소일네일링으로 지지하면서 공사가 진행되고 있었는데, 거의 굴착이 완료되었을 시점에 흙막이 벽체가 붕괴되면서 후방에 있는 유치원 건물이 피해를 입었다. 소일네일링 공법은 굴착으로 인해 배면지반이 움직일 때 활동면과 교차하도록 인장저항체를 설치하여 주변 지반과 마찰저항을 발휘시킨다. 일반적으로 토사지반의 활동면은 굴착바닥면을 통과하는 $45° + \phi/2$ 정도의 각도로 가상파괴면을 설정한다. 현장을 관찰하였을 때 대략 풍화토 정도의 지반이므로 수평면을 따라 60° 정도의 가상파

그림 12.5 상도유치원 붕괴사고(2018. 9. 6.)

괴면이 형성된다고 가정하고 수평 방향 영향 범위는 $15/\tan60° ≒ 9\text{m}$ 정도로 짐작하였다. 그런데 약 20m가 넘는 범위까지 활동이 발생하였으므로 흙막이 지지구조물인 소일네일링은 붕괴방지에 기여한 바가 적었을 것으로 예상하였다. 따라서 설계도서의 네일링 관련 사항과 단계별 시공 상황, 계측자료를 검토하였고 붕괴현장 주변에서 시추 조사를 시행하여 지반 조건을 파악하였다.

굴착공사에서 소일네일링으로 지지구조물을 설치할 때는 네일링이 가상파괴면과 교차하도록 길이를 결정하고 네일링 사이의 흙이 아칭현상을 발휘시켜 유동하지 않도록 수평과 수직간격을 정한다. 내적 안정을 만족시켜야 한다는 뜻이다. 만약 네일링의 끝을 넘어서는 활동이 일어난다면 네일링은 안정 유지역할을 하지 못한다. 이 경우 외적 안정에 대한 문제가 발생할 수 있다. 이와 같은 소일네일링 공법의 원리rule를 고려하여 사고 원인에 대한 가설발상 추리를 적용하면 다음과 같다.

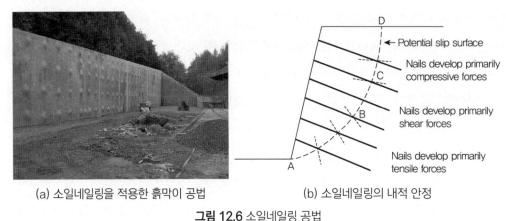

(a) 소일네일링을 적용한 흙막이 공법   (b) 소일네일링의 내적 안정

그림 12.6 소일네일링 공법

- Result: 굴착 영향 깊이보다 긴 범위까지 활동파괴가 발생하였다.
- Rule: 소일네일링은 외적 안정을 만족하여야 한다.
- Case: 소일네일링의 길이가 짧았을 것이다.

최초로 현장에 도착하였을 때의 관찰 내용을 토대로 설정한 외적 불안정이라는 가설을 검증하기 위해 소일네일링의 설계 내용을 검토하였다. 어스앵커와 같이 프리스트레스를 가하지 않고 지반의 강성을 최대로 이용하여 굴착 안정을 도모하는 소일네일링 공법은 자체가 흙구조물 역할을 하므로 최소한의 길이를 확보할 필요가 있다. 지반 조건에 따라 다르지만 굴착 깊이의 60% 이상의 길이로 설치하는 것이 바람직한데, 사고현장의 소일네일링은 5.0m 길이로 설치하여 굴착 깊이 대비 34% 수준이었다. 배면 지반을 풍화대와 연암층으로 파악한 결과를 설계에 반영하였는데, 실제 사고 지점의 지층은 풍화토로만 구성된 상태인 것으로 추가 시추 조사에서 확인되었다. 설계 책임자는 네일링의 길이가 짧은 것은 인접 부지를 침범하지 않도록 고려한 것이고 안정검토에서는 문제가 없는 것으로 해석되었다고 진술하였다. 그렇다면 현장 조건은 네일링을 적용할 수 없는 것이고, 지반 조건도 실제보다 불안정 측에서 적용되었으므로 설계상 오류를 내포한 상태에서 공사가 진행되었던 것이다. 사고조사위원회가 지층 조건을 명확히 적용하여 3차원 수치해석을 통해 단계별 거동 상태를 살펴보았을 때 최종 굴착 상태 이전부터 외적 불안정이 초래되어 붕괴 수준의 지반거동이 있었던 것을 확인할 수 있었다. 가설발상 추리에 의해 사고 원인을 조사한 사례를 통해 훼손되지 않은 상태의 현장관찰 정보가 원인을 파악하는 데 매우 중요하다는 것을 알 수 있었다.

라. 사고 조사를 위한 근거, 관찰, 기록

근거가 없는 주장은 힘이 없다. 논란만 불러일으킬 뿐이다. 근거는 사실, 소견, 선험先驗을 기초로 한다. 원칙과 함께 사실의 힘은 세다. 다른 전문가의 소견은 경험하지 못한 부분에 대한 보완이 될 수 있다. 당사자가 직접 경험한 것은 유사한 경우에 적용할 수 있으나 항상 조건이 같은 것이 아니라서 적용에 제한이 있을 수 있다. 사고현장을 관찰한 후 가설을 설정할 때는 근거가 뚜렷해야 한다.

19세기 초 런던의 템스강을 하저로 통과하는 실드터널을 시공하게 된 것은 브루넬이 부둣가의 배좀벌레조개의 생태를 보고 착안한 것이다. 이른바 자연에서 얻는 영감을 실현한 청색기술이다. 자연은 자연법칙에 의해 운동하기 때문에 물이 높은 곳에서 낮은 곳으로 흐르듯이 원칙이 분명하다. 지반사고는 원칙적으로 평형equilibrium이 훼손되면서 발생한다. 사고 조사는 관찰을 통해 자연법칙에 거스른 현상을 파악하는 것부터 시작한다. 관찰은 여러 곳에서

(a) 배좀벌레조개　　　　　　　　　(b) 템스강 실드터널 공사(1818)
그림 12.7 청색기술이 적용된 실드터널 공법

수행되어야 할 필수 단계다. 사고 현장에서는 지반이나 구조물의 파괴 형태, 지층 분포 상태, 주변 지형, 지질학적 증거 등이 대상이 된다. 설계도서와 실제 시공 상태의 일치 여부, 구조계산의 일관성과 오류는 설계자와 시공자의 소통 정도를 파악할 수 있는 부분이다. 청문조사에서 관계자의 증언을 들을 때도 진위를 판단할 수 있는 일관성, 답변 태도 등도 관찰 대상이다.

인간은 자기가 필요하고 관심이 있는 부분에 집중하게 된다. 심리학에서는 이를 선택적 지각이라고 한다. 선입견을 배제해야 할 이유다. 보고 싶은 것에 편중되게 관찰된 데이터는 편파적이고 정확한 원인에서 벗어나게 한다. 객관성이 유지된 수집 자료를 시계열적으로 나열하고 자료나 증거가 말하는 것을 제3자의 입장에서 경청하여야 한다. 사고 현장에서 사진을 촬영할 때는 선험에 치우쳐 주요 부분이라고 생각되는 곳에 집중하여 사진을 찍으면 전체를 조망할 기회를 놓쳐버릴 수 있다. 원경부터 근경까지, 촬영 범위를 확대하거나 드론을 사용하여 관조점을 달리하여 영상자료를 얻을 필요가 있다. 객관성을 유지할 수 있는 최초의 방법은 사고 현장을 비전문가의 시각에서 보는 것이다.

느낌은 휘발되고 기억은 풍화되나 기록은 소실되지 않는 한 관찰 당시를 명확하게 재현할 수 있는 방법이다. 글만이 기록의 수단은 아니다. 같은 장소에 여러 사람이 경험한 것을 다시 회상할 때 각자의 기억 조각은 형태와 크기가 다르다. 현재의 감정이 개입되어 윤색되었을 가능성이 있다. 기록은 기억을 이긴다. 또렷한 기억보다 희미한 연필 자국이 낫다. 전 국민이 소지하고 있는 스마트폰의 사진기와 녹음장치, 스케치 등을 교차 활용할 때 재현 정확성은 높아진다. 기록은 관찰하게 만든다. 사고 조사라는 목적이 있다면 기록은 방향성을 가질 수 있다. 기대하지 않은 것을 우연히 발견하는 능력을 세렌디피티Serendipity라고 한다. 관찰시점으로 되돌아가서 기록을 분석할 때 얻을 수 있는 순간적인 영감과 같은 것이다. 특히 쉽게 망각되는 관찰 시점의 단기기억은 문자나 영상으로 남겨질 때 생명을 갖게 된다.

12.3 지반설계와 관찰법

가. 가설 지반설계

지반사고 조사는 발생한 상황에 대한 원인과 과정을 추적하는 것이다. 사고 후 복구 방법을 제시하고 재발하지 않도록 대책을 수립하는 문제를 해결하는 과정이다. 이를 위해서 문제의 성격을 규정한 후 경험과 지식, 창의력을 동원하여 생각해볼 수 있는 가능성을 모두 열거한다. 문제해결을 위한 가설을 세우고 가설의 확실성을 검증하는 과정이 반복되면서 실체에 근접하게 된다. 현장을 관찰하여 증거를 수집하고 설계와 실제의 간극을 살펴보는 과정에서 가설이 설정되고 이를 통해 사고 당시에 작동했던 메커니즘과 주된 유발 원인을 파악하는 것이다. 설계는 목적이 뚜렷하지만 발생하지 않은 상황을 토대로 진행되기 때문에 제한 조건이 더 많다. 설계는 가설을 집적한 것이다. 의뢰자가 제시한 목적을 파악하고 대상이 되는 지반과 주변 조건을 분석한 후 적용할 수 있는 복수의 설계안을 만든다. 설계안 후보 중 구조적 안정성, 경제성 고려하여 최적의 설계안을 도출한다. 시공 중에 발생할 수 있는 상황을 모두 예측하기가 쉽지 않다. 따라서 지반설계는 다른 토목구조물 설계에 비해 안전율이 높다.

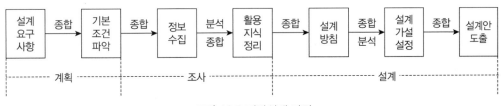

그림 12.8 지반설계 과정

지반조사는 엔지니어의 과거 경험이나 경험이 집적된 조사지침에 의해 항목과 범위를 결정한다. 가급적 불확실성을 최소화하기 위해 조사를 수행하고 관련된 지반특성을 파악하지만, 사고 조사에서 밝혀지는 원인 중 가장 큰 부분을 차지하는 것이 부적절한 지반조사다. 지반설계는 온전히 파악할 수 없는 지반 조건을 대상으로 수행되기 때문에 실제 시공 과정에서 설계 시 예측한 결과와 다른 조건에 의해 이상이 발생할 수 있다. 여기에 인적 요소가 개입됨에 따라 하중 조건, 시간 경과 효과 등에 의해 예측치와 차이가 크게 나타나기도 한다. 제한된 예산과 시간에서 가장 효율적인 조사를 수행하기 위해서는 대상 지역의 지반공학적인 특성뿐만 아니라 지질학, 지형학과 같은 자연과학과 지명학, 인구학 등의 인문학 분야로 대상을 넓혀 자료를 수집하는 것이 필요하다.

창원 지역에서 자문에 응했던 사례다. 스포츠센터 신축을 위해 지하2층을 굴착하면서 지하수가 다량으로 유출되어 굴착에 어려움이 있고 나아가 부력에 대한 대책이 필요한 상황이었다. 도계동道溪洞에 위치한 신축부지는 지명에서 뜻하는 바와 같이 물길이 있는 곳을 매립한 지역이다. 옆에는 명곡동^{明谷洞}이다. 정병산과 뒷산 사이의 계곡부에 위치한 곳이기 때문에 지표면은 도시화 과정에서 평탄화되어 있어도 지하수는 마산만 측으로 흐르고 있는 것이다. 부지면적에 비해 건물 자중이 작은 스포츠센터이므로 부력앵커를 사용하도록 권고하였다. 지명만으로 공학적 특성을 수치화할 수는 없지만 지형이 암시하는 정보를 통해 지하수 흐름 방향과 수량을 측정하는 시험을 목적에 맞게 계획할 수 있었다.

수집된 정보는 맥락^{context}을 유지하면서 분석과 종합 과정을 거치고 설계 목적에 따라 지반공학 원리가 제시하는 지반정수를 구한다. 과업 대상 지역에서 채취한 시료를 사용하여 실험으로 구하는 지반정수가 가장 신뢰도가 높으나 경험이나 다른 연구자가 제안한 값도 같이 활용된다. 이때 제안식은 적용 범위가 한정되어 있으므로 대상 지역에 적합한지 먼저 판단할 필요가 있다. 기초설계가 목적이라면 지반의 단위중량, 지하수위 변동 상황, 전단강도를 결정해야 하고, 침하량을 산정할 때는 탄성론적인 거동인지 압밀침하를 고려해야 하는지에 따라 알아야 할 지반정수가 달라진다. 내진설계를 고려할 때는 지진특성과 지반의 동적특성을 파악하여야 한다. 굴착문제에서는 기본적인 지반의 성질과 함께 토압을 산정하기 위한 지반정수가 필요하다.

목적에 부합하는 조사 결과를 활용하여 지반공학 이론에 따라 지반구조물을 설계한다. 또 다시 종합하는 과정이 계속된다. 철강이나 콘크리트를 대기 중에 시공하는 토목구조물과 같이 재료 특성과 거동 메커니즘이 분명하면 소수의 이론으로도 설계가 가능할 것이다. 반면에 지반설계 중 연약지반 처리 문제를 다룰 때는 지반의 퇴적특성, 점토의 공학적 성질, 하중조건, 지반 내 투수성 문제, 압밀침하량 산정, 처리공법과 지반의 상대적인 거동, 시공 중 발생할 수 있는 오류문제, 계측관리 적절성 등 고려해야 할 변수가 다양하다. 각 부분의 이론과 지식이 서로 맞물리지 않는 경우도 있다. 입력자료와 해석이론의 적합성을 따지고 조율하는 단계가 수시로 진행된다. 각 단계는 어느 정도 기대 수준에 도달할 거라도 가정하고 다음 단계의 설계로 옮겨진다. 지하굴착이나 터널 설계 부분도 점조사로 얻어진 결과를 토대로 전 규모로 확대되는 과정에서 불확실성이 내포된다. 실물시험이 어렵기 때문에 수치해석 기법으로 예측할 때도 기법의 적용한계, 입력변수의 불확실성이 개입된다. 대규모 연약지반 처리사업에서는 시험시공으로 설계를 검증하는 단계를 거친다. 이와 같은 불확실성으로 인해 지반설계는 임시적이다. 이를 보완할 수 있는 것이 관찰법 또는 정보화 시공법이다.

나. 관찰법

땅은 오랜 기간에 걸친 산물이다. 자연 섭리대로 쌓이고 깎인다. 지점마다 공학적 성질이 다르고 정밀하게 조사해도 결과는 조사 지점을 대표할 뿐이다. 지반설계는 대표 지점에 대한 결과를 토대로 수행되기 때문에 불확실성에서 자유로울 수 없다. 지반설계는 가설이고 실제 공사를 하면서 확인하여 예상한 것보다 차이가 클 경우 수정되는 것이 마땅하다. Peck[12]은 1945년에 발간된 Terzaghi의 'Soil mechanics in engineering practice' 서문을 인용했다. 수십 년이 지났지만 지반 불확실성이 해소되지 않는 한 여전히 시의적절한 지적이며 관찰법observational method을 전개하는 데 기본 정신이다.

> "(지반설계에 있어서) 계산 결과는 잠정적인 가설이며 시공 중에 확인 또는 수정되어
> 야 한다. … 설계에서는 충분한 안전율을 주거나 평균적인 경험치를 적용한다. … 첫
> 번째 방법은 과도하며 두 번째는 불확실에서 비롯된 위험성을 내포한다. 세 번째
> 방법은 실험적인 방식이다. … 토질역학은 실행하면서 배우는 방식learn-as-you-go method
> 의 실질적인 적용에 필요한 지식을 제공하는 학문이다."

같은 논문에서 관찰법이라는 이름으로 현장을 관리한 예를 소개했다. 1940년대 시카고 Harris Trust 건물을 지으면서 인근에서 측정된 계측자료를 활용하여 버팀보에 작용하는 토압을 산정하였다. 굴착깊이는 약 14m 정도이고 엄지말뚝soldier piles으로 구성된 흙막이 벽체를 버팀보 3단으로 지지하도록 설계하였는데, 일반적으로 적용하는 반경험 토압에 비해 계측자료상 토압은 2/3 정도에 불과하였다. 시공 중에 버팀보에 가해지는 하중을 측정하면서 설계값보다 크게 나타나는 경우에는 버팀보를 즉시 보강하면서 공사를 마무리하였다. 버팀보 설치가 1단 생략되면서 공사기간이 단축되었고 계측관리에 소요된 비용을 합치더라도 총공사비를 줄일 수 있었다.

굴착공사는 목적 구조물을 지하에 축조하기 위해 임시적인 안정을 유지하면서 지하공간을 확보하는 것이다. Harris Trust 공사의 가시설 설계는 시공자의 책임 하에 진행되어 가급적 합리적인 방안을 찾았을 것이다. 안전을 전제하고 공사비를 절감하는 것을 목적으로 주변

---

12 R.B. Peck, 'ADAVANTAGES AND LIMITATIONS OF THE OBSERVATIONAL METHOD IN APPLIED SOIL MECHANICS', 『Géotechnique』, Vol. 19, No. 2, 1969, pp. 171-187.

사례를 분석하였고 현장 조건에 맞는 토압 분포를 재산정하여 버팀보 계획을 조정하였다. 시공 중에는 계측을 통해 과다한 힘이 작용될 때 적절하게 보강하여 공사를 완료하였다. 실행하면서 배워나가는 것이 토질역학이라고 지적한 것은 현장마다 조건이 다르므로 다른 현장의 경험을 적용할 때는 해당 현장의 조건을 비교하여 수정한 후 그 결과를 다시 살펴봐야 한다는 귀납적 가설발상 방식이 필수적이라는 것이다. 교과서나 설계지침에 경험토압이 제시되는데, 다수의 현장에서 측정된 토압을 일반화한 것으로서 지반 조건이 유사하면 참고가 될 수 있으나 모든 경우에 일률적으로 적용하는 것이 항상 옳은 것만은 아니라는 교훈을 얻을 수 있다.

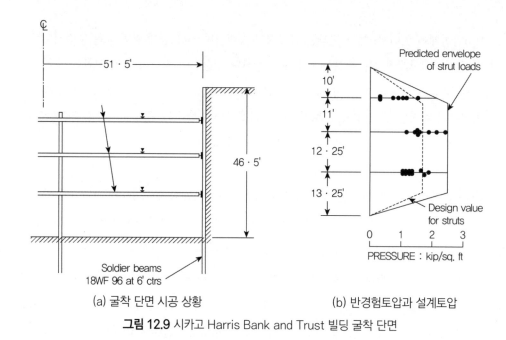

(a) 굴착 단면 시공 상황   (b) 반경험토압과 설계토압

그림 12.9 시카고 Harris Bank and Trust 빌딩 굴착 단면

Peck은 동일한 현장 내에서도 지반 조건이 현저하게 달라서 설계 시 가정된 사항이 관찰법에 의해 수정 변경되어야 하는 사례를 분석하였다. 빙하작용을 받은 과거 계곡지형에서 높이 48m인 댐을 건설하는 공사가 있었다. 지반조사 결과에 따르면 약 80m 깊이의 좁은 계곡에 상부로부터 붕적 퇴적된 상태가 확인되었고 주변 암반도 불연속면이 발달한 상태였다. 최하층에서 펌핑시험을 실시하였는데, 투수성이 커서 상하류 수위가 급격히 변화함을 알 수 있었다. 호상퇴적된 중간층은 빙하에 의해 압력을 받아 댐 기초지반으로 활용이 가능하였다. 계곡 퇴적 지형을 모두 걷어내거나 차수벽을 설치하면 비용과 공사기간이 많이 소요될 것으로

예상되었다. 지중 계곡지형의 경계부 암반 상태도 열려진 수직절리가 발달하여 상류에서 하류로 침투가 발생하고 주변 퇴적토사도 유실될 가능성이 있었다. 현장 조건이 워낙 불확실해서 결국에는 계곡부를 모두 굴착하여 관찰한 후에 대책을 수립하는 것으로 결정되었다. 최하부 자갈층의 수압을 관찰하면서 조절하자는 경제적인 대안은 실현되지 못했다.

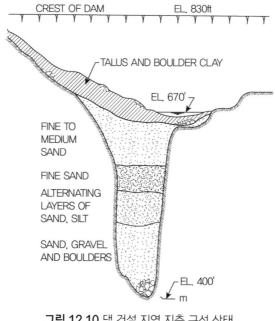

그림 12.10 댐 건설 지역 지층 구성 상태

빙하에 의해 크게 압축되어 기초지반으로도 활용이 가능한 퇴적층에 대해 자세히 조사하였다면 약 80m를 굴착하는 일은 피했을지도 모른다. 정보가 많을수록 정확한 판단을 내릴 수 있는 것이다. 계곡부 전체를 굴착하여 조건을 확인한 후 양질 재료로 되메운다면 가장 확실한 방법이겠지만 공학적인 정보 수준을 높이는 대신에 너무 쉽게 편한 결정을 내리는 것이 아니었는지 모르겠다. 공학은 문제해결이 덕목이지 문제 자체를 없애는 것이 아니기 때문이다.

관찰법은 공사할 때 지반거동을 살펴보는 것뿐만 아니라 사전에 지반의 공학적인 배경, 설계목표, 사전에 파악할 수 없는 제한 조건 예측, 설계 수정 방향 등 시공 전후의 상황을 종합하여 판단을 내리는 일이다. 즉, 설계 조건 파악과 가정 → 가설 설계 → 현장 거동 관찰 → 설계 수정 → 확인 관찰의 순환 과정이 반복되는 것으로 이해된다. Peck은 관찰법을 다음과 같이

8단계에 걸쳐서 진행되는 것이라고 정리했다.

① 과업 부지의 자연 환경 조건, 퇴적 형태와 공학적 성질에 대한 개략 조사
② 지질학적 배경에서 가장 대표적인 지반 조건과 발생 가능한 특이 조건 설정
③ 대표 조건에 의한 지반거동 가정과 이에 부합하는 설계 기준 설정
④ 시공 중 관찰 대상 거동 선정과 가설working hypothesis 설계를 통한 예측값 산정
⑤ 특이 조건(가장 불리한 조건)에 대한 예측값 추정
⑥ 가설을 근거로 예측되는 거동과 편차를 보일 때 행동방침과 설계 수정 방향 설정
⑦ 지반거동 관찰과 해당 지점 실제 조건 분석
⑧ 실제 조건과 부합되는 설계 수정

관찰법이 적용되면 지반이 갖는 불확실성과 시공 중에 발생하는 위험요인을 줄일 수 있는 장점이 있다. 그러나 이때 전제될 것은 지반거동을 엄밀하게 측정할 수 있는 기법이 실행되어야 한다는 것이다. 지반공학 이론과 전형적인 거동에 대한 이해를 바탕으로 계측관리의 적합성과 수준이 요구된다는 뜻이다. 또한 계측자료를 토대로 거동을 관찰하고 설계를 수정하는 과정에서 관계 당사자 사이의 의사소통이 원활해야 한다. Eurocode 7(2004)에서는 다음과 같이 관찰법을 설명하고, 이상 거동 발생시 항상 재검토하도록 요구하고 있다.

① 지반거동 예측이 어려울 경우 시공 중에 설계를 재검토할 수 있는 관찰법을 적용하는 것이 적절하다.
② 시공 전에 아래와 같은 사항을 먼저 파악하여야 한다.
 - 허용할 수 있는 거동 한계 설정
 - 거동 변화 범위와 실제 거동이 허용 범위 이내에 있을 확률
 - 계측monitoring 계획, 유사시 대응이 가능할 수 있는 측정 간격 설정
 - 공정 진행에 지장이 없는 신속한 계측 분석 일정
 - 허용한계를 벗어나는 이상 거동 발생 시 대응 계획
③ 시공 중에는 계획된 바와 같이 측정되어야 한다.
④ 각 단계별 계측 결과는 적합하게 분석하여 공정 진행에 반영한다.
⑤ 계측기기는 망실이나 훼손에 대비하여 충분하게 설치되어야 한다.

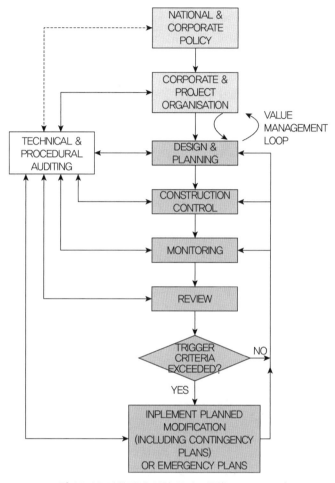

그림 12.11 관찰법에 의한 공사 진행(Eurocode 7)

다. 지반의 전형적 거동

지반거동은 다양한 요소에 의해 영향을 받는다. 지하굴착의 예를 들자면 굴착 깊이와 폭, 지반 조건, 굴착 방법, 벽체와 지지구조물의 강성, 평면 변화 상태, 인접 구조물 영향, 시공 속도 등 설계할 때 파악될 수 있는 조건 또는 공사 중에 조절할 수 있는 조건들이 있다. 아울러 수치로 정량화하기는 어렵지만 공사를 진행하는 담당자의 수준에 따라 거동 상태가 달라진다. 다양한 조건 전체를 종합하여 안정성을 판단하고 다음 공정을 진행시키는 의사결 정 수단이 관찰법이다. 정확하게 거동을 측정한다는 것을 전제로 안정성 여부를 판단하려면 해당 공사의 전형적인 거동에 대한 이해가 있어야 한다. 관찰법을 시행하기 전에 계측계획을 수립하고, 이상 거동을 판별하며, 보강 설계와 공사 후에 정상으로 복귀하는지의 여부를 판단하는 데 활용한다.

　지하굴착 공사가 진행될 때 지반과 흙막이 구조물의 강성 차이에 의해 수평변위와 주변 지반침하량이 달라진다. 앞선 연구자들의 결과에서 굴착 깊이 대비 0.3%H 등으로 표현되는 발생 가능한 수치를 사용하여 절대치 관리를 수행한다. 그러나 변위나 침하량 못지않게 중요한 것이 굴착이 진행되면서 발생하는 거동 형태다. 토사지반을 굴착할 때 일반적으로 지지구조물이 설치되기 전 흙막이 벽체만으로 토압을 지지할 때 캔틸레버 상태로 변형되고, 굴착이 진행되면서 최대 수평변위 지점은 아래로 이동한다. 지반과 흙막이 구조물의 강성에 따라 발생지점은 변할 수 있으며 굴착 속도도 영향을 미친다. 또한 흙막이 벽체의 근입부의 구속 여부를 결정하는 굴착 바닥면 하부의 견고한 지반competent stratum이 분포하는 깊이에 따라 변위 형태가 달라진다. 즉, 견고한 지반이 굴착바닥면과 가까이에 있으면 변곡점이 생기면서 수평변위가 급격히 감소되는 경향을 보인다. 반면에 굴착면 부근이 느슨하거나 연약한 상태라면 변곡점은 굴착 바닥면보다 하부에서 형성된다. 배면지반의 침하의 경우, 점성토가 우세한 조건에서 흙막이 벽체 후방에서 일정 거리 떨어진 곳에서 침하량이 최대가 되는 반면, 사질토 지반에서는 흙막이 벽체 직후방에서 침하가 최대로 발생하는 것이 일반적이다.

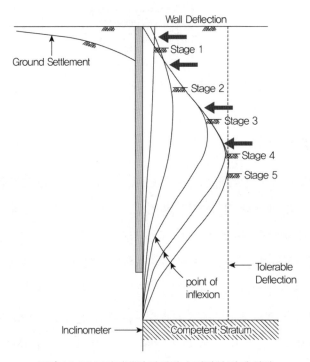

그림 12.12 토사지반의 단계별 수평변위 발생 양상

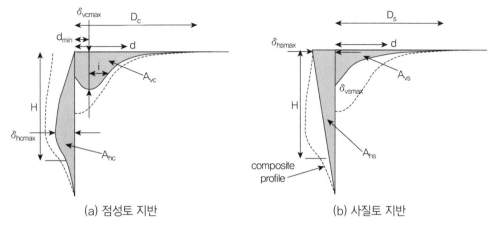

(a) 점성토 지반   (b) 사질토 지반

그림 12.13 흙막이 벽체의 수평거동과 침하 발생 형태

암반층을 굴착할 때는 내재된 불연속면의 발달상황에 따라 변형이 지배된다. 흙막이 벽체면 쪽으로 불연속면이 발달한 경우에는 초기에는 암반의 강성에 의해 직선적인 거동을 보이나, 불연속면의 영향으로 인해 흙막이 벽체면과 교차하는 지점에서 변곡점이 생기고 수평변위가 초기와 유사한 형태로 진행된다. 만약 불연속면에 점토가 협재되거나 단층대가 형성되어 있다면 매우 빠른 속도로 수평변위가 발생하는 경우도 있다. 이 경우 최대 변위량보다는 발생 속도가 안정성 판단에 중요한 요인이 되며, 최대 변위량만을 가지고 안정성을 판단하는 것은 매우 위험하다. 암반층을 굴착할 때 노출면의 불연속면 상태, 협재 물질, 지하수 유출 상태 등을 관찰하여 안정성을 판단하는 것이 필수적이다.

지반사고를 조사할 때나 위험한 상태에 있는 현장을 살펴볼 때도 축적된 계측자료가 있다면 매우 중요한 증거자료나 판단자료로 활용할 수 있다. 과거 경험으로부터 얻은 전형적인 거동에서 벗어나는 형태를 야기하는 원인을 찾으면서 사고 배경이나 문제해결의 단초로 삼는다. 그런데 사고가 발생한 현장을 조사할 때 직전까지 안정관리 기준 이내에서 최대변위가 발생한 상태로 보이면서 사고 징후를 예지하지 못하는 경우도 많다. 2018년 서울 상도동에서 발생한 사고의 경우 사고 발생 10일 전과 12시간 전에 측정한 자료를 보면, 최대 수평변위가 3mm 정도였다가 21mm로 증가하였고 지표 아래 9m 지점을 중심으로 상부 지반이 변형하고 있음을 볼 수 있다. 흔히 굴착 깊이 대비 1/300 정도를 1차 안정관리 기준치로 보는데, 약 12.5m를 굴착한 상태이므로 약 1/595로 산정되어 안정으로 판정할 수 있었다. 수평변위도 직선상으로 나타나서 견고한 지반의 전형적인 거동 상태로 판단하여 특별한 문제점을 느끼기 어려울 수도 있었을 것이다. 사고가 발생한 후의 분석 내용이지만 전회 대비 수평변위 양상이나 증가율을 고려하여 심각한 상태로 판단한 후 대응하였으면 미연에 방지할 수 있었을지도 모른다.

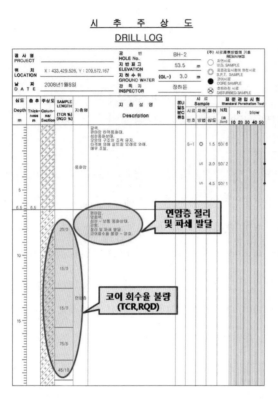

(a) 붕괴 지점 시추주상도

(b) 붕괴 지점 수평변위 발생 상태

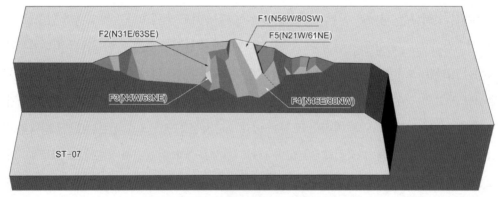

(c) 붕괴 구간 암반구간 불연속면 입체 모식도

그림 12.14 암반 굴착 시 수평변위 발생 현황(S시 S현장, 2009. 2.)

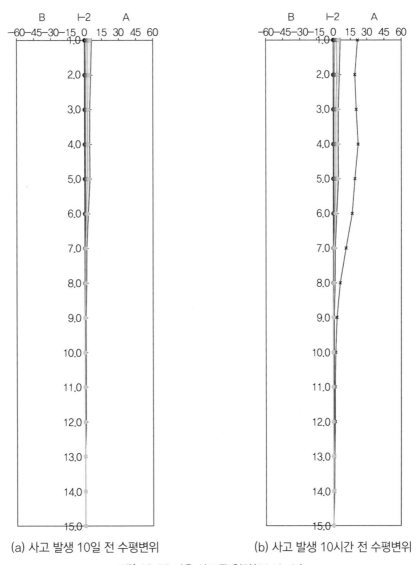

(a) 사고 발생 10일 전 수평변위   (b) 사고 발생 10시간 전 수평변위

그림 12.15 서울 상도동 현장(2018. 9.)

다양한 지반 조건 아래에서 강성차가 있는 흙막이 구조물이 설치되고, 빠르게 굴착하거나 지지구조물이 지연되어 설치되는 경우, 해체 과정에서 급격히 변형되기도 하며, 측방유동과 같이 먼 거리에서 변형이 유발되는 등의 중층적인 거동을 계측을 통해 파악할 수 있다. 상부는 느슨한 토사로 구성되어 초기에는 토사지반에서 보이는 전형적인 수평변위가 발생하다가 견고한 암반지반을 굴착할 때 변위가 감소되면서 경계면을 중심으로 양상이 크게 달라지며, 암반층의 불연속면에서 미끄러지는 변위에 의해 변곡점이 발생함을 볼 수 있다. 이전까지

선형적인 거동을 보이다가 특정 지점에서 과다하게 변위가 꺾이는 형태를 나타내기도 하며, 굴착 시 지지구조물에 의해 억제된 변형이 버팀보 해체 과정에서 부분적으로 응력이 해소되면서 변위가 증가하기도 한다. 연약지반은 상대적으로 영향거리가 길고, 수평변위는 완만한 곡선 형태를 띠는 것이 일반적이다. 이와 같이 주어진 조건에 따라 변형은 복합적인 형태를 보이며, 당시 공정을 함께 살펴봄으로써 변형 요인을 분석하는 것이 타당하다.

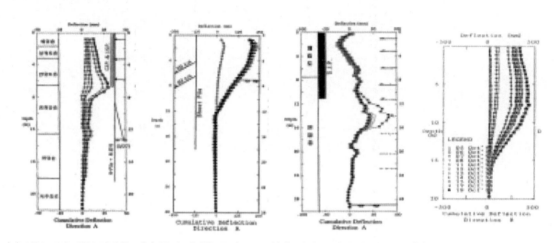

(a) 상부 토사, 하부 암반층으로 구성된 지반을 굴착할 때 발생한 수평변위 양상

(b) 특정 지점을 중심으로 변형이 급격히 발생하는 경우

(c) 버팀보 해체 시 발생하는 추가 변위

(d) 배면지반 측방유동으로 인해 발생하는 수평변위

그림 12.16 다양한 조건하 수평변위 양상[13]

국내외 연구 결과를 통해 지반 조건과 흙막이 구조물 강성에 따라 굴착 깊이와 비교하여 대체적인 안정 기준을 가지고 굴착공사에 활용한다. 서울시가 발간한 계측관리 기준에서는 한국지반공학회의 연구 결과를 토대로 설계 추정치와 실측된 변형량의 비율을 바탕으로 안전, 주의, 위험을 판단하고 있다. 또한 일본의 사례를 수록하면서 흙막이벽의 변형은 1/200 또한 설계여유 이하를 관리 기준으로 제시한다. 다양한 조건을 일반화하여 관리 기준으로 삼은 것이고 안전하게 시공이 완료된 대다수의 현장에서 성공적으로 적용되었지만, 보다 정교하게 거동 양상을 살펴보기 위해서는 흙막이 벽체의 전형적인 거동과 일자별 변화 양상 정도를 함께 고려하는 것이 바람직하다.

---

13 전용백 · 조상완, '현장 계측 기준과 계측관리 사례 분석', 대한토목학회 정기학술대회, 2003.

□ 안전율 개념을 이용한 토류공사의 안전 시공관리치의 사례 (정보화시공, 한국지반공학회)

측정항목	판정관리치	판정표			
		관리치	위험	주의	안전
토압, 수압	설계 시 이용한 투압분포(지표면에서 각 단계 근입 깊이)	$F_1 = \dfrac{설계에이용한토압}{실측에의한측압(예측)}$	$F_1 < 0.8$	$0.8 \leq F_1 \leq 1.2$	$F_1 > 1.2$
벽체변형	설계시의 추정치	$F_2 = \dfrac{설계시의추정치}{실측변형량(예측)}$	$F_2 < 0.8$	$0.8 \leq F_2 \leq 1.2$	$F_2 > 1.2$
토류벽 내 응력	철근의 허용 인장응력	$F_3 = \dfrac{철근의허용인장응력}{실측인장응력(예측)}$	$F_3 < 0.8$	$0.8 \leq F_3 \leq 1.0$	$F_3 > 1.2$
	토류벽의 허용 휨모멘트	$F_4 = \dfrac{허용휨모멘트}{실측휨모렌트(예측)}$	$F_4 < 0.8$	$0.8 \leq F_4 \leq 1.0$	$F_4 > 1.2$
Strut 축력	부재의 허용 축력	$F_5 = \dfrac{부재의허용축력}{실측된축력(예측)}$	$F_5 < 0.7$	$0.7 \leq F_5 \leq 1.2$	$F_5 > 1.2$
굴착저면의 융기량		허용 지반 융기량 (T. W. Lambe)			
침하량	각 현장마다 허용치를 결정	각 현장 상황에 맞는 허용 침하량을 지정하고, 이것을 초과하면 위험 또는 주의 신호로 판단한다.			
부등 침하량	건물의 허용 부등 침하량	기둥간격에 대한 부등 침하량의 비	$\dfrac{1}{300}$ 이상	$\dfrac{1}{300} \sim \dfrac{1}{500}$	$\dfrac{1}{500}$ 이하

그림 12.17 안전율 개념의 시공관리 기준(서울특별시, 2015)

라. 지반공학의 정보화 시공

우리의 삶에 새로운 기준new normal을 세우게 한 2020년 코로나 바이러스 사태에서 가장 기본적인 관찰법은 PCRPolymerase Chain Reaction(중합효소 연쇄반응) 검사다. 사람의 침이나 가래와 같은 가검물에서 RNA를 채취한 후 환자의 RNA와 비교해서 일정 비율 이상 일치하면 양성으로 판정하는 검사 방법이다. 지반을 대상으로 공사할 때의 PCR 검사는 계측이라고 해도 무방하다. 계측이라는 수단과 함께 과거 경험을 토대로 예측의 신뢰도를 판단하고 다음 공정을 진행시키는 과정이 정보화 시공이다. 지반공학이 가지는 불확실성과 전수조사가 어려운 상황으로 인해 설계에는 합리적인 가정이 필요하고 현장에서 얻게 되는 거동자료를 분석하여 참값에 근접해가는 것이 일반적이다. 이른바 순환적인 설계가 반복되는 PDCA PLAN-DO-CHECK-ACT[14] 개념을 도입한다.

관찰법 또는 정보화시공의 주요한 수단인 계측은 지반공학적인 거동을 예측하고 실제로

---

14 今村遼平 · 栗原則夫, 『地盤技術論のすすめ』 第4章, 鹿島出版会, 2008.

확인하는 유일하면서도 강력한 기술행위다. 계측을 통해 설계단계에서 설정된 가정을 확인 verification of design assumptions한다. 시공 중에는 안전을 확인하기 수단control of construction safety이 되며, 축적된 기술을 진일보시키는 도구upgrade of technical know-how로 삼을 수 있다. 또한 장기적으로 측정된 거동 자료는 유지관리 상태를 확인maintenance management하며 사고 조사나 분쟁이 발생할 때는 증거자료로 활용evidence to legal dispute할 수 있다. 지하굴착, 터널, 댐, 기초, 사면, 연약지반 개량, 흙막이 구조물 등 지반공학이 다루는 전 분야에 걸쳐 계측관리가 적용된다. 지반 구조물의 이상거동이 어떻게, 언제, 어디서, 왜 발생하는지를 알아내는 기법인 것이다. 정밀하고 정확하게 계측하기 위해서는 관련 기기가 도입되어야 하는데, 요구 조건을 6R's, 6L's로 정리[15]할 수 있다.

표 12.2 계측기기 요구 조건

R's	L's
Reason(선정 이유)	Low costs(저비용)
Reliability(신뢰도)	Lesser automation and sophistication(단순성)
Robustness and Ruggedness(견고성)	Low installation skill(설치 간단)
Resolution(해상도)	Least maintenance problems(유지관리 편의)
Range of Measurement(측정 범위)	Labor intensive technology(인력 집약 기술)
Response time(반응 시간)	Long life(장수명)

(1) 연약지반 처리와 정보화 시공

연약지반 위에 도로나 철도, 또는 부지를 만드는 과정에서 새로운 하중이 가해지기 때문에 침하가 발생하며, 허용할 수 있는 범위 내에 있도록 연약지반 처리 공사가 먼저 이루어진다. 길이 방향으로 이어지는 철도, 도로, 호안공사는 구간마다 연약지반 두께, 공학적 성질이 다르며, 해안가 연약지반은 뭍에서 바다 쪽으로 퇴적 환경 차이에 따른 변화를 보인다. 새만금 지구나 인천국제공항과 같이 바다를 메꾸어 부지를 만들 때는 수상 환경이 육상으로 바뀌어 매립공사부터 연약지반 처리까지 지반 조건, 호안축조, 단계별 하중 등 고려하여야 할 요소가 많아진다. 불확실성이 매우 큰 연약지반 처리에서 침하가 언제까지 얼마나 발생하는지를 파악하는 것이 중요하다. 현장 조사에서 얻은 자료를 활용하여 예비 설계를 통해 침하량

---

15 H.C. Verma, 'Need Potential and Might of Geotechnical Instrumentation in India', Fifth IGS Annual Lecture in Mumbai, 1982.

과 침하시간을 추정한 후 필요한 경우라고 생각되면 시험시공을 통해 확인하는 과정을 거친다. 본 시공에 들어가서는 대표 지점에 대해 침하와 간극수압을 측정하여 설계에서 예측한 값과 차이를 분석하고 새롭게 추정된 내용으로 다음 공정을 진행시킨다.

세계적으로 주목받은 연약지반 처리 사례는 오사카, 고베, 교토와 같은 대도시가 이어진 오사카만에 건설된 간사이국제공항일 것이다. 1987년에 시작되어 제1기 공사가 1994년에 종료되었고, 2001년부터 활주로 1기를 증설하는 공사가 시작되어 2007년 공용이 개시되었다. 해상에 건설된 인공섬은 길이 4.37km, 폭 1.25km 정도다. 지질학적으로는 제4기까지 침강이 지속되어 기반암은 약 1.2~2km의 심도에 위치하는 것으로 알려졌다. 상부 160m까지가 압축성 지반이고 최상부 20m는 충적세holocene 하상 연약 점토층이며 하부는 홍적세pleistocene에 퇴적된 모래와 점토층이 반복된다. 부지 외곽에 위치할 호안을 축조하기 위해 샌드드레인 공법을 적용하여 상부 정규압밀점토층을 개량하였다. 호안을 축조하는 과정에서 측정된 침하량은 지반조사에서 예측된 침하량보다 크게 발생하였다.

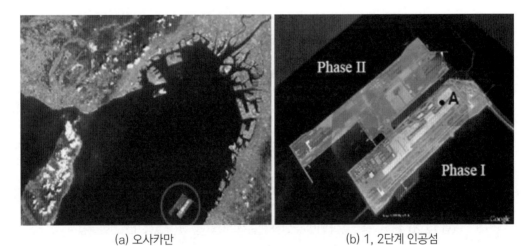

(a) 오사카만   (b) 1, 2단계 인공섬
그림 12.18 간사이국제공항 위치(Google Earth©)[16]

---

16 A. Puzrin et al., "Geomechanics of Failures" ch. 2 Springer, 2010.

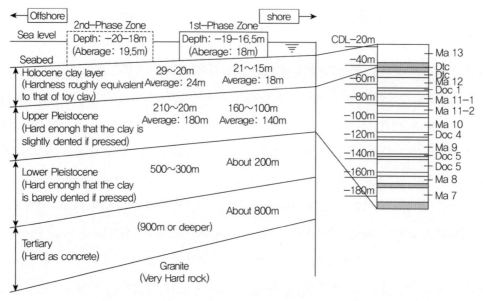

그림 12.19 건설부지 지층 단면: 흑색부 - 모래층, 백색부 - 점토층

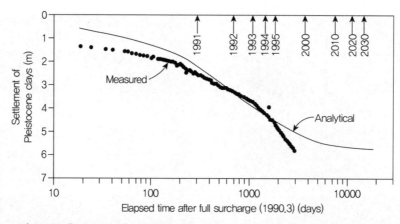

그림 12.20 홍적세 점토층의 압밀로 인한 인공섬의 침하량 발생(그림 5.10b의 A점)

샌드드레인 공법이 적용된 충적세층 상부 20m는 시공 도중에 거의 90% 압밀되어 침하량은 6m 정도가 발생하였다. 이 점은 설계 당시에도 예측되어 내부 성토와 호안도 미리 그만큼 정도를 높게 시공하였다. 그러나 완만한 속도로 발생한 하부 홍적세 점토층의 추가 침하량에 대해서는 충분하게 고려하지 못했다. 1999년까지 즉시 침하는 1m 정도, 연간 15cm 정도의 추가 침하량은 전부 5m 정도로 발생하였다. 건설 당시 여성토층은 즉시 침하와 홍적세층의 압밀침하량 일부만을 담당할 수 있었다. 원 설계에서는 홍적세 점토층의 침하량을 상정하지

않았다. 이 층에서의 침하가 발생하여 전체 부지에서 추가 침하량이 발생하고 있다는 사실이 확실해지자, 침하량을 재평가하려는 시도가 있었다(Endo et al., 1991). 이 평가에서는 공사 초기 현장에서 측정된 자료를 근간으로 하였으나 정확한 예측치를 제공할 수 없었다. 분석을 거듭하여 새로운 사실이 확인되었다. 첫째로 즉시 침하량이 예측보다 훨씬 크게 발생했다. 다음은 압밀이 시작된 시점부터 예측보다 매우 느리게 침하가 발생하는 것이었다. 마지막으로 압밀이 종료될 것으로 예상된 시점 이후에도 발생 속도가 늦춰지지 않는다는 점이다.

간사이국제공항의 경우와 같이 대규모 매립공사에서 중요한 문제는 현장과 실내 시험의 결과만을 토대로 침하발생을 정확하게 예측하기 어렵다는 것이다. 이는 ① 공간적으로 흙의 물성치와 배수 경로를 충분히 파악할 수 없고, ② 실험으로 구한 압밀계수와 2차 압축지수는 실제 현장에서 측정된 값과 상당한 편차를 보일 수 있다는 이유에서다. 따라서 공사 시작 전의 실험 결과는 단지 설계 당시에만 활용할 수 있는 값이다. 불확실성이 큰 매립공사에서는 시공 진행 과정에서 얻을 수 있는 변화를 능동적으로 대처할 수 있는 설계기법이 필수적이다. 정보화 시공을 통해 시공 중에 관련 현상을 측정하여 얻은 거동자료를 토대로 역해석을 수행하고, 설계에서 추정한 모델 물성치를 재검토한 후 다음 단계를 예측하는 과정을 반복적으로 진행한다. Terzaghi가 이름 붙인, 실행하면서 배우는 방식learn-as-you-go method의 전형적인 사례다.

(2) 흙막이 굴착과 정보화 시공

연약지반 위의 성토하중은 하부와 주변 지반에 압축력을 가해 변형시킨다. 즉, 수동 상태에서 지반이 침하되거나 활동된다. 반면에 흙막이 굴착은 배면지반에 인장력을 가하는 경우가 되므로 변형속도가 빠르고 변위량도 커진다. 또한 응력해방을 유발하는 굴착속도도 거동 정도에 크게 영향을 미친다. 동일한 현장 내에서도 과거 지형 조건에 따라 지반 조건이 차이가 나서 흙막이 구조물의 강성의 지반강성과 상대적인 비에 따라 변형 양상이 달라진다.

과거 구릉지와 하천이 지나간 지역을 매립하여 만들어진 325m×128m 정도의 부지에 H-Pile과 토류판으로 구성된 흙막이 벽체를 어스앵커로 지지하면서 최대 약 20m까지 굴착하는 현장이 있었다. 낮은 산지였던 지역은 매립층이 얕고 바로 풍화대가 나타났으며, 하천이었던 곳은 하상퇴적에 의해 실트질 점토를 포함하는 퇴적층이 분포하고 풍화대는 깊은 심도에서 나타났다. 지하수위는 지표면 아래의 10~20m 지점에 있는데, 지표고가 차이가 나는 상태이어서 대체로 퇴적층 하부나 풍화토층 상부에 위치한다. 지반 조건과 인접 공사와 연관성을 고려하여 A~M까지 13개 구역으로 구분하여 분석 기준을 다르게 설정하였다. 각 구역의 대표 단면에 대해 지중경사계, 지하수위계, 하중계^{loadcell}를 배치하여 흙막이 구조물의 거동 양상을 살펴보았다. 비슷한 지반 조건을 지니고 있더라도 지반 조건과 공정 진행 양상에 따라 수평변위량과 변위 형태도 달라지는 경우가 관찰되었다.

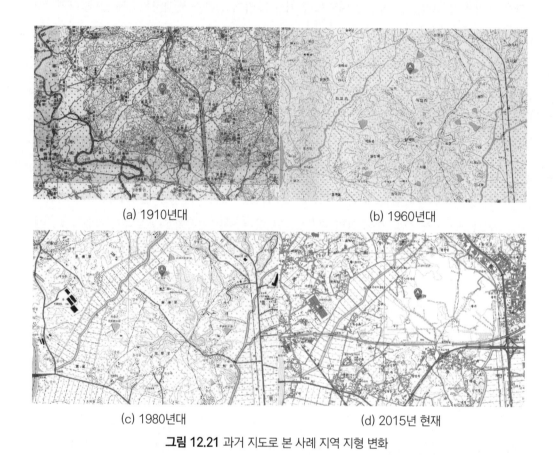

(a) 1910년대   (b) 1960년대

(c) 1980년대   (d) 2015년 현재

그림 12.21 과거 지도로 본 사례 지역 지형 변화

G구역과 H구역은 약 30m 떨어진 단면으로서 지반 조건은 풍화토로 구성되어 있다. G구역의 경우에는 코너부이기 때문에 3차원적인 구속효과로 인해 변위가 억제되고 선형적인 거동 양상을 보인 반면, H구역의 경우에는 H-Pile로 구성된 연성벽체로 지지되는 토사지반의 전형적인 수평변위 형태를 보이면서 1차 관리 기준치인 0.2%H 정도의 최대 수평변위 양상을 보였다. 공사 완료 시까지 특별한 문제점이 없는 상태에서 굴착공사가 진행되었다.

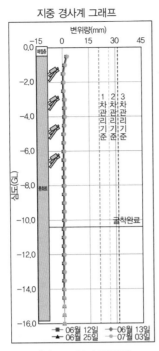

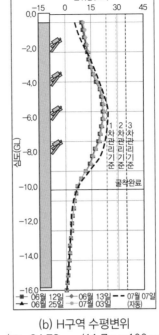

(a) G구역 수평변위

$\Delta\max/H = 2.36\text{mm}/10.4\text{m} \times 100 = 0.023\%$

(b) H구역 수평변위

$\Delta\max/H = 24.79\text{mm}/11.7\text{m} \times 100 = 0.212\%$

그림 12.22 풍화토 지반의 인접 구역 수평변위 발생 양상

약 50m 정도의 간격으로 구분된 C~E구역의 경우 3차 관리 기준치를 상회하는 수평변위가 발생하였고, 하중계 측정값도 30tf 이상으로서 굴착이 완료된 당시도 수렴되지 못하여 진행성 변위가 예상되었다. 지표면 부근의 수평변위량이 커서 굴착공사 초기에 변위를 효과적으로 억제하지 않았을 가능성이 크다. 최대 수평변위 발생지점이 하부로 이동하는 것이 일반적인 양상이다. C와 E구역은 초기에 발생한 변위 형태가 굴착 완료 때까지 유지되고 있으므로 흙막이 벽체면에서 먼 곳까지 지반거동이 유발되었다. 목적구조물을 설치하는 과정 중에도 안정성이 우려되어 하부에 어스앵커를 추가로 보강하였고, 변위가 수렴되기 전에는 상부에 지하 구조물을 설치하기 위한 크레인이 놓이지 않도록 조치하였다. 또한 조속히 기초를 설치한 후 되메우기를 시행할 것을 권고하였고, 상당량의 토압을 지지하는 하부 앵커 중 30tf 이상의 반력값을 보이는 부분은 제거하는 대신에 매몰하는 것으로 추천하였다.

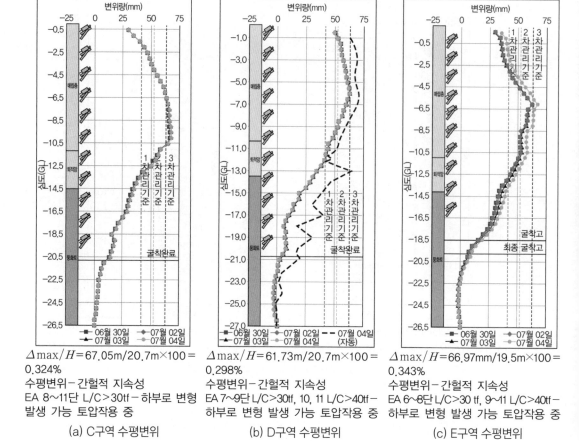

$\Delta \max / H = 67.05m/20.7m \times 100 = 0.324\%$
수평변위 – 간헐적 지속성
EA 8~11단 L/C>30tf – 하부로 변형
발생 가능 토압작용 중

(a) C구역 수평변위

$\Delta \max / H = 61.73m/20.7m \times 100 = 0.298\%$
수평변위 – 간헐적 지속성
EA 7~9단 L/C>30tf, 10, 11 L/C>40tf –
하부로 변형 발생 가능 토압작용 중

(b) D구역 수평변위

$\Delta \max / H = 66.97mm/19.5m \times 100 = 0.343\%$
수평변위 – 간헐적 지속성
EA 6~8단 L/C>30 tf, 9~11 L/C>40tf –
하부로 변형 발생 가능 토압작용 중

(c) E구역 수평변위

그림 12.23 퇴적토와 풍화토 지반이 혼재된 인접 구역 수평변위 발생 양상

(3) 터널 굴착과 정보화 시공

땅속에 철도와 도로와 같이 길이 방향으로 연속된 공간을 만들어 구조물을 설치하는 것이
터널이다. 터널을 굴착하는 방법은 발파나 기계를 사용하는 절취 방법의 차이도 있지만 굴착
으로 인해 주변 지반이 느슨해지는 것을 어떻게 방지하느냐에 따라서도 구분한다. 강재나
목재를 사용하여 이완하중 전체를 지지하는 재래식 공법, 원통형 기계를 사용하여 굴착한
직후 미리 제작된 철근콘크리트 구조물을 설치하는 실드공법 그리고 원지반의 강도를 최대
로 활용하는 NATM 공법이 대표적이다.

NATMNew Austrian Tunneling Method 공법은 SEMSequential Excavation Method 또는 SCLMSprayed
Concrete Lining Method으로도 불린다. 정밀하게 지반의 거동을 측정하면서 강도를 유지하도록 숏크리트(1차 지보재). 록볼트(2차 지보재)를 사용하여 지반강성을 유지하고 변위를 억제하면서 안정된 지하공간을 만들 수 있다. 1950년대 후반부터 오스트리아의 터널 기술자인 Rabcewicz, Müller, Pacher 등이 기존의 터널 기술을 공학적으로 논리를 정립하여 공법화시켰다. 재래식 터널공법은 굴착으로 발생된 하중 전체를 지보재가 감당하도록 하여 지반과 지보공 사이에서 지반변형을 허용하게 되므로 시간이 경과함에 따라 더 큰 하중이 지보재에 작용하게 되어 지반 변형을 크게 초래하는 단점을 내포하고 있었다. NATM은 암반 자체 원지반의 강도를 이용하여 보다 신속하고 경제적인 지하공간을 확보할 수 있는 공법으로서 우리나라의 대부분 터널에서 적용되고 있다.

지반 강성을 최대한 활용하기 위해서는 발파나 기계를 사용하여 굴착한 후 지보재를 적기에 설치하는 것이 요체다. 이때 굴진 길이와 넓이, 지보재의 강성, 즉 두께나 길이, 간격을 결정하는 것은 굴착면의 지반 상태를 조사한 결과를 토대로 하며, 본 구조물인 라이닝이 설치되기 전까지 안정 상태를 계측을 통해 확인한다. 즉, 굴착지반의 지반 또는 지질공학적 성질과 시간경과에 따른 강성 변화를 주기적으로 측정함으로써 공정 진행을 결정한다는 측면에서 관찰법 또는 정보화 시공의 전형적인 사례이고, 개발 당시부터 이를 염두에 두었다.

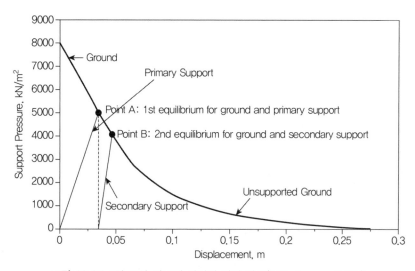

그림 12.24 1차, 2차 지보재 설치와 지반 거동(E.T. Brown, 1981)

터널을 설계할 때는 일정한 간격으로 시추 조사를 하고 물리탐사, 노두조사를 통해 지반등급을 결정한다. 설계기술자의 판단에 근거하여 지반등급에 따라 구간별로 굴진 길이, 숏크리트 두께, 록볼트 길이와 간격, 강지보 규격, 보조공법 적용 여부를 정하여 설계도서에 반영한다. 지반의 불확실성으로 인해 실제 시공에서는 등급이 바뀌고, 미처 파악하지 못한 파쇄대, 지하수 용출부 등의 취약지반이 출현하면 기본 지보재 외에 보강공법이 강구된다. 터널 설계 과정에서 지반조사를 통해 얻을 수 있는 정보는 제한적이다. 새로운 막장면을 관찰하여 설계에서 예측한 등급과 일치하는지를 확인하여 다음 공정을 진행시키고 만약 예상 등급보다 취약한 경우나 전방에 지질학적 취약대가 나타날 것으로 예측되면 등급을 변경하여 안정을 유지한다.

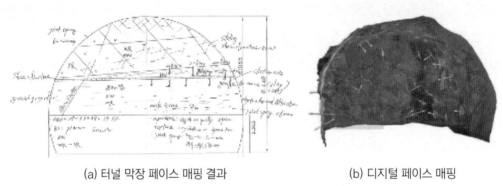

(a) 터널 막장 페이스 매핑 결과   (b) 디지털 페이스 매핑

그림 12.25 터널 막장 암반 페이스 매핑

막장면이 노출되었을 때 지반강성을 효과적으로 유지하기 위해 신속하게 맵핑하는 방법으로 수기로 관찰하는 대신에 디지털 촬영기술이 도입되고 있다. 또한 다섯 개로 구분된 기존의 표준패턴을 세분화하여 취약부 처리에 능동적으로 대처하는 기법도 개발되었다. 막장에서 관찰한 지반 상태를 정량화하는 것 외에 이미 굴착된 부분의 거동 상태를 파악하는 계측관리도 정보화 시공의 주요한 부분이다. 터널공사에서 계측은 일상적인 시공관리를 위한 일상계측과 지반거동의 정밀분석을 위한 정밀계측으로 구분한다. 일상계측은 일상적인 시공관리상 반드시 실시하여야 할 항목으로서, 터널 내 관찰조사, 내공변위 측정, 천단침하 측정 등을 포함한다. 정밀계측은 지반 조건 또는 주변 여건에 따라 지반 및 구조물의 거동을 보다 상세히 관찰할 목적으로 일상계측에 추가하여 선정하는 항목으로서 현장 조건을 고려한다. 지중변위 측정, 록볼트 축력 측정, 숏크리트응력 측정, 강지보응력 측정, 지중침하 측정 등을 포함한다.[17]

구 분	P-1	P-2	P-3	P-4	P-5
개요도	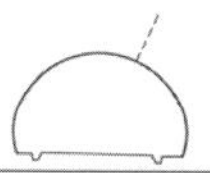	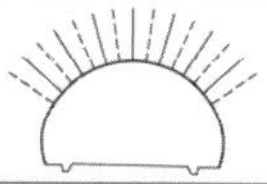	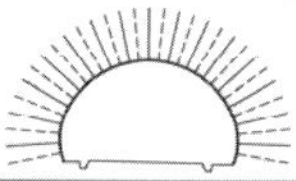	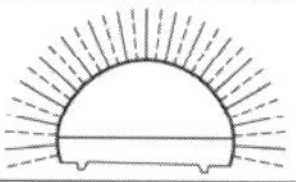	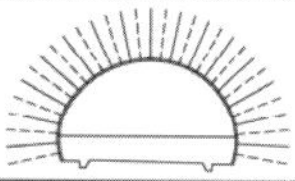
굴진장	4.0m	4.0m	2.5m	1.5/3.0m	1.2/1.2m
숏크리트	5cm(일반)	6cm(강섬유)	9cm(강섬유)	12cm(강섬유)	16cm(강섬유)
록볼트	랜덤(L=3m)	2m간격(L=3m)	1.5m간격(L=4m)	1.5m간격(L=4m)	1.5m간격(L=4m)
강지보	–	–	(50×20×30)	50×20×30	70×20×30
보조공법	–	–	–	(포어폴링)	포어폴링(선진보강)

(a) 일반적인 지반등급별 표준 굴착과 지보 패턴

구분	A	B-1	B-2	C-1	C-2	D-1	D-2	E-1	E-2
RMR	100~81	80~71	70~61	60~51	50~41	40~31	30~21	20~11	10이하
개요도				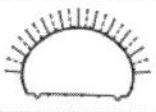	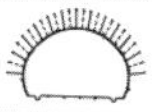	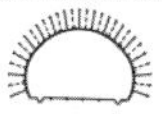	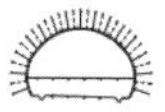	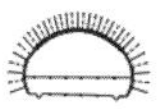	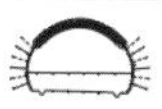
굴진장	4.0m이상	3.5~4.0m	3.0~3.5m	2.5~3.0m	2.0~2.5m	1.5~2.0m	1.5/3.0m	1.2/2.4m	1.2/1.2m
숏크리트	5cm (일반)	5cm (강섬유)	6cm (강섬유)	8cm (강섬유)	9cm (강섬유)	12cm (강섬유)	12cm (강섬유)	16cm (강섬유)	16cm (강섬유)
록볼트	랜덤 (L=3m)	2.5m간격 (L=3m)	2.0m간격 (L=3m)	1.8m간격 (L=4m)	1.5m간격 (L=4m)	1.5m간격 (L=4m)	1.5m간격 (L=4m)	1.2~1.5m (L=4m)	1.5m간격 (L=4m)
강지보	–	–	–	–	(50×20×30)	50×20×30	50×20×30	70×20×30	H-100
보조공법	–	–	–	–	–	포어폴링	포어폴링	포어폴링	선진보강

(b) 세분된 지보 패턴

그림 12.26 터널 지보 패턴[18]

일정 간격으로 대표 단면에 대해 설치되는 계측기기를 통해 해당 부분의 터널 변위, 지반과 지보재의 응력 상태를 파악한다. 그런데 한 측점에서의 계측자료뿐만 아니라 전후 단면의 거동 자료를 함께 3차원적으로 살펴봄으로써 이미 굴착된 후방 부분의 안정성을 분석하기도 한다. 지반 상태가 불량한 양산단층대 700m 정도를 통과하는 경부고속철도 시공 사례[19]에서 보면 약 90m를 굴진하였을 때 후방 60m 지점에서 천단침하가 약 40cm 정도로 갑자기 증가하고 숏크리트에서 종횡 방향 균열이 발생하였다. 토피고가 약 25m 정도인 지표면 도로에서 약 14cm 정도의 지표침하가 발생하고 도로 교량의 교대부가 파손된 것이 관찰되었다. 막장면에 숏크리트를 타설하고 압성토로 변형을 방지하며, 지상부에서 주입공법을 적용하는 등의 응급조치를 시행하였다. 정밀조사 결과, 주변 지반에서 소성영역이 증가하여 편토압이 작용한 것으로 밝혀졌다. 강관보강 그라우팅과 터널 인버트 하부 마이크로파일을 적용하여 안정

---

17 국토교통부, 『터널설계기준』, 2006.

18 박권제 외, '신개념 고속도로 터널공법(Ex-TM) 소개', 한국터널지하공간학회지, Vol. 17, No. 4, 2015.

19 이종민 외, '경부고속철도 제12-4공구 양산단층대 통과구간 복안터널 시공사례', 대한토목학회지, 제58권 제9호, 2010.

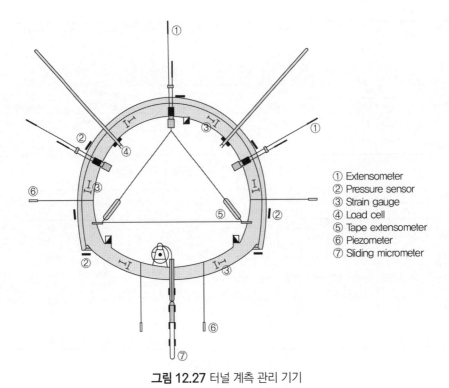

그림 12.27 터널 계측 관리 기기

① Extensometer
② Pressure sensor
③ Strain gauge
④ Load cell
⑤ Tape extensometer
⑥ Piezometer
⑦ Sliding micrometer

을 확보하고 지상의 도로 구조물을 보호하기 위한 소구경 말뚝공사도 시행되었다.

실시설계 당시에도 단층점토가 섞인 각력암층이 풍화암 정도의 상태로 조사되어 해당 구간에 보강이 이루어졌다. 실제 굴착한 후 관찰한 바에 따르면 대부분 점토로 구성된 단층대이며 팽창성 점토광물을 함유한 것으로 확인되었다. 이로 인해 굴착이 진행된 후 시간이 경과함에 따라 지반강성이 낮아지고 터널 구조물과 지상부 도로에 문제점이 발생한 것으로 파악되었다. 육안으로 관찰한 거동양상을 계측관리를 통해 정량화함으로써 문제점을 극복할 수 있는 기본 자료로 활용하였다. 이후에도 자동화 계측관리를 적용하여 실시간으로 상태를 측정하여 불확실성이 주는 불안 요인을 해소하면서 공사를 마무리할 수 있는 것으로 보고되었다.

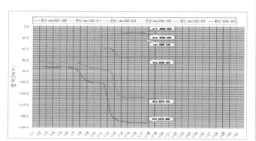

(a) 천단침하 증가

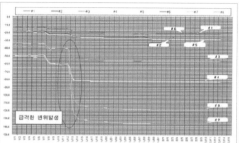

(b) 지표 침하 증가

(c) 터널 내 숏크리트 종 방향 균열

(d) 지표면 교량 교대부 파손

그림 12.28 터널 거동과 문제점 발생

제13장
지반사고 조사 글쓰기

제 **13** 장

지반사고 조사 글쓰기

13.1 이야기의 탄생

현대 과학자는 지구 나이를 45억 년이라고 믿는다. 1950년대 초 방사성 연대 측정에서 나온 증거를 활용한 연구 결과다. 인류가 등장한 것은 400만 년에서 600만 년 전이라고 추정하고 현생인류는 20만에서 30만 년 전부터 지구상에 있었을 거라고 짐작한다. 지구 나이와 함께 생각해볼 때 인간이 존재하는 기간은 찰나에 불과하다. 짧은 시간에 많은 일이 일어났다. 현생인류가 살아온 20만 년 중 대부분의 시간은 문자 없이 살았다. 1만 년 전에 지구 끝까지 흩어진 인류는 어떻게 세상을 만들어왔을까? 이에 대해 고고학이나 인류학 분야에서 주로 다루고 있는데, 문화인류학자인 제러드 다이아몬드Jared Mason Diamond(1973~)는 총·균·쇠라는 아이템으로 인류의 운명 변화를 살폈고 경제학자인 제프리 삭스Jeffrey Sachs(1954~)는 지리·기술·제도 측면에서 설명했다.

역사학자인 유발 하라리Yuval Noah Harari(1976~)는 구석기 시대부터 현재까지 인류의 진로를 세 개의 혁명으로 조망했다. 7만 년 전 구석기 시대의 인지혁명은 호모사피엔스가 지구를 정복하게 된 촉발점이다. 동시대에 같이 생존했던 네안데르탈인이 소리를 내는 데 그쳤다고 한다면 호모사피엔스는 해부학적 구조가 진화되면서 '말'을 하게 되었다. 관찰한 현상을 생존에 필요한 정보로 전달하고 축적된 경험과 지식으로 사고방식을 전환하는 계기로 삼았다. 다른 동물에 비해 취약한 신체구조를 가진 인간이 공동으로 생활하는 50명 정도의 무리를 만들었다. 사냥, 식수 확보, 먹어도 되는 식물 등의 정보를 공유하고 철마다 바뀌는 날씨에 대해 말할 수 있게 되었다. 과거 경험을 회상하여 현재에 필요한 정보로 가공하고 제공할 수 있는 어른이 존경받는 단계에 이르면서 150명 정도의 씨족사회가 형성되었다. 인류학자는 이 정도의 규모는 단단한 조직집단으로 유지될 수 있는 인지적 제약한계라고 분석한다. 씨족은 공동의 이야기를 갖게 된다. 할아버지, 할아버지의 할아버지 때의 이야기를 나누면서 씨족의 상징이 생기고 숭배 대상을 갖게 된다. 씨족마다 저마다의 이야기를 가지게 되며, 보지 못한 조상에 대해 집단적으로 상상할 수 있는 소재가 만들어지고 후대에 전해진다.

씨족 간에 협력과 다툼이 거듭되면서 1,500명 규모의 부족사회로 나아간다. 부족을 이끌기 위해서는 조상신이나 자연신과 같이 씨족사회를 지배했던 이념을 넘는 다른 무엇이 필요했을 것이다. 가상의 실재를 제시하고 지배와 피지배 간의 균형을 유지할 수 있는 무형의 존재 또는 도덕이나 윤리와 같은 질서 개념을 고안하는 단계가 이어졌다. 수백 명에서 수천 명을 통합하고 이끌기 위한 서사가 만들어지고 동굴과 같은 신성한 공간을 찾아 의례를 집행하였다. 4만 년 전쯤을 전후로 예술, 언어, 종교 행위를 포함한 문화적 행위가 크게 발전한다. 글자가 없었던 시대는 그림이 문자의 역할을 대신했다. 동굴벽화나 암각부조, 짐승 뼈에 새겨진 선각화가 발견되었다. 동굴벽화는 구석기 시대 인류가 어떻게 생각했고 무엇을 전하려 했는지 짐작할 수 있게 해주는 단서다. 최근 연구에 따르면 스페인의 동굴벽화는 7만 4,000년 전의 것으로 추정되며 인도네시아 보르네오에서 발견된 벽화는 5만 년 된 것으로 보고되었다. 약 3만 년 전에 시작한 구석기 시대 후기가 되면서 실용적인 기능과 연관된 미술작품이 나타난다. 프랑스의 라스코 동굴벽화Lascaux Cave와 스페인의 알타미라 동굴벽화Altamira Cave는 후기 구석기 시대인 기원전 15000에서 10000년에 그려졌던 것으로 추정하고 있다.

그림 13.1 라스코 동굴벽화   **그림 13.2** 알타미라 동굴벽화

서사시敍事詩, epic는 역사적 사실이나 신화, 전설, 영웅의 사적을 서사적 형태로 쓴 시다. 기원전 4000년경부터 글자가 발명되면서 부족에서 전승되던 이야기가 도시국가의 통치를 위한 서사시로 변하여 전해지고 있다. 최초의 서사시는 우르크를 통치했던 길가메시의 이야기다. 트로이 전쟁 영웅 오디세우스가 10년간에 걸쳐 고향으로 돌아오는 모험담을 그린 호메로스의 오디세이아보다 1,700년이나 앞선 것이다. 길가메시의 등장과 모험, 수메르의 신, 인간창조, 대홍수 등 길가메시의 행적과 당시 사건을 기록하면서 수메르 왕조의 정당성을 입증하고 미래에 대한 희망을 노래하고 있다.

영생불사의 꿈을 이루지 못하고
지친 몸으로 고향 우루크에 돌아왔지만,
길가메시처럼 훌륭한 왕 결코 없었다.
먼 길을 떠나 심연을 들여다보고
대홍수 이전의 비밀을 밝혔던 사람이다.
이 세상 모든 걸 알았던 현자다.
세상의 모든 일들을 경험했던 사람이다.
온갖 역경을 겪으며 죽을 고생을 했지만
역경이란 역경을 다 이겨 냈던 사람이다.
길가메시, 고향에 돌아와 새 힘을 얻고
청금석에 고난의 여정을 새겼다.
위대한 왕이요 영웅이었으나
영생은 얻을 수 없었으니, 그것이
필멸의 인간 길가메시의 운명이었다.
죽음의 어둠이 닥쳐 생명의 빛 잃었으나
슬퍼하거나 절망하지 말라!
육신은 사라졌으나 그 이름 영원하리라!
영원한 생명 얻지 못했으나
명계에서 죽은 자들의 왕이 되리라!
신들 사이에 속해 신들과 벗하리라![1]

1   지은이 미상, 『길가메시 서사시』, 김종환 옮김, 지식을 만드는 지식, 2017, p.152.

지구문명에서 처음으로 만들어진 글자는 수메르인이 기원전 3000년경부터 사용한 쐐기문자cuneiform 또는 설형문자楔形文字다. 쐐기문자는 갈대 가지로 만든 첨필stylus로 점토판에 썼다. 세금 수령과 식량 지급을 기록하는 수단으로 쓰기 시작했던 문자는 시간이 지남에 따라 유연하고 풍부한 표현력을 지닌 추상적인 매개체로 발전하게 되었다. 이후 기록 장치로 점토판 외에 죽간, 풀잎, 동물 뼈를 사용하게 되었고, 무엇인가를 기록하는 단계로 발전했다. 비로소 선사 시대에서 역사 시대로 진입한 것이다. 전할 이야기는 많았겠지만 글을 알고 쓸 수 있는 사람은 매우 적었다. 서기 105년경 종이가 만들어지고 15세기에 금속활자가 발명되었다 하더라도 글을 쓰고 문자를 소비할 수 있는 사람은 극소수의 권력집단과 지식계급이었다. 종이와 잉크는 비쌌고 책은 컸다. 상당수 이야기는 여전히 구전될 뿐이었다. 화자의 기억에 의존해서 말로 전해지는 이야기는 윤색과 각색이 덧입혀졌고 지역마다 다른 버전이 생겨났다. 길가메시 서사시의 대홍수는 구약성경에도 등장하며 영원한 생명을 희구하는 절규는 이집트 파라오 미라를 만들게 했다. 더 풍부한 사례와 결말이 더해지면서 풍성한 인류 문화가 되었다. 이야기는 사람이 존재하는 배경이다. 조상과 창조주, 변화무쌍한 자연의 이야기는 신산한 현재를 이겨내며 불확실한 미래를 점치고 대비하게 한 문화 산물이다.

그림 13.3 수메르의 쐐기문자

이야기는 어디서 시작되는가. 지극히 단순하게 축약하면 호기심이다. 여름밤 명석 위에서 외할머니가 "수숫대가 빨개진 이야기 해줄까?"라며 두 남매와 호랑이가 등장하는 이야기를 풀어내셨다. 먼 옛날 인류는 나와 조상이 궁금하고 삼라만상이 어떻게 운동하는 것을 알고 싶었다. 구전문학口傳文學은 민요·민화民話·옛이야기·전설·설화 등이 포함된 언어예술로서 문자화되지 않고 말로써 전승된 것을 말한다. 동화작가인 그림 형제는 동화와 민화를 수집하여 현재 접할 수 있는 동화책을 만들었다. 글을 몰랐던 외할머니도 그렇게 호랑이 이야기를 나에게 전해준 것이다. 모두 호기심 많은 청자聽子가 있었기에 가능한 일이다.

중세를 지배했던 로마 가톨릭 교회의 개혁이 시작한 것은 1517년 10월 31일 마틴 루터가 비텐베르크 교회 정문에 라틴어로 쓴 '95개조 반박문'을 붙이면서다. 격렬한 논쟁 끝에 파문 당한 루터는 바르트부르크성에서 10개월 정도 머물면서 1521년 12월에 라틴어 신약성서를 독일어로 번역해서 출간했다. 이미 독일어로 번역된 성경이 있었지만 일반인이 읽기에 너무 어려웠고 비쌌다. 시장 상인과 농부도 읽을 수 있는 쉬운 독일어를 사용하여 글을 아는 누구나 접근이 가능하도록 하였다. 1455년 구텐베르크가 인쇄한 성경은 당시 소 200마리 값에 해당할 정도였는데, 100분의 1 정도로 싸게 출간함으로써 독자층을 넓혔다. 성직자만 읽고 해석하는 성경 이야기를 의지만 있다면 누구나 읽을 수 있게 하여 종교 개혁을 가속화하였다. 저들만의 성서를 일반 대중이 읽게 된 것이다. 번역된 성경이 누가 어떤 목적에서 읽는지, 어떤 변화를 불러일으킬지 모르는 상태에서 루터는 '만인 제사장론'을 폈다. 성직자를 통하지 않고도 신과 성도가 직접 소통할 수 있도록 쉬운 독일어 성서를 출간했다. 글이 무기가 된 것이다.

우리나라의 최초의 한글 소설은 『홍길동전』이다. 어머니의 신분에 따라 계급이 결정되는 조선 시대에서 서얼로 태어난 홍길동은 힘없는 백성이 주인인 세상을 만들기 위해 부패한 사회에 도전하였다. 16세기 이후 빈번했던 농민봉기와 그것을 주도했던 인간상에 대한 구비 전승을 근간으로 하였다. 최초의 소설인 김시습의 『금오신화』는 한문으로 되어 독자가 식자층으로 한정되었다. 광해군 때의 학자이며 정치가였던 허균(1569~1618)이 『홍길동전』을 한글로 지었다는 측면을 주목할 만하다. 지배층의 문화상품을 백성들에게 확대할 수 있는 계기가 되었다. 평소 백성을 두려워하지 않고 핍박을 하면 언젠가는 아래로부터 혁명이 일어난다고 주장한 허균의 생각을 이야기로 풀어놓은 것이다. 이야기는 시대상을 반영한 것이고, 청자 또는 독자층이 있으므로 인해 널리 퍼질 수 있다. 더불어 대다수 민중이 관심을 갖는 사회문제는 인기 있는 이야기 소재다.

유네스코가 지정하는 '세계기록유산Memory of the World'은 인류의 사상과 발견, 성과를 문자와 이미지, 기호로 기록된 동산 유산이다. 엄격한 등재 기준을 만족하는 정품을 대상으로 하며 특정 문화권에서 역사적 의미가 분명해야 한다. 우리나라의 경우에는 1997년 훈민정음과 조선왕조실록이 등재된 이래로 직지심체요절, 승정원일기, 조선왕조의궤 등 16개가 올라 있다. 실록은 태조부터 철종까지 25대 472년간을 편년체로 기록한 것으로 모든 방면의 역사적 사실이 망라되었다. 방대한 분량도 의미가 있지만 철저하게 독립적으로 기술하여 당시 사회상을 세밀하게 기록하였다.[2] 한글이 훈민정음으로 반포된 세종 28년 1446년 9월 29일의 실록을 살펴보자.[3]

---

2 문화재청, 『한국의 세계유산』, 눌와, 2010, pp. 162-163.

이달에 《훈민정음訓民正音》이 이루어졌다. 어제御製에,

"나랏말이 중국과 달라 문자와 서로 통하지 아니하므로, 우매한 백성들이 말하고 싶은 것이 있어도 마침내 제 뜻을 잘 표현하지 못하는 사람이 많다. 내 이를 딱하게 여기어 새로 28자字를 만들었으니, 사람들로 하여금 쉬 익히어 날마다 쓰는 데 편하게 할 뿐이다.

(중략)

예조 판서 정인지鄭麟趾의 서문에,

계해년(1443) 겨울에 우리 전하殿下께서 정음正音 28자字를 처음으로 만들어 예의例義를 간략하게 들어 보이고 명칭을 《훈민정음訓民正音》이라 하였다. 물건의 형상을 본떠서 글자는 고전古篆을 모방하고, 소리에 인하여 음音은 칠조七調에 합하여 삼극三極의 뜻과 이기二氣의 정묘함이 구비 포괄包括되지 않은 것이 없어서, 28자로써 전환轉換하여 다함이 없이 간략하면서도 요령이 있고 자세하면서도 통달하게 되었다. 그런 까닭으로 지혜로운 사람은 아침나절이 되기 전에 이를 이해하고, 어리석은 사람도 열흘 만에 배울 수 있게 된다. 이로써 글을 해석하면 그 뜻을 알 수가 있으며, 이로써 송사訟事를 청단聽斷하면 그 실정을 알아낼 수가 있게 된다.

(하략)

1443년에 창제된 훈민정음이 3년이 지난 후 반포된 것은 군신 간에 의견을 조율하는 과정이 있었기 때문이다. 세종대왕의 싱크탱크인 집현전조차도 반대하였다. 부제학 최만리의 반대의견을 1444년 2월 20일 실록에서 들을 수 있다.

집현전 부제학集賢殿副提學 최만리崔萬理 등이 상소하기를,

"신 등이 엎디어 보옵건대, 언문諺文을 제작하신 것이 지극히 신묘하와 만물을 창조하시고 지혜를 운전하심이 천고에 뛰어나시오나, 신 등의 구구한 좁은 소견으로는 오히려 의심되는 것이 있사와 감히 간곡한 정성을 펴서 삼가 뒤에 열거하오니 엎디어 성재聖裁하시옵기를 바랍니다.

우리 조선은 조종 때부터 내려오면서 지성스럽게 대국大國을 섬기어 한결같이 중화中華의 제도를 준행遵行하였는데, 이제 글을 같이하고 법도를 같이하는 때를 당하여 언문

---

3 http://sillok.history.go.kr/main/main.do

을 창작하신 것은 보고 듣기에 놀라움이 있습니다. 설혹 말하기를, '언문은 모두 옛 글자를 본뜬 것이고 새로 된 글자가 아니라.' 하지만 글자의 형상은 비록 옛날의 전문 篆文을 모방하였을지라도 음을 쓰고 글자를 합하는 것은 모두 옛것에 반대되니 실로 의거할 데가 없사옵니다. 만일 중국에라도 흘러 들어가서 혹시라도 비난하여 말하는 자가 있사오면, 어찌 대국을 섬기고 중화를 사모하는 데 부끄러움이 없사오리까."

(하략)

마치 옆에서 방청하는 것처럼 최만리의 목소리가 생생하게 들린다. 세종은 토론 후에 최만리를 포함한 일곱 명 관리를 의금부에 하옥한 후 다음 날 풀어주라고 명했다. 당시 상황이 역동적으로 느껴진다. 더하거나 빼지 않은 기록은 당시를 정확하게 이해할 수 있게 하며 글의 힘을 느끼게 한다. 실록은 사극 드라마의 텍스트다. 실록에 수록되지 않은 부분은 작가의 상상력으로 흥미진진한 이야기가 전개된다. 꼼꼼하고 정확한 기록은 힘이 세다.

모범이 될 만한 문학이나 예술 작품으로서 오랫동안 많은 사람이 읽는 책을 고전이라고 한다. 과학 분야의 고전 중 최초의 것이라고 볼 수 있는 것은 플리니우스(23?~79)가 지은 『자연사Naturals Historia』다. 우주, 기상, 지리, 인간 등 2만 개 항목을 37권에 수록하였다. 2,000명 정도의 저자의 책을 참고하였고 인간과 자연의 바른 관계를 추구하는 자세를 견지하였다. 로마 함대의 사령관이었던 플리니우스는 79년에 베수비오 화산 폭발로 사망할 때까지 지속적으로 수정하였다고 한다. 그가 생존했던 시기는 로마의 전성기로서 퇴폐적인 사회상을 비판하며 자연을 어떻게 바라봐야 하는지를 설파하였다.[4]

"자연은 인간을 위해 존재하는 것이다. 인간이 자연을 똑바로 인식하고 자연에 접근하면 비로소 모든 것이 인간에게 유용하게 된다. 그러나 잘못 이용하면 자연의 은혜를 입지 못하고 자연한테서 복수를 당하게 된다."

교황 프란치스코는 "인간은 때로 용서할 수 있고 신은 항상 누구든지 용서할 수 있다. 그러나 자연은 결코 용서하지 않는다"라고 말한 적이 있는데, 플리니우스는 이보다 2,000년 전에 대중에게 자연과 공존이 필요함을 역설한 것이다. 자연과 인간의 올바른 관계를 목도하면서 사물과 현상을 바라보는 것을 멈추지 않았다. 『자연사』를 집필하는 과정 중에 확고한

---

4   가다타 히로키, 『세계를 움직인 과학의 고전들』, 정숙영 옮김, 부키, 2010, pp. 211-224.

자세를 죽는 날까지 유지한 것이다.

멘델의 법칙은 발표 당시보다 35년 뒤인 멘델 사후 16년에 동료학자가 명명하였다. 가정 형편상 수도사가 되었던 유전학의 아버지 그레고르 멘델Gregor Johann Mendel(1822~1884)은 '부모에게서 자식으로 성질이 어떻게 전달되고 이어지는지 과학적으로 답한다'라는 연구목 표를 달성하기 위해 생애주기가 짧은 완두콩을 사용하여 우성과 열성이 전해지는 형태를 연구하였다. 원예가 집안 출신인 멘델은 완두콩 1만 주를 7년간 실험하고 1만 3,000건의 결과 를 분석하여 1865년에 「식물의 잡종에 관한 실험」이라는 제목으로 지역 학회지에 발표하였 다. 수도원 수사의 신분으로서 주류학자가 아니었기 때문에 학계에서 주목을 받지 못했다. 발표된 지 35년 후인 1900년에 독일의 식물학자인 칼 코렌스가 옥수수로 실험하여 같은 결과 를 얻은 후 "유전 형질이 식물의 교배에 의해 혼합되지 않고, 유전의 요소가 대를 이어 규칙적 으로 이어져 내려간다"라는 연구 결과를 멘델의 법칙으로 발표하였다. 분명한 연구목표를 가지고 부단하게 실험한 결과가 훗날 플레밍의 염색체 발견, DNA, 이중나선구조 등의 연구 로 이어지게 되었다. 유전은 어떻게 진행될까라는 이야기의 주제를 입증하기 위해 끈질긴 실험을 통해 유전학의 단초를 제공한 멘델은 비록 생존 당시 영광을 얻지 못했지만 지금은 유전학의 아버지로서 추앙받고 있다.

어린이들이 한번쯤은 읽어봤을 파브르Jean Henri Fabre(1823~1915)의 『곤충기』는 학술논문 이라기보다는 사실적으로 곤충의 삶과 생태를 묘사한 이야기다. 56세인 1880년에 1권을 발간 한 후 83세인 1909년 10권을 세상에 내어 1,500여 종의 곤충 생태를 이야기했다. 19세기의 프랑스인은 꿀벌 이외에 농업생산물에 피해를 입히는 곤충을 악마의 소산이라고 생각하며 부정적 인식이 강했다. 하찮은 곤충은 대중의 관심에서 벗어난 상황이었다. 책에 어려운 학술 용어를 배제하여 전문가 집단이 폄하하였고, 삽화나 사진이 전혀 들어가지 않았기 때문에 매우 불친절한 책으로 인식되었다. 자연스레 책도 많이 팔리지 않았다. 그러나 철저하게 관찰 한 곤충의 삶을 최대한 일상적인 언어와 표현으로 자연에 대한 지식을 전달하여 권위 유지보 다는 과학을 대중화한 것으로 후대에 평가받았다.

로마 가톨릭과 개신교의 특성이 공존하는 성공회Anglicanism는 영국의 주된 기독교 교파다. 1859년에 찰스 다윈Charles Robert Darwin(1797~1875)이 『종의 기원The Origin of Species』을 출간5하

---

5 나무위키, 책의 원래 제목은『자연 선택의 방법에 의한 종의 기원, 즉 생존 경쟁에서 유리한 종족의 보존에 대하여(On the Origin of Species by Means of Natural Selection, or the Preservation of Favoured Races in the Struggle for Life)』 이다. 1862년의 6판부터는 제목을『종의 기원(The Origin of Species)』으로 바꾸었다.

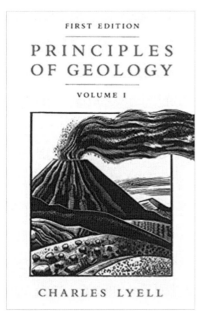

그림 13.4 『지질학의 원리』 초판 표지

였을 때 종교계로부터 심한 비난을 받았다. 근대 지질학의 아버지라고 불리는 찰스 라이엘Charles Lyell이 지은 『지질학의 원리』를 독학하면서 지질학의 기초를 닦았고 비글호를 타고 다니면서 『일지와 관찰』(1839), 『산호초의 구조와 분포』(1842), 『화산제도의 지질학적 관찰』(1844)을 출간하였다. 50세에 세상에 내놓은 『종의 기원』은 자연선택설을 근거로 진화 과정을 설명하였는데, 생물뿐만 아니라 사회도 진화한다고 믿었다. 당시로서는 진보적인 사관이었다. 『인류의 유래와 성선택』(1871)을 통해 자연선택설을 성선택설로 보완하고 훗날 우열이 없는 인간이기에 '노예제 폐지'를 주장하기에 이르렀다. 주류 사회의 거센 비난을 감수하면서까지 관찰과 수집한 과학적 증거를 통해 사회 통념을 뒤집는 주장은 인류의 세계관을 변화시키는 혁신이었다. 다윈의 이야기는 과학적인 근거를 가지는 통찰이었다.

지질학은 지각이 수억 년 동안 변화한 이야기를 풀어내는 것이다. 옥스퍼드대학에서 법학을 전공하고 변호사가 된 찰스 라이엘(1797~1875)은 선배 지질학자인 제임스 허튼James Hutton(1726~1797)이 주장한 '동일과정설'을 근간으로 영국은 물론 세계 각지를 여행하면서 수집한 지질학적 관찰 자료를 분석하여 1830년에 『지질학의 원리』 제1권을 출간하였다. 허튼은 "현재는 과거의 비밀을 푸는 열쇠며, 지상의 지질학적 현상은 시대를 초월해 동일한 자연법칙에 의거하여 일어난다"라고 주장하였다. 당시 지질학계 주류는 현재는 과거와 전혀 다르다고 생각하는 '격변설'을 신봉하였고 종교계도 이를 지지하였다. 18세기까지도 성경의 연대기를 종합하여 지구 나이가 6,000년이라고 믿었다. 서구 과학계의 태두인 뉴턴(1643~1727)도 지구가 생겨난 때를 B.C. 3993년이라고 생각했다. 화산폭발이나 홍수가 일어나면 급격하게 지형이 바뀌고 새로운 지층이 형성되므로 격변적인 변화가 있다. 그러나 암석화가 진행되고 지형이 바뀌는 과정은 수만~수억 년 동안 천천히 일어나는 것이기 때문에 당시 지구 나이가 수천 년이라는 통념을 깨는 것에 상당한 저항이 있었다. 개인적인 교류가 있었던 찰스 다윈도 경험한 사회 통념을 깨는 모험이 불가피했다.

라이엘은 한 손에 지질 해머, 다른 손에는 펜을 들고 관찰한 내용을 분석한 후 이론화하는 일을 지속했다. 『지질학의 원리』는 1833년에 제4권을 출판하여 1,400쪽에 이르는 전체를 완성하였다. 이후에도 관찰 결과를 통해 새로운 내용을 추가하거나 이전과 다른 내용이면 수정하여 11판까지 출간하였다. 1875년 12판을 집필하면서 사망하였다. 과학자로서 관찰과 이론화를 전 생애 동안 실천하였고 기존 이론을 수정하는 데 거리낌이 없었기에 근대 지질학의 아버지라고 칭송을 받고 있다.

스토리텔링이 화제다. 알리고자 하는 바를 단어, 이미지, 소리를 통해 사건, 이야기로 전달하는 것이다. 흐름과 갈등, 결말이 있는 이야기는 논리적인 설득보다도 사람의 마음을 움직이는 힘이 강력하다. 스토리텔링은 정보를 단순히 전달하는 것이 아니라 전달하고자 하는 정보를 쉽게 이해시키고, 기억하게 하며, 정서적 몰입과 공감을 이끌어내는 특성을 가지고 있기 때문이다. 스타벅스는 커피를 파는 곳이 아니라 커피를 마시는 문화와 경험을 제공한다는 브랜드 스토리로 세계 최대 커피체인으로 성장했다. 2021년 한국에서만 2조 3,000억 원의 매출을 올렸다. 현대는 문화와 가치, 생각이 중요해지는 사회이며 고유한 스토리가 있어야 생존할 수 있다. 이야기는 전 분야에서 가치가 높아졌다.

13.2 사고조사 보고서 이야기

글쓰기가 부활하고 있다.[6] 동영상과 음성 콘텐츠가 대세를 이루지만 원천이 되는 이야기가 중요하고, 이야기는 글쓰기가 근간이다. 공학은 논문, 보고서 또는 의견서를 통해 의사소통한다. 시방서는 보고서를 쓰기 위한 기술적인 지침이다. 논문은 성과를 표현하기 위한 글쓰기이며 사고 조사 보고서는 발생 원인을 이야기한다. 엔지니어는 그림과 글이 종합된 설계도서를 통해 성과를 제출한다. 공학 보고서는 정교한 글쓰기를 통해 탄생하는 이야기다.

턴키설계가 활성화되었던 시기의 설계보고서는 경쟁에서 우위를 확보하기 위해 사안을 다양하게 검토하고 미려한 그림으로 성과를 표현했다. 제한된 지면에 설계 내용을 나타내기 위해서 서술적인 글쓰기보다는 표와 그림을 나열하는 데 힘을 썼다. 이야기를 들려주는 것이 아니라 독자가 이야기를 구성해야 했다. 이때 엔지니어에게 글쓰기 능력을 기를 기회가 중단되었다. 거의 대부분의 업무나 연구에서 글을 써야 하는 비중이 크지만 글 쓰는 것을 꺼려하

---

6 조선일보, 〈동영상 시대, 글쓰기 강좌 5배 늘었다〉, 2022. 1. 24.

는 상황에 이르렀다. 젊은 엔지니어는 서술적 보고서보다는 파워포인트나 엑셀을 사용하여 결과를 보고하는 것을 선호하는 경향이 크다. 주장을 펼쳐나가는 이야기보다는 단답형의 결과 위주로 성과물을 작성한다. 이야기는 사고의 산물이다. 치밀하게 생각하는 과정을 통해 이야기가 그려지고 정제된 문자로 표현될 때 설득력이 높아진다. 사고 원인과 과정, 재발 방지를 논하는 이야기는 독자의 공감을 전제로 한다.

62년간 언론인으로 활약한 김영희 대기자(1936~2020)는 뛰어난 인터뷰어이자 칼럼니스트였다. 중앙일보 창간 요원으로 스카우트되어 1965년 9월 22일자 창간호에 아널드 토인비 Arnold Joseph Toynbee와 인터뷰한 기사를 실었다. 칼럼은 주장을 강력하게 펴는 글이다. 허점을 불허하며 비판의 근거가 분명해야 한다. 그가 생각한 좋은 칼럼은 '주장은 실증적으로, 비판은 대안을 갖고, 새로운 정보와 통찰력을 포함하고 대안을 제시하며, 유려한 문장'이어야 한다.[7] 오랜 경험을 통해 얻은 혜안이 칼럼에 반영되었겠지만 경험을 얻기 위해 그는 발로 뛰었다. 사고 조사 보고서는 명백한 증거와 관찰 자료를 통해 원인을 주장하고, 사고 발생 과정을 실증하여야 한다. 다시 발생하지 않도록 대책과 정책 대안을 제시하는 것이 포함된다. 흐름이 끊기지 않는 문장으로 설득력을 유지하는 것은 필수다.

가. 주제와 독자

대형사고가 자주 일어나는 현대사회는 안전에 대한 관심이 높다. 사고를 공학적으로 조사하고 원인을 분석하며 책임 소재를 가리는 일은 언어를 통해 세상에 공표된다. 사고가 발생한 이야기를 글로 옮기는 과정이다. 글을 쓸 때는 누가 읽을 것인지를 먼저 생각해야 하는데, 사고 조사 보고서의 주제와 독자는 분명하다. 법령에 명시된 규정에 따라 국가가 주도하는 사고 조사 보고서는 법에 명시된 독자와 주제에 충실하게 대응하여야 한다. 책임 소재와 정도에 대해 법적 분쟁이 있는 경우에는 재판과 관련된 당사자도 독자 범위에 포함된다. 때로는 민간 부문에서 지반사고 조사보고서 작성을 의뢰받는 경우도 있다. 이때 독자는 의뢰자, 공사 인허가권자, 사고 관계자 등이다.

공적으로 발간되는 사고 조사 보고서는 사고를 정확하게 묘사하고 수집된 증거와 공학이론을 통해 원인을 규명하는 이야기다. 나아가서 비슷한 사고가 다시 발생하지 않도록 제언을 담는다. 보는 이가 자연스레 수긍할 수 있도록 치밀한 논리 전개가 필수적이다. 지하를 안전

---

7 중앙일보, 〈기자 62년 … 그가 대한민국 외교의 역사였다〉, 2020. 6. 24.

하게 개발하고 이용하기 위한 안전관리체계를 확립함으로써 지반침하로 인한 위해危害를 방지하고 공공의 안전을 확보함을 목적하는「지하안전관리 특별법 시행령」제40조에서 사고 조사 보고서를 작성하는 기준에 대해 설명하고 있다.

> 제40조(사고 조사 보고서) ① 중앙지하사고조사위원회는 구성을 마친 날부터 6개월 이내에 활동을 완료하여야 한다. 다만, 이 기간 내에 활동을 완료하기 어려운 경우에는 중앙지하사고조사위원회의 의결로 한 차례만 활동기간을 3개월의 범위에서 연장할 수 있다.
> ② 중앙지하사고조사위원회는 제1항에 따라 활동을 완료한 날부터 30일 이내에 국토교통부장관에게 다음 각 호의 사항을 포함한 사고 조사 보고서를 제출하여야 한다.
> 1. 사고 개요
> 2. 사고 원인의 분석
> 3. 조치 결과 및 사후대책
> 4. 그 밖에 사고와 관련하여 조사·분석한 사항
> ③ 국토교통부장관은 제2항에 따라 제출된 사고 조사 보고서를 관계 기관에 배부하여 유사한 사고의 예방을 위한 자료로 활용될 수 있도록 하여야 한다.

6개월 이내에 사고 조사 활동을 마치고 3개월 이내에 보고서를 제출하여야 한다. 담아야 할 내용은 사고 개요, 원인 분석, 조치 결과와 사후대책 등이며 보고서의 독자는 국토교통부장관과 관계기관의 담당자다. 공적으로 발간되기 때문에 관련 기술자도 독자의 범주에 포함된다. 관찰과 증거 수집을 통해 사고를 명확하게 조망하고, 지반공학적인 이론을 배경으로 가설 설정과 검증 과정을 통해 원인을 밝힌다. 사고 현장이 안전하게 유지되고 복구를 위한 방책을 제시하며 다시는 비슷한 사고가 발생하지 않도록 교훈과 대책을 제시하는 것이 주요 내용이다. 독자는 보고서를 통해 원인을 이해하고 책임을 가리며 재발 방지를 위한 정책을 수립한다. 보고서를 읽어가며 별도 구두 설명이 없더라도 자명하게 이해되는 것self-explanatory 이 필요하다.

재밌는 소설은 독자를 몰입하게 하며 다음이 궁금해지도록 한다. 주제, 구성, 문체가 소설의 3요소다. 원인을 밝히는 것이 주제라면 타당한 논리전개가 구성이다. 문체는 서술, 묘사, 대화로 나뉜다. 사고 조사는 증거와 사고 전개(서술), 원인 분석(묘사)과 입증 해석(대화)으로 비교할 수 있다. 소설은 발단, 전개, 위기, 절정, 결말로 구성된다. 갈등이 해결되는 결말은 원인을 규명하는 문제해결단계다. 보고서도 소설처럼 거부감이 없이 읽히는 것이 좋다. 그러기 위해서는 증거가 명백하며 적용이론이 타당해야 한다. 제시하는 원인은 증거와 이론으로 뒷받침되어야 하며 해석으로 입증되어야 한다. 보고서 구성이 치밀하여 이론의 여지가 없어야 한다. 사고로부터 얻는 교훈과 방지 대책은 실질적이어야 한다. 사고 조사 보고서는 이야기다.

나. 보고서 구성

북송 시대 문동文同(1018~1079)은 인품이 고결한 학자로서 시와 문장이 뛰어났고, 특히 대나무 그림에 뛰어나서 바람에 사삭사삭 소리가 나는 듯 생동감이 넘쳤다고 한다. 여기서 생긴 고사성어가 흉유성죽胸有成竹이며 대나무 그림을 그리기 전에 마음속에 이미 완성된 대나무 그림이 있다는 뜻이다. 일에 착수하기 전에 그 일을 어떻게 처리할 것인가 하는 계획, 방침 등이 그려져 있는 고수의 경지를 의미한다. 보고서를 쓸 때 가장 먼저 해야 할 일은 목차를 정해보는 일이다. 펼칠 주장과 근거를 정리하고 타당한 논리가 성립될 수 있도록 집필순서를 구상하는 것이다.

일반적인 글쓰기라면 무엇을 쓸 것인가를 결정하는 단계가 중요하다. 소재, 제재, 주제로 구분할 수 있는데, 소재는 재료의 본디 모습, 즉 아무런 설명이나 해석이 가해지지 않은 있는 그대로의 상태를 의미한다.[8] 공학 글쓰기에서는 미가공 데이터raw data가 소재에 해당한다. 제재는 소재가 가진 속성과 측면 중에서 글쓴이가 주목하는 측면이나 속성을 토대로 정돈된 부분을 의미한다. 현장에서 얻은 증거나 관찰자료 중에서 관심 대상인 거동에 관련된 소재를 추려내어 정리하면 제재를 얻을 수 있다. 주제란 제재에 의미나 가치를 부여해 글 전체의 중심적인 의미나 사상으로 삼은 것을 말한다. 중심 생각이나 주장점이 주제가 된다. 사고조사 보고서의 사고 원인에 대응하는 부분이다. 독자와 주제가 정해진 사고조사 보고서는 주제 → 제재 → 소재의 순으로 생각을 다듬어 어떤 이야기를 풀어낼 것인지를 생각한다.

공학 논문은 실험이나 해석을 통해 얻은 결과를 분석하여 주장을 펴는 글쓰기다. 공학적 또는 과학적 글쓰기의 대표적인 양식은 IMRADIntroduction, Materials and methods, Results And Discussion이다. 서론, 사용한 재료와 방법론, 적용이론, 관찰하거나 얻은 결과, 토의의 순으로

---

8 배상복, 『글쓰기 정석』, 경향미디어, 2006, pp. 28-31.

구성하는 것이 일반적이다. 대부분의 공학 논문은 IMRAD 방식을 따르고 있는데, 독자가 익숙하게 여기기 때문에 쉽게 읽혀지며 각 단계의 주요 사항을 편리하게 파악할 수 있다.

사고조사 보고서는 「건설기술 진흥법 시행령」에 구성이 제시되었다. [서식4]는 표지부터 각 장에서 다루어야 할 내용의 제목이 정해져 있어서 대나무 그림은 어느 정도 마음속에 있는 상태다. 여기에 풀어놓을 소재와 제재를 수집하고 분석하는 일이 따르게 된다. 서류 조사를 통해 간단히 파악할 수 있는 내용도 있지만 사고 유형과 전개 과정을 파악한 후 시험 계획을 세우며 사고 발생 가설을 수립하고 증명하는 일은 고도의 기술 수준이 필요하다. 또한 권고와 향후 조치 부분은 경험이 풍부한 기술자의 판단이 필요한 부분이다. 2017년 10월 23일에 발생한 용인 물류센터 외벽 붕괴사고에 대한 건설사고조사위원회의 보고서는 표준 양식을 활용하여 작성되었다. 흙막이 벽체가 붕괴되면서 전면에 있던 창고건물 외벽이 붕괴된 사고 내용에 따라 사고 유형에 적합한 접근 방법이 채택되었고, 사고 원인에 의거하여 재발 방지 대책이 제시되었다.

표 13.1 건설 사고조사 보고서 양식(건설사고조사위원회 운영규정 양식 4)

1. 개요 1) 목적 2) 현장정보 • 계약주체 • 계약내용 • 현장관계자 정보 • 공사추진상황 3) 사고정보 • 사고의 유형 • 사고의 전개 4) 피해상황 • 인적 피해 • 구조물손실 • 공기지연 • 장비손실 • 피해금액 **2. 현장 조사 내용** 1) 조사관 정보 2) 조사 방법 3) 조사활동 현황 4) 현장의 관리체계 5) 문서의 점검 6) 현장점검사항	**3. 시험 결과** • 위원회가 필요시 요청한 시험 결과에 대한 결과 수록 **4. 사고 원인 분석** • 가설의 수립 • 가설의 증명 및 사고 원인 분석 **5. 결론** • 설계 과정 • 시공 과정 **6. 현장조치 결과, 권고 및 향후 조치** **7. 부록**

표 13.2 용인 물류센터 외벽붕괴사고 조사 보고서 목차(국토교통부, 2018. 1. 16)

다. 보고서 글쓰기 원칙

어떤 글이던 쉽게 읽히는 것이 좋다. 이것이 대원칙이다. 독자가 읽기가 어렵다면 좋은 글이 아니고 어떤 주장도 받아들이지 않는다. 『우리 문화유산 답사기』로 대중과 친숙한 유홍준 교수는 답사기 출간 20주년을 기념하는 강연 자리에서 '쉽고, 짧고, 간단하고, 재미있게 쓰라'고 조언했다. 천년습작을 각오하고 문장 강화에 힘쓰는 예비 작가들에게 글쓰기 15원칙

을 제시했다.[9]

① 주제를 장악하라. 제목만으로 그 내용을 전달할 수 있을 때 좋은 글이 된다.

② 내용은 충실하고 정보는 정확해야 한다. 글의 생명은 담긴 내용에 있다.

③ 기승전결이 있어야 한다. 들어가는 말과 나오는 말이 문장에 생명을 불어넣는다.

④ 글 길이에 따라 호흡이 달라야 한다. 문장이 짧으면 튀고, 길면 못 쓴다.

⑤ 잠정적 독자를 상정하고 써라. 내 글을 읽을 독자는 누구일까, 머리에 떠올리고 써야 한다.

⑥ 본격적인 글쓰기와 매수를 맞춰라. 미리 말로 리허설을 해보고, 쓰기 시작하면 한 호흡으로 앉은 자리서 끝내라.

⑦ 문법에 따르되 구어체도 놓치지 마라. 당대의 입말을 구사해 글맛을 살리면서 품위를 잃지 않는다.

⑧ 행간을 읽게 하는 묘미를 잊지 마라. 문장 속에 은유와 상징이 함축될 때 독자들이 사색하며 읽게 된다.

⑨ 독자의 생리를 쫓아야 하니, 가르치려 들지 말고 호소하라. 독자 앞에서 겸손해야 한다.

⑩ 글쓰기 훈련에 독서 이상의 방법이 없다. 좋은 글, 배우고 싶은 글을 만나면 옮겨 써보라.

⑪ 피해야 할 금기사항: 멋 부리고 치장한 글, 상투적인 말투, 접속사.

⑫ 완성된 원고는 독자 입장에서 읽으면서 윤문하라. 리듬을 타면서 마지막 손질을 한다.

⑬ 자기 글을 남에게 읽혀라. 객관적 검증과 비판 뒤 다시 읽고 새로 쓰는 것이 낫다.

⑭ 대중성과 전문성을 조화시켜라. 전문성이 떨어지면 내용이 가벼워지고 글의 격이 낮아진다.

⑮ 연령의 리듬과 문장이란 게 있다. 필자의 나이는 문장에 묻어나오니 맑고 신선한 젊은이의 글, 치밀하고 분석적인 중년의 글을 즐기자.

『1984』, 『동물농장』을 지은 조지 오웰George Orwell(1903~1950)은 『정치와 영어』(1946)에서 6가지 글쓰기 원칙을 말했다.

---

9 중앙일보, 〈유홍준의 대중적 글쓰기 15가지 도움말〉, 2013. 6. 2.

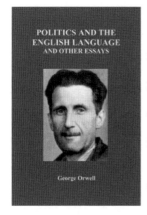

1. Never use a metaphor, simile or other figure of speech which you are used to seeing in print.
2. Never use a long word where a short one will do.
3. If it is possible to cut a word out, always cut it out.
4. Never use the passive where you can use the active.
5. Never use a foreign phrase, a scientific word or a jargon word if you can think of an everyday English equivalent.
6. Break any of these rules sooner than say anything outright barbarous.

1. 인쇄물에서 흔히 본 은유, 직유는 절대 쓰지 않는다.
2. 짧은 단어를 쓸 수 있을 때는 절대 긴 단어를 쓰지 않는다.
3. 빼도 상관없는 단어는 반드시 뺀다.
4. 능동태를 쓸 수 있다면 절대 수동태를 쓰지 않는다.
5. 일상생활용어로 대체할 수 있다면 외래어나 과학용어, 전문용어는 절대 쓰지 않는다.
6. 대놓고 상스러운 표현을 쓸 수밖에 없다면 위 다섯 원칙을 깨버린다.

사고조사 보고서는 증거를 가지고 원인을 적시하는 논리적 글이다. 원인을 지시하는 증거 자료와 거동 상황을 공학적으로 분석하여 독자가 납득할 수 있는 주장을 편다. 독자가 한정되어 있지만 문해 수준이나 전공 분야는 다를 수 있으므로 보편타당하게 받아들일 수 있는 글쓰기가 되어야 한다. 잘 쓴 보고서에는 궁금함이 없다.

(1) 단순한 문장과 주술 관계 일치, 능동태 지향

글은 말을 문자로 옮긴 것이기에 제1의 원칙은 문장 구조가 단순한 것이 좋다. 가장 단순한 문장은 주어와 동사로만 이루어진 단문이다. 짧아서 읽을 때 속도감이 생기고 문법적으로 틀릴 일이 별로 없다. 위의 보고서 중 1.1 조사 목적을 설명한 부분이다. 몇 개의 문장인가?

본 사고조사위원회의 조사목적은 「건설기술 진흥법」 제67조 및 같은 법 시행령 제105조에 따라 중대건설현장사고에 대하여 사고조사위원회를 구성, 사고현장을 방문하여 사고 관련 정보를 수집, 검토하고 사고의 경위 및 원인을 조사한 내용을 토대로 보고서를 작성하여 유사사고가 발생되지 않도록 제도적, 기술적 대책 및 대안을 제시함에 있다.

단, 한 문장이다. 소리를 내서 읽어보면 숨이 차다. 짧은 글 위주로 다시 써보자.

국토교통부는 「건설기술 진흥법」 제67조 및 같은 법 시행령 제105조에 따라 사고조사위원회를 구성하였다. 위원회는 사고현장을 방문하여 사고 관련 정보를 수집하고 검토하였다. 사고의 경위와 원인을 조사한 내용을 보고서로 작성하였다. 앞으로 비슷한 사고가 발생되지 않도록 제도적, 기술적 대책 및 대안을 제시하고자 한다.

문장을 네 개로 분리해보니 두 문장 정도로 묶어서 숨 쉴 여유가 생겼다. 문단을 단문만으로 구성할 수 없다면 가급적 짧게 쓰는 것이 가독성이 좋다. 한글에서는 흔히 주어가 생략된다. 원래의 문장에서 주어는 '본 사고조사위원회의 조사목적'이다. 수동태를 능동태로 바꿔서 다시 쓴 첫 문장 주어는 국토교통부이고 조사활동의 주체가 국토교통부가 구성한 위원회로 분명해졌다. 뒤 두 문장에서는 주어가 생략되었지만 주어가 위원회임을 쉽게 짐작할 수 있다. 쉽고 입말에 가까운 글이 되기 위해 주어와 술어가 일치해야 한다. 능동태 문장을 쓸 수 있다면 수동태를 사용하지 않는다. 능동태 문장은 독자가 주인공이 되어 몰입할 수 있도록 해준다.

(2) 리듬이 있는 문장

단문만으로 구성된 문단이 간결한 느낌을 주고 쉽게 이해할 수 있는 장점이 있지만 모든 문장을 단문으로 구성할 수 없다. 중문과 복문을 사용하는 경우에는 단문을 적절히 배치하여 읽을 때 리듬이 유지되는 것이 좋다. 호흡이 딸리지 않고 자연스럽게 리듬을 탈 수 있으려면 될 수 있는 한 짧게 쓰고 접속사를 남발하지 않는다. 글을 큰 소리로 읽어보면 차이를 느낄 수 있다. 고려가요 청산별곡을 낭독해보자.

살어리 살어리랏다
청산애 살어리랏다
멀위랑 드래랑 먹고
청산애 살어리랏다
얄리얄리 얄랑셩 얄라리얄라

글의 권위를 나타낸다고 의도한 것으로 보이는 법원 판결문은 만연체가 많다. 문장이 길어지면 주술관계를 파악하기 어렵고 집중해야만 주장을 이해할 수 있다. 불친절한 글이 된다. 「급경사지 재해예방에 관한 법률」의 판례정보 중에서 손해배상 판시사항과 판결요지를 인용했다.[10] 숨을 크게 들여 마시고 읽어보자.

---

10 국가법령정보센터, https://www.law.go.kr/

【판시사항】

서울특별시 서초구에 거주하다가 집중호우로 인한 우면산 산사태로 밀려 내려온 토사, 빗물 등에 매몰되어 사망한 甲의 부모 등이 서울특별시와 서초구를 상대로 손해배상을 구한 사안에서, 서초구의 산사태 위험지 관리시스템 담당공무원 등은 산사태 발생 당시 즉시 산사태 경보를 발령하고 우면산 일대에 거주하는 주민들에게 가능한 방법을 모두 동원해 대피를 지시할 의무가 있었는데도 그와 같은 조치를 취하지 아니한 과실이 있으므로 서초구의 손해배상책임을 인정하되, 전례를 찾아보기 어려울 정도의 국지성 집중호우가 서초구의 과실과 경합하여 甲이 사망에 이르게 된 점 등에 비추어, 서초구가 배상하여야 할 손해배상의 범위를 50%로 제한한 사례

【판결요지】

서울특별시 서초구(이하 '서초구'라 한다)에 거주하다가 집중호우로 인한 우면산 산사태로 밀려 내려온 토사, 빗물 등에 매몰되어 사망한 甲의 부모 등이 서울특별시와 서초구를 상대로 손해배상을 구한 사안에서, 서울특별시가 대한민국으로부터 위임받은 사방사업 시행 등 구 사방사업법(2011. 7. 14. 법률 제10844호로 개정되기 전의 것, 이하 '구 사방사업법'이라 한다)상 의무를 위반하였거나, 구 재난 및 안전관리기본법(2012. 2. 22. 법률 제11346호로 개정되기 전의 것, 이하 '구 재난관리법'이라 한다)상 재난관리책임기관으로서 재난방지조치를 취할 의무를 위반하였거나, 산림청 등의 지시·명령을 위반하였다고 보기 어려워 손해배상책임을 인정할 수 없고, 서초구가 급경사지 재해예방에 관한 법률에서 정한 의무를 위반하였거나 구 재난관리법상 재난관리책임기관으로서 재난방지조치를 취할 의무를 위반하였거나, 산림청 등의 지시·명령을 위반하였다고 보기 어려우나, 서초구는 구 재난관리법상 재난관리책임기관으로서 재난 발생을 사전에 방지하기 위하여 재난에 대응할 조직의 구성 및 정비, 재난의 예측과 정비전달체계의 구축 등에 관한 조치를 취할 의무가 있는 점, 산사태 발생 당시 우면산 일부가 대한민국 산하 산림청이 각 지방자치단체에 보급한 산사태 위험지 관리시스템(이하 '산사태관리시스템'이라 한다)상 산사태위험 1급지로 분류되어 있었던 점 등을 종합하면, 서초구의 산사태관리시스템 담당공무원 등은 산사태 발생 당시 즉시 산사태 경보를 발령하고 우면산 일대에 거주하는 주민들에게 지역방송이나 통반조직을 이용하는 등 가능한 방법을 모두 동원해 대피를 지시할 의무가 있었는데도 그와 같은 조치를 취하지 아니한 과실이 있으므로 서초구의 손해배상책

임을 인정하되, 전례를 찾아보기 어려울 정도의 국지성 집중호우가 서초구의 과실과 경합하여 甲이 사망에 이르게 된 점 등에 비추어, 서초구가 배상할 손해배상의 범위를 50%로 제한한 사례

판시사항과 판결요지는 각각 몇 문장으로 구성되었나? 단 한 문장씩이다. 결론은 서초구가 피해주민을 대피시킬 의무를 다하지 못했으나 천재지변이기 때문에 원고의 요구액 중 50%만 지급하라는 판결이다. 짧은 문장은 속도감이 있고 긴 문장은 긴장감을 준다. 사고조사 보고서는 원인을 적시하고 나아가 책임을 따지는 것이 핵심이다. 관계당사자가 글을 읽고 집필자의 의도를 명확하게 판단할 수 있으려면 단문과 중문을 적절히 배치하여 리듬을 살리면서 의도가 분명히 드러나도록 해야 한다.

(3) 소통을 위한 객관성 유지

공학 글쓰기는 문학이 아니다. 사고조사 보고서는 더욱 객관성이 중요하다. 만약 은유나 직유와 같은 꾸민 글을 사용하려면 근거가 있어야 한다. 글쓴이가 자의적인 판단을 서술할 때 모호한 부분이 있다면 의견이 다른 이가 이의를 제기하여 의문이 해소될 때까지 논란이 거듭된다. 개별적 경험을 일반화할 때 생기는 오류다. 급경사지법의 판례를 다시 읽어보면 형용사가 하나도 사용되지 않았음을 알 수 있다. 판사가 사실과 근거, 판단 내용을 묵묵히 읽어나가는 느낌이 든다. 감정이 느껴지는 '매우', '상당한', '위험한', '안정적인' 등의 형용사나 부사를 사용할 때는 판단 기준이 명확해야 한다. 예를 들어, 모래흙의 상태를 설명할 때 느슨과 조밀하다는 형용사를 사용한다. 기술자간에 오해가 없도록 기준이 만들어졌다. 표준관입저항 N값을 알거나 현장에서 흙을 눌러보고 삽질해본 경험을 가지고 매우 느슨부터 매우 조밀하다고 구분한다. 정한 약속에 따라 흙의 상태를 객관적으로 말할 수 있다.

표 13.3 모래흙의 상태 기준

조밀 상태(Gibbs-Holtz)	N값	현장관찰(Bowles)
매우 느슨(very Loose)	0~4	엄지손가락 또는 주먹으로 쉽게 자국을 낸다.
느슨(loose)	4~10	삽질할 수 있다.
보통 조밀(medium dense)	10~30	힘을 주어서 삽질할 수 있다.
조밀(dense)	30~50	삽질이 가능하거나 손의 힘으로 삽을 이용하여 자국을 낼 수 있다.
매우 조밀(very dense)	50 이상	발파 또는 중장비에 의해서만 자국을 낼 수 있다.

(4) 글의 신뢰성과 품격

사고조사 보고서는 전문성이 큰 글이다. 사소한 실수나 습관에 의해 전문성이 의심받는 일이 생기면 안타깝다. 맞춤법과 띄어쓰기는 기본이다. 문서작성 프로그램인 흔글은 띄어쓰기와 맞춤법을 지적하는 기능이 있어서 주의를 기울이면 오류를 줄일 수 있다. 여러 사람이 집필하다보면 종결어미를 평서형(~다)과 존칭형(~습니다)이 혼용하여 품격을 떨어뜨리는 경우도 있다. 글을 쓰는 사람의 영원한 숙제인 오탈자 문제는 다시 읽어보는 과정에서 교정되지만 인쇄물로 나온 후에도 오탈자가 또 보인다. 전문용어를 정확하게 구사하는 것은 신뢰성을 높이는 길이다. 강도와 강성, 하중과 응력 개념을 혼동하는 경우가 많다. 사전 찾기는 글쓰기의 일부분이라고 생각하여야 한다.

글은 반복을 싫어한다. 남이 상투적으로 쓰는 글을 그대로 사용한다면 이해를 쉽게 한다기보다는 해당 부분은 무시되기 십상이다. 습관적으로 쓰는 '~임에 틀림없다', '아무리 강조해도 ~하지 않다', '~따르면 ~한다', '가장 ~한 것 중 하나인' 과 같은 말은 독자가 지루함을 느끼게 하는 부분이다. '~요구된다', '~된다', '~적的', '~화化', '~에의(일본어 ~への)'와 같은 영어와 일어 번역투 문장은 삼가야 한다. 빼도 상관이 없는 말은 생략하는 것이 리듬을 편안하게 하는 방법이다. 문장이나 문단에서 동일한 술어를 반복적으로 사용하는 것은 글의 품격을 떨어뜨린다.

> 강우영향으로 2017. 10. 13. 촬영된 건물 바닥 현장사진에서 강수로 인한 물고임어을 ~~확인돼었하였으며~~, 10월 19일자 사진자료 중 흙막이-외벽 사이 다짐토상에서도 물고임어 ~~확인돼었터~~ 같은 현상을 관찰할 수 있었다.

말은 문화 산물이다. 중국과 밀접한 관계를 유지하고 있었기 때문에 우리말 중에 한자가 차지하는 비중이 크다. 국립국어원 표준국어대사전의 원어통계에서 보면 수록어 361,956개 중 고유어는 75,826(20.9%), 한자어는 192,497(53.2%)개가 등재된 상태다. 건설 현장에는 일제 강점기 이후 일본 건설업계가 쓰던 표현이 현재도 사용되는 경우가 많아 국립국어원과 LH는 이를 개선하고 있다(LH 보도자료, 2020. 10. 5.). 현장 건설용어 외에도 이미 고착화된 잉여(나머지), 견본(본보기), 사양(품목), 마사토(화강암 풍화잔류토) 등 일본어에서 온 한자어도 우리말로 순화시킬 계획이다. 한국도로공사는 도로와 건설 분야에서 사용하는 외국어를 우리말로 순화하려고 한다(한국도로공사 보도자료, 2020. 10. 8.). 갓길(길어깨), 빈터(나대지), 군히기(양생) 등을 표준 전문용어로 지정할 예정이다. 단어뿐만 아니라 표현 방법도 외국어를 직역한 형태가 습관적으로 쓰인다. 언어생활도 관성이 있어서 써왔던 것을 하루아침에 바꾸기 쉽지 않다. 보고서를 쓸 때 바꿀 수 있는 말이 있다면 적극적으로 써보면 어떨까. 당장은 어색할지 몰라도 눈에 익으면 우리말의 품격을 높이는 의미가 있는 걸음이 될 것이다.

"버려진 섬마다 꽃이 피었다." 김훈 소설 『칼의 노래』의 첫 문장이다. 첫 문장은 독자를 사로잡고 글의 전체 방향을 암시한다. 왜적에게 짓밟힌 남도의 섬을 바라보는 장군의 회한을 무정하게 만발한 꽃과 대비시켜 표현하였다. 원래는 '꽃은 피었다'라고 썼지만 밤새 고민한 끝에 '은'을 '이'로 바꿨다고 했다. 전쟁으로 망가진 섬마을이지만 시절에 따라 '꽃은 피었다'라고 하면 작가의 한숨이 들리면서 어김없이 돌아온 봄이 도드라진다. 그러나 '꽃이 피었다'라고 시작하면 작가의 주관적인 감정을 자제하면서 인간이 자연의 흐름에 얼마나 힘이 없는가를 상징적으로 드러내는 느낌이 든다. 작가는 조사 하나를 달리하면서 첫 장면을 장엄하게 열었다. 문학 글쓰기의 본질은 표현에 있고 상상력을 더해 만드는 이야기다. 사고조사 보고서는 사실에 입각하여 주장을 펼치는 건조한 글이다. 분명하게 단정할 수 없는 상황은 사용할 수 있는 근거자료를 토대로 추정이라는 개념으로 설명한다. 목격하지 않았거나 확인하지 않은 상황을 설명할 때는 집필자의 감정이 드러나지 않도록 단어와 조사를 신중하게 선택할 필요가 있다. 강조할 의견은 숫자와 명백한 정황증거를 제시하여야 논란을 피할 수 있다. 사고 후 시공자와 감리자가 업무를 처리한 과정에 대해 묘사한 글을 보자.

> 붕괴현장 청문조사로부터 사업주, 시공자 등의 변경이 확인되었고, 특히 잦은 ○차례에 걸친 설계변경과 함께, 붕괴직전의 해체시공, 보강토 옹벽 공사, 외벽공사 등에 대한 시공 및 감리 활동이 ~~적절하게~~ ○○한 점(증거자료 제시)에서 지침에 위배된 ~~수행되지~~ 않은 정황도이 확인되었다.

표 13.4 순화 대상 관형구

바꿀 대상	바꾼 문구
~할 가능성을 배제하지 않고 있다	~수도 있다, ~할 것 같다
그럼에도 불구하고	그런데도
차치하더라도	그만둔다 하더라도
의견의 일치를 보았다	의견이 맞았다
기능의 미비 내지 상실로 초래되는	기능이 모자라거나 잃어버리게 됨으로써
의미가 내포되어	뜻이 들어
조기 실시키로	일찍 하기로
첨예하게 대두되고	날카롭게 일어나고
시의적절한	때에 알맞은
느슨 내지 조밀한	느슨하거나 조밀한
사용 안 하나	쓰지 않나
수차례	몇 차례
호수변에 있는 건물이 침수되지 않도록	호숫가에 있는 건물이 물에 잠기지 않도록
무조건적, 임의적으로, 사회적	조건 없는, 마음대로, 사회의
이런 상황하에서	상황 아래서, 형편에서
외형상으로, 형식상으로	외형으로, 겉으로, 형식으로, 형식에서
재조명하다, 재배치하다	다시 비춰본다, 다시 배치하다
위치하고 있는, 자리하고	있는, 자리 잡고
구체화시키고	구체화하고, 뚜렷하게 보여주고
빈발하는	자주 일어나는
매달, 매일	달마다, 날마다

표 13.5 순화 대상 외국어 표현

바꿀 대상	바꾼 문구
4시에 깨워졌다(4時に起こされた), 보여지다	4시에 깨어났다, 보이다
안정은 주어지는 것이 아니다. 지켜져야 한다.	안정은 누가 주는 것이 아니다. 지키는 것이다
극복되어야, 시정돼야, 재검토되어야	극복해야, 바로잡아야, 다시 검토해야
해석되어지기도	해석되기도
불리는, 불리워지는	부르는, 말하는
~에 있어서(~において): 인간에게 있어서, 논함에 있어서	~에서: 인간에게, 논함에는, 논하려면
~의(の): 나의 살던 고향은~, 스스로의, 최대의 장점은	내가 살던 고향은, 스스로, 최대 장점은
와의, 과의(との): 안정성과의 연관성을, 소유주와의,	안정성과 연관됨을, 소유주와
에의(への): 교육에의 굳은 의지, 가을로의 초대	교육에 대한 굳은 의지, 가을로 초대
에서의(からの): 이하에서의, 조사위원회에서의	이하의, 조사위원회에서
부터의(からの): 밖으로부터의	밖에서
~다름 아니다(ほかならない) ; 흐름에 다름 아니다	흐름에 지나지 않는다
~에 의하면(~によると): 결과에 의하면	결과에 따르면
수순(手順), 익일(翌日), 하구언(河口堰)	순서, 다음날, 강어귀둑
차지했었다(영어 완료시제)	차지했다.
가장 안전한 공법 중의 하나(the best of ~)	안전한 공법 중 하나
~을 위하여(for, in behalf of, in the interest of)	~하려고
불구하고(in spite of, even though)	~인데도, 에도
하지 않으면 안 된다(must be)	해야 한다
아무리 강조해도 지나치지 않다(can't be too emphasized)	중요하다

(5) 퇴고

　글은 쓰는 것이 아니라 고치는 것이다.[11] 헤밍웨이Ernest Hemingway(1899~1961)는 "모든 초고는 쓰레기다. 특히 내 글은 더하다. 그래서 초고는 걸레로 나올 것을 잘 알고 있으니, 맘편히 쓴다"라며 고쳐 쓸 각오를 이야기했다. 역작『노인과 바다』를 400번 고쳤다고 전해지고, 프랑스 작가 베르나르 베르베르Bernard Werber도 12년에 걸쳐 쓴『개미』를 120번이나 다시 썼다고 한다. 당나라 시인 가도賈島(779~843)는 달빛 아래月下에서 스님僧이 문을 밀까推 두드릴까敲를 가지고 고민하다가 당대 문호 한유(768~824)를 만나 두드리는 게 낫다는 이야기를 듣고 시를 완성했다. 퇴고는 글을 지을 때 자구를 여러 번 생각하여 고치는 것을 의미한다.

> 閑居隣竝少(한가로이 머무는데 이웃도 없으니)
> 草徑入荒園(풀 숲 오솔길은 적막한 정원으로 드는구나)
> 鳥宿池邊樹(새는 연못가 나무 위에 잠들고)
> 僧敲月下門(스님은 달 아래 문을 두드리네)

　시문에서는 자구를 가지고 고민하였지만 글쓰기의 퇴고는 용어, 모순, 오해의 여지, 표현 방법을 망라한다. 우리나라에서 제정되는 법령의 제1조는 법의 목적이다. 제2조는 법에서 사용하는 용어의 정의를 규정한다. 엄격하게 법을 집행할 때 적용 범위가 불명확하면 시비 거리가 된다.「급경사지 재해예방에 관한 법률」에서 급경사지는 무엇을 의미할까. 택지·도로·철도 및 공원시설 등에 부속된 자연 비탈면, 인공 비탈면(옹벽 및 축대 등을 포함한다. 이하 같다) 또는 이와 접한 산지로서 대통령령으로 정하는 것을 말한다. 대통령령에서 지면으로부터 높이가 5미터 이상이고, 경사도가 34° 이상이며, 길이가 20m 이상인 인공 비탈면을 급경사지로 규정했다. 자연비탈면은 경사도는 34° 이상으로 인공비탈면과 같고 높이가 50m 이상인 것을 급경사지라고 한다. 이 범주에 들지 않는 것은 법에서 급경사지로 보지 않는다. 지반사고 조사보고서에서 공학적인 논란이 있으면 곤란하다. 보고서의 권위가 떨어질 위험성이 있다. 가장 먼저 퇴고 대상이 되는 것은 사용된 용어이며, 보고서 작성 전에 논의하여 확정하는 것이 바람직하다.

　두 번째는 논리 문제다. 극단적이지만 다 읽고 질문이 없는 것이 제일 좋다. 다양한 독자층을

11　박종인,『기자의 글쓰기』, 북라이프, 2016, pp.295-300.

모두 이해시키는 것이 최선이다. 주장은 근거가 분명해야 하며 증거 제시는 편향되지 않고 입증은 타당해야 한다. 솔직하게 제한 조건을 명기하며 표현은 감정이 개입되지 않도록 한다. 대책은 적용하는 데 공학적으로나 경제적으로 무리가 없어야 하며 명쾌하게 오류를 지적하여야 개선 방향이 분명해진다. 무엇보다도 사고 원인에 대한 가설 설정과 입증 과정에서 일관되게 논리가 전개되어야 한다. 이 모든 과정은 퇴고 과정에서 수정되고 개선된다. 보고서를 작성하는 시간보다 더 오래 걸릴 수 있다고 각오하고 객관적인 입장에서 초고를 바라볼 필요가 있다.

매년 3,000억 원 적자를 보던 JR 큐슈는 기차 내부 공간 설계, 직원 태도와 같은 작고 사소한 부분을 개선해서 5,000억 원 흑자는 보는 회사가 되었다. 디테일의 힘이다. 명품은 정교한 디테일이 전체와 완벽한 조화를 이룰 때 가능하다. 백제 금동대향로와 신라 황남대총 왕관이 그러하다. 근대건축을 주도한 독일의 건축가인 미스 반 데어 로에Mises van der Rohe (1886~1969)는 건축물과 조형물에서 세부 마감이 성패를 좌우한다는 의미에서 'God is in Details'라고 하였다. 마감이 잘 된 보고서는 품격이 있다. 문법 오류, 오탈자, 문서형식 일치, 글자체 통일, 그림이나 사진 품질 등 사소하게 보이지만 보고서 품질을 외적으로 좌우하는 요소다. 잘 쓴 글은 없다. 잘 고친 글만 있다.

13.3 타산지석

문제해결은 공학의 핵심이자 목표다. 공학은 기술을 과학 원리로 풀어낸 것이다. 지반공학은 현장경험을 토대로 이론이 전개되었다. 경험토압론은 보스턴, 시카고 등지에서 지하철을 건설하기 위해 굴착공사가 진행되는 과정에서 계측자료를 분석한 결과로 정립되었다. 공법을 개발하거나 지반사고를 조사할 때 유사사례 연구case study를 통해 문제 해결의 실마리를 얻는 경우가 많다. 2004년 싱가포르 니콜 하이웨이에서 발생한 붕괴사고를 연구하기 위해 이전에 일어난 붕괴사고를 조사하여 원인이 될 만한 요소를 분석한 사례연구가 있다.[12] 흙막이 벽체의 근입 길이 부족, 설계에서 고려되지 않은 불리한 지층 조건 출현, 지하수 침투 등의 원인이 사례연구에서 파악되었다. 이 외에도 사고가 유발되는 원인은 다양하게 제시될 수 있으나 지반 조건과 공사 상황을 감안하여 니콜 하이웨이의 붕괴사고 원인을 분석하였다.

---

12 L. J. Endicott, 'Design and Construction of Excavations in urban Setting-Lessons Learnt from Failures', ICGE, Colombo, 2015, pp. 57-66.

표 13.6 굴착공사 붕괴 사례 연구

사고명	에른버러 타워 홍콩 (1981)	대구지하철 (2000)	상파울루 지하철 수직구 (2007)	항저우 지하철 (2008)
발생 상황				
사고 경위	강널말뚝을 2단 버팀보로 굴착한 후 기초타설을 위해 두 번째 버팀보를 해체한 상태에서 붕괴 지반조사 결과보다 암반선이 높게 분포하여 강널말뚝이 굴착 바닥면보다 상부에서 타입 종료 최하단 버팀보 제거 시 강널말뚝 회전거동 발생	지중연속벽을 어스앵커와 버팀보로 지지하면서 굴착할 때 붕괴 지반조사에서 확인되지 않은 모래자갈층이 출현하여 수압이 증가하였을 것으로 원인 추정	직경 40m인 수직구를 지표아래 40m까지 굴착할 때 NATM 연결부 붕괴 붕괴 3일 전 터널 천단부 침하 20mm 관찰 파쇄된 취약 암반부에 대한 지지능력 부족이 원인으로 지목됨	두께 800mm인 지중 연속벽을 강관버팀보로 지지하면서 굴착할 때 폭 21m, 깊이 16m, 길이 45m 범위로 붕괴 (인접 하천수 유입으로 21명 사망, 24명 실종–논문 외 보도자료) (터널 굴착면 측으로 침투에 의해 지하수 유입–논문 외 연구자료)
사고 교훈	흙막이 벽체 근입 심도 부족이 사고 원인 감리부실로 판명되어 감리자로 전문가를 채용하는 대책 수립	지반조사 부적합 방지대책 미제시	지반조사 부적합 방지대책 미제시	지하수압 작용 방지대책 미제시

문제 해결을 위해 유사 사례를 살펴보는 것은 단지 지반사고 조사뿐만 아니다. 대한민국이 빠르게 고령사회로 진입할 때 발생할 수 있는 문제점을 예측하기 위해 이미 고령사회가 된 이웃나라의 자료를 참고하였고, 의학 분야에서 유사 사례를 조사하여 환자를 치료하는 것은 일상이다. 2016년 16만 개의 기보를 딥러닝 기법으로 익힌 알파고를 상대로 이세돌 구단이 3연패 후 1승을 거뒀을 때, 언론은 인간의 학습 능력을 증명했다고 평가했다. 보통 프로기사는 1만 5,000개 정도의 기보를 안다고 하는데, 정보 비대칭을 극복한 결과라며 칭찬했다. 알고 있는 유사 사례 수에서 상대가 될 수 없는 시합이었다.

타산지석他山之石은 『시경』 소아편 학명鶴鳴에 나오는 5언시의 한 구절에서 유래했다. 다른 산의 돌은 하찮다는 어감이다. 못난 돌이라도 나름대로 쓸모가 있어서 옥을 다듬는 데 사용한다는 것이다. 기술이 발전하는 것은 실패를 통해서다. 기술은 실패가 어떻게, 왜 일어났는지를 끊임없이 찾으면서 발전하고, 똑같은 실수를 되풀이하지 않으려고 실패에서 교훈을 얻는다. 허점이 없는 과학이론으로 설명한다 해도 예측할 수 없는 조건은 도처에 산재하며 인적 요소는 계량하기 어렵다. 지반사고는 불확실성이 큰 지반에서 발생하며 사고 원인은 항상 같지 않다. 공학자는 성공에 대해 공부하는 것 이상으로 실패에 대해 공부해야 하며 실패 원인을 공개하고 논의해야 한다. 과거를 기억할 수 없는 자는 그것을 되풀이할 운명에 처한다. 사고는 발생하지 않아야 하지만 이미 발생했던 사고가 주는 교훈은 소중하며, 비슷한 사고가 발생하지 않도록 지반 기술자를 딥러닝시키는 교재다. 붕괴사례는 못난 것이 없다.

　　樂彼之園(즐거운 저 동산에는)
　　爰有樹檀(박달나무 심겨 있고)
　　其下維穀(그 밑에는 닥나무 있네)
　　他山之石(다른 산의 돌이라도)
　　可以攻玉(이로써 옥을 갈 수 있네)

제14장
열린사회를 위한 지반공학

제 **14** 장

열린사회를 위한 지반공학

14.1 블랙 스완과 회색 코뿔소

아놀드 토인비Arnold Toynbee(1889~1975)는 『역사의 연구A Study of History』에서 문명의 흥망성쇠를 '도전과 응전'이라는 틀로 분석했다. 필연적인 사망 대신 '창조적 소수에 의한 진보' 가능성을 믿었다. 도전challenge에 성공적으로 응전response함으로써 문명은 성장된다고 보았다. 인간은 자연법칙에 영향을 받지만 신의 부름에 대한 응답이라는 신의 법칙을 따라야하는 존재라며 문명에서 종교의 기능과 역할이 중요하다는 인식을 펼쳤다. 지금 우리는 인종과 종교 갈등, 지정학적 패권다툼, 지구 온난화, 코로나 19와 같은 범세계적인 도전을 마주하고 있다. 때때로 자연현상이나 인위적인 원인에서 비롯한 도전거리를 접한다. 28만에서 35만명 정도가 사망한 것으로 추정되는 2004년 12월 남아시아 쓰나미, 2011년 3월 동일본 대지진, 2022년 통가 해저 화산폭발, 2022년 광주 아파트 붕괴사고와 양주 채석장 토사붕괴 사고 등 응전의 방향을 잡을 수 없는 일들이 거듭되면서 인간이 생각하는 범위 밖의 현상을 설명하고 대비하는 일이 중요해졌다.

남태평양 섬나라인 통가에서 2022년 1월 14일, 15일 해저에서 화산이 폭발하여 여의도 크기(290만m²)의 육지가 사라졌다. 19km 이상 올라간 거대한 버섯구름이 우주에서 포착되었고 해저 케이블이 손상되어 통신망이 마비되었다. 폭발 충격으로 대기 기압이 갑자기 변해서 해수면에 파도를 일으켜 8,000km 떨어진 일본에 1.1m 높이로 쓰나미가 닥쳤고 1만여 킬로미

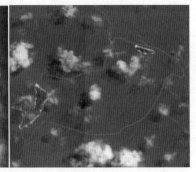

(a) 2022. 1. 15.   (b) 2022. 1. 16.   (c) 2022. 1. 18.

그림 14.1 통가 해저 화산폭발 위성사진

터 떨어진 페루 리마 해안에 정박했던 유조선에서 기름 유출사고가 발생했다.

2004년 지진 해일이 발생했던 당시 11만 명 이상이 사망한 인도네시아의 수마트라섬은 지진 후 36m 이동했다. 도시 전체 면적의 절반 가까이가 해수면보다 낮아서 우기에 자주 홍수 피해를 입는 인도네시아 자바섬의 수도 자카르타는 지반침하가 심각한 곳이다. 지하수를 과도하게 사용하여 매년 7.5cm 정도씩 가라앉아 30년 뒤에는 4분의 1이 바다에 잠길 것이라는 예측이다. 인도네시아 정부는 2022년부터 수도 이전사업을 시작했다. 누산트라라고 명명된 새 수도는 자카르타에서 1,200여 킬로미터 떨어진 보르네오 섬에 지어질 계획이다. 팔렘방 아시안 게임에서 대통령이 오토바이를 타고 등장할 정도로 심각한 교통체증과 환경오염, 지진과 지반침하 위험성에서 벗어나려는 의도다.

일본 도쿄를 중심으로 M8 이상의 수도직하지진首都直下地震이 21세기 내, 빠르면 30년 내에 일어날 확률이 크다고 전문가들이 예상하고 있다. 도쿄 주변에서 200~300년 주기로 지진의 활동기와 잠복기가 거듭되는데, 1923년 관동대지진 이후 2000년을 기점으로 활동기로 접어들었을 것으로 보고 있다. M7급으로 발생할 경우 사망자수는 2만 3,000명, 피해 총액은 95.3조 엔에 이를 것으로 추정한다. 일본 정부는 2005년에 중앙방재회의에서 수도직하지진대책대강을 세웠는데, 2011년 동일본 대지진이 막대한 피해를 초래하자 2013년에 서둘러 '수도직하지진의 피해상정과 대책'을 최종보고받고 2015년에 '수도직하지진긴급대책추진기본계획'을 확정하였다.[1]

---

1   http://www.bousai.go.jp/jishin/syuto/index.html.

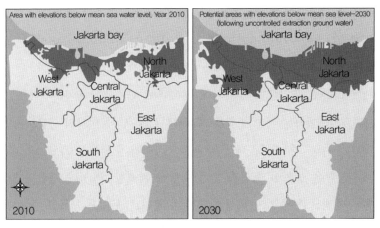

그림 14.2 자카르타 지반침하(Jakarta Post, 2019. 4. 30.)

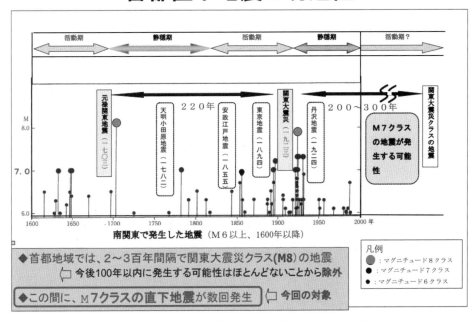

그림 14.3 수도직하지진의 절박성(일본 내각부, 2015)

코뿔소는 말의 친척이고 하마河馬는 소의 친척이다. 발에 굽蹄이 있고 뒷발의 발가락 수가 홀수인 기제목奇蹄目에 말, 얼룩말, 당나귀와 코뿔소가 속한다. 소는 뒷발 발가락수가 짝수인 우제목偶蹄目으로 분류된다. 초식동물이고 몸무게가 2톤에 달해 느릿느릿할 것 같은 코뿔소가 달리기 시작하면 땅에 진동을 일으키면서 시속 50km로 내달린다. 회색 코뿔소gray rhino는

2013년도 세계경제포럼 일명 다보스포럼에서 세계정책연구소장인 미셸 부커가 제기한 개념이다. 충분히 예상할 수 있지만 간과할 수 없는 위험을 지적하는 용어다. 전혀 예상할 수 없는 위험을 뜻하는 블랙 스완과 대비되는 개념이다.

백조밖에 없으리라고 생각했던 유럽인이 1697년에 남오스트레일리아에서 검은 고니를 발견했다. 백조는 흰색이라는 경험 법칙을 깨버렸다. 2007년에 미국의 금융학자인 나심 니콜라스 탈레브Nassim Nicholas Taleb가 『블랙 스완Black Swan』이라는 책에서 흑고니의 존재처럼 전혀 일어나지 않을 것 같은 상황이 개인과 기업 운명을 지배할 수 있다고 설명했다. 탈레브의 『블랙 스완』은 구체적으로 세 가지 특성을 지닌다. 첫째로 '무엇을 모르고 있는지조차 몰랐던 사건'이라는 것이다. 둘째, 극단적으로 충격이 큰 사건이다. 셋째, 예측은 불가능하고 나중에 돌이켜보고 설명할 수밖에 없는 사건을 가리킨다. 과거 경험만을 의존하여 판단할 때 발생하는 위험성을 지칭한다고 볼 수 있다. 알고 있다고 생각하는 것에 의존하지 말고 여태까지 파악되지 않은 미지의 지식이 있음을 인정해야 한다. 1970년대 유류파동, 2001년 9·11 테러, 2016년 트럼프 미국 대통령 당선 등이 여기에 해당한다.

회색 코뿔소는 충분히 예상할 수 있지만 쉽게 간과하는 거대 위험 요인이고 블랙 스완은 전혀 예측할 수 없어서 대비가 어려운 위험으로 볼 때 지반사고는 어디에 속할까. 관심 대상인 지반 전체를 파악하기 어려운 점이나 집중호우, 지진과 같은 자연재해 측면에서 보면 블랙 스완이다. 이른바 천재지변act of God이라고 부르는 사고다. 반면에 공학 이론에 근거하여 거동이 예측되지만 대비가 적절하지 않은 것은 회색 코뿔소 범주에 들어간다. 설계 오류, 인위적인 불평형 초래, 대응 지연 등과 같은 원인에 의해 발생하는 것이 여기에 속한다. 사람의 행위가 원인이 되는 사고다. 사고 책임을 따질 때 불가항력적인 요소와 인위적 요소를 구분하는 데 경계에 걸치는 경우도 있다. 지반의 불확실성 파악 가능성, 천재지변의 정도, 인적 요소 개입 여부 등은 논란이 불가피한 부분이다. 이럴 때는 최초의 원인이 무엇이었고 이에 대한 관련자의 대응 행위가 적절하였는지를 살펴봐야 한다. 또한 관찰과 경험에 근거한 학습과 이론이 제한적이며 파편적인 개인 체험이 실제를 호도할 수 있는 가능성을 염두에 두어야 지반사고 조사를 객관적으로 수행할 수 있다.

14.2 법과 지반사고

국민의 의사를 대표하는 국회에서 만든 법률에 따르지 않고는 나라나 권력자가 국민의 자유나 권리를 제한하거나 의무를 지울 수 없다는 것이 법치주의다. 시민과 산업 종사자의 생명과 신체를 보호하는 안전망을 촘촘하고 튼튼하게 갖추기 위해 사고와 관련된 법이 만들어져 있다. 2022년 1월 27일부터 「중대재해 처벌 등에 관한 법률」이 시행되었다. 산업현장에서 중대재해가 발생하여 사망자가 1명 이상 발생, 동일한 사고로 6개월 이상 치료가 필요한 부상자가 2명 이상 발생, 동일한 유해요인으로 급성중독 등 대통령령으로 정하는 직업성 질병자가 1년 이내에 3명 이상 발생하면 사업주 또는 경영책임자가 1년 이상의 징역 또는 10억 원 이하의 벌금에 처할 수 있게 되었다. 중대재해란 중대산업재해와 중대시민재해로 나뉘는데, 지반사고와 연관된 부분은 2009년에 제정된 「산업안전보건법」의 산업재해로 속한다. 법이 규정한 산업재해는 노무를 제공하는 사람이 업무에 관계되는 건설물·설비·원재료·가스·증기·분진 등에 의하거나 작업 또는 그 밖의 업무로 인하여 사망 또는 부상하거나 질병에 걸리는 것을 말한다. 건설공사는 「건설산업기본법」 제2조 제4호에 토목공사, 건축공사, 산업설비공사, 조경공사, 환경시설공사, 그 밖에 명칭과 관계없이 시설물을 설치·유지·보수하는 공사(시설물을 설치하기 위한 부지조성공사를 포함한다) 및 기계설비나 그 밖의 구조물의 설치 및 해체공사 등을 말한다. 엔지니어링에 해당하는 건설용역업은 건설공사에 관한 조사, 설계, 감리, 사업관리, 유지관리 등 건설공사와 관련된 용역을 하는 업을 말한다.

고용노동부에 따르면[2] 2021년도 산재 사망자는 828명이고 업종별로 보았을 때 건설이 41명으로 파악되었다. 법 시행에 앞서 50억 이상 건설현장을 시공하는 건설업체(1,700여 개)는 자율점검표를 활용해 우선 자율진단을 실시하도록 하고, 중소·중견 건설사(시공순위 201위 이하)에 대해서는 안전보건관리체계 구축·이행을 위한 컨설팅도 지원할 계획이다. 법의 주요 내용은 2023년도까지 5인 이상 사업장을 대상으로 하며 1명 이상 사망사고가 발생하는 경우에는 회사 책임자가 실형이나 벌금형에 처해질 예정이어서 2022년 설 전 27일부터 5대 건설사는 전국의 공사를 중지하기도 하였다.

건설업은 100% 수주산업이다. 특성상 원도급사 밑에 전문 분야별로 하도급이 진행된다. 일정 기간 동안 공종에 따라 다양한 인력이 투입되어 자기만의 작업을 하는 상황이 자주

---

2   고용노동부 보도자료, '중대재해처벌법 시행에 따른 2022년 산재 사망사고 감축 추진 방향', 2022. 1. 11.

표 14.1 중대재해처벌법 주요 내용

적용 범위	5인 이상 사업장
처벌 대상	대표이사 또는 경영책임자
보호 대상	노동자
유예 대상	50인 미만 사업장, 공사 금액 50억 원 미만 사업장 (2024년 1월 27일부터 적용)
중대산업재해	• 사망자 1명 이상 발생 • 같은 사고 6개월 이상 치료가 필요한 부상자가 2명 이상 발생 • 같은 유해요인 직업성 질병자 1년 이내에 3명 이상 발생
사망사고 발생 시 처벌	• 사업주·경영책임자 1년 이상 징역 또는 1억 원 이하 벌금 • 법인 50억 원 이하 벌금
사망 외 중대산업재해	• 사업주·경영책임자 7년 이하 징역 또는 1억 원 이하 벌금 • 법인 또는 기관 10억 원 이하 벌금
사업주·경영책임자 준수사항	• 재해 예방에 필요한 안전보건 관리체계 구축·이행 • 재해 발생 시 재해방지 대책의 수립·이행 • 안전·보건 관계 법령상 의무 이해에 필요한 관리상 조치

발생한다. 목적 구조물을 만들어내기 위해 분야별 전문업체가 동시 작업하는 과정에서 의사소통이 원활하지 않을 경우 의견이 충돌되어 품질이 낮아지며 안전에 문제를 야기할 수 있다. 일례로 지하굴착공사에서 흔히 사고 원인으로 지적되는 과도굴착over excavation 문제는 조금이라도 빨리 파려는 굴착공종과 안전을 유지하려는 지지구조물 설치 공종 간에 합의가 없기 때문에 발생한다. 조직 내 부서 간 의도하지 않은 장벽으로 인해 야기되는 불일치 문제를 사일로 현상silo effect이라고 한다. 부서 이기주의를 의미하는 용어로서 중요한 정보가 공유되지 않고 소통과 통합에 문제를 일으켜 조직 전체의 효율성이 떨어지고 비용이 증가하게 된다. 시공 현장뿐만 아니라 건설엔지니어링 분야도 조사와 설계 분야가 세분화된 상태다. 설계가 진행되는 과정 중 의견을 조율하여 시공과 운용에 목적 구조물의 기능이나 공정 진행상 충돌이 없도록 한다.

건설기술의 연구·개발을 촉진하여 건설기술 수준을 향상시키고 이를 바탕으로 관련 산업을 진흥하여 건설공사가 적정하게 시행되도록 함과 아울러 건설공사의 품질을 높이고 안전을 확보함으로써 공공복리의 증진과 국민경제의 발전에 이바지함을 목적하는 「건설기술 진흥법」 제62조(건설공사의 안전관리)에서 건설사업자는 '안전관리계획서'를 작성하여 착공 전에 발주자에게 승인을 받도록 명시되어 있다. 이는 시공 중에 발생할 것으로 예상되는 문제점을 공종별로 파악하여 문서화하고 교육 자료로 활용함으로써 안전한 공사를 도모하기 위함이다. 시행규칙 [별표7]에 따른 안전관리계획서 수립 기준은 건설공사의 개요, 현장 특성

분석, 현장운영계획, 비상시 긴급조치계획이다. 지반사고가 자주 발생하는 공종에 대해서 세부 안전관리계획의 가설공사, 굴착 및 발파공사로 구분하여 설계에서 작성된 안정성을 수록하도록 명시되었다. 지반사고가 발생하면 가장 먼저 안전관리계획서를 살펴본다. 여기에는 주변 지하매설물, 인접 시설물 제원을 포함한 지장물 여건, 지질 특성, 지하수위, 시추주상도 등이 포함된 지반 조건과 현장시공 조건, 주변 교통 여건 및 환경요소 등이 분석되어 있다. 또한 시공단계별 위험 요소와 위험요소를 파악하고 저감시킬 수 있는 대책을 포함시킨다. 법에 따라 위험요소를 발굴하고 대책을 수립하여야 한다. 위험발생 객체는 잠재적으로 재해를 일으킬 수 있는 직접적인 위험요소다.

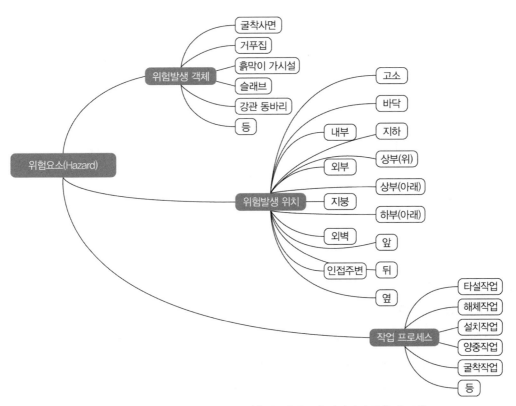

그림 14.4 건설공사 주요 위험요소(출처: 건설공사 안전관리 종합정보망)

위험요소는 경험에 근거하여 파악한다. 모든 사람이 모든 경험을 할 수 있는 것이 아니고 천재지변과 같이 예측하지 못하는 조건에 의해 위험이 잠재한다. 법이 위험요소를 파악하도록 요구하고 있어도 사람이 사고하고 대비하는 데 한계가 있다. 건설공사 안전관리 종합정보망CSI에서 건설 사고를 예방하기 위해 계획plan－실시do－평가check－조치action 과정을 통해 전 생애주기(기획－설계－시공－유지관리)에 대한 안전관리체계를 구축하도록 제시하고 있다. 한번에 모든 위험요소hazard와 위험성risk을 발굴하여 저감대책alternative을 강구하기 어렵기 때문에 반복적으로 대응하는 것으로 이해된다. 지반사고를 조사할 때도 위험 요소 간 연계성, 시차성, 중요도를 감안하여 1차 원인을 추적해나가며 경계 또는 사각 지대에 존재하는 위험 요인의 발굴 가능성을 참작하여 원인과 책임 여부를 파악할 필요가 있다.

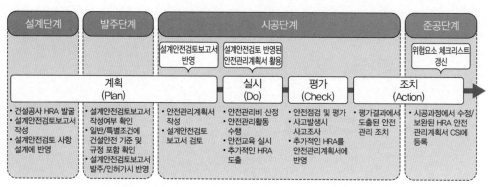

그림 14.5 위험요소 프로파일 활용(출처: 건설공사 안전관리 종합정보망)

법은 상식을 명문화한 것이다. 상식은 자연법칙이고 공학 원리다. 엄중한 잣대로 사고 책임을 묻는 것을 통해 사고가 줄어든다면 법이 의도하는 목적을 달성할 수 있다. 32명이 사망한 1994년 10월 21일 성수대교 사고를 통해 시공과 사용면에서 개선할 점을 찾아 시설물의 안전점검과 유지관리를 법적 행위로 규정하였다. 사고가 난 지 세 달이 지나지 않은 1995년 1월 5일에 제정된 「시설물의 안전관리에 관한 특별법」[3]의 제6장에서 벌칙을 명시하였다. 제42조에서 부실시공에 의해 하자담보기간 내에 구조상 주요 부분에 중대한 손괴를 야기하여 공중의 위험을 발생하게 한 설계자·시공자 또는 감리자는 5년 이하의 징역 또는 5,000만원 이하의 벌금에 처할 수 있다. 도시에서 도로가 함몰되는 사고가 빈번하자 2016년 1월 7일에 「지하안전관리에 관한 특별법」이 제정되었다. 지반침하로 인해 위해를 방지하고 공공의 안전을 확보함을 목적으로 한다. 제8장 벌칙에서 지반침하를 일으켜서 사람을 사상에 이르게 할 경우 무기 또는 3년 이상의 징역에 처할 수 있게 명시하였다. 「건설기술 진흥법」에

---

3   2018년 1월 18일부터 「시설물의 안전 및 유지관리에 관한 특별법」으로 명칭이 변경되었다. 제8장 제63조 벌칙에서 업무상 과실로 사상 피해가 있는 경우 무기 또는 5년 이상의 징역을 처할 수 있다고 명시되었다.

따르면 하자담보기간[4] 내에 목적물에서 주요 부분에 중대한 손괴를 일으켜 사람을 다치거나 죽음에 이르게 하면 무기 또는 3년 이상의 징역에 처할 수 있다. 건설사고가 발생하면 누군가 책임을 져야 하는 법체계 아래에서 건설 공사가 진행된다.

건설사고란 「건설기술 진흥법」 제2조 제10호에 사망 또는 3일 이상의 휴업이 필요한 부상의 인명피해와 1,000만 원 이상의 재산피해가 발생한 사고를 말한다. 건설사고 조사를 담당하는 국토안전관리원이 발간한 『건설사고 사례집』(2021. 12.)에 따르면 초기 현장 조사는 2020년에 15건, 2021년에는 33건이 실시되었다. 2년간 발생한 사고 유형별로 볼 때 붕괴/도괴가 14건으로 가장 빈도수가 높았고 공종별로 보면 건설 기계에 의한 사고가 10건, 댐/상하수도 8건, 철큰 콘크리트공이 8건으로 발생한 것으로 나타났다. 2016년 12월에 국토안전관리원의 전신인 한국시설안전공단이 발간한 동일 사례집에 나타난 건설사고는 2015년 이전에 357건, 이후 2016년까지 55건으로 기록되었다. 사고 유형 중 붕괴/도괴가 205건, 공종별로는 굴착공 81건, 철근콘크리트공 67건, 기타가 76건으로 분류된다. 재발 방지 대책으로 주로 제시되고 있는 사항은 안전교육, 작업순서 준수, 공사 전 구조검토 등으로서 공사 관계자의 인식에 관련된 것이 많다. 사고는 무관심과 부주의로 일어난다. 법은 체계를 만들지만 시스템이 정상적으로 작동하려면 인식이 변해야 한다는 것으로 해석할 수 있다. 처벌 수위가 높다고 건설사고를 획기적으로 줄일 수 있다고 기대하는 것은 어렵다.

건설사고 사례집에 수록된 사고 중에서 지반사고 2016년 3월 28일 인천 송현동에서 발생한 지표관통 붕괴사고는 파쇄대 구간을 터널 굴착하던 중 지표면까지 35m가 함몰된 것이다. 지하수가 유출되는 파쇄대 구간을 만나면 적절한 보강공법과 용수대책공법을 적용해야 하며 터널 내공 거동과 지표면 침하를 연계하여 계측하도록 재발 방지대책을 제시하였다. 남양주에서 철도터널을 공사하는 중에 2020년 11월 20일에 천단부가 붕괴하여 1명이 사망하는 사고가 있었다. 천단부 암반이 쐐기 형태로 붕락된 것이다. 불량지반에 대한 상세 굴착계획을 수립하고 이상 징후를 지시하는 계측치가 측정되면 지보재 보강 등의 조치를 취하는 것으로 재발 방지 대책을 세웠다. 모두 불확실한 지반 상태를 사전에 파악할 필요가 있었던 사고였다.

대개 좋은 판단은 다양한 경험으로 가능하다. 지반사고를 방지하려면 안전에 대한 인식 전환뿐만 아니라 불확실한 지반 상태를 어떻게 인지할 수 있는 경험법칙이 중시되어야 한다.

---

4 「건설산업기본법」 제28조에 건설공사의 목적물이 벽돌쌓기식구조, 철근콘크리트구조, 철골구조, 철골철근콘크리트 구조, 그 밖에 이와 유사한 구조로 된 것인 경우: 건설공사의 완공일과 목적물의 관리·사용을 개시한 날 중에서 먼저 도래한 날부터 10년, 이 밖의 구조로 된 것인 경우에는 건설공사 완공일과 목적물의 관리·사용을 개시한 날 중에서 먼저 도래한 날부터 5년으로 규정하고 있다.

그러나 경험은 한계가 있다. 사람의 과실은 책임을 묻는 게 타당하다. 사리를 채우기 위한 의도라면 엄중하게 다루어 경계심을 높이는 법과 정책이 자리를 잡아야 한다. 인지할 수 없는 자연 법칙이나 인간의 제한적인 경험을 법의 잣대로 가름할 수 있을까. 이치나 이론에 부합하는 것을 합리라고 한다. 이치 전체를 모른다면 경험이 법에 의해 재단되고 책임을 지게 되는 상황이 합리적일까라는 생각을 하게 된다.

(a) 인천 용현동 지반함몰 사고   (b) 남양주 철도터널 천단부 붕락

그림 14.6 건설사고 사례

14.3 열린 해답

학문이라는 단어는 박학심문博學審問, 즉 널리 배우고 자세하게 묻는 것의 준말이다. 해당 분야의 이론을 섭렵하고 새롭게 접하는 현상에 대해 끊임없이 묻고 답하는 과정에서 학문이 발전한다. 기술도 마찬가지다. 수 없이 실패를 거듭하면서 질문하고 해결책을 찾는 과정 중에 유용한 기술을 얻게 된다. 질문이란 문제는 정의하는 일이다. 질문이 없으면 답도 없다.

수학 문제에서 방정식의 해를 해석적analytic으로 표현할 수 있는 종류의 문제를 닫힌 형태 closed form라고 말한다. 해석이라 함은 관계 방정식을 변수와 상수, 사칙연산, 기본함수 등을 조합하여 멱급수power series 형태로 표현할 수 있어서 미적분이 가능한 것을 말한다. 문제를 식으로 표현할 수 있으므로 변수를 대입하면 항상 같은 해답을 얻게 된다. 반면에 열린 형태 open form는 유한개finite의 수학적 표현을 사용해서 정확하게 해를 표현할 수 없는 문제를 말한다. 실제를 모델링하여 반복 계산에 의해 정해에 근접해가는 방식으로 문제를 해결한다. 답이 정확하려면 대입한 변수가 정확해야 한다.

지반공학은 경험을 과학 이론으로 설명한 것이다. 변수가 작은 문제는 정해를 얻을 수 있다. 예를 들어, 균질homogeneous하고 등방인isotropic한 모래 지반의 지중응력 상태는 단위중량과 심도를 알면 간단히 계산된다. 닫힌 해라고 볼 수 있다. 여기에 기초가 놓여 하중이 가해지면 그 힘이 아래로 전달되는데, 흙 입자 사이에서 마찰이 발생하여 지중응력은 직선적으로 변화하지 않는다. 등방균질 조건에서는 탄성론에 입각하여 발생응력을 산정한다. 모래 지반이 아니고 점토층으로 구성되고 지하수위가 있는 조건일 경우에는 보다 복잡해진다. 점토가 지니는 점착력이 발휘되며 간극수가 소산되는 정도에 따라 지중응력이 차이를 보인다. 지반 상태, 하중 크기, 시간, 배수 길이 등의 요소가 개입되어 조건별로 거동이 달라진다. 지배 요소가 어떤 것인지 파악하는 것이 중요하다. 사면 안정slope stability 문제는 대표적인 열린 형태다. 앵커가 설치된 옹벽으로 지지하는 사면에서 활동이 발생한다고 했을 때 사면 상부 지표면과 옹벽 하부를 통과할 수 있는 활동면이 몇 개가 될까. 어느 것이 최소 안전율을 나타낼까. 한계평형 해석Limit Equilibrium Method으로 반복 계산하여 안전율을 구한다.

토사사면의 안정성을 판단할 때 주로 사용하는 한계 평형해석법은 활동면이 직선, 원호, 대수나선으로 가정된 표면이나 불규칙한 면을 따라 발생하는 응력 상태와 파괴 기준을 비교하여 안정성을 분석한다. 한계평형 해석의 한계는 활동면 전체에서 동시에 활동이 일어난다고 보는 것이다. 그러나 실제 활동파괴는 가장 취약한 부분에서 소성변형이 일어나고 주변으로 점진적으로 전파되다가 일시에 붕괴되는 형태이기 때문에 해석상 오류가 발생한다. 지형상 3차원 거동을 보이는 활동파괴에 대해서 주변 토층의 구속효과를 반영하지 못한다. 정해를 구하는 데 제한이 내포된다.

땅을 굴착하는 문제는 지반이 갖는 불확실성 외에 지반과 지지구조물의 강성이 상대적으로 거동하기 때문에 안정을 확보하기 위해서 초기 변형을 억제하는 것이 중요하다. 평형을 해치는 요소equilibrium factor가 작동하지 않도록 하는 노력이 필요하다. 적기에 지지구조물을 설치하여 과도한 굴착이 발생하지 않도록 하며, 거동관찰을 통해 다음 공정을 진행시켜야 한다. 적기right time이라는 시간 요소가 안정성을 좌우하며, 기술자의 판단이 요구되므로 인적 요소human factor가 개입된다. 바다를 흙으로 메꾸고 땅을 만드는 일은 어떤가. 지상과는 달리 육안으로 표면을 확인할 수 없고 해상 지반은 퇴적환경을 명확하게 파악하지 않으면 불확실성이 커진다. 산업단지나 공항과 같이 규모가 큰 해안매립 공사는 전체 부지의 공학적 특성을 파악하기 어렵기 때문에 공간 요소space factor가 불확실성을 크게 한다. 이와 같은 요소가 설계에 모두 반영되지 않으면 설계는 가설hypothesis 설계 수준으로 이해하는 것이 옳다. 설계에

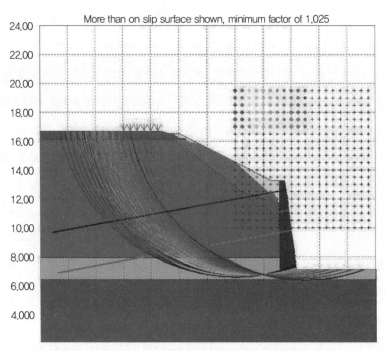

그림 14.7 한계평형 해석에 의한 안전율 산정

고려되지 않은 요소로 인해 지반사고로 이어지는 사례가 많다.

영국의 사회철학자인 칼 포퍼Karl Popper는 인간의 비판력을 자유롭게 허용하는 사회는 열려 있다고 정의했다.[5] '열린사회'란 사회 시스템의 오류가능성을 인정하고 다양한 이론의 경쟁을 통해 점진적으로 개혁을 시도하는 사회다. 또한 '미래는 우리 자신에 의해 좌우되는 것이며 어떤 역사적 필연성에 달려 있는 것은 아니다'라고 주장하면서 전체의 이익을 위한다는 명분을 가지고 개인의 희생을 요구하는 전체주의의 허구성을 비판한다. 절대적으로 옳은 이론이나 정치적 입장은 존재하지 않는다는 생각에서 출발했다. 지금 통용되는 이론은 새로운 경험에 의해 얼마든지 반증될 가능성을 내포하고 있다고 주장했다.

지반공학은 실패를 통해 교훈을 얻고 새로운 경험을 더하여 현재에 이르고 있다. 지반사고가 발생하지 않도록 이전 이론과 사례를 참고해야 하는 것은 지반기술자의 몫이다. 지반사고는 평형, 시간, 규모, 인적 요소가 개입되어 발생한다고 볼 때 전체를 한 번에 아우를 수 있는 이론은 존재하지 않는다. 사고조사는 현상을 관찰하여 관련 요소를 개별적으로 분석한 후 가장 가능성이 큰 요소를 중심으로 사고 유발 원인을 파악하는 일이다. 제한된 경험과

5 칼 포퍼, 『열린사회와 그 적들1(The Open Society and Its Enemies)』, 이한구 옮김, 민음사, 2006, pp. 1-4.

지식을 근거로 완벽하게 파악하려는 의욕보다는 세상에서는 어떤 일도 벌어질 수 있다고 인정하고 사소한 것이라도 철저하게 의심해보는 자세가 더 효과적이다. 지반사고 조사는 열려 있는 맘으로 접근할 필요가 있다. 우리가 사는 사회도 열려 있기를 희망한다.

컬러 도판

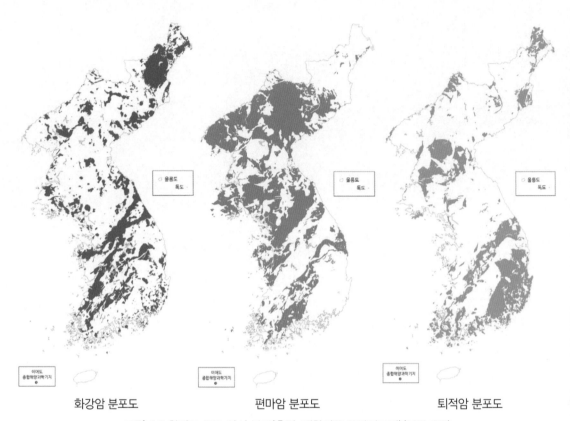

화강암 분포도　　　　편마암 분포도　　　　퇴적암 분포도

그림 1.2 한반도 주요 암석 분포(출처: 대한민국 국가지도집)(본문 8쪽)

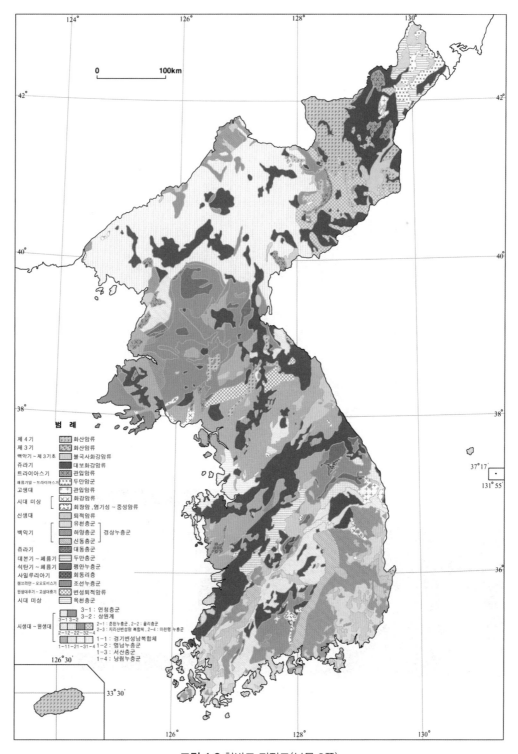

범 례

제 4 기		화산암류
제 3 기		화산암류
백악기 ~ 제 3 기 초		불국사화강암류
쥬라기		대보화강암류
트라이아스기		관입암류
페름기말 ~ 트라이아스기		두만암군
고생대		관입암류
시대 미상		회장암, 염기성 ~ 중성암류
신생대		퇴적암류
백악기		유천층군	경상누층군
		하양층군	
		신동층군	
쥬라기		대동층군
대본기 ~ 페름기		두만층군
석탄기 ~ 페름기		평안누층군
사일루리아기		회동리층
캠브리안 ~ 오오도비스기		조선누층군
원생대후기 ~ 고생대초기		변성퇴적암류
시대 미상		옥천층군

시생대 ~ 원생대
3-1 : 연천층군
3-2 : 상원계
2-1 : 춘란누층군, 2-2 : 율리층군
2-3 : 지리산변성암 복합체, 2-4 : 미친령 누층군
1-1 : 경기변성남복합체
1-2 : 영남누층군
1-3 : 서산층군
1-4 : 낭원누층군

그림 1.3 한반도 지질도(본문 9쪽)

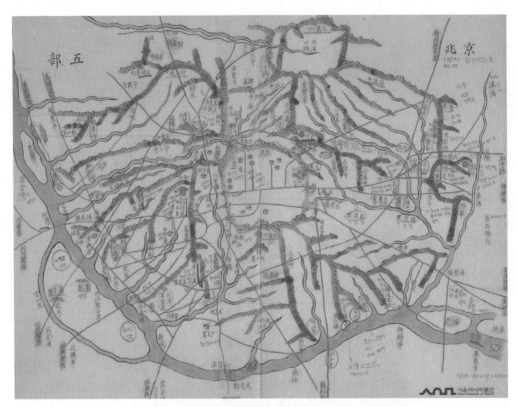

그림 1.23 경조오부도(출처: 서울역사박물관)(본문 35쪽)

그림 6.3 한신·이와지 대지진(본문 197쪽)

그림 6.4 한신·이와지 대지진의 사망기록, 화재, 가옥피해, 교통상황, 구조활동 데이터맵(본문 198쪽)

(a) 파호이호이(Pahoehoe) 용암   (b) 아아(Aa) 용암

그림 8.7 용암의 종류(본문 296쪽)

그림 8.9 한반도 중부 지역 주요 단층대(출처: 지질자원연구원)(본문 301쪽)

찾아보기

저자 소개

조성하

1962년 여름, 충주에서 세상으로 나왔다.

1981년 연세대학교 토목공학과에 입학했다.

1988년부터 지반기술자 경력을 쌓기 시작했다.

터널해석, 굴착설계, 사면안정 검토 분야에서 흙구조물 설계와 문제해결 방책으로 지반공학을 실무적으로 접했다. 부족한 경험은 다른 이의 연구 결과를 참고해서 채웠다.

1994년에 토목기술사(토질 및 기초) 자격을 얻었다. 『토질·기초공학』(Chen Liu, 1995), 『흙의 전단강도와 사면안정』(J. Duncan, 2007), 『파괴사례로 본 지반역학』(A.M. Puzrin, 2021)을 혼자 또는 같이 우리말로 옮겼다. 『싱크홀의 정체』(2015)를 썼고 『기초공학』(2009)과 『땅과 문명의 어울림, 지반공학』(2019)은 한 부분을 담당했다.

1993년부터 다산컨설턴트, 2004년부터 다산이엔지에서 소중한 동료들과 일하면서 경험 학문을 수련하고 있다.

지반사고 조사론

초판발행 2022년 7월 20일
초 판 2 쇄 2023년 12월 10일

저　　자 조성하
펴 낸 이 김성배
펴 낸 곳 도서출판 씨아이알

책임편집 박영지
디 자 인 안예슬, 박진아
제작책임 김문갑

등록번호 제2-3285호
등 록 일 2001년 3월 19일
주　　소 (04626) 서울특별시 중구 필동로8길 43(예장동 1-151)
전화번호 02-2275-8603(대표)
팩스번호 02-2265-9394
홈페이지 www.circom.co.kr

I S B N 979-11-6856-084-0 (93530)
정　　가 34,000원